高等职业院校精品教材系列

建筑工程招投标与合同管理实务（第 2 版）

陈　正　饶　婕　主编

柳雄文　罗　珺　柳卫红　副主编

李汉华　主审

電子工業出版社
Publishing House of Electronics Industry
北京 · BEIJING

内 容 简 介

本书第 1 版教材已重印 18 次，长期得到广大院校教师的认可与选用，在征求一线授课教师和职教专家的意见后，结合最新的建设工程法律、法规进行修订编写。本书结合大量的建设工程管理案例，主要介绍工程招投标与合同管理内容，共分 13 章，包括两大部分：招投标管理、合同管理。本书通过实际工程案例，介绍招投标管理及合同管理的原理，并对涉及的问题进行清晰说明。在各章开始设有一个典型案例引入，全书各章节阐述重要原理时都附有针对性的说明案例，各章最后一节设有综合案例分析，使读者易学会用。

本书为高等职业本专科院校相应课程的教材，也可作为开放大学、成人教育、自学考试、中职学校的教材，尤其是建造师、监理工程师的考前辅导教材。

本书提供免费的电子教学课件，详见前言。

图书在版编目（CIP）数据

建筑工程招投标与合同管理实务/陈正，饶婕主编. —2 版. —北京：电子工业出版社，2018.2（2022.7 重印）
高等职业院校精品教材系列
ISBN 978-7-121-31922-8

Ⅰ. ①建… Ⅱ. ①陈… ②饶… Ⅲ. ①建筑工程－招标－高等学校－教材②建筑工程－投标－高等学校－教材③建筑工程－合同－管理－高等学校－教材 Ⅳ. ①TU723

中国版本图书馆 CIP 数据核字（2017）第 133644 号

策划编辑：陈健德（E-mail：chenjd@phei.com.cn）
责任编辑：李　蕊
印　　刷：三河市鑫金马印装有限公司
装　　订：三河市鑫金马印装有限公司
出版发行：电子工业出版社
　　　　　北京市海淀区万寿路 173 信箱　邮编 100036
开　　本：787×1 092　1/16　印张：19.25　字数：492.8 千字
版　　次：2006 年 7 月第 1 版
　　　　　2018 年 2 月第 2 版
印　　次：2022 年 7 月第 12 次印刷
定　　价：56.00 元

凡所购买电子工业出版社图书有缺损问题，请向购买书店调换。若书店售缺，请与本社发行部联系，联系及邮购电话：（010）88254888，88258888。

质量投诉请发邮件至 zlts@phei.com.cn，盗版侵权举报请发邮件至 dbqq@phei.com.cn。

本书咨询联系方式：chenjd@phei.com.cn。

本书根据教育部新的职业教育专业改革要求，从工程管理实践出发，强化应用技能培养，以学生真正掌握招投标与合同管理技能为目的，在征求一线授课教师和职教专家的意见后，结合最新的建设工程法律、法规进行修订编写。本书第 1 版教材已重印 18 次，长期得到广大院校教师的认可与选用，在本次修订编写过程中力求做到内容创新、案例实用、结构新颖，体现鲜明的时代特征。

本书的主要编写特点有：

(1) 理论联系实际，突出实践。全书既有招投标与合同管理原理的阐述，又有大量的实际案例与操作。全书各章开头都设有一个典型案例作为引入；每章节凡阐述重要原理时都附有针对性的案例分析，以利于内容的掌握；全书各章最后一节设有综合案例分析，以帮助学生对该章重要原理应用的理解。

(2) 内容新颖，实用性强，具有一定的前瞻性。本书充分吸收近几年招投标与合同管理领域的最新科研成果，采用国家最新的法律法规，力图反映我国最新立法动向与工程实践成果，努力训练应用招投标与合同管理原理服务于实际工程的操作技能。

本书结合大量的建设工程管理案例，主要介绍工程招投标与合同管理内容，共分 13 章。本书为高等职业本专科院校相应课程的教材，也可作为开放大学、成人教育、自学考试、中职学校的教材，尤其是建造师、监理工程师的考前辅导教材。

本书由陈正（江西省建筑业法律工作委员会主任，江西建设职业技术学院建筑法研究中心主任）和饶婕（江西建设职业技术学院工程造价专业教研室主任）任主编，由柳雄文（江西省建筑业法律工作委员会特聘专家，江西省南昌县人民法院法官）、罗珺（江西建设职业技术学院教师）、柳卫红（江西省建筑业法律工作委员会主任助理，中舜建设集团有限公司法务部主任）任副主编，参加编写的人员还有张玉丽（江西省建筑业法律工作委员会主任助理）。本书由李汉华（江西建设职业技术学院副院长、教授，一级注册建造师，一级注册结构师）进行主审。

本书在编写过程中参考了大量的相关资料和论著，并吸收了其中一些研究成果，在此谨向所有文献作者致谢。

由于编者学识水平有限，加上时间仓促，有疏漏和不足之处，恳请读者批评指正。

为了方便教师教学，本书还配有免费的电子教学课件等，请有此需要的教师登录华信教育资源网（http://www.hxedu.com.cn）免费注册后进行下载，有问题时请在网站留言或与电子工业出版社联系（E-mail：hxedu@phei.com.cn）。

编 者

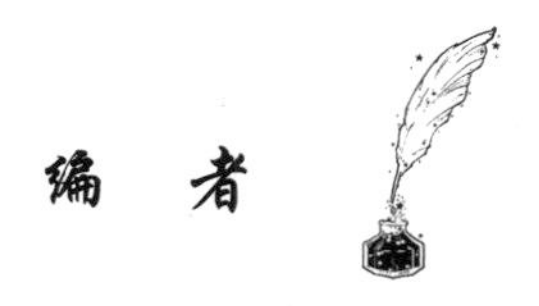

第1章 工程招投标概述

教学导航

教学目标	1. 掌握工程承发包的方式，了解工程承发包活动的管理。 2. 明确建筑市场的主体与客体，了解建筑市场资质管理等。 3. 熟悉建筑工程招标投标（以下简称为招投标）概述。
关键词汇	工程承发包; 建筑市场; 建筑工程招投标。

典型案例1　某大厦工程项目钢材买卖合同纠纷案

上海市松江区人民法院民事判决书

（2012）松民二（商）初字第1970号

原告上海隆贤建材商行，住所地上海市金山区朱泾镇新农浦银路438号。

投资人韩协辉，负责人。

委托代理人龚立新、黄楷宸，上海市联诚律师事务所律师。

被告鹏达建设集团有限公司安徽分公司，住所地安徽省合肥市包河区芜湖路323号。

法定代表人马某，负责人。

被告鹏达建设集团有限公司，住所地河北省保定市高碑店团结路。

法定代表人李清培，董事长。

两被告共同委托代理人高锋。

原告上海隆贤建材商行诉被告鹏达建设集团有限公司安徽分公司（以下简称鹏达公司安徽分公司）、徐某、鹏达建设集团有限公司（以下简称鹏达公司）买卖合同纠纷一案，本院于2012年9月26日受理后，依法由代理审判员张波独任审判。被告鹏达公司在提交答辩状期间向本院提出管辖异议申请，经审查，本院于2012年11月29日依法裁定驳回其管辖异议，后被告鹏达公司不服裁定提起上诉，上海市第一中级人民法院于2013年1月4日裁定驳回上诉，维持原裁定。本院于2013年1月31日公开开庭进行了审理。因案情复杂，本院依法组成合议庭，并于2013年4月1日再次公开开庭进行了审理。原告的委托代理人黄楷宸到庭参加第一次庭审，原告的委托代理人龚立新到庭参加第二次庭审，两被告的委托代理人高锋到庭参加两次庭审。审理中，原告于2013年1月31日申请撤回对被告徐某的起诉，本院予以准许。本案现已审理终结。

原告上海隆贤建材商行诉称：原告和被告鹏达公司安徽分公司于2011年5月11日签订《钢材购销协议书》1份，约定原告就被告鹏达公司安徽分公司承建的安徽某大厦工程项目向其供应钢材，总量为4 000吨（按实结算），合同对供货要求、结算方式、违约责任等均进行了约定。合同签订后，原告按约进行了供货，共计1 553.04吨，价值8 494 426.68元，然被告鹏达公司安徽分公司仅支付部分货款，尚欠原告6 244 426.48元未付。2012年7月11日，被告鹏达公司安徽分公司出具还款计划书1份，对还款时间进行了承诺。被告鹏达公司安徽分公司系被告鹏达公司设立的非独立分支机构，故被告鹏达公司应承担连带清偿责任。现两被告未履行付款义务，故原告诉至法院，请求判令：1. 被告鹏达公司安徽分公司偿付原告货款6 244 426.48元；2. 被告鹏达公司安徽分公司支付原告利息及资金占用费（自2011年5月31日起算至实际清偿日止，按照中国人民银行同期贷款利率计算）；3. 被告鹏达公司安徽分公司支付原告违约金（自2011年7月8日起算至实际清偿日止，按照每日万分之七计算）；4. 被告鹏达公司安徽分公司支付原告违约金424 721元；5. 被告鹏达公司安徽分公司支付原告律师费损失350 000元；6. 被告鹏达公司对被告鹏达公司安徽分公司的上述付款义务承担连带清偿责任。审理中，原告变更第2、3项诉讼请求，要求被告鹏达公司安徽分公司支付原告垫资款利息（以 600 吨为基数，自 2011 年 5 月 31 日起算至 2011 年 7 月 1 日止，按照每日每吨 4 元计算），要求被告鹏达公司安徽分公司支付原告违约金（以 5 000 000 元为基数，自 2011 年 9 月 13 日起算至实际清偿日止，按照每日万分之七计算），并自愿放弃第 4 项诉讼请求。

被告鹏达公司安徽分公司答辩称：不同意原告的诉讼请求。1. 鹏达公司安徽分公司与原告之间不存在买卖合同关系，也没有资质对外签订合同，安徽某大厦工程项目并非其承建；2. 钢材购销协议书落款处的印章不是鹏达公司安徽分公司的印章，且项目部的印章对外不具有法律效力；3. 合同中指定的收货人并非两被告公司员工，其签收行为不能代表两被告。

被告鹏达公司答辩称：不同意原告的诉讼请求。1. 鹏达公司与原告之间不存在买卖合同关系，系争工程并非其承建的；2. 因原告和两被告不存在合同关系，故原告无权要求被告支付货款、利息、违约金及律师费损失。

原告为证明自己的主张，向本院提供证据及两被告的质证意见如下：

1. 钢材购销协议书 1 份，证明原告和被告鹏达公司安徽分公司之间存在买卖合同关系，合同对供货要求、结算方式、违约责任等均进行了约定。

两被告对该份证据的真实性有异议，合同落款处加盖的是项目部的印章，但两被告并未承建该工程，故项目部是不存在的，且合同签订人徐某也不是两被告公司员工。

2. 物资销售合同（清单）1 组及对账单 2 份，证明合同签订后，原告按约向被告鹏达公司安徽分公司供货 1 553.04 吨，价值 8 494 426.68 元。

两被告对该组证据的真实性有异议，两被告没有承建过系争工程。

3. 项目内部经济承包合同 1 份，证明徐某自被告鹏达公司安徽分公司处承包了系争项目工程。

两被告对该份证据的真实性有异议，徐某不是两被告公司员工，程义和不是被告鹏达公司安徽分公司的法定代表人，原分公司的负责人是朱某，现在的负责人是马某。

4. 还款计划书 1 份及授权委托书 2 份，证明被告鹏达公司安徽分公司委托孙甲以还款计划书的形式向原告承诺了还款期限，并愿意承担主张债权而支付的律师费、诉讼费及差旅费等，孙甲是系争项目的现场负责人。

两被告对该组证据的真实性有异议，孙甲并非两被告公司员工，被告鹏达公司安徽分公司的印章在 2011 年 12 月 13 日已经移交，故不可能在 2012 年 7 月 11 日授权委托书上加盖此枚印章。

5. 2012 年 1 月 20 日对账单 1 份，证明被告鹏达公司安徽分公司确认原告为其垫资 621.883 吨，金额为 3 438 600 元，签字人蔡乙为合同指定的收货人。

两被告对该份证据的真实性有异议，两被告从未收到过原告的钢材，蔡乙也不是两被告公司员工，无权进行对账。

6. 律师收费标准 1 份及发票 1 组，证明原告为追索债权而支出了律师费 350 000 元。

两被告对该组证据的真实性没有异议，但与两被告无关。

7. 开立单位银行结算账户申请书、授权证明书、兴业银行预留签章卡 1 组，证明被告鹏达公司安徽分公司印章的真实性，以及程义和是被告鹏达公司安徽分公司的财务负责人。

两被告对该组证据的真实性没有异议，但合法性不予认可，程义和不是两被告公司员工，申请书上的地址也并非被告鹏达公司安徽分公司的地址。

8. 授权委托书 1 份，证明程义和确认被告鹏达公司安徽分公司印章的真实性，孙甲是项目部现场负责人。

两被告对该份证据的真实性有异议，原告提供的证据 4 中的 2012 年 7 月 11 日授权委托书中并无程义和的签字，故两被告认为该份委托书是伪造的。

9. 施工铭牌 1 份，证明系争工程由被告鹏达公司安徽分公司承建，梁丙是其收料员。

两被告对该份证据的真实性有异议，两被告不清楚项目是否有铭牌，铭牌上的项目经理高甲甲是两被告委托代理人的父亲，其明确未参加过该工程。

10. 中标通知书 1 份，证明被告鹏达公司是系争工程的中标单位，工程负责人高甲甲。

两被告对该份证据的真实性有异议，两被告并未对该项目进行投标，也未收到过中标通知书。

11. 协议书 1 份，证明系争工程由被告鹏达公司承建，工程实际为先进行施工，后予以备案。

两被告对该份证据的真实性有异议，落款处的印章并非被告鹏达公司的印章，钢材购销合同的签订日期是 2011 年 5 月 11 日，但协议书是 2011 年 7 月 19 日签订，可见工程尚未施工已经签订合同，原告的证据自相矛盾。

12. 私营企业基本注册信息查询单 2 份，证明 2008 年 2 月—2012 年 9 月 21 日朱某一直为被告鹏达公司安徽分公司的负责人，直到 2012 年 12 月 21 日才由马某继任。

两被告对该组证据的真实性没有异议，因朱某拒不履行交接义务导致工商变更手续无法正常完成。

13. 业务委托书 1 份，证明程义和直至 2012 年 12 月 16 日仍在向被告鹏达公司安徽分公司支付管理费。

两被告对该份证据的真实性无法确认。

两被告为证明其主张，向本院提供证据及原告的质证意见如下：

1. 交接书 1 份（复印件，原件在高碑店市公安局），证明 2011 年 12 月 13 日被告鹏达公司安徽分公司办理了移交手续，包括分公司印章。

原告对该份证据的真实性有异议，两被告未提供原件，两被告认为原件在公安机关没有依据，且交接书是鹏达公司的内部文件，对原告没有约束力。

2. 公安局调取证据清单 1 份，证明被告鹏达公司安徽分公司印章于 2012 年 8 月 9 日交付给了高碑店市公安局。

原告对该份证据的真实性没有异议，证据清单的出具日期是 2012 年 8 月 9 日，而授权孙甲的委托书的出具日期是 2012 年 7 月 11 日，系印章交付公安机关之前。

3. 营业执照 1 份，证明被告鹏达公司安徽分公司的前任法定代表人是朱某。

原告对该份证据的真实性没有异议。

4. 鉴定结论通知书 2 份，证明在安徽很多公司冒充被告鹏达公司安徽分公司的名义对外承揽工程，本案所涉工程目前尚未报案。

原告对该组证据的真实性没有异议，但关联性有异议，两被告没有证据证明本案的工程是虚假的，也无法证明本案所涉分公司的印章是伪造的。

5. 声明 1 份，证明被告鹏达公司安徽分公司的原负责人为朱某，现分公司已不再开展业务，公司正在办理注销手续。

原告对该组证据的真实性没有异议，根据原告提供的工商信息，直至 2012 年 12 月朱某仍是被告鹏达公司安徽分公司的负责人，后因公司内部矛盾被免职。

2013 年 4 月 1 日，原告申请证人孙甲到庭作证。证人孙甲的证言证明其是被告鹏达公司安徽分公司承建的某大厦项目的现场负责人，原告供货后，由材料员兼质检员梁丙负责签收，并确认原告提供的还款计划书、2012 年 7 月 11 日授权委托书的真实性。

原告对证人孙甲的陈述没有异议。

两被告对证人孙甲的陈述有异议，孙甲并非两被告公司员工，无权代表两被告出具还款计划书。

经审理查明，原告（甲方）与被告鹏达公司安徽分公司（乙方）签订《钢材购销协议书》1 份，约定乙方就其承建的安徽某大厦工程项目向甲方采购钢材，合同第 1 条约定，……甲方每批的送货单经乙方签字确认后作为甲方送货及货款结算凭证。……乙方工程所需钢材全部由甲方提供，乙方采购钢材总量约为 4 000 吨，在此基础上，甲方同意供的 600 吨作为垫资款。甲方垫资的 600 吨按每吨每天 4 元计算。第 2 条约定，……供货方式为：甲方负责将货物送至乙方工程场地……。货物接收和验收：乙方指定蔡乙、梁丙或项良奎为乙方接收钢材的委托代理人，负责对货物接收、验收。上述代理人中任何一人的签收，均视为乙方的签收行为。每批次的供货品名、规格、数量、价格、供货日期等项目甲方均在送货清单上记载详细，一经乙方任一委托代理人签字确认，该送货清单即作为乙方的收货凭证，用于双方货款结算。第 4 条约定，甲方垫资满 600 吨之后，每批次的货款在送货之日起三日内结清。……本合同垫资以外的货款，乙方如有逾期付款，乙方应向甲方支付其所欠货款总金额每日千分之三的违约金。第 5.3 条约定，本合同在乙方违约情况下终止，乙方都应立即向甲方结清已供钢材的所有货款，并在合同终止之日起十五个工作日完成结算并付清全部款项。合同乙方落款处盖有“鹏达建设集团有限公司安徽分公司龙居大厦项目部”的印章及徐某的签字。

2011 年 3 月 26 日，徐某与被告鹏达公司安徽分公司就某大厦工程签订《项目内部经济承包合同》1 份，约定徐某承接系争工程。

2011 年 7 月 13 日、10 月 31 日，合同指定收货人梁丙对账，确认分别收到原告供货 621.883 吨、96.26 吨和 831.868 吨，合计 1 550.011 吨。

又查明，2012 年 7 月 11 日，被告鹏达公司安徽分公司出具授权委托书 1 份，委托本公司利辛项目部现场负责人孙甲主任代表其与原告签订还款计划书，并载明还款计划书中的内容均予以接受认可，落款处盖有“鹏达建设集团有限公司安徽分公司”的印章。当日，原告与被告鹏达公司安徽分公司签订还款计划书 1 份，鹏达公司安徽分公司承诺若不按还款计划履行，原告有权一并就全部欠款进行追索，另承担原告为追索债权而支付的律师费（按上海市律师服务收费管理实施办法规定的中等标准）、诉讼费用及差旅费。

再查明，2010 年 12 月 27 日，被告鹏达公司安徽分公司在兴业银行开立单位银行结算账户申请书上注明财务联系人为程义和、法定代表人为朱某。2012 年 8 月 13 日，程义和在 2012 年 7 月 11 日孙甲的授权委托书上确认“该印章属实，是我们使用盖印”。

被告鹏达公司安徽分公司于 2008 年 1 月 28 日成立，负责人为朱某。2012 年 6 月 20 日，被告鹏达公司登报刊登声明，免去鹏达公司安徽分公司原负责人朱某一切职务。

另查明，在安徽某大厦工程施工招标中，被告鹏达公司被确定为中标单位。2011 年 7

月19日，鹏达公司与利辛县龙居置业有限公司签订协议书（承包合同）。

本院认为，本案的争议焦点在于：原告和被告鹏达公司安徽分公司之间是否存在买卖合同关系。两被告辩称从未与原告签订过钢材购销合同，系争工程也不是两被告承建，且从未收到过原告的钢材，故申请对原告提供的所有证据上两被告的印章进行鉴定。对此，本院认为，首先，根据原告向利辛县招投标服务中心调取的中标通知书及向利辛县建筑业管理处调取的协议书可见，鹏达公司为系争工程的中标单位，鹏达公司也按照通知书的要求就工程施工事项与发包方签订了协议书，故本院可以确认工程系被告鹏达公司承建。其次，根据原告提供的项目内部经济承包合同，案外人徐某挂靠在被告鹏达公司安徽分公司名下与原告签订合同，原告也按约向项目工地进行供货，并由合同指定收货人员签收并对账。再次，被告鹏达公司安徽分公司出具的委托书，授权项目部现场负责人孙甲与原告针对合同项下的欠款签订还款计划书。最后，两被告提供的证据清单上显示分公司印章于2012年8月9日交付公安机关，但本院注意到合同、授权委托书的盖章日期均为上述日期之前，故两被告否认印章的真实性于法无据。以上事实与证人孙甲的陈述相吻合，证据之间能够形成相互之间的关联，本院可以确认原告和被告鹏达公司安徽分公司就本案所涉工程项目存在真实有效的买卖合同关系。根据合同第2.5条的约定，合同指定人员有权进行接收、验收及货款结算，故原告亦有权按照3份对账单的金额向被告鹏达公司安徽分公司主张货款，因2011年10月31日对账单中被告确认供货数量为831.968吨，故相对应的货款金额为4 536 556.01元，总货款应为8 494 426.78元，被告已付款2 250 000元，余款6 244 426.78元应支付原告，现原告将欠款金额调整为6 244 426.48元，并以此金额向被告鹏达公司安徽分公司主张欠款于法有据，本院予以支持。被告鹏达公司对印章鉴定的申请，本院认为已无必要，故不予准许。

被告鹏达公司安徽分公司未能按约履行付款义务，应承担相应违约责任。原告最后一次供货日期为2011年9月8日，根据合同第4.1条约定，每批次的货款在送货之日起三日内结清，被告鹏达公司安徽分公司应在2011年9月12日前付清货款，故原告自2011年9月13日开始计算，并将基数自行调整为5 000 000元，按照每日万分之七计算违约金，于法不悖，本院予以支持。另根据合同1.2条的约定，被告垫资600吨按照每吨每天4元即每天2 400元计息，原告截至2011年7月1日供货达到600吨，故原告计算垫资利息的期限及方法并无不当，本院予以支持。另根据2012年7月11日被告鹏达公司安徽分公司授权孙甲出具的还款计划书，逾期付款应承担为追索债权而支付的律师费，故原告要求被告鹏达公司安徽分公司赔偿律师费损失于法有据，本院予以支持。被告鹏达公司安徽分公司系被告鹏达公司的分支机构，不具有法人资格，其民事责任应由总公司承担。

据此，依照《中华人民共和国合同法》第一百零七条、第一百零九条、第一百一十四条和《最高人民法院关于民事诉讼证据的若干规定》第二条的规定，判决如下：

一、被告鹏达建设集团有限公司于本判决生效之日起十日内偿付原告上海隆贤建材商行货款6 244 426.48元；

二、被告鹏达建设集团有限公司于本判决生效之日起十日内赔偿原告上海隆贤建材商行垫资款利息（自2011年5月31日起算至2011年7月1日止，按照每日2 400元计算）；

三、被告鹏达建设集团有限公司于本判决生效之日起十日内支付原告上海隆贤建材商行违约金（以5 000 000元为基数，自2011年9月13日起算至实际清偿日止，按照每日万

分之七计算);

四、被告鹏达建设集团有限公司于本判决生效之日起十日内赔偿原告上海隆贤建材商行律师费损失350 000元;

五、驳回原告上海隆贤建材商行的其余诉讼请求。

如果被告鹏达建设集团有限公司未按本判决指定的期间履行给付金钱义务，应当依照《中华人民共和国民事诉讼法》第二百五十三条的规定，加倍支付迟延履行期间的债务利息。

案件受理费71 496元，由原告上海隆贤建材商行负担2 973元(已付)，被告鹏达建设集团有限公司负担68 523元(于本判决生效之日起七日内交付本院)。

如不服本判决，可在判决书送达之日起十五日内，向本院递交上诉状，并按对方当事人的人数提出副本，上诉于上海市第一中级人民法院。

审　判　长　蒋　慧
代理审判员　张　波
人民陪审员　陈茸君
二〇一三年五月二十三日
代理书记员　朱　丽

本书因版面所限以下案例均略去判决书最后落款文字。

1.1　工程承发包的方式与管理

工程承发包属于一种商业交易行为，是指交易的一方负责为交易的另外一方完成某项工作、供应某些货物或者提供某项服务，并按照一定的价格取得一定报酬的一种交易。按时完成而取得报酬的一方称为承包人。委托任务并且负责支付报酬的一方称为发包人；承发包双方当事人通常通过签订合同或者协议报酬达成交易，该合同或者协议具有法律效力，双方必须遵守和履行。

建设工程承发包是一种商业行为，指建筑企业（承包商）作为承包人（称为乙方），建设单位（项目业主）作为发包人（称为甲方），由甲方把建设工程任务委托给乙方，双方在平等互利的基础上签订工程合同，明确双方各自的权利与义务，承包商为业主完成工程项目的全部或部分项目建设任务，并从项目业主处获取相应的报酬，属于一种经营方式。

1.1.1　工程承发包方式

建设工程承发包方式，是指发包人与承包商之间的经济关系形式。建设工程承发包方式的种类是多种多样的，按照不同的标准可以有不同的分类，通常其主要的分类如下。

1. 按照承发包范围划分

按照承发包的范围划分，工程的承发包方式可以分为建设全过程承发包、阶段承发包、专项承发包和建筑—经营—转让承发包四种。

1）建设全过程承发包

建设全过程承发包也叫“统包”或“一揽子承包”，就是通常所说的“交钥匙”。采用这种承发包方式，建设单位一般只要提出使用要求和竣工期限或对其他重大决策性问题做

出决定，承包单位即可对项目建议书、可行性研究、勘察设计、设备询价与选购、材料订货、工程施工、职工培训、竣工验收，直到投产使用和建设后评估等全部过程实行全面的总承包，并负责对各项分包任务进行综合管理和监督。

为了有利于建设的衔接，必要的时候也可以吸收建设单位的部分力量，在承包公司的统一组织下，参加工程建设的有关工作。这种承包方式要求承发包双方密切配合，设计决策性质的重大问题仍然应该由建设单位或者其上级主管部门做最后的决定。

这种承发包方式主要适用于各种大中型建设项目。大中型建设项目由于工程规模大、技术复杂，要求工程的承包公司必须由具有雄厚的技术经济能力和丰富的组织管理经验的总承包公司（集团）担任。为了适应这种要求，国外的某些大承包商往往和勘察设计企业组成一体化的承包公司，或者更进一步地扩大到若干专业承包商的器材生产供应厂商，形成横向的经济联合体。这是近几十年来建筑业一种新的发展趋势。改革开放以来，我国各地建立的建设工程承包公司就属于这种承包单位。这种承发包方式的好处是：由专职的工程承包公司承包，可以充分利用其丰富的经验，还可以进一步积累经验，节约投资，缩短建设周期并保证建设项目的质量，提高经济效益。

2）阶段承发包

阶段承发包是指发包人和承包商就建设过程中某一阶段或者某些阶段的工作（如可行性研究、勘察、设计或施工、材料设备供应等）进行发包承包。例如，由设计机构承担勘察设计，由施工单位承担工业与民用建筑施工，由设备安装公司承担设备安装任务。其中，施工阶段的承发包还可依承发包的具体内容不同，细分为以下三种形式。

（1）包工包料，即工程施工所用的全部人工和材料由承包商负责。这是国际上采用较为普遍的施工承包方式。其优点是：可以调剂余缺，合理组织供应，加快工程的建设速度，促进施工单位加强其企业管理的力度，减少不必要的损失和浪费；有利于合理使用材料，降低工程造价，减轻建设单位的负担。

（2）包工部分包料，即承包者只负责提供施工的全部所需工人和一部分材料，材料的其余部分由建设单位或总包单位负责供应。我国在改革开放以前曾实行多年的施工单位承包全部用工和地方材料，建设单位供应统配和部管材料及某些特殊材料，就属于典型的包工部分包料承包方式。改革开放以后逐步过渡到包工包料方式。

（3）包工不包料，即承包商（大多是分包人）仅提供劳务而不承担供应任何材料的义务，此种方式又称为“包清工”，实质上是劳务承包。目前，在国内外的建设工程中都存在这种承发包方式。

3）专项承发包

专项承发包是指发包人和承包商就某建设阶段中的一个或几个专门项目进行发包承包。由于专门项目的专业性较强，多由有关的专业承包单位承包，所以专项承发包也称为专业承发包。专项承发包主要适用于可行性研究中的辅助研究项目；勘察设计阶段的工程地质勘察、供水水源勘察，基础或结构工程设计、工艺设计，供电系统、空调系统及防灾系统的设计；施工阶段的深基础施工、金属结构制作和安装、通风设备和电梯安装等建设准备阶段的设备选购和生产技术人员培训等专门项目。

4）建筑—经营—转让承发包

这种承发包方式在国际上通常称为 BOT 方式，即建造—经营—转让的英文 Build-Operate-Transfer 缩写。这是 20 世纪 80 年代中后期新兴的一种带资承包方式。其含义是一个承建人或发起人（非国有部门）从委托人处（通常为政府）获得特许权，成为特许权的所有者后着手从事项目的融资，建设和经营，并在特许期内拥有该项目的经营权和所有权，特许期结束后将项目无偿地转让给委托人。在特许期内，项目公司通过对项目的良好经营得到利润，用于收回融资成本并取得合理收益。通常投资者组成项目公司，从项目所在国政府获取特许权协议，作为项目开发和安排融资的基础。

BOT 方式的程序一般由一个或者几个大的承包商或开发商牵头，联合金融界组成财团，就某一工程项目向政府提出建议和申请，取得建设和经营该项目的许可。这些一般都是大型公共工程和基础设施，如隧道、港口、高速公路、电厂等。政府若同意建议和申请，则将建设和经营该项目的特许权授予财团。财团负责资金筹集、工程设计和施工的全部工作；竣工后，在特许期内经营该项目，通过向用户收取费用，回收投资，偿还货款并获取利润；特许期满即将该项目无偿地移交给政府经营管理。对项目所在国来说，采用这种方式可以解决政府建设资金短缺的问题且不形成债务，又可解决本国缺少建设、经营管理能力等困难，而且不用承担建设、经营中的风险。所以，在许多发展中国家得到欢迎和推广。对承包商来说，则跳出了设计、施工的小圈子，实现工程项目前期和后期全过程总承包，竣工后并参与经营管理，利润来源也不限于施工阶段，而是向前后延伸到可行性研究、规划设计、器材供应及项目建成后的经营管理，从被招标的经营方式转向主动为政府、业主和财团提供超前服务，从而扩大了经营范围。当然，这难免会增加风险，所以要求承包商有高超的融资能力和技术经济管理水平，还要有风险的防范能力。

2. 按承包者所处的地位划分

在工程承包中，一个建设项目往往有不止一个承包单位。不同承包单位之间，承包单位与建设单位之间的关系不同，就形成不同的承发包方式。

1）总承包

总承包简称总包。一个建设项目的建设全过程或其中某个阶段的全部工作，由一个承包单位负责组织实施。这个承包单位可以将若干个专业性工作交给不同的专业承包单位去完成，并统一协调和监督他们的工作。在一般情况下，业主仅同这个承包单位发生直接关系，而不同各专业承包单位发生直接关系，这样的承包方式叫总承包。承担这种任务的单位叫总承包单位，或简称总包单位，通常有咨询公司、勘察设计机构、一般土建公司及设计施工一体化的大建筑公司等。我国新兴的工程承包公司也是总包单位的一种组织形式。

2）分承包

分承包简称分包，是相对总承包而言的，即承包者不与建设单位发生直接关系，而是从总包单位分包某一分项工程（如土方、模板、钢筋等）或某种专业工程（如钢结构制作和安装、卫生设备安装、电梯安装等），在现场由总包单位统筹安排其活动，并对总包单位负责。分包单位通常为专业工程公司，如工业锅炉公司、设备安装公司、装饰工程公司等。国际上现行的分包方式主要有两种：一种是由建设单位指定分包单位，与总包单位签

订分包合同；另一种是总包单位自行选择分包单位，经建设单位同意后签订分包合同。可见，分包都要经过建设单位同意方可进行。

在此需要注意的是，分包单位承包的工程不能是总承包范围内的主体结构工程或关键部分（主要部分），主体结构工程或关键部分（主要部分）必须由总包单位自己完成。

案例 1-1 2000 年 10 月，建筑商刘某通过招标承建了民权县某单位家属楼，后经这家发包单位同意，刘某又将该家属楼的一些附属工程分包给杨某，并就工程质量要求、交付时间等内容分别签订了承包、分包书面合同。

一年后工程按期完成，可经工程质量监督单位检验，发现该家属楼附属工程存在严重的质量问题。发包单位便要求刘某承担责任，刘某却称该附属工程系经发包单位同意后分包给他人，而与自己无关。发包单位于是又找到分包人杨某，杨某也以种种理由拒绝承担责任。无奈，发包单位于 2002 年 3 月将总承包商刘某、分包人杨某共同告至法庭，要求两被告对质量不合格的附属工程返工，并赔偿损失 1 万元。

法院经审理认为，建筑商刘某与发包单位签订的建筑承包合同及刘某与杨某签订的分包合同均为有效合同，承包商刘某、分包人杨某均应按合同约定全面履行义务。现分包人杨某承建的该家属楼附属工程完工后，经检验发现存在严重的质量问题，实际上就是分包人杨某不按合同约定质量要求施工的违约行为，故杨某应承担返工及赔偿损失的责任。同时总承包商刘某应就整个中标项目向发包单位负责，这其中也包括要承担分包公司违约造成的连带责任。据此，法院依法判决该建设工程总承包商刘某对分包人杨某承建有严重质量问题的附属工程返工，并赔偿发包单位因此所受损失 1 万元，分包人杨某承担连带责任。

解析 我国《合同法》对建筑上的总包与分包双方要承担的责任有很详细的规定，“总承包商或者勘察、设计、施工承包商经发包人同意，可以将自己承包的部分工作交由第三人完成。第三人就其完成的工作成果与总承包商或者勘察、设计、施工承包商向发包人承担连带责任……”；作为总承包商，并不能认为分包出去的工程是泼出去的水，可以不管不问。法律规定总承包商要对分包工程的质量和完成情况负连带责任，因此总承包商在管理好自己的工程进度和质量的同时也要对分包工程严加监督，以免承担不必要的责任。

3）独立承包

独立承包是指承包单位依靠自身的力量完成承包的任务，而不实行分包的承包方式。

通常仅适用于规模较小，技术要求比较简单的工程及修缮工程。

4）联合承包

联合承包是相对于独立承包而言的承包方式，即由两个以上承包单位联合起来承包一项工程任务，由参加联合的各单位推荐代表统一与建设单位签订合同，共同对建设单位负责，并协调他们之间的关系。但参加联合的各单位仍是各自独立经营的企业，只是在共同承包的工程项目上，根据预先达成的协议，承担各自的义务和分享共同的收益，包括投入资金数额、工人和管理人员的派遣、机械设备和临时设施的费用分摊、利润的分享及风险的分担等。

这种承包方式由于多家联合，资金雄厚，技术和管理上可以取长补短，发挥各自的优势，有能力承包大规模的工程任务。同时由于多家共同作价，在报价及投标策略上互相交流经验，也有助于提高竞争力，较易中标。在国际工程承包中，外国承包企业与工程所在

国承包企业联合经营，有利于了解和适应当地的国情民俗、法规条例，便于工作的开展。所以，在市场竞争日益激烈的今天，联合承包逐步得到推广。

5）直接承包

直接承包就是在同一工程项目上，不同承包单位分别与建设单位签订承包合同，各自直接对建设单位负责。各承包商之间不存在总、分包关系，现场的协调工作可由建设单位（发包人）自己做，或委托一个承包商牵头做，也可聘请专门的项目经理（建造师）来加以管理。

3. 按获得承包任务的途径划分

1）计划分配

在传统的计划经济体制下，由中央和地方政府的计划部门分配建设工程任务，由设计、施工单位与建设单位签订承包合同。在我国，计划分配曾是多年来采用的主要方式，改革开放后已为数不多，较为罕见。

2）投标竞争

通过投标竞争，优胜者获得工程任务，与建设单位签订承包合同，这是国际上通用的获得承包任务的主要方式。我国建筑业和基本建设管理体制改革的主要内容之一，就是从以计划分配工程任务为主逐步过渡到以政府宏观调控下实行投标竞争为主的承包方式。我国现阶段的工程任务是以投标竞争为主的承包方式。

3）委托承包

委托承包也称协商承包，即不经过投标竞争，而由建设单位与承包商协商，签订委托其承包某项工程任务的合同，主要适用于投资额较小的小型工程。

4）指令承包

指令承包就是由政府主管部门依法指定工程承包单位。这是一种具有强制性的行政措施，仅适用于某些特殊情况。我国《建设工程招标投标暂行规定》中有“少数特殊工程或偏僻地区的工程，投标企业不愿投标者，可由项目主管部门或当地政府指定投标单位”的条文，实际上就是带有指令承包的性质。

4. 按合同计价方法划分

1）固定总价合同

固定总价合同又称总价合同，是指发包人要求承包商按商定的总价承包工程。这种方式通常适用于规模较小、风险不大、技术简单、工期较短的工程。其主要做法是以图纸和工程说明书为依据，明确承包内容和计算承包价，总价一次包死，一般不予变更。这种方式的优点是，因为有图纸和工程说明书为依据，发包人、承包商都能较准确地估算工程造价，发包人容易选择承包商。其缺点主要是对承包商有一定风险，因为如果设计图纸和工程说明书不太详细，未知数比较多，或者遇到材料突然涨价、地质条件变化和气候条件恶劣等意外情况，承包商承担的风险就会增大，风险加大不利于降低工程造价，最终对发包人也不利。

2）计量估价合同

计量估价合同是指以工程量清单和单价表为计算承包价依据的承包方式。通常的做法是由发包人或委托具有相应资质的中介咨询机构提出工程量清单，列出分部、分项工程量，由承包商根据发包人给出的工程量，经过复核并填上适当的单价，再算出总造价，发包人只要审核单价是否合理即可。这种承发包方式，结算时单价一般不能变化，但工程量可以按实际工程量计算，承包商承担的风险较小，操作起来也比较方便。

3）单价合同

单价合同是指以工程单价结算工程价款的承发包方式，其特点是工程量实量实算，以实际完成的数量乘以单价结算。

具体包括以下两种类型：

（1）按分部、分项工程单价承包。即由发包人列出分部、分项工程名称和计量单位，由承包商逐项填报单价，经双方磋商确定承包单价，然后签订合同，并根据实际完成的工程数量，按此单价结算工程价款。这种承包方式主要适用于没有施工图、工程量不同而且需要开工的工程。

（2）按最终产品单价承包。即按每平方米住宅、每平方米道路等最终产品的单价承包。其报价方式与按分部、分项工程单价承包相同。这种承包方式通常适用于采用标准设计的住宅、宿舍和通用厂房等房屋建筑工程。但对其中因条件不同而造价变化较大的基础工程，则大多采用按计量估价承包或分部、分项工程单价承包的方式。

4）成本加酬金合同

成本加酬金合同又称成本补偿合同，是指按工程实际发生的成本结算外，发包人另加上商定好的一笔酬金（总管理费和利润）支付给承包商的一种承发包方式。工程实际发生的成本主要包括人工费、材料费、施工机械使用费、其他直接费和现场经费及各项独立费等。其主要做法有成本加固定酬金、成本加固定百分比酬金、成本加浮动酬金、目标成本加奖罚。

（1）成本加固定酬金。这种承包方式的工程成本实报实销，但酬金是事先商量好的一个固定数目。

这种承包方式的酬金不会因成本的变化而改变，它不能鼓励承包商降低成本，但可鼓励承包商为尽快取得酬金而缩短工期。有时，为鼓励承包商更好地完成任务，也可在固定酬金之外，再根据工程质量、工期和降低成本情况另加奖金，且奖金所占比例的上限可以大于固定酬金。

（2）成本加固定百分比酬金。这种承包方式的工程成本实报实销，但酬金是事先商量好的以工程成本为计算基础的一个百分比。

这种承包方式对发包人不利，因为工程总造价随工程成本增大而相应增大，不能有效地鼓励承包商降低成本、缩短工期。现在这种承包方式已很少采用。

（3）成本加浮动酬金。这种承包方式通常是由双方事先商定工程成本和酬金的预期水平，然后将实际发生的工程成本与预期水平相比较，如果实际成本恰好等于预期成本，则工程造价就是成本加固定酬金；如果实际成本低于预期成本，则增加酬金；如果实际成本

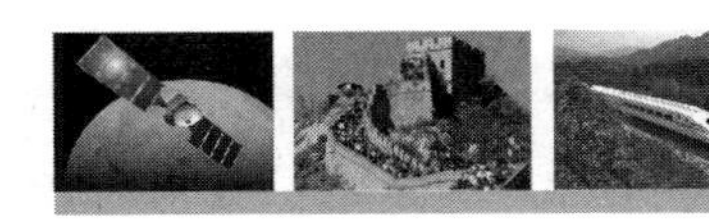

高于预期成本，则减少酬金。

这种承包方式的优点是对发包人、承包商双方都没有太大风险，同时也能促使承包商降低成本和缩短工期。缺点是在实践中估算预期成本比较困难，要求承发包双方具有丰富的经验。

（4）目标成本加奖罚。这种承包方式是在初步设计结束后，工程迫切开工的情况下，根据粗略计算的工程量和适当的概算单价表编制概算，作为目标成本，随着设计逐步具体化，目标成本可以调整。另外以目标成本为基础规定一个百分比作为酬金，最后结算时，如果实际成本高于目标成本并超过事先商定的界限（如 5%），则减少酬金；如果实际成本低于目标成本（也有一个幅度界限），则增加酬金。

此外，还可另加工期奖罚。这种承包方式的优点是可促使承包商降低成本和缩短工期，而且由于目标成本是随设计的进展而加以调整才确定下来的，所以发包人、承包商都不会承担过大风险。缺点是目标成本的确定较困难，要求发包人、承包商都具有比较丰富的经验。

5）按投资总额或承包工程量计取酬金的合同

这种方式主要适用于可行性研究、勘察设计和材料设备采购供应等承包业务。例如，承包可行性研究的计费方法通常根据委托方的要求和所提供的资料情况拟定工作内容，估计完成任务所需各种专业人员的数量和工作时间，据此计算工资、差旅费及其他各项开支，再加上企业总管理费，汇总即可得出承包费用总额。勘察费的计费方法是按完成的工作量和相应的费用定额计取的。

1.1.2　工程承发包活动的管理

1. 建筑市场管理机构及其职能

在社会主义市场经济体制下，为培育和发展建筑市场，保持公平合理的竞争，保护建筑交易活动当事人的合法权益，维护建筑市场的正常秩序，有关部门要对以工程承发包活动为主要内容的建筑市场进行必要的宏观管理。

建筑市场的管理机构是各级人民政府的建设行政主管部门和工商行政管理机关。他们的共同职能是对建筑市场的参加者进行资质管理和市场行为管理，但又有分工和协作。

1）建设行政主管部门的主要管理职责

（1）贯彻国家有关工程建设的方针政策和法规，会同有关部门草拟或制定建筑市场管理法规。

（2）总结交流建筑市场管理经验，指导建筑市场的管理工作。

（3）根据工程建设任务与设计、施工力量，建立平等竞争的市场环境。

（4）审核工程发包条件与承包方的资质等级，监督检查建筑市场管理法规和工程建设标准、规范的执行情况。

（5）依法查处违法行为，维护建筑市场情况。

2）工商行政管理机关的主要管理职责

（1）会同建设行政主管部门草拟或制定建筑市场管理法规，宣传并监督执行有关建筑

市场管理的工商行政管理法规。

（2）依据建设行政主管部门颁发的资质证书，依法颁发勘察设计企业和施工单位的营业执照。

（3）根据《中华人民共和国合同法》（以下简称《合同法》）的有关规定，确认和处理无效建设工程合同，负责合同纠纷的调解、仲裁，并根据当事人的申请或地方人民政府的规定，对建设工程合同进行签证。

（4）依法审查建筑经营当事人的经营资格，确认其经营管理行为的合法性。

（5）依法查处违法行为，维护建筑市场秩序。

2. 招投标管理机构

建设工程招投标由行政主管部门或其授权的招投标管理机构实行分级管理。其管理机构有：建设部；各个省、自治区、直辖市建设行政主管部门；各级施工招投标办事机构；国务院有关部门。

1）建设部的职责

建设部是负责全国工程建设、施工招投标的最高管理机构。其主要职责如下。

（1）贯彻执行国家有关工程建设招投标的法律、法规、方针和政策，制定施工招投标的规定和办法。

（2）指导、检查各地区、各部门招投标工作。

（3）总结、交流招标工作的经验，提供服务。

（4）维护国家利益，监督重大工程的招投标活动。

（5）审批跨省的施工招标代理机构。

2）地区行政部门的职责

省、自治区、直辖市建设行政主管部门负责管理本行政区域内的施工招投标工作。其主要职责如下。

（1）贯彻执行国家有关工程建设招投标的法规和方针、政策，制定施工招投标实施办法。

（2）监管、检查有关施工招投标活动，总结、交流工作经验。

（3）审批咨询、监理等单位代理施工招投标业务的资格。

（4）调解施工招投标纠纷。

（5）否决违反招投标规定的定标结果。

3）各级施工招投标办事机构的职责

省、自治区、直辖市建设行政主管部门可以根据需要报请同级人民政府批准，确定各级施工招投标办事机构的设置及其经费来源。

根据同级人民政府建设行政主管部门的授权，各级施工招投标办事机构具体负责本行政区域内招投标的管理工作。其主要职责如下。

（1）审查招标单位的资质。

（2）审查招标申请书和招标文件。

（3）审批标底。

（4）监督开标、评标、定标。

（5）调解招投标活动中的纠纷。

（6）否决违反招投标规定的行为。

（7）处罚违反招投标规定的行为。

（8）监督承发包合同的签订、履行。

4）国务院有关部门的职责

国务院工业、交通等部门要会同地方建设行政主管部门，做好本部门直接投资和相关投资公司投资的重大建设项目施工招标管理工作。其主要职责如下。

（1）贯彻国家有关工程建设招投标的法规、方针和政策。

（2）指导、组织本部门直接投资公司的重大工程建设项目的施工招标工作和本部门直属施工单位的投标工作。

（3）监督、检查本部门有关单位从事施工招投标活动。

（4）向项目所在的省、自治区、直辖市建设行政主管部门办理招标等事宜。

3. 承发包单位的资质管理

发包单位和承包单位的资质管理，就是政府主管部门对这些单位的资格和素质提出明确要求，根据它们各自的具体条件，确定发包单位是否具备发包建设项目的资格，核定承包单位的资质等级和相应的营业范围。

1）工程发包单位应具备的条件

按我国现行法律规定，工程项目的发包单位必须是法人、依法成立的其他组织或公民个人，并有与发包项目相适应的技术和经济管理人员；实行招标的，应当具有编制招标文件和组织开标、评标、决标的能力。不具有这些人员和能力的，必须委托具有相应资质的建设监理或咨询单位代理。

工程施工任务必须发包给持有营业执照和相应资质证书的施工单位。

建筑构配件、非标准设备的加工生产，必须发包给具有生产许可证或经有关主管部门依法批准生产的企业。

2）工程承包单位的资质管理

我国现行工程承包单位资质管理的法规是建设部于 2007 年 9 月 1 日起施行的《建筑业企业资质管理规定》。其主要内容如下。

（1）资质管理的权限。国务院建设主管部门负责全国建筑业企业资质的统一监督管理。国务院铁路、交通、水利、信息产业、民航等有关部门配合国务院建设主管部门实施相关资质类别建筑业企业资质的管理工作。

省、自治区、直辖市建设行政主管部门负责本行政区域内建筑业企业资质的统一监督管理。省、自治区、直辖市交通、水利、信息产业等有关部门配合同级建设行政主管部门实施本行政区域内相关资质类别建筑业企业资质的管理工作。

（2）资质管理的对象为所有从事土木建设工程，线路、管道及设备安装工程，装修装饰工程等新建、改建活动的建筑业企业。

（3）首次申请或者增项申请建筑业企业资质，应当提交以下材料：

① 建筑业企业资质申请表及相应的电子文档。

② 企业法人营业执照副本。

③ 企业章程。

④ 企业负责人和技术、财务负责人的身份证明、职称证书、任职文件及相关资质标准要求提供的材料。

⑤ 建筑业企业资质申请表中所列注册执业人员的身份证明、注册执业证书。

⑥ 建筑业企业资质标准要求的非注册的专业技术人员的职称证书、身份证明及养老保险凭证。

⑦ 部分资质标准要求企业必须具备的特殊专业技术人员的职称证书、身份证明及养老保险凭证。

⑧ 建筑业企业资质标准要求的企业设备、厂房的相应证明。

⑨ 建筑业企业安全生产条件有关材料。

⑩ 资质标准要求的其他有关材料。

（4）建筑业企业申请资质升级的，除必须提交上述①、②、④、⑤、⑥、⑧、⑩外，还应当提交以下材料：

① 企业原资质证书副本复印件。

② 企业年度财务、统计报表。

③ 企业安全生产许可证副本。

④ 满足资质标准要求的企业工程业绩的相关证明材料。

（5）取得建筑业企业资质的企业，申请资质升级、资质增项，在申请之日起前一年内有下列情形之一的，资质许可机关不予批准企业的资质升级申请和增项申请：

① 超越本企业资质等级或以其他企业的名义承揽工程，或允许其他企业或个人以本企业的名义承揽工程的。

② 与建设单位或企业之间相互串通投标，或以行贿等不正当手段谋取中标的。

③ 未取得施工许可证擅自施工的。

④ 将承包的工程转包或违法分包的。

⑤ 违反国家工程建设强制性标准的。

⑥ 发生过较大生产安全事故或者发生过两起以上一般生产安全事故的。

⑦ 恶意拖欠分包企业工程款或者农民工工资的。

⑧ 隐瞒或谎报、拖延报告工程质量安全事故或破坏事故现场、阻碍对事故调查的。

⑨ 按照国家法律、法规和标准规定需要持证上岗的技术工种的作业人员未取得证书上岗，情节严重的。

⑩ 未依法履行工程质量保修义务或拖延履行保修义务，造成严重后果的。

⑪ 涂改、倒卖、出租、出借或者以其他形式非法转让建筑业企业资质证书的。

⑫ 其他违反法律、法规的行为。

4. 建筑市场行为管理

市场行为管理的作用在于为建筑市场参加者制定在交易过程中应共同或者各自遵守的行为规范，并监督检查其执行情况，防止违规行为，以保证市场有序地正常运行。

1）工程发包单位的行为规范

符合规定条件的工程发包单位就是建筑市场上合格的买主，可以通过招标或其他合法方式自主发包工程。不论勘察设计或施工任务，都不得发包给不符合规定的资质等级和营业范围的单位承担，更不得利用发包权索贿受贿或收取“回扣”，有此行为者将被没收非法所得，并处以罚款。

2）工程承包单位的行为规范

工程承包企业在建筑市场上只能按资质等级规定的承包范围承包工程，不得无证、无照或超级承揽任务，非法转包、出卖、出租、转让、涂改、伪造资质证书或营业执照及银行账号等，以及利用行贿、“回扣”等手段承揽工程任务，或以介绍工程任务为手段收取费用。有此等行为之一者，将依情节轻重，给予警告、通报批评、没收罚款。在工程中指定使用没有出厂合格证或质量不合格的建筑材料构配件及设备，或因设计、施工不遵守有关标准、规范，造成工程质量事故或人身伤亡事故的，应按有关的法规处理。

3）中介机构和人员的行为规范

中介机构和人员是在建筑市场上为工程承发包双方提供专业知识服务的，主要指建设监理和招投标咨询服务。工程建设监理单位和人员的行为规范，在《建设监理试行规定》中已有明文规定。咨询服务活动在我国尚不发达，咨询机构和人员必须正直、公平、尽心竭力为客户和雇主服务；不得领取客户和雇主以外的他人支付的酬金；不得泄露和使用由于业务关系得知的客户的秘密（如招标工程的标底），不得利用施加不正当压力、行贿、自吹自擂、抬高自己、贬低别人等不正当手段在同行中进行承揽业务的竞争。

4）建筑市场管理人员的行为规范

市场管理人员要恪尽职守，依法秉公办事，维护市场秩序。不得以权谋私、敲诈勒索、徇私舞弊。有此行为者由其所在单位或上级主管部门给予行政处分。

5）建筑市场参加者违规行为的处罚

建筑市场参加者的违规行为，由建设行政主管部门和工商行政管理机关按照各自的职责进行查处。有构成犯罪行为的，由司法机关依法追究刑事责任。

1.2 建筑市场

市场是进行商品交换的地方，同样，建筑市场是以建筑产品为商品的市场，所以建筑市场是指“涉及与建筑产品有关的交换关系的总和”。

建筑市场是以建设工程承发包交易活动为主要内容的市场，也称为建设市场。建筑市场分为狭义的建筑市场和广义的建筑市场两种。狭义的建筑市场一般指有形的建筑市场，并且有固定的交易场所。广义的建筑市场包括有形建筑市场和无形建筑市场，既包括与工程建设有关的技术、租赁、劳务等各种要素的市场，以及包括依靠广告、通信、中介机构或经纪人等为工程建设提供专业服务的有关组织体系，还包括建筑商品生产过程及流通过程中的经济联系和经济关系等。因此可以说，广义的建筑市场是工程建设生产和交易关系的总和。

1.2.1 建筑市场的主体和客体

由于建筑产品具有生产周期长，价值量大，生产过程的不同阶段对承包单位要求不同的特点，因此建筑市场交易贯穿于建筑产品生产的整个过程。从工程建设的咨询、设计、施工任务的发包开始，到工程的竣工、保修期结束为止，发包方与承包方、分包方进行的各种交易，以及建筑施工、商品混凝土供应、构配件生产、建筑机械租赁等活动，都是在建筑市场中进行的。生产活动与交易活动的交织使建筑市场在很多方面有别于其他产品市场。

改革开放以来，特别是经过近几年来的发展，我国目前已经基本形成以发包方、承包方、为双方服务的咨询服务者和市场组织管理者为市场主体，以建筑产品和建筑生产过程为市场客体，以招投标为主要交易形式的市场竞争机制，以资质管理为主要内容的市场监督管理手段，并且具有中国特色的社会主义建筑市场体系。

在社会主义市场经济条件下，建筑市场由于引入了竞争机制，促进了资源的优化配置，提高了建筑生产效率，推动了建筑企业的管理和工程质量水平的进步。因此，建筑业在整个国民经济中占有相当重要的地位，成为我国社会主义市场经济体系中一个非常重要的组成部分。建筑市场体系如图 1.1 所示。

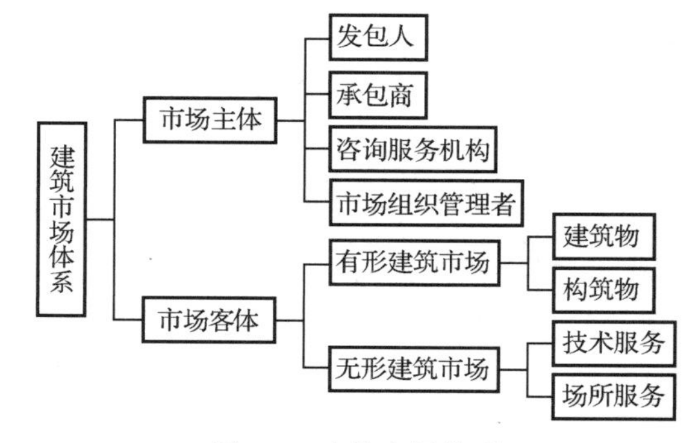

图 1.1　建筑市场体系

1. 建筑市场主体

建筑市场主体即建筑市场的“人”，是指参与市场交易活动的当事人，主要有业主（建设单位或发包人）、承包商、工程咨询服务机构等。

1）业主

业主是指既有某项工程建设需求，又具有该项工程相应的建设资金和各种准建手续，在建筑市场中负责发包工程的勘察、设计、施工任务，并最终得到建筑产品的政府部门、企事业单位或个人。

在我国工程建设中，业主也称为建设单位。业主只有在发包工程或组织工程建设时才为市场主体，故又称为发包人或者招标人。因此，业主作为市场主体具有不确定性。在我国，有些地方和部门曾提出要对业主实行技术资质管理制度，以改善当前业主行为不规范的问题。但无论是从国际惯例还是国内实践看，对业主资格实行审查约束都是困难的，对其行为约束和规范只能通过法律和经济的手段去实现。

项目法人责任制又称业主责任制，它是我国市场经济体制条件下，为了建设投资责任约束机制、规范项目法人行为提出的，由项目法人对项目建设过程进行管理，主要包括进度控制、质量控制、投资控制、合同管理和组织协调等内容。

（1）项目业主的产生主要有以下三种方式。

① 业主即原企业或单位。企业或机关、事业单位投资的新建、扩建、改建工程，则该企业或单位即为项目业主。

② 业主是联合投资董事会。由不同投资方参股或共同投资的项目，业主是共同投资方组成的董事会或管理委员会。

③ 业主是各类开发公司。开发公司自行融资或由投资方协商组建或委托开发的工程公司也可成为业主。

（2）项目业主的主要职能：在项目建设过程中业主的主要职能包括建设项目可行性研究与决策；建设项目的资金筹措与管理；办理建设项目的有关手续（如征地、建筑许可等）；建设项目的招标与合同管理；建设项目的施工与质量管理；建设项目的竣工验收与试运行；建设项目的统计及文档管理。

2）承包商

承包商是指拥有一定数量的建筑装备、流动资金、工程技术经济管理人员，取得建设资质证书和营业执照的，能够按照业主的要求提供不同形态的建筑产品并最终得到相应工程价款的施工单位。

承包商可分为不同的专业，如建筑、水电、铁路、市政工程等专业公司。按照承包方式，也可分为承包商和分包商。相对于业主，承包商作为建设市场主体是长期和持续存在的。因此，无论是国内还是按国际惯例，对承包商一般都要实行从业资格管理。

（1）承包商从事建设生产，一般需具备以下三个方面的条件：

① 有符合国家规定的注册资本。

② 有与其从事的建筑活动相适应的具有法定执业资格的专业技术人员和管理人员。

③ 有从事相应建筑活动应具备的技术装备。

经资格审查合格，取得资质证书和营业执照的承包商，方许可在批准的范围内承包工程。

（2）承包商的实力。我国在建立社会主义市场经济以后，其特征是通过市场手段实现资源的优化配置。在市场经济条件下，施工单位（承包商）需要通过市场竞争（投标）取得施工项目，需要依靠自身的实力去赢得市场。承包商的实力主要包括以下四个方面。

① 技术方面的实力。承包商应该有精通本行业的工程师、造价师、经济师、会计师、项目经理、合同管理等专业人员队伍；有工程设计、施工专业装备，能够解决各类工程施工中的技术难题；有承揽不同类型项目施工的经验。

② 经济方面的实力。具有相当的周转资金用于工程准备，具有一定的融资和垫付资金的能力；具有相当的固定资产和为完成项目需购入大型设备所需的资金；具有支付各种担保和保险的能力；有承担相应风险的能力；有承担国际工程所需具备的筹集外汇的能力。

③ 管理方面的实力。建筑承包市场属于买方市场，承包商为打开局面，往往需要低利润报价取得项目。必须在成本控制上下工夫，向管理要效益，并采用先进的施工方法提高工作效率和技术水平，因此必须具有一批高水平的项目经理和管理专家。

④ 信誉方面的实力。承包商一定要有良好的信誉，它将直接影响企业的生存与发展。要建立良好的信誉，就必须遵守法律法规，能够认真履约，保证工程质量、安全、工期，承担国外工程并能按国际惯例办事。

承包商招揽工程，必须根据本企业的施工力量、机械设备、技术力量、施工经验等方面的条件选择适合发挥自己优势的项目，避开企业不擅长或缺乏经验的项目，做到扬长避

短，避免给企业带来不必要的风险和损失。

（3）工程咨询服务机构。工程咨询服务机构是指具有一定注册资金，并有一定数量的工程技术、经济管理人员，取得建设咨询证书和营业执照，能为工程建设提供估算测量、管理咨询、建设监理等智力型服务并获取相应费用的企业。

工程咨询服务机构包括勘察设计机构、工程造价（测量）咨询单位、招标代理机构、工程监理公司、工程管理公司等。这类企业主要是向业主提供工程咨询和管理服务，弥补业主对工程建设过程不熟悉的缺陷，在国际上一般称为咨询公司。在我国，目前数量最多并有明确资质标准的是勘察设计机构、工程监理公司和工程造价（测量）咨询单位、招标代理机构。工程管理和其他咨询类企业近年来也有发展。

工程咨询服务虽然不是工程承发包的当事人，但其受业主委托或聘用，与业主订有协议书或合同，因而对项目的实施负有相当重要的责任。

（4）其他主体。除了业主、承包商、工程咨询服务机构作为建筑市场主要主体以外，其他单位也可以成为建筑市场主体，如银行、保险公司、物资供应商等。他们与业主一样，只有在置身建筑市场时才成为建筑市场主体，所以，一般情况下他们不存在资质问题，但可能存在行业准入的要求。

2. 建筑市场客体

建筑市场的客体，一般称作建筑产品，是建筑市场的交易对象，既包括有形建筑产品，也包括无形产品——各类智力型服务。

建筑产品不同于一般工业产品，因为建筑产品本身及其生产过程具有不同于其他工业产品的特点。在不同的生产交易阶段，建筑产品表现为不同的形态。它可以是咨询公司提供的咨询报告、咨询意见或其他服务，也可以是勘察设计企业提供的设计方案、施工图纸、勘察报告，还可以是生产厂家提供的混凝土构件，当然也包括承包商生产的各类建筑物和构筑物。

1）建筑产品的特点

（1）建筑产品的固定性和生产过程的流动性。建筑物与土地相连，不可移动，这就要求施工人员和施工机械只能随建筑物不断流动，从而带来施工管理的多变性和复杂性。

（2）建筑产品的单件性。由于业主对建筑产品的用途、性能要求不同及建设地点的差异，决定了多数建筑产品都需要单独进行设计，不能批量生产。建筑市场的买方只能通过选择建筑产品的生产单位来完成交易。无论是设计、施工、管理服务，发包方都只能以招标的方式向一个或一个以上的承包商提出自己对建筑产品的要求，并通过承包方之间在价格及其他条件上的竞争来确定承发包关系。业主选择的不是产品，而是产品的生产单位。

（3）建筑产品的整体性和分部、分项工程的相对独立性。这个特点决定了总包和分包相结合的特殊承包形式。随着经济的发展和建筑技术的进步，施工生产的专业性越来越强。在建筑生产中，由各种专业施工单位分别承担工程的土建、安装、装饰、劳务分包，有利于施工生产技术和效率的提高。

（4）建筑生产的不可逆性。建筑产品一旦进入生产阶段，其产品不可能退换，也难以重新建造，否则双方都将承受极大的损失。所以，建筑生产的最终产品质量是由各阶段成果的质量决定的。设计、施工必须按照规范和标准进行，才能保证生产出合格的建筑产品。

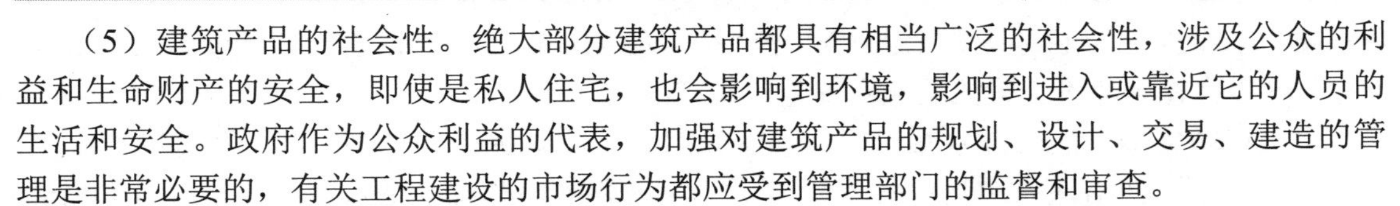

（5）建筑产品的社会性。绝大部分建筑产品都具有相当广泛的社会性，涉及公众的利益和生命财产的安全，即使是私人住宅，也会影响到环境，影响到进入或靠近它的人员的生活和安全。政府作为公众利益的代表，加强对建筑产品的规划、设计、交易、建造的管理是非常必要的，有关工程建设的市场行为都应受到管理部门的监督和审查。

（6）建筑生产与交易的统一性。从建设工程的勘察、设计、施工任务的发包，到工程竣工，发包方与承包方、咨询方进行的各种交易与生产活动交织在一起。建筑产品的生产和交易过程均包含于建筑市场之中。

2）建筑产品的商品属性

长期以来，受计划经济体制影响，工程建设由工程指挥部管理，工程任务由行政部门分配，建筑产品价格由国家规定，抹杀了建筑产品的商品属性。

改革开放以后，由于推行了一系列以市场为取向的改革措施，建筑企业成为独立的生产单位，建设投资由国家拨款改为多种渠道筹措资金，由市场竞争代替行政分配任务，建筑市场产品价格也逐步走向以市场为导向的价格机制，建筑产品的商品属性的观念已被大家认识，这成为建筑市场发展的基础，并推动了建筑市场的价格机制、竞争机制和供求机制的形成，使实力强、素质高、经营好的企业在市场上更具有竞争力，能够更快地发展，实现资源的优化配置，提高了全社会的生产力水平。

3）工程建设标准的法定性

建筑产品的质量不仅关系到承发包双方的利益，也关系到国家和社会的公共利益，正是由于建筑产品的这种特殊性，因此其质量标准是以国家标准、国家规范等形式颁布实施的。从事建筑生产必须遵守这些标准规范的规定，违反这些标准规范的将受到国家法律的制裁。

工程建设标准涉及面很宽，包括房屋建筑、交通运输、水利、电力、通信、采矿冶炼、石油化工、市政公用设施等方面。

工程建设标准是指对工程勘察、设计、施工、验收、质量检验等各个环节的技术要求。它包括以下五个方面的内容：

（1）工程建设勘察、设计、施工及验收等的质量要求和方法；

（2）与工程建设有关的安全、卫生、环境保护的技术要求；

（3）工程建设的术语、符号、代号、量与单位、建筑模数和制图方法；

（4）工程建设的试验、检验和评定方法；

（5）工程建设的信息技术要求。

在具体形式上，工程建设标准包括了标准、规范、规程等。工程建筑标准的独特作用就在于，一方面，通过有关的标准规范为相应的专业技术提供了需要遵循的技术要求和方法；另一方面，由于标准的法律属性和权威性，保证了工程建设相关人员必须按照规定去执行，从而为保证工程质量打下了良好基础。

1.2.2　建筑市场的资质管理

建筑活动的专业性及技术性都很强，而且建设工程投资大、周期长，一旦发生问题，将给社会和人民的生命财产安全造成极大损失。因此，为保证建设工程的质量和安全，对

从事建设活动的单位和专业技术人员必须实行从业资格管理，即资质管理制度，只有如此方能从根本上保证建设工程的质量和安全。

建筑市场中的资质管理包括两类：一类是对从业企业的资质管理；另一类是对专业人员的资质管理。在对建筑市场的资质管理上，我国和欧美等发达资本主义国家有较大的区别。我国更侧重对从业企业的资质管理，发达国家则更侧重对专业人员的从业资格管理。近几年来，对专业人员的从业资格管理在我国也开始逐步得到重视。

下面将分别从对从业企业的资质管理和对专业人员的资质管理两个方面来介绍建筑市场的资质管理。

1. 对从业企业的资质管理

在建筑市场中，围绕工程建设活动的主体主要有三方，即业主方、承包方（包括供应商）和工程咨询机构（包括勘察设计企业）。《中华人民共和国建筑法》（以下简称《建筑法》）规定，对从事建筑活动的建筑业单位、工程勘察设计企业和工程咨询机构（含监理单位）实行资质管理。

1）工程勘察设计企业资质管理

我国建设工程勘察设计资质分为工程勘察资质、工程设计资质。工程勘察资质分为工程勘察综合资质、工程勘察专业资质和工程勘察劳务资质；工程设计资质分为工程设计综合资质、工程设计行业资质和工程设计专业资质。

建设工程勘察设计企业应当按照其拥有的注册资本、专业技术人员、技术装备和勘察设计业绩等条件申请资质，经审查合格，取得建设工程勘察设计资质证书后，方可在资质等级许可的范围内从事建设工程勘察设计活动。

根据 2001 年建设部制定的《工程勘察资质分级标准》规定，工程勘察综合资质只设甲级；工程勘察专业资质原则上设甲、乙两个级别，确有必要设立丙级勘察资质的地区经过建设部批准后方可设置专业丙级；工程勘察劳务资质不分级别。

根据我国现行的《工程设计资质分级标准》规定，工程设计综合资质不设立级别；工程设计行业资质设立甲、乙、丙三个级别；工程设计专业资质根据专业发展需要设置级别。

我国勘察企业的业务范围如表 1.1 所示。国务院建设行政主管部门及各地建设行政主管部门负责勘察企业资质的审批、晋升和处罚。

表 1.1　我国勘察企业的业务范围

企业类型	资质分类	等　级	承担业务范围
勘察企业	综合资质	甲级	承担工程勘察业务范围和地区不受限制
	专业资质 （分专业设立）	甲级	承担本专业工程勘察业务范围和地区不受限制
		乙级	可承担本专业工程勘察中、小型工程项目，承担工程勘察业务的地区不受限制
		丙级	可承担本专业工程勘察中、小型工程项目，承担工程勘察业务限定在省、自治区、直辖市行政区范围内
	劳务资质	不分级	承担岩石工程治理、工程钻探凿井等勘察工作，承担工程勘察劳务工作的地区不受限制

我国设计企业的业务范围如表 1.2 所示。国务院建设行政主管部门及各地建设行政主管部门负责设计企业资质的审批、晋升和处罚。

表 1.2　我国设计企业的业务范围

企业类型	资质分类	等级	承担业务范围
设计企业	综合资质	不分级	承担工程设计业务范围和地区不受限制
	行业资质（分行业设立）	甲级	承担相应行业建设项目的工程设计业务范围和地区不受限制
		乙级	承担相应行业的中、小型建设项目的工程设计任务范围和地区不受限制
		丙级	承担相应行业的小型建设项目的工程设计业务范围和地区范围限制在省、自治区、直辖市行政区范围内
	专业资质（分专业设立）	甲级	承担大、中、小型专项工程设计项目，地区不受限制
		乙级	承担中、小型专项工程设计项目，地区不受限制

2）建筑业企业（承包商）资质管理

建筑业企业（承包商）是指从事土木工程、建筑工程、线路管道及设备工程、装修工程等的新建、改建活动的企业。我国的建筑业企业分为施工总承包企业、专业承包企业和劳务分包企业。施工总承包企业按工程性质可分为房屋、公路、铁路、港口、水利、电力、矿山、冶金、化工石油、市政公用、通信、机电 12 个类别；专业承包企业根据工程性质和技术特点可划分为 60 个类别；劳务分包企业按技术特点可划分为 13 个类别。

对于承包商分级，现行《建筑业企业资质管理规定》中的第五条规定："各资质类别按照规定的条件划分为若干等级。"根据该规定，建设部会同铁道部、交通部、水利部、信息产业部、民航总局等有关部门组织制定了《建筑业企业资质等级标准》，自 2004 年 7 月 1 日起实施。下面介绍从事房屋建筑工程施工总承包单位及与之相关的专业承包单位资质等级在《建筑业企业资质等级标准》中大致划分的情况。

（1）工程施工总承包企业资质等级分为特级、一级、二级、三级。

（2）施工专业承包企业资质等级基本上分为一级、二级、三级，但是有的专业不设一级，如建筑防水工程，有的专业没有三级，如电梯安装工程。

（3）劳务分包企业资质等级基本上都是分为一级、二级，但是有的作业不分级，如水暖电安装作业、抹灰作业和油漆作业。

这三类企业的资质等级标准由国家建设部统一组织制定和发布。工程施工总承包企业和施工专业承包企业的资质实行分级审批。特级、一级资质由国家建设部审批；二级以下资质由企业注册所在地省、自治区、直辖市人民政府建设行政主管部门审批。经审查合格的，由有关的资质管理部门颁发相应等级的建筑业企业（施工单位）资质证书。建筑业企业资质证书由国务院建设行政主管部门统一印刷，分为正本（一本）和副本（若干本），正本和副本具有同等的法律效力。任何单位和个人不得涂改、伪造、出借、转让资质证书，复印的资质证书无效。我国建筑业企业承包工程范围如表 1.3 所示。

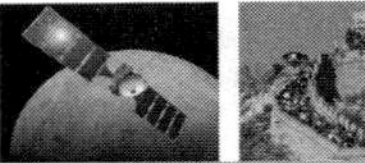

表 1.3　建筑业企业承包工程范围

企业类别	等　级	承包工程范围
施工总承包企业（12 类）	特级	（以房屋建筑工程为例）可承担各类房屋建筑工程的施工
	一级	（以房屋建筑工程为例）可承担单项建安合同额不超过企业注册资本金 5 倍的下列房屋建筑工程的施工：（1）40 层及以下、各类跨度的房屋建筑工程；（2）高度 240 m 及以下的构筑物；（3）建筑面积 200 000m^2 及以下的住宅小区或建筑群体
	二级	（以房屋建筑工程为例）可承担单项建安合同额不超过企业注册资本金 5 倍的下列房屋建筑工程的施工：（1）28 层及以下、各类单跨跨度 36 m 以下的房屋建筑工程；（2）高度 120 m 及以下的构筑物；（3）建筑面积 120 000 m^2 及以下的住宅小区或建筑群体
	三级	（以房屋建筑工程为例）可承担单项建安合同额不超过企业注册资本金 5 倍的下列房屋建筑工程的施工：（1）14 层及以下、各类单跨跨度 24 m 以下的房屋建筑工程；（2）高度 70 m 及以下的构筑物；（3）建筑面积 60 000 m^2 及以下的住宅小区或建筑群体
专业承包企业（60 类）	一级	（以土石方工程为例）可承担各类土石方工程的施工
	二级	（以土石方工程为例）可承担单项合同额不超过企业注册资本金 5 倍且 600 000 m^2 及以下的石方工程的施工
	三级	（以土石方工程为例）可承担单项合同额不超过企业注册资本金 5 倍且 150 000 m^2 及以下的石方工程的施工
劳务分包企业（13 类）	一级	（以木工工程为例）可承担各类木工作业分包业务，但单项合同额不超过企业注册资本金 5 倍
	二级	（以木工工程为例）可承担各类木工作业分包业务，但单项合同额不超过企业注册资本金 5 倍

3）工程咨询机构资质管理

西方发达国家的工程咨询机构一般都具有民营化、专业化、小型化的特点。很多工程咨询机构都是以专业人员个人名义进行注册的。由于工程咨询机构一般规模较小，很难承担咨询错误造成的经济风险，故国际上的通行做法是通过保险来分散其经济风险，让其购买专项的责任保险，在管理上则通过专业人员执业制度对工程咨询从业人员进行管理，一般不对咨询单位实行资质管理制度。

我国对工程咨询机构实行资质管理。目前，已有明确资质等级评定条件的有工程监理、招标代理、工程造价等咨询机构。

工程监理企业，其资质等级划分为甲级、乙级和丙级三个级别。丙级监理单位只能监理本地区、本部门的三等工程；乙级监理单位只能监理本地区、本部门的二等或三等工程；甲级监理单位可以跨地区、跨部门监理一等、二等、三等工程。

工程招标代理机构，其资质等级划分为甲级和乙级。乙级招标代理机构只能承担工程投资额（不含征地费、大市政配套费与拆迁补偿费）3 000 万元以下的工程招标代理业务，地区不受限制；甲级招标代理机构承担工程的范围和地区不受限制。

工程造价咨询机构，其资质等级划分为甲级和乙级。乙级工程造价咨询机构在本省、自治区、直辖市行政区范围内承接中、小型建设项目的工程造价咨询业务；甲级工程造价咨询机构承担工程的范围和地区不受限制。工程咨询机构的资质评定条件包括注册资金、专业技术人员和业绩三方面内容，不同资质等级的标准均有具体规定。

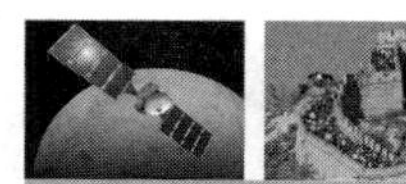

2. 对专业人员的资质管理

专业人员的资质管理又称专业人员的资格管理。在建筑市场中，把具有从事工程咨询资格的专业工程师称为专业人士（专业人员）。建筑行业尽管有完善的建筑法规，但没有专业人士的知识与技能的支持，政府难以对建筑市场进行有效管理。由于他们的工作水平对工程项目建设成败具有重要的影响，所以对专业人士的资格条件有很高要求，许多国家或地区对专业人士均进行资格管理。我国香港特别行政区将经过注册的专业人士称作“注册授权人”。英国、德国、日本、新加坡等国家的法规甚至规定，业主和承包商向政府申报建筑许可、施工许可、使用许可等手续必须由专业人士提出，申报手续除应符合有关法律规定外，还要有相应资格的专业人士签章。由此可见，专业人士在建筑市场中起着非常重要的作用。

专业人士属于高智能工作者，其工作是利用自身的知识和技能为项目业主提供咨询服务，专业人士对他提供的咨询活动所造成的直接后果负责。例如，工程设计虽然实施建筑师负责制，但是为建筑师服务的结构工程师、机电工程师和其他专业工程师要对他们自己的工作成果负责，并且影响自身资格的升迁。对于专业人士对民事责任的承担方式，国际上的通行做法是让其购买专业的责任保险。

由于各国情况不同，有的国家专业人士的资格由学会或协会负责（以欧洲一些国家为代表）授予和管理，有的国家专业人士的资格由政府负责确认和管理。

英国、德国政府不负责专业人士的管理，咨询工程师的执业资格由专业学会考试颁发并由学会进行管理。

美国有专门的全国注册考试委员会，负责组织专业人士的考试。通过基础考试并经过数年专业实践后再通过专业考试，即可取得注册工程师资格。

法国和日本由政府管理专业人士的执业资格。法国在建设部内设有一个审查咨询工程师资格的技术监督委员会，该委员会首先审查申请人的资格和经验，申请人应从高等学院毕业，并有十年以上的工作经验。资格审查通过后可参加全国考试，考试合格者予以确认公布。一次确定的资格，有效期为两年。在日本，对参加统一考试的专业人士的学历、工作经历也都有明确的规定，执业资格的取得与法国类似。

我国专业人士制度是近几年才从发达国家引入的。目前，已经确定专业人士的种类有建筑师、结构工程师、监理工程师、造价工程师等。资格和注册条件为：大专以上的专业学历，参加全国统一考试，成绩应合格，并具有相关专业的实践经验。目前我国专业人士制度尚在起步阶段，但随着建筑市场的进一步完善，对其管理会进一步规范化、制度化。

1.2.3 建设工程交易中心

建设工程从投资性质上看可以分为两大类，一类是国家投资项目，另一类是私人投资项目。在西方发达资本主义国家，基于其私有性质，私人的投资占了绝大多数，故工程项目管理就成了业主自己的事情，政府只是从宏观角度监督其是否依法建设。而对于国有投资项目，一般设置专门的管理部门，代为行使业主职能。

我国是以社会主义公有制为主体的国家，政府部门、国有企业、事业单位投资在社会投资中占有主导地位。所以，建设单位所使用的大都是国有投资。由于目前我国国有资产管理体制相对不健全，建设单位内部管理制度较薄弱，因此比较容易产生工程发包中的腐

败现象。针对上述情况，我国的建设工程的承发包管理不能照搬西方发达国家的做法，既不能像对私人那样放任不管，也不可能由某几个或者一个政府部门来管理。所以，我国近几年出现了建设工程交易中心，把所有代表国家或国有企事业单位投资的业主请进建设工程交易中心进行招标，设置专门的监督机构，这是我国解决国有建设项目交易透明度差这个问题和加强建筑市场管理的一种独特方式。

建设工程交易中心是我国近几年来出现的使建筑市场有形化的新型管理方式。这个管理方式在世界上是独一无二的，是具有开创意义的。

1. 建设工程交易中心的性质与作用

有形建筑市场的出现，促进了我国建设工程招投标制度的推行。但是，在建设工程交易中心出现初期，对其性质的认识存在两种看法：一种观点认为，建设工程交易中心是经政府授权的具备管理职能的机构，负责对工程交易活动实行监督管理；另一种观点认为，建设工程交易中心是服务性机构，不具备管理职能。这两种认识体现了在创建具有中国特色的市场经济条件下建设管理体制的一种探索过程。那么，建设工程交易中心的性质究竟是什么？下面将对此做简单介绍。

1）建设工程交易中心的性质

建设工程交易中心是服务性机构，不是政府的管理部门，也不是政府授权的监督机构，本身并不具备监督管理职能。

建设工程交易中心虽然是服务性机构，但又不是一般意义上的服务性机构，它的设立需要得到政府或者政府授权主管部门的批准，并非任何单位和个人可以随意成立的；它不以营利为目的，旨在为建立公开、公正、平等竞争的招投标制度服务，只可经批准收取一定的服务费，建设工程交易行为不能在场外发生。

2）建设工程交易中心的作用

按照我国有关的规定，所有建设项目都要在建设工程交易中心内报建、发布招标信息、合同授予、申领施工许可证。招投标活动都需在场内进行，并接受政府有关管理部门的监督。应该说建设工程交易中心的设立，对国有投资的监督制约机制的建立、规范建设工程承发包行为、将建筑市场纳入法制化的管理轨道有着至关重要的作用，是符合我国特点的一种好形式。

建设工程交易中心建立以来，由于实行集中办公、公开办事的制度和程序及一条龙的“窗口”服务，不仅有力地促进了工程招投标制度的推行，而且遏止了违法违规行为，对于防止腐败、提高管理透明度起到了显著的效果。

2. 建设工程交易中心的基本功能

我国的建设工程交易中心是按照三大功能进行构建的。

1）信息服务功能

信息服务包括收集、存储和发布各类与工程有关的信息、法律法规、造价信息、建材价格、承包商信息、咨询单位和专业人员信息等。建设工程交易中心在设施配置上配备有大型电子墙、计算机网络工作站，能够为建设工程承发包交易提供相当广泛的信息服务。

建设工程交易中心一般要定期公布工程造价指数和建筑材料价格、人工费、机械租赁费、工程咨询费及各类工程指导价等，用以指导业主和承包商、咨询单位进行投资控制和投资报价。但是，需要注意的是，在社会主义市场经济条件下，建设工程交易中心所公布的价格指数仅仅是一种参考，投标最终报价还是应该依靠承包商根据本企业的经验或者企业定额，以及企业机械装备和生产效率、管理能力和市场竞争的需要来决定。

2）场所服务功能

对于政府部门、国有企业、事业单位的投资项目，我国法律法规明确规定，一般情况下都必须进行公开招标，只有在特殊情况下才允许采用邀请招标。所有建设工程项目进行招投标都必须在有形的建筑市场内进行，必须由有关的管理部门进行监督。按照这一要求，工程建设交易中心必须为工程承发包交易双方（包括建设工程的招标、评标、定标、合同谈判等）提供设施和场所服务。

《建设工程交易中心管理办法》规定，建设工程交易中心应该具备信息发布大厅、洽谈室、开标室、会议室等相关设施以满足业主和承包商、分包商、设备材料供应商之间的交易需要。同时也要为政府的有关管理部门提供集中办公、办理相关手续和依法监督招投标活动等工作的场所。

3）集中办公功能

由于众多的建设项目要进入有形的建筑市场进行报建、招投标交易和办理有关批准手续，因此客观上必须要求政府有关建设管理部门进驻建设工程交易中心，集中办理有关申报审批手续和进行相关管理。受理申报的内容一般包括：工程报建、招标登记、承包商资质审查、合同登记、质量报监、施工许可证发放等。进驻建设工程交易中心的相关政府管理部门集中办公，公布各自的办事制度和程序，一般都要求实行“窗口化”的服务，既能按职责依法对建设工程交易活动进行有力监督，又可方便当事人办事，有利于提高办公效率。

这种集中办事方式客观上决定了建设工程交易中心只能集中设立，而不可能像其他商品市场那样随意设立。按照我国相关法规的规定，原则上每个城市只能设立一个建设工程交易中心，特大城市方可增设若干个分中心，但是分中心的基本功能也必须健全，也就是说分中心也应该具备上述三种功能。

3. 建设工程交易中心的运行原则

为了保证建设工程交易中心能够有良好的运行秩序，保证建设工程交易中心市场功能的充分发挥，就必须按照经济学的一般规律，坚持市场运行的一系列基本原则。下面将对建设工程交易中心应该遵守的运行原则进行简单介绍。

1）信息公开原则

建设工程交易中心必须充分掌握国家的政策法规，以及工程发包商、承包商和咨询单位的资质、造价指数、招标规则、评标标准、专家评委库等各项相关信息，并保证市场各方主体都能够及时获得所需要的有效信息资料。

2）依法管理原则

建设工程交易中心应该严格按照法律、法规开展工作，尊重建设单位依照法律规定选择投标单位和选择中标单位的权利，尊重符合资质条件的建筑业企业提出的投标要求和接受邀请参加投标的权利。任何单位和个人都不得非法干预交易活动的正常进行，保证建设

工程交易的独立进行。监察机关也应当依法进驻建设工程交易中心实施监督。总之，建设工程交易中心的一切活动都应该在法律规定的框架内进行。

3）公平竞争原则

公平竞争是社会主义市场经济的基本要求。建筑市场也不例外，所以建立公平竞争的市场秩序是建设工程交易中心的一项重要原则。进驻建设工程交易中心的有关行政监督管理部门应严格监督招标、投标单位的行为，防止地方保护主义、行业和部门垄断、官商勾结等各种不正当竞争行为，不得侵犯交易活动各方的合法权益。

4）办事公正原则

建设工程交易中心是政府行政主管部门批准建立的服务性机构，需配合进驻的各行政管理部门做好相应的工程交易活动管理和服务工作。要建立监督制约机制，公开办事规则和程序，制定完善的规章制度和工作人员守则，一旦发现建设工程交易活动中的违法违规行为，应当立即向政府有关管理部门报告，并协助处理。

5）属地进入原则

按照我国有关建筑市场的管理规定，建设工程交易实行属地进入。每个城市原则上只能设立一个建设工程交易中心，特大城市可以根据需要设立区域性分中心，区域性分中心在业务上受中心领导。对于跨省、自治区、直辖市的铁路、公路、水利等工程，可在政府有关部门的监督下，通过公告由项目法人组织招标、投标。

4. 建设工程交易中心运作的一般程序

按照有关规定，建设项目进入建设工程交易中心后，一般按照下列程序进行，如图 1.2 所示。

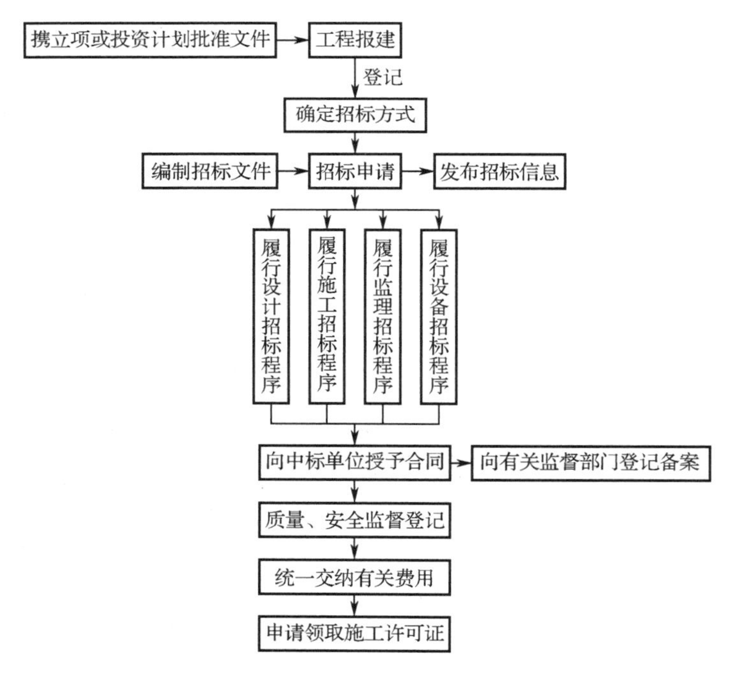

图 1.2　建设工程交易中心运行图

1.3　建设工程招投标的原则与管理

招投标是市场经济条件下进行大宗货物买卖、工程建设项目的发包与承包，以及其他项目的采购与供应时，所采用的一种商品交易方式。建筑产品也是商品，建设工程项目的建设以招投标的方式选择施工单位（承包商），是运用竞争机制来体现经济学中价值规律的科学管理模式。

工程建设招标是指建设单位（业主）就拟建的工程发布通告，用法定方式吸引建设项目的承包单位参加竞争，进而通过法定程序从中选择条件优越者来完成工程建设任务的一种法律行为。

工程建设投标是指经过特定审查而获得投标资格的建设项目承包单位，按照招标文件的要求，在规定的时间内向招标单位填报投标书，争取中标的法律行为。

建设工程招投标是在社会主义市场经济条件下进行工程建设活动的一种主要的竞争形式和交易方式，是引入竞争机制订立合同的一种法律形式。建设工程招投标是以工程勘察、设计或施工等为对象，在招标人和若干个投标人之间进行的交易方式，是商品经济发展到一定阶段的产物。招标人通过招标活动来选择条件优越者，使其力争用最优的技术、最佳的质量、最低的价格和最短的周期完成工程项目任务。投标人也通过这种方式选择建设项目和招标人，使自己获得丰厚的利润。

1.3.1　建设工程招投标的特点

建设工程招投标的目的是在工程建设中引入竞争机制，择优选定勘察、设计、设备安装、施工、装饰装修、材料设备供应、监理和工程总承包单位，以保证缩短工期、提高工程质量和节约建设资金。一般来说，工程招投标总的特点：一是通过竞争机制，实行交易公开；二是鼓励竞争、防止垄断、优胜劣汰，实现投资效益；三是通过科学合理和规范化的监管机制与运作程序，有效地杜绝不正之风，保证交易的公正和公平。

但是，建设工程招投标按照标的内容不同具体可以分为工程勘察设计招投标、建设施工招投标、工程建设监理招投标、材料设备采购招投标、工程总承包招投标等几类。由于各类建设工程招投标的内容不尽相同，因而有不同的招投标意图或侧重点，在具体操作上也有细微的差别，呈现出不同的特点。下面将对不同种类的建设工程招投标的具体特点做一简单介绍。

1. 工程勘察设计招投标的特点

工程勘察和工程设计是两个既有密切联系但又不同的工作。工程勘察是指依据工程建设目标，通过对地形、地质、水文等要素进入测绘、勘探及综合分析测定，查明建设场地和有关范围内的地质地理环境特征，提供工程建设所需的资料及与其相关的活动。具体包括工程测量、水文土质勘察和工程地质勘察。工程设计是指依据工程建设目标，运用工程技术和经济方法，对建设工程的工艺、技术、经济、资源、环境等系统进行综合策划、论证，编制工程建设所需要的文件及与其相关的活动。具体包括总体规划设计（或总体设计）、初步设计、技术设计、施工图设计和设计概（预）算编制。

1）工程勘察招投标的主要特点

（1）有批准的项目建议书或者可行性研究报告、规划部门同意的用地范围许可文件和要求的地形图。

（2）采用公开招标或邀请招标方式。

（3）申请办理招标登记，招标人自己组织招标或委托招标代理机构代理招标，编制招标文件，对投标单位进行资格审查，发放招标文件，组织勘察现场和进行答疑，投标人编制的递交投标书，开标、评标、定标，发出中标通知书，签订勘察合同。

（4）在评标、定标上，着重考虑勘察方案的优劣，同时也考虑勘察进度的快慢，勘察收费依据与取费的合理性、正确性，以及勘察资历和社会信誉等因素。

2）工程设计招投标的主要特点

（1）设计招标在招标的条件、程序、方式上，与勘察招标相同。

（2）在招标的范围和形式上，主要实行设计方案招标，可以一次性总招标，也可以分单项、分专业招标。

（3）在评标、定标上，强调把设计方案的优劣作为择优、确定中标的主要依据，同时也考虑设计经济效益的好坏、设计进度的快慢、设计费报价的高低，以及设计资历和社会信誉等因素。

（4）中标人应承担初步设计和施工图设计，经招标人同意也可以向其他具有相应资格的设计单位进行一次性委托分包。

2. 施工招投标的特点

建设工程施工是指把设计图纸变成预期的建筑产品的活动。施工招投标是目前我国建设工程招投标中开展得比较早、比较多、比较好的一类，其程序和相关制度具有代表性、典型性，甚至可以说，建设工程其他类型的招投标制度，都是承袭施工招投标制度而来的。就施工招投标本身而言，其特点主要是：

（1）在招标条件上，比较强调建设资金的充分到位。

（2）在招标方式上，强调公开招标、邀请招标，议标方式受到严格限制甚至被禁止。

（3）在投标和评标、定标中，要综合考虑价格、工期、技术、质量、安全、信誉等因素，价格因素所占分量比较突出，可以说是关键的一环，常常起决定性作用。

3. 工程建设监理招投标的特点

工程建设监理是指具有相应资质的监理单位和监理工程师，受建设单位或个人的委托，独立对工程建设过程进行组织、协调、监督、控制和服务的专业化活动。工程建设监理招投标的主要特点是：

（1）在性质上，属工程咨询招投标的范畴。

（2）在招标的范围上，可以包括工程建设过程中的全部工作，如项目建设前期的可行性研究、项目评估等，项目实施阶段的勘察、设计、施工等，也可以只包括工程建设过程中的部分工作，通常主要是施工监理工作。

（3）在评标、定标上，综合考虑监理规划（或监理大纲）、人员素质、监理业绩、监理取费、检测手段等因素，但其中最主要的考虑因素是人员素质，分值所占比重较大。

4. 材料设备采购招投标的特点

建设工程材料设备是指用于建设工程的各种建筑材料和设备。材料设备采购招投标的主要特点是：

（1）在招标形式上，一般应优先考虑在国内招标。

（2）在招标范围上，一般为大宗的而不是零星的建设工程材料设备采购，如锅炉、电梯、空调等的采购。

（3）在招标内容上，可以就整个工程建设项目所需的全部材料设备进行总招标；也可以就单项工程所需材料设备进行分项招标或者就单件（台）材料设备进行招标；还可以进行从项目的设计，材料设备生产、制造、供应和安装调试到试用投产的工程技术材料设备的成套招标。

（4）在招标中，一般要求做标底，标底在评标、定标中具有重要意义。

（5）允许具有相应资质的投标人就部分或者全部招标内容进行投标，也可以联合投标，但应在投标文件中明确一个总牵头单位承担全部责任。

5. 工程总承包招投标的特点

工程总承包，简单地讲，是指对工程全过程的承包。按其具体范围，可分为三种情况：一是对工程建设项目从可行性研究、勘察、设计、材料设备采购、施工、安装，直到竣工验收、交付使用、质量保修等的全过程实行总承包，由一个承包商对建设单位或个人负总责任，建设单位或个人一般只负责提供项目投资、使用要求，以及竣工、交付使用期限，这也就是所谓的交钥匙工程。二是对工程建设项目实施阶段从勘察、设计、材料设备采购、施工、安装，直到交付使用等的全过程实行一次性总承包。三是对整个工程建设项目的某一阶段（如施工）或某几个阶段（如设计、施工、材料设备采购等）实行一次性总承包。工程总承包招投标的主要特点是：

（1）它是一种带有综合性的全过程的一次性招投标。

（2）投标人在中标后应当自行完成中标工程的主要部分（如主体结构等），对中标工程范围内的其他部分，经发包人同意，有权作为招标人组织分包招投标或依法委托具有相应资质的招标代理机构组织分包招投标，并与中标的分包投标人签订工程分包合同。

（3）分包招投标的运作一般按照有关总承包招投标的规定执行。

1.3.2　建设工程招投标的基本原则

建设工程招投标的基本原则是指在建设工程招投标过程中自始至终应该遵循的最基本的原则。《中华人民共和国招标投标法》（以下简称《招标投标法》）规定："招标投标活动应当遵循公开、公平、公正和诚实信用的原则。"我国《建筑法》第十六条规定："建筑工程发包与承包的招标投标活动，应当遵循公开、公正、平等竞争的原则，择优选择承包单位"。这两部法律明确确定了我国招投标活动的基本原则。

1. 公开原则

招投标活动的公开原则，首先是进行招标活动的信息要公开。采用公开招标方式，必须依法发布招标项目的招标公告，必须通过国家指定的报刊、信息网络或者其他公共媒介

发布。无论是招标公告、资格预审公告，还是投标邀请书，都应当载明能大体满足潜在投标人决定是否参加投标竞争所需要的信息。另外，开标的程序、评标的标准和程序、中标的结果等都应当公开。

但是，信息的公开是相对的，对于一些需要保密的信息是绝对不可以公开的。例如，评标委员会成员的名单在确定中标结果以前不可以公开。

2. 公平原则

招投标活动的公平原则，要求招标人或评标委员会严格按照规定的条件和程序办事，同等地对待每一个投标竞争者，不得对不同的投标竞争者采用不同的标准。招标人不得以任何方式限制或者排斥本地区、本系统以外的法人或者其他组织参加投标。

3. 公正原则

在招投标活动中招标人或评标委员会的行为应当公正，对所有的投标竞争者都应平等对待，不能有特殊。特别是在评标时，评标标准应当明确、严格，对所有在投标截止日期以后送到的投标书都应拒收，与投标人有利害关系的人员都不得作为评标委员会的成员。招标人和投标人双方在招投标活动中的地位平等，任何一方不得向另一方提出不合理的要求，不得将自己的意志强加给对方。

4. 诚实信用原则

诚实信用是民事活动的一项基本原则，招投标活动是以订立采购合同为目的的民事活动，当然也适用这一原则。诚实信用原则要求招投标各方都要诚实守信，不得有欺骗、背信的行为。

严格意义上说，诚实信用原则是市场经济交易当事人应该严格遵循的道德准则。将道德规范的诚实信用通过法律规定被确认为法律规则以后，虽然没有失去伦理道德的内涵，但是已经使之成为法律上的一项重要原则。在法律上，诚实信用原则属于强制性规范，当事人不得以任何理由加以排除和规避。

5. 求效、择优原则

求效、择优原则，是建设工程招投标的终极原则。实行建设工程招投标的目的就是追求最佳的投资效益，在众多的竞争者中选择出最优秀、最理想的投标人作为中标人。讲求效益和择优定标是建设工程招投标活动的主要目标。在建设工程招投标活动中，除了要坚持合法、公开、公正等前提性、基础性原则外，还必须贯彻求效、择优的目的性原则。贯彻求效、择优原则，最重要的是要有一套科学合理的招投标程序和评标、定标办法。

案例 1-2 在一次招标活动中，招标指南写明投标不能口头附加材料，也不能附条件投标。但业主将合同授予了这样一个投标人甲。业主解释说，如果考虑到该投标人的口头附加材料，则该投标人的报价最低。另一个报价低的投标人乙起诉业主，请求法院判定业主将该合同授予自己。法院经过调查发现，投标人甲是业主早已内定的承包商。法院最后判决将合同授予合格的最低价的投标人乙。

解析 招投标是国际和国内建筑行业广泛采用的一种方式。其目的是保护公共利益和实现自由竞争。招标法规有助于在公共事业上防止欺诈、串通和资金浪费等，确保政府部门和其他业主以合理的价格获得高质量的服务。从本质上讲，招标法规是保护公共利益

的，保护投标人并不是它的出发点。为了更好地保护公共利益，确保自由、公正的竞争是招标法规的核心内容。对于招标法规的实质性违反是不允许的，即使这种违反是出于善意的也不可以。

保证招标活动的竞争性是有关招标法规最重要的原则。《建筑法》第十六条规定，建筑工程发包与承包的招投标活动，应当遵循公开、公正、平等竞争的原则，择优选择承包单位。这就从法律上确立了保障招投标活动竞争性这一最高原则

在本案中，业主私下内定了承包商，违反了招标法规的有关竞争性原则。况且本案中的招标文件明确规定投标不能口头附加材料，也不能附条件投标。法院判决将合同授予合格的最低价的投标人乙是正确的。对于投标人甲，由于他违反了招标法规的竞争原则，所以不能取得合同，也不能要求返还他的合理费用。

1.3.3　建设工程招投标主体的权利与义务

1. 招标人

建设工程招标人是指依法提出招标项目，进行招标的法人或者其他组织，通常为该建设工程的投资人即项目业主或建设单位。建设工程招标人在建设工程招投标活动中起主导作用。

在我国，随着投资管理体制的改革，投资主体已由过去单一的政府投资发展为国家、集体、个人多元化投资。与投资主体多元化相适应，建设工程招标人也多种多样，出现了多样化趋势，包括各类企业单位、机关、事业单位、社会团体、合伙企业、个人独资企业、外国企业及企业的分支机构等。下面将与招标人有关的知识做一简单介绍。

1）建设工程招标人的招标资质

建设工程招标人的招标资质又称招标资格，是指建设工程招标人能够自己组织招标活动所必须具备的条件和素质。由于招标人自己组织招标是通过其设立的招标组织进行的，因此招标人的招标资质实质上就是招标人设立的招标组织的资质。建设工程招标人自行办理招标必须具备的条件有下面几点：

（1）具有法人资格，或依法成立的其他组织；

（2）有与招标工程相适应的经济、技术管理人员；

（3）有组织编制招标文件的能力；

（4）有审查投标单位资质的能力；

（5）有组织开标、评标、定标的能力。

从条件要求来看，主要指招标人必须设立专门的招标组织；必须有与招标工程规模和复杂程度相适应的工程技术、预算、财务和工程式管理等方面的专业技术力量；有从事同类工程建设招标的经验；熟悉和掌握招标投标法及有关法律规章。凡符合上述要求的，招标人应向招投标管理机构备案后组织招标。招投标管理机构可以通过申报备案制度审查招标人是否符合条件。招标人不具备上述（1）～（5）项条件的，不得自行组织招标，只能委托招标代理机构或代理组织招标。

对建设工程招标人招标资质的管理，目前国家只是通过向招投标管理机构备案进行监督和管理，没有具体的等级划分和资质认定标准，随着建设工程项目招投标制度的进一步

完善，我国应该建立一套完整的对招标人进行资质认定和管理的办法。

2）建设工程招标人的权利

（1）自行组织招标或者委托招标的权利。招标人是工程建设项目的投资责任者和利益主体，也是项目的发包人。招标人发包工程项目，凡具备招标资格的，有权自己组织招标，自行办理招标事宜；不具有招标资格的，则有委托具备相应资质的招标代理机构或代理组织招标、代为办理招标事宜的权利。招标人委托招标代理机构进行招标时，享有自由选择招标代理机构并核验其资质证书的权利，同时享有参与整个招标过程的权利，招标人代表有权参加评标组织。任何机关、社会团体、企事业单位和个人不得以任何理由为招标人指定或变相指定招标代理机构，招标代理机构只能由招标人选定。在招标人委托招标代理机构代理招标的情况下，招标人对招标代理机构办理的招标事务要承担法律后果，因此不能随便委托了事，必须对招标代理机构的代理活动，特别是评标、定标代理活动进行必要的监督，这就要求招标人在委托招标时仍需保留参与招标全过程的权利，其代表可以进入评标组织，作为评标组织的组成人员之一。

（2）进行投标资格审查的权利。对于要求参加投标的潜在投标人，招标人有权要求其提供资质情况的资料，进行资质审查、筛选，拒绝不合格的潜在投标人参加投标。

招标单位对参加投标的承包商进行资格审查，是招标过程中的重要一环。招标单位（或委托咨询、监理单位）对投标人的审查，要着重掌握投标者的财政状况、技术能力、管理水平、资信能力和商业信誉，以确保投标人能胜任投标的工程项目承揽工作。招标单位对投标人的资格审查内容主要包括：①企业注册证明和技术等级；②主要施工经历；③质量保证措施；④技术力量简况；⑤正在施工的承建项目；⑥施工机械设备简况；⑦资金或财务状况；⑧企业的商业信誉；⑨准备在招标工程上使用的施工机械设备；⑩准备在招标工程上采用的施工方法和施工进度安排。

（3）择优选定中标人的权利。招标的目的是通过公平、公开、公正的市场竞争，确定最优中标人，以顺利地完成工程建设项目。招标过程其实就是一个优选过程。择优选定中标人，就是根据评标组织的评审意见和推荐建议确定中标人。这是招标人最重要的权利。

（4）享有依法约定的其他各项权利。建设工程招标人的权利是依据法律规定而确定的，法律、法规有规定的应该依据法律、法规；法律、法规无规定时，则依双方约定，但双方的约定不得违法或损害社会公共利益和公共秩序。

3）建设工程招标人的义务

（1）遵守法律、法规、规章和方针、政策。社会主义市场经济是法治经济，在社会主义市场经济条件下，任何行为都必须依法进行，建设工程招标行为也不例外。建设工程招标人的招标活动必须依法进行，违法或违规、违章的行为不仅不受法律保护，而且还要承担相应的法律责任。遵纪守法是建设工程招标人的首要义务。

（2）接受招投标管理机构管理和监督的义务。为了保证建设工程招投标活动公开、公平、公正，建设工程招投标活动必须在招投标管理机构的行政监督管理下进行。

（3）不侵犯投标人合法权益的义务。招标人、投标人是招投标活动的双方，他们在招投标中的地位是完全平等的，各方在招投标过程中都是为了自身利益而努力的，因此，招标人在行使自己权利的时候，不得侵犯投标人的合法权益，不得妨碍投标人公平竞争。

（4）委托代理招标时向代理机构提供招标所需资料、支付委托费用等义务。

招标人委托招标代理机构进行招标时，应承担的义务主要包括：

① 招标人对于招标代理机构在委托授权的范围内所办理的招标事务的后果直接接受并承担民事责任。

② 招标人应向招标代理机构提供招标所需的有关资料，提供为办理受托事务必需的费用。

③ 招标人应向招标代理机构支付委托费或报酬。支付委托费或报酬的标准和期限依法律规定或合同的约定。

④ 招标人应赔偿招标代理机构在执行受托任务中非因自己过错所遭受的损失。

（5）保密的义务。建设工程招投标活动应当遵循公开原则，但对可能影响公平竞争的信息，招标人必须保密。招标人设有标底的，标底必须保密。尤其在现阶段市场竞争日益激烈的情况下，保密义务尤显重要。

（6）与中标人签订并履行合同的义务。招投标的最终结果是择优确定中标人，与中标人签订并履行合同。如果无故不签订和履行合同，则应该依法承担法律责任。

（7）承担依法约定的其他各项义务。在建设工程招投标过程中，招标人与他人依法约定的义务，也应认真履行。但是，需要注意的是，约定不能违反法律规定，违反法律的约定属于无效约定；并且，约定必须双方自愿，不得强迫或欺诈。

2. 投标人

建设工程投标人是建设工程招投标活动中的另一主体，是指响应招标并购买招标文件参加投标的法人或其他组织。投标人应当具备承担招标项目的能力。参加投标活动必须具备一定的条件，不是所有感兴趣的法人或其他组织都可以参加投标的。我国《招标投标法》第二十六条规定："投标人应当具备承担招标项目的能力；国家有关规定对投标人资格条件有要求或者招标文件对投标人资格条件有规定的，投标人应当具备规定的资格条件。"投标人通常应具备的基本条件主要有下面几点：

（1）必须有与招标文件要求相适应的人力、物力和财力。

（2）必须有符合招标文件要求的资质证书和相应的工作经验与业绩证明。

（3）必须有符合法律、法规规定的其他条件。

建设工程项目投标人主要是指勘察设计企业、施工单位、建筑装饰装修企业、工程材料设备供应（采购）单位、工程总承包单位及咨询、监理单位等。

1）建设工程投标人的投标资质

根据我国《建筑法》的有关规定，承包建筑工程的企业应当持有依法取得的资质证书，并在其资质等级许可的范围内承揽工程。禁止建筑施工单位超越本企业资质登记许可的业务范围或以任何形式用其他施工单位的名义承揽工程。《建筑业企业资质管理规定》和《建设工程勘察设计企业资质管理规定》中规定各等级具有不同的承担工程项目的能力，各企业应当在其资质等级范围内承揽工程。

建设工程投标人的投标资质又称投标资格，是指建设工程投标人参加投标所必须具备的条件和素质，包括资历、业绩、人员素质、管理水平、资金数量、技术力量、技术装备、社会信誉等几个方面的因素。对建设工程投标人的投标资质进行管理，主要是政府主

管机构对建设工程投标人的投标资质提出认定和划分标准，确定具体等级，发放相应证书，并对证书的使用进行监督检查。由于我国已对从事勘察、设计、施工、建筑装饰装修、工程材料设备供应、工程总承包及咨询、监理等活动的企业实行了从业资格认证制度，以上企业必须依法取得相应等级的资质证书，并在其资质等级许可的范围内从事相应的工程建设活动。应禁止无相应资质的企业进入工程建设市场。所以，在建设工程招投标管理中，一般可不再对勘察设计企业、施工单位、建筑装饰装修企业、工程材料设备供应单位、工程总承包单位及咨询、监理单位等发放专门的投标资质证书，只需对它们已取得的相应等级的资质证书进行验证，即将工程勘察、设计、施工、建筑装饰装修、工程材料设备供应、工程总承包及咨询、监理等资质证书直接确认为相应的投标资质证书。实践中也有核发投标许可证的，对外地的承包商审核其资质后发放投标许可证。这种投标许可证实际上是一种地方保护措施，而不是对投标资质进行管理的手段。还有一种投标许可证，是根据承包商已取得的勘察、设计、施工、监理和材料设备采购等从业资质的情况对所有承包商核发的，是一种专门对承包商投标资质进行管理的措施。承包商在实际参加投标时，只要持有这种投标许可证即可，不需要再提交勘察、设计、施工、监理、材料设备采购等从业资质证件，这对投标人和招投标管理者来说都比较方便。

（1）建设工程勘察设计企业：建设工程勘察设计企业参加建设工程勘察设计招投标活动必须持有相应的勘察设计资质证书，并在其资质证书许可的范围内进行。建设工程勘察设计企业的专业技术人员参加建设工程勘察设计招投标活动应持有相应的执业资格证书，并在其执业资格证书许可的范围内进行。

建设工程勘察设计企业资质管理的法律依据为建设部 2001 年 7 月 25 日发布并实施的第 93 号令《建设工程勘察设计企业资质管理规定》。根据该规定，工程勘察资质分为工程勘察综合资质、工程勘察专业资质、工程勘察劳务资质；工程设计资质分为工程设计综合资质、工程设计行业资质、工程设计专项资质，每种资质各有其相应等级（如工程勘察、设计综合资质只设甲级）。

（2）施工单位和项目经理：施工单位参加建设工程招投标活动，应当在其资质证书许可范围内进行。少数市场信誉好、素质较高的企业，经征得业主同意和工程所在地省、自治区、直辖市建设行政主管部门批准后，可适度超出资质证书所核定的承包工程范围，投标承揽工程。施工单位的专业技术人员参加建设工程施工招投标活动，应持有相应的执业资格证书，并在其执业资格证书许可范围内进行。

此外，在建设工程项目招标中，国内实行项目经理认证制度。项目经理是一种岗位职务，指受企业法定代表人委托对工程项目全过程全面负责的项目管理者，是企业法定代表人在工程项目上的代表。因此，要求企业在投标承包工程时，应同时报出承担工程项目管理的项目经理的资质情况，接受招标人的审查和招投标管理机构的复查。没有与工程规模相适应的项目经理资质证书的，不得参与投标和承接工程任务。

在我国，项目经理资质分为一、二、三级。工作年限、施工经验和职称符合建设部有关规定的施工单位人员，必须参加有关单位举办的项目经理培训班并经考试合格后，才能向有关部门申请相应级别的项目经理资质证书。

为了保证建设工程的质量，并考虑项目经理的工作精力，一个项目经理原则上只能承担一个与其资质等级相适应的工程项目的管理工作，不得同时兼管多个工程。但当其负责管理的施工项目临近竣工阶段，经建设单位同意，可以兼任另一项工程的项目管理工作，否则不得私自让一个项目经理兼管多个工程。

在中标工程的实施过程中，因施工项目发生重大安全、质量事故或项目经理违法、违纪时需要更换项目经理的，企业应提出具有与工程规模相适应的资质证书的项目经理人选，征得建设单位的同意后方可更换，并报原招投标管理机构备案。

各级项目经理的资质证书核发单位和承担建设工程项目管理的范围必须严格依据法律规定执行，如表 1.4 所示。

表 1.4　项目经理的资质证书核发单位与承担工程项目管理范围

项目经理等级	资质证书核发单位	建设工程项目管理范围
一级	国家建设部	可承担特级和一级资质施工单位营业范围内的工程项目管理
二级	（1）企业属于地方的，由地方建设行政主管部门核发； （2）直属国务院有关部门的，由有关部门核发	可承担二级和二级资质施工单位营业范围内的工程项目管理
三级	（1）企业属于地方的，由地方建设行政主管部门核发； （2）直属国务院有关部门的，由有关部门核发	可承担三级和三级资质施工单位营业范围内的工程项目管理

注：施工单位营业范围，依照国家建设部颁布的《建筑业企业资质等级》的有关规定执行。

（3）建设监理单位的投标资质：建设监理单位参加建设工程监理招投标活动，必须持有相应的建设监理资质证书，并在其资质证书许可的范围内进行。建设监理单位的专业技术人员参加建设工程监理招投标活动，应持有相应的执业资格证书，并在其执业资格许可的范围内进行。

（4）建设工程材料设备供应单位的投标资质：建设工程材料设备供应单位，包括具有法人资格的建设工程材料设备生产、制造厂家、材料设备公司、设备成套承包公司等。目前，我国实行资质管理的建设工程材料设备供应单位主要是混凝土预制构件生产企业、商品混凝土生产企业和机电设备成套供应单位。

混凝土预制构件生产企业和商品混凝土生产企业参加建设工程材料设备招投标活动，必须持有相应的资质证书，并在其资质证书许可的范围内进行。混凝土预制构件生产企业、商品混凝土生产企业的专业技术人员参加建设工程材料设备招投标活动，应持有相应的执业资格证书，并在其执业资格证书许可的范围内进行。

机电设备成套供应单位参加建设工程材料设备招投标活动，必须持有相应的资质证书，并在其资质证书许可的范围内进行。机电设备成套供应单位的专业技术人员参加建设工程材料设备招投标活动，应持有相应的执业资格证书，并在其执业资格证书许可的范围内进行。

（5）工程总承包单位的投标资质：工程总承包又称工程总包，是指业主将一个建设项目的勘察、设计、施工、材料设备采购等全过程或者其中某一阶段或多阶段的全部工作发包给一个总承包商，由该承包商统一组织实施和协调，对业主负全面责任。工程总承包是相对于工程分承包（又称分包）而言的，工程分承包是指总承包商把承包工程中的工程发

包给具有相应资质的分承包商，分承包商不与业主发生直接经济关系，而在总承包商统筹协调下完成分包工程任务，对总承包商负责。

工程总承包单位，按其总承包业务范围，可以分为项目全过程总承包单位、勘察总承包单位、设计总承包单位、施工总承包单位、材料设备采购总承包单位等。目前我国实行资质管理的工程总承包单位主要是勘察设计总承包单位、施工总承包单位等。

工程总承包单位参加工程总承包招投标活动，必须具有相应的工程总承包资质，并在其资质证书许可的范围内进行。工程总承包单位的专业技术人员参加建设工程总承包招投标活动，应持有相应的执业资格证书，并在其执业资格证书许可的范围内进行。

2）建设工程投标人的权利

（1）有权平等获得和利用招标信息。招标信息是投标决策的基础和前提。投标人不掌握招标信息，就不可能参加投标。投标人掌握的招标信息是否真实、准确、及时、完整，对投标工作具有非常重要的影响。投标人主要是通过招标人发布的招标公告获得招标信息，也可以从政府主管部门公布的工程报建登记处获得。能够保证投标人平等获得招标信息，是招标人和政府主管部门的重要义务。

（2）有权按照招标文件的要求自主投标或组成联合体投标。为了更好地把握投标竞争机会，提高中标率，投标人可以根据自身的实力和投标文件的要求，自主决定是独自参加投标竞争还是与其他投标人组成一个联合体以一个投标人的身份共同投标。在此需要注意的是，联合体投标是一种联营行为，联合体各方对招标人承担连带责任，与串通投标是性质完全不同的两个概念。有关联合体投标需要了解的几个问题，下面将做一简单介绍。

① 联合体承包的各方为法人或者法人之外的其他组织。形式可以是两个以上法人组成的联合体、两个以上非法人组织组成的联合体或者是法人与其他组织组成的联合体。

② 联合体是一个临时性的组织，不具有法人资格。组成联合体的目的是增强投标竞争能力，减少联合体各方因支付巨额履约保证而产生的资金负担，分散联合体各方的投标风险，弥补有关各方技术力量的相对不足，提高共同承担的项目完工的可靠性。如果属于共同注册并进行长期经营活动的“合资公司”等法人形式的联合体，则不属于《招标投标法》所称的联合体。

③ 是否组成联合体由联合体各方自己决定。

④ 联合体对外“以一个投标人的身份”共同投标。

⑤ 联合体各方均应具备相应的资格条件。由同一专业的单位不同资质等级的各方组成的联合体，按照资质等级较低的单位确定资质等级。

（3）有权要求对招标文件中的有关问题进行答疑。对招标文件中的有关问题进行答疑是指招标人或招标代理机构的答疑。投标人参加投标，必须编制投标文件。而编制投标文件的基本依据就是招标文件。正确理解和领会招标文件是编制投标文件的前提。对招标文件不清楚和有疑问的问题，投标人有权要求给予澄清或解释，以利于准确领会和把握招标意图。所以，投标人有权要求招标人或招标代理机构对相关问题进行答疑。

（4）有权确定自己的投标报价。投标人参加投标，是参加建筑市场的竞争活动，各个投标人之间是一种市场竞争关系。投标竞争是投标人自主经营、自负盈亏、自我发展壮大的强大动力。所以，建设工程招投标活动必须按照市场经济的规律办事。对投标人的投标

报价，由投标人根据自身的情况自主确定，任何单位和个人都不得非法干涉。投标人根据自身的经营状况、利润目标和市场行情，科学合理地确定投标报价，是整个投标活动中关键的一环。

（5）有权参与或放弃投标竞争。在社会主义市场经济条件下，投标人应该有平等参与投标竞争的权利。既然参与投标竞争是投标人的权利，那么投标人就有权决定参与或放弃。对于投标人来说，参加不参加投标，是否参加到底，完全是投标人依据自己的愿望自主决定的。任何单位不得强迫、胁迫投标人参加投标，更不得强迫或变相强迫投标人“陪标”，也不能阻止投标人中途放弃投标。

（6）有权要求优质优价。价格（包括取费、酬金等）问题，属于招投标中的一个核心问题。在实践中，很多投标人为了取得建设项目的中标而互相盲目压价，从而不利于建设质量的提高，也有害于建设工程市场的良性发展。为了保证建设工程的安全和质量，必须防止和克服只为争得项目中标而不切实际或盲目降低压价现象，投标人有权要求实行优质优价，避免投标人之间的恶性竞争。

（7）有权控告、检举违法或违规行为。在建设工程的招投标活动中，投标人和其他利害关系人认为招投标活动有违反法律、法规的，有权向招标人提出异议或者依法向有关行政监督部门控告、检举。

3）建设工程投标人的义务

（1）遵守法律、法规、规章和方针、政策。建设工程投标人的投标活动必须依法进行，在法治经济条件下，遵纪守法是建设工程投标人的首要义务。违法、违规行为应承担相应的法律责任。

（2）接受招投标管理机构的监督管理。我国《招标投标法》规定：“招标投标活动应当遵循公开、公平、公正和诚实信用的原则。”为了保证建设工程招投标活动公开、公平、公正竞争，建设工程招投标活动必须在招投标管理机构的监督管理下进行。

（3）保证所提供文件的真实性，提供投标保证金或其他形式的担保。投标人在投标过程中所提供的投标文件必须真实、可靠，并对此予以保证。让投标人提供投标保证金或其他形式的担保属于一种保障措施，目的在于使投标人的保证落到实处，使招投标活动保持应有的严肃性和规范性，建立和维持招投标活动的正常秩序，最终能够圆满实现招投标。

（4）按招标人或招标代理人的要求对投标文件的有关问题进行答疑。投标文件是在招标文件的基础上编制的。正确理解投标文件，是准确判断投标文件是否实质性响应招标文件的前提。所以，能否正确理解投标文件是至关重要的问题，对投标文件中不清楚的问题，投标人有义务向招标人或招标代理机构进行答疑。

（5）中标后与招标人签订合同并履行合同。中标后投标人与招标人签订合同并实际履行合同，是实现招投标制度的目的所在。中标的投标人签订合同后必须亲自履行，不得私自将中标的建设工程任务转手给他人承包。如果需要将中标项目的部分非主体、非关键性工作进行分包，则应该在投标文件中予以说明，并经招标人认可后才能进行分包。

（6）履行依法约定的其他义务。在建设工程招投标过程中，投标人和招标人、招标代理人可以在遵守法律的前提下互相协商，约定一定的义务。双方自愿约定的义务也是具有法律效力的，也必须依法履行，否则要承担相应的法律责任。

1.3.4 招标代理机构

建设工程招标代理机构是依法设立，接受招标人的委托，从事招标代理业务并提供相关服务的社会中介组织，并且要求其与行政机关和其他国家机关不存在隶属关系或者其他利益关系。招标代理机构是独立法人，实行独立核算、自负盈亏，在实践中主要表现为工程招标公司、工程招标（代理）中心、工程咨询公司等。随着建设工程招投标活动在我国的开展，这些招标代理机构也发挥着越来越重要的作用。

招标人有权自行选择招标代理机构，委托其办理招标事宜。任何单位和个人不得以任何方式为招标人指定招标代理机构。招标人具有编制招标文件和组织评标能力的，可以自行办理招标事宜，任何单位和个人不得强制其委托招标代理机构办理招标事宜。依法必须进行招标的项目，招标人自行办理招标事宜的，应当向有关行政监督部门备案。

1. 建设工程招标代理的概念

建设工程招标代理，是指建设工程招标人将建设工程招标事务委托给招标代理机构，由该招标代理机构在招标人委托授权的范围内以委托人的名义同他人独立进行工程招投标活动，法律后果由委托人承担。

在建设工程招标代理关系中，接受委托的代理机构称为代理人；委托代理机构的招标人称为被代理人或者本人；与代理人进行建设工程招标活动的人称为第三人（相对人）。在建设工程招标代理关系中存在三方面的关系：

（1）被代理人和代理人之间基于委托授权而产生的法律关系；

（2）代理人和第三人（相对人）之间做出或接受有关招标事务意思表示的关系；

（3）被代理人和第三人（相对人）之间承受招标代理行为产生的法律后果的关系。

在上述三方面关系中，第三个关系是建设工程招标代理关系的目的和归宿。

2. 建设工程招标代理的特征

建设工程招标代理行为和其他法律行为一样也具有自己的特征，正确理解建设工程招标代理行为的特征有利于依法进行建设工程招标代理行为。建设工程招标代理行为的特征主要有：

（1）建设工程招标代理人以被代理人的名义办理招标事务。

（2）建设工程招标代理人具有在授权范围内独立进行意思表示的职能。

（3）建设工程招标代理行为必须在委托授权的范围内进行，否则属于无权代理。

（4）建设工程招标代理行为的法律后果归属于被代理人。

3. 建设工程招标代理机构的资质

建设工程招标代理机构的资质，是指从事招标代理活动应当具备的条件和素质。招标代理人从事招标代理业务，必须依法取得相应的招标资质证书，并在资质证书许可的范围内开展招标代理业务。

我国对招标代理机构的条件和资质有专门的规定。建设部于 2015 年 5 月 4 日发布的《工程建设项目招标代理机构资格认定办法》（修正版）第八条规定，“申请工程招标代理机构资格的单位应当具备下列条件：

（1）是依法设立的中介组织；

（2）与行政机关和其他国家机关没有行政隶属关系或者其他利益关系；

（3）有固定的营业场所和开展工程招标代理业务所需设施及办公条件；

（4）有健全的组织机构和内部管理的规章制度；

（5）具有编制招标文件和组织评标的相应专业力量；

（6）具有可以作为评标委员会成员人选的技术、经济等方面的专家库。”

实践中，由于建设工程招标一般都是在固定的建设工程交易场所进行的，因此该固定场所（建设工程交易中心）设立的专家库可以作为各类招标代理人直接利用的专家库，招标代理人一般不需要另建专家库。但是，需要注意的是，专家库中的专家要求应当从事相关领域工作满八年并具有高级职称或者具有同等专业水平。

从事工程建设项目招标代理业务的招标代理机构，其资格由国务院或者省、自治区、直辖市人民政府的建设行政主管部门认定，具体办法由国务院建设行政主管部门会同国务院有关部门制定。从事其他招标代理业务的招标代理机构，其资格认定的主管部门由国务院规定。招标代理机构可以跨省、自治区、直辖市承担工程招标代理业务，其代理资质分为甲、乙两级。

除了满足上述六个条件外，甲级招标代理机构还要满足下列要求：

（1）近 3 年内代理中标金额 3 000 万元以上的工程不少于 10 个，或者代理招标的工程累计中标金额在 8 亿元以上。

（2）具有工程建设类执业注册资格或者中级以上专业技术职称的专职人员不少于 20 人，其中具有造价工程师执业资格人员不少于两人。

（3）法定代表人、技术经济负责人、财会人员为本单位专职人员，其中技术经济负责人具有高级职称或者相应执业注册资格，并有 10 年以上从事工程管理的经验。

（4）注册资金不少于 100 万元。

乙级招标代理机构还要满足下列要求：

（1）近 3 年内代理中标金额 1 000 万元以上的工程不少于 10 个，或者代理招标的工程累计中标金额在 3 亿元以上。

（2）具有工程建设类执业注册资格或者中级以上专业技术职称的专职人员不少于 10 人，其中具有造价工程师执业资格人员不少于两人。

（3）法定代表人、技术经济负责人、财会人员为本单位专职人员，其中技术经济负责人具有高级职称或者相应执业注册资格，并有 7 年以上从事工程管理的经验。

（4）注册资金不少于 50 万元。招标代理机构从事招标代理业务，应当在其资质证书许可的范围内办理招标事宜，并遵守法律关于招标人的规定。甲级招标代理资质证书的业务范围是代理任何建设工程的全部（全过程）或者部分招标工作。乙级招标代理资质证书的业务范围是只能代理建设工程总投资额（不含征地费、大市政配套费和拆迁补偿费）在 3 000 万元以下的建设工程的全部（全过程）或者部分招标工作。

4. 建设工程招标代理机构的权利

建设工程招标代理机构的权利主要有以下几个方面：

（1）组织和参与招标活动。招标人委托代理人的目的是让其代理自己办理有关招标事

务。组织和参与招标活动既是代理人的权利也是其义务。

（2）依据招标文件的要求审查投标人资质。

（3）按规定标准收取代理费用。

（4）招标人授予的其他权利。

5. 建设工程招标代理机构的义务

建设工程招标代理机构的义务主要有以下几个方面：

（1）遵守法律、法规、规章和方针、政策。

（2）维护委托人的合法权利。

（3）组织编制解释招标文件。

（4）接受招投标管理机构的监督管理和招标行业协会的指导。

（5）履行依法约定的其他义务。

1.3.5 招投标行政监管机关

建设工程招投标涉及国家利益、社会公共利益和公众安全，因而必须对其实行强有力的政府监管。建设工程招投标活动及其当事人应当依法接受相关监督管理。

1. 建设工程招投标监管体制

建设工程招投标涉及各行各业的较多部门，如果都各自为政，必然会导致建筑市场的混乱无序，难以管理。为了维护我国建筑市场的统一性、有序性和开放性。我国法律规定最高建设行政主管部门——建设部作为全国最高招投标管理机构。在建设部的统一监管下，实行省、市、县三级建设行政主管部门对所辖行政区内的建设工程招投标分级管理。

各级建设行政主管部门作为本行政区域内建设工程招投标工作的统一监督管理部门，其主要职责是：

（1）指导建筑活动，规范建筑市场，发展建筑产业，制定有关建设工程招投标的发展战略、规划、行业规范和相关方针、政策、行为规则、标准和监管措施，组织宣传、贯彻有关建设工程招投标的法律、法规、规章，进行执法检查及监督。

（2）指导、检查和协调本行政区域内建设工程的招投标活动，总结交流经验，提供高效率的规范化服务。

（3）负责对当事人的招投标资质、中介服务机构的资质和有关专业技术人员的执业资格的监督，开展招投标管理人员的岗位培训。

（4）会同有关专业主管部门及其直属单位办理有关专业工程招投标事宜。

（5）调解建设工程招投标纠纷，查处建设工程招投标违法、违规行为，否决违反招投标规定的定标结果。

2. 建设工程招投标分级管理

建设工程招投标分级管理是指省、市、县三级建设行政主管部门依照各自的权限，对本行政区域内的建设工程招投标分别管理，即分级属地管理。

实行建设行政主管部门系统内的分级属地管理，是现行建设工程项目投资管理体制的要求，是进一步提高招标工作效率和质量的重要措施，有利于更好地实现建设行政主管部

门对本行政区域建设工程招投标工作的统一监管。

3. 建设工程招投标监管机关

建设工程招投标监管机关是指经政府主管部门批准设立的隶属于同级建设行政主管部门的省、市、县建设工程招投标办公室。

各级建设工程招投标监管机关从机构设置、人员编制来看，其性质是代表政府行使行政监管职能的事业单位。建设行政主管部门与建设工程招投标监管机关之间是领导与被领导的关系。省、市、县建设工程招投标监管机关的上级与下级之间有业务上的指导和监督关系。在此需要注意的是，为了保证建设工程招投标监管机关能够充分发挥作用，建设工程招投标监管机关必须与建设工程交易中心和建设工程招标代理机构进行机构分设，职能分离。

建设工程招投标监管机关的职权，概括起来可以分为两个方面，一方面是承担具体负责建设工程招投标管理工作的职责。也就是说，建设行政主管部门作为本行政区域内建设工程招投标工作统一归口管理部门的职责，具体是由建设工程招投标监管机关全面承担的。这时，建设工程招投标监管机关行使职权是在建设行政主管部门的名义下进行的。另一方面是在招投标管理活动中享有可独立以自己的名义行使的管理职能。根据我国法律规定，建设工程招投标监管机关的职权具体来说主要有：

（1）办理建设工程项目报建登记。

（2）审查发放招标组织资质证书、招标代理人及标底编制单位的资质证书。

（3）接受招标申请书，对招标工程应该具备的招标条件、招标人的招标资质、招标代理人的招标代理资质、采用的招标方式进行审查认定。

（4）接受招标文件并进行审查认定，对招标人要求变更发出后的招标文件进行审批。

（5）对投标人的投标资质进行审查。

（6）对标底进行审定。

（7）对评标、定标办法进行审查认定，对招投标活动进行全过程监督，对开标、评标、定标活动进行现场监督。

（8）核发或者与招标人联合发出中标通知书。

（9）审查合同草案，监督承发包合同的签订和履行。

（10）调解招标人和投标人在招投标活动中或合同履行过程中发生的纠纷。

（11）查处建设工程招投标方面的违法行为，接受委托依法实施相应的行政处罚。

综合案例 1　彩铝门窗制作与安装合同纠纷案

上海市长宁区人民法院民事判决书

（2014）长民三（民）初字第 900 号

原告上海詹森实业有限公司。

法定代表人沈保根。

委托代理人何芬，上海市福隆律师事务所律师。

委托代理人诸顺民，上海市福隆律师事务所律师。

被告上海舜恒建设有限公司。

法定代表人朱建林。

委托代理人倪伯龙。

委托代理人高荣华，上海市欣宏律师事务所律师。

原告上海詹森实业有限公司诉被告上海舜恒建设有限公司建设工程合同纠纷一案，本院受理后，依法由审判员马浩波独任审判，公开开庭进行审理。原告上海詹森实业有限公司的委托代理人何芬、诸顺民，被告上海舜恒建设有限公司的委托代理人倪伯龙、高荣华到庭参加诉讼。本案现已审理终结。

原告上海詹森实业有限公司诉称，2010年6月12日，原告作为分包方，被告作为总包方，分别签订彩铝门窗制作、安装合同三份。后原告进场施工。原告分包的工程经竣工验收合格，但被告并未按约付款。2013年12月6日，双方签订和解协议，约定被告应分期向原告支付工程余款人民币3 751 149元及律师费75 000元，但被告仍未按约付款。故请求判令：一、被告向原告支付工程余款3 751 149元；二、被告向原告支付欠款利息（按中国人民银行发布的同期同类贷款利率，以3 751 149元为本金，自2012年5月24日起，计算至支付之日止）；三、被告向原告支付律师费75 000元。

被告上海舜恒建设有限公司辩称，被告作为施工总承包方向发包方上海新泾房地产开发有限公司承包了虹桥综合交通枢纽长宁动迁基地北块项目（一标）、（二标）、（三标）建设工程。原告是发包方指定的分包方。被告对原告分包的工程已经竣工验收合格没有异议。因被告与发包方尚未完成对工程价款的决算，故被告向原告履行付款义务的条件尚未达成。虽然双方签订和解协议，但该和解协议对被告没有约束力。即使该和解协议对被告有约束力，现到期未付款也仅为227万元。此外，双方就欠款利息未做约定，原告主张从2012年5月24日起算欠款利息没有依据，故不同意原告的诉讼请求。

经审理查明，2009年8月，案外人上海新泾房地产开发有限公司（发包方）与被告（总承包方）分别签订三份施工合同，约定由被告承包虹桥综合交通枢纽长宁动迁基地北块项目（一标）、（二标）、（三标）建设工程。2010年6月12日，原告（分包方）与被告（总包方）分别签订三份合同，约定由原告分包虹桥综合交通枢纽长宁动迁基地北块项目（一标）、（二标）、（三标）的彩铝门窗制作、安装工程。三份合同均记载，各类门窗单价暂为加权平均价每平方米720元；各系列门窗的平方米单价按洞口面积决算，施工过程中面积数量或系列有变化，以甲方签认的签证单为准，按实际扣补差价，最终确定总价。

双方签订合同后，原告进场施工。2010年6月至2012年1月期间，被告分期向原告支付工程价款计12 107 059元。

原告完成合同约定的彩铝门窗制作、安装后，双方为结算剩余工程价款进行了协商。2013年12月6日，原告（甲方）与被告（乙方）签订和解协议。该协议记载，乙方需支付甲方3 826 149元，乙方于2013年12月30日前支付甲方107万元，2014年春节前支付甲方120万元，余款在2014年6月30日前分两次付清。

另查明，被告的原企业名称为“上海长樱建筑工程有限公司”。

上述事实，有建设工程施工合同，彩铝门窗制作、安装合同，和解协议，企业名称变更预先核准通知书及双方当事人的陈述等证据为证，经庭审核实无误。

审理中，双方确认和解协议中记载的应付款总额 3 826 149 元由剩余工程价款 3 751 149 元及原告聘请律师的费用 75 000 元共同构成。被告认为如果和解协议应当履行，则律师费应包含在第一期应付款中，原告亦主张律师费应包含在第一期应付款中。

本院认为，双方签订合同后，原告已经完成了彩铝门窗制作、安装，被告确认原告分包的工程已经竣工验收合格。此后双方签订和解协议，对应付款金额及付款期限均做了约定。该和解协议依法成立，对双方均具有约束力。被告辩称因被告与发包方尚未完成对工程价款的决算，故被告向原告履行付款义务的条件尚未达成，缺乏依据，本院不予采纳。被告未按约履行第一期及第二期付款义务，应当承担违约责任。由于被告的第三期及其后的付款义务尚未到履行期限，故原告要求被告支付该部分款项，与协议相悖。故原告请求判令被告向原告支付工程价款人民币 3 751 149 元，本院部分予以支持，原告请求判令被告向原告支付律师费人民币 75 000 元，本院予以支持。被告未按约支付工程价款，造成原告损失，应向原告支付欠款利息。双方对欠付工程价款利息计付标准没有约定，原告主张按中国人民银行发布的同期同类贷款利率计算，本院予以采纳。利息应以到期未付款为本金，自逾期之日起算。原告主张利息以 3 751 149 元为本金，从 2012 年 5 月 24 日起算，缺乏依据，本院不予采纳。故原告请求判令被告向原告支付欠款利息，本院部分予以支持。据此，依照《中华人民共和国合同法》第八条、第一百零七条的规定，判决如下：

一、被告上海舜恒建设有限公司应于本判决生效之日起十日内向原告上海詹森实业有限公司支付工程价款人民币 2 195 000 元。

二、被告上海舜恒建设有限公司应于本判决生效之日起十日内向原告上海詹森实业有限公司支付欠款利息（按中国人民银行发布的同期同类贷款利率，以人民币 995 000 元为本金，自 2013 年 12 月 30 日起；以人民币 120 万元为本金，自 2014 年 1 月 31 日起，分别计算至支付之日止）。

三、被告上海舜恒建设有限公司应于本判决生效之日起十日内向原告上海詹森实业有限公司支付律师费人民币 75 000 元。

四、驳回原告上海詹森实业有限公司的其余诉讼请求。

如果未按本判决指定的期间履行给付金钱义务，应当依照《中华人民共和国民事诉讼法》第二百五十三条的规定，加倍支付迟延履行期间的债务利息。

案件受理费人民币 37 409.20 元，因适用简易程序，减半收取计人民币 18 704.60 元，由原告上海詹森实业有限公司负担人民币 7 607.43 元，被告上海舜恒建设有限公司负担人民币 11 097.17 元。

如不服本判决，可在判决书送达之日起十五日内，向本院递交上诉状，并按对方当事人的人数提出副本，上诉于上海市第一中级人民法院。

第2章 工程项目施工招标

教学导航

教学目标	1. 掌握工程项目施工招标程序。 2. 初步会编制招标文件。 3. 了解建设工程评标、定标办法。
关键词汇	招标程序; 招标文件; 招标标底; 评标、定标。

典型案例 2　某厂房与办公楼建设工程合同纠纷

上海市徐汇区人民法院民事判决书

（2013）徐民四（民）重字第 2 号

原告 X 有限公司上海分公司，住所地上海市 X 区 X 路 X 号 119 室。

负责人颜 X，总经理。

委托代理人郝 X，上海 X 律师事务所律师。

委托代理人叶 X，上海 X 律师事务所律师。

原告上海 X 建筑装饰工程有限公司，住所地上海市 X 区 X 镇 X 路 185 号。

法定代表人唐 X，总经理。

委托代理人卞 X，上海市 X 律师事务所律师。

被告上海 X 机电装备制造有限公司，住所地上海市宝山区宝安公路 1785 号。

法定代表人荆 X，董事长。

委托代理人侯 X，上海 X 机电装备制造有限公司总经理。

委托代理人伍 X，上海市 X 律师事务所律师。

第三人 X 建设工程有限公司，住所地 X 省 X 县 X 大街 X 号。

法定代表人杨 X，经理。

委托代理人郝 X，上海 X 律师事务所律师。

委托代理人叶 X，上海 X 律师事务所律师。

本院于 2010 年 8 月 24 日立案，于 2012 年 6 月 13 日判决的原告 X 有限公司上海分公司、上海 X 建筑装饰工程有限公司（以下简称 X 公司）与被告上海 X 机电装备制造有限公司建设工程合同纠纷一案，上海市第一中级人民法院于 2012 年 9 月 7 日做出（2012）沪一中民二（民）终字第 1835 号民事裁定，撤销原判，发回重审。本院据此于 2013 年 1 月 25 日重新立案，依法另行组成合议庭。于 2013 年 7 月 8 日公开开庭进行了审理。因原告于 2013 年 7 月 8 日当庭变更诉讼请求，本院于 2013 年 8 月 22 日再次开庭进行了审理。原告 X 有限公司上海分公司的委托代理人郝 X（亦系第三人 X 建设工程有限公司的委托代理人），原告上海 X 建筑装饰工程有限公司的委托代理人卞 X，被告上海 X 机电装备制造有限公司的委托代理人侯 X、伍 X 到庭参加诉讼。本案现已审理终结。

两原告诉称，原告、被告于 2008 年 8 月 11 日签订《关于承接建造上海 X 机电装备制造有限公司厂房办公大楼合同》一份，约定由两原告共同承建被告的厂房办公大楼建设工程，该合同第六条约定“工程总造价为人民币贰亿贰仟万元整”，包含建造、装饰、大批机械设备在内等。但是由于该案涉及的工程项目属于国有资产控股的项目，根据法律规定必须进行招投标才能确定合同的相对人，而被告未经过招标这一法定程序就直接与原告签订了合同，导致该合同违反法律、行政法规的强制性规定而无效；其次，被告在招标时也未通知原告来投标、应标，导致原告失去投标的机会。合同成立后，被告向原告提供了工作安排、可行性研究报告、施工图纸、施工进场单等部分文件材料后，原告随即为履行本合

同而积极开展了相关工作，做好了入场前后各种施工准备，现因合同无效导致原告方重大经济损失600万元。现原告起诉要求被告赔偿600万元。

被告辩称，原告提供的合同是一份虚假、非法、无效的合同，被告没有2.2亿元建设厂房办公大楼的项目，被告的项目经过法定程序的中标价为48 024 526元，该虚假合同中居然出现一枚虚假的董事会章。原告提供的合同第九条规定“在实施过程中无须招投标”，显然违反法律规定，被告是一家国有企业控股75%的企业，建设项目属市、宝山区的重大工程项目，必须经过法定招投标程序才能进行施工，否则违法、无效，故该合同是一份无效合同。原告并没有实施，没有造成实际损失，如果原告按照合同约定让施工队进场，那么这件事就穿帮了。这份合同还存在其他诸多问题，签订时间、签订人、签订地点均不正常。被告并没有委托钱X与原告签订所谓的合同，原告明知钱X盗用被告已不使用的公章与其签订合同，钱X根本不存在所谓的代理行为，所谓代理的基本依据都是虚构的。因为是一份虚假的合同，原告不可能履行，因此也不可能存在实际损失。原告通过诉讼取得被告钱财的行为应当引起司法机关的高度重视。现请求法院驳回两原告的诉讼请求。

第三人述称，对两原告与被告所签订的《关于承接建造上海X机电装备制造有限公司厂房办公大楼合同》，第三人事先是知道的并且是表示认可的。

经审理查明，2008年8月11日，被告的员工钱X以被告名义与两原告签订《关于承建上海X机电装备制造有限公司厂房办公大楼合同》一份，约定被告将其位于本市X区X镇工业园区内的新厂房和办公大楼工程交由两原告承建，总造价为22 000万元；开工期初步定为2008年10月至2010年4月；由于资金不足，可分期实施，在实施过程中无须招投标，可由甲方决定；两原告在接到开工通知的7天内向被告支付保证金800万元；双方须全面履行本合同条款，若有违约不履行本合同，按合同总标的的6%赔偿对方的经济损失。之后因上述合同并未履行，故原告提起本案诉讼。

经查，钱X于2007年1月至2009年1月间任被告的总经理办公室行政主管，其与两原告签订合同时，出示了盖有被告印章的授权书，并向两原告提供了被告厂房和办公大楼工程的有关资料。

在原审的审理中，被告否认系争合同上被告印章的真实性，后经上海市公安局物证鉴定中心鉴定，确认合同上的印章与被告于2005年在上海市工商行政管理局宝山分局档案中留存的印章一致，但与2006年以后档案中留存及现在使用的印章不符。被告则表示不清楚2005年留存在档案中的印章的具体情况。被告同时否认授权给钱X就系争合同对外行使签约等权利，对此被告未能提供足够证据。

另查，2009年1月19日，被告就其位于本市X区X镇工业园区内的新厂房及办公大楼发布公开招标信息，浙江X建设集团有限公司、X集团有限公司、XX建设集团有限公司等6家公司投标，经开标、评标，同年3月23日，浙江X建设集团有限公司最终中标承建被告新厂房及办公大楼工程，在《上海市建设工程施工中标（交易成交）通知书》上载明，工程建筑面积32 623.46平方米，结构层数为排架单层、框架5层，中标（发包）价为4 802.452 6万元，工期398天，计划开工日期为2009年4月8日。2010年12月8日，被告新建厂房及办公大楼工程结算造价为2 991.834 7万元，2011年3月15日经审定结算总造价为2 643.215 4万元。

本案在重审审理中，原告为证明其损失，提供了上海X建筑装饰工程有限公司2005年

8 月至 2010 年 6 月的办公费、管理费、服务费、工资、交通费、招待费、水电费、房租、餐饮费、律师费、差旅费、固定资产等的公司明细账目单，记载汇总计 6 529 533.4 元。

以上事实，有《关于承接建造上海 X 机电装备制造有限公司厂房办公大楼合同》、"授权书"、上海市公安局物证鉴定中心鉴定书、建设工程施工招投标流程表、建设工程施工中标（交易成交）通知书、工程结算审定单、被告工商登记资料及当事人的陈述等证据。

本院认为，被告系国有企业控股公司，根据招投标法的相关规定，全部或者部分使用国有资金投资的工程建设项目必须进行招投标。两原告提供的《关于承接建造上海 X 机电装备制造有限公司厂房办公大楼合同》中约定"在实施过程中无须招投标，可由甲方决定"，该约定违反了招投标法的相关强制性规定，故双方签订的上述合同应认定无效。根据法律规定，合同被确认无效后，有过错的一方应当赔偿对方因此所受到的损失；双方都有过错的，应当各自承担相应的责任。本案中，对于签订涉案无效合同，原告、被告双方均负有一定的责任。现两原告以被告未经招投标程序就直接与原告签订合同，导致合同无效为由要求被告赔偿损失的诉请，既缺乏法律依据，同时原告提出的损失也没有相关联的证据材料予以证明，原告为证明其损失所提供的公司记账单等证据无法与本案原告欲证明的事实及其诉请具有直接关联性，故本院无法采信。据此，依照《中华人民共和国合同法》第五十二条第（五）项、第五十八条的规定，判决如下：

一、原告 X 有限公司上海分公司、原告上海 X 建筑装饰工程有限公司与被告上海 X 机电装备制造有限公司于 2008 年 8 月 11 日签订的《关于承接建造上海 X 机电装备制造有限公司厂房办公大楼合同》无效。

二、原告 X 有限公司上海分公司、原告上海 X 建筑装饰工程有限公司要求被告上海 X 机电装备制造有限公司赔偿损失 600 万元的诉讼请求不予支持。

案件受理费 53 800 元，由两原告共同负担。

如不服本判决，可在判决书送达之日起十五日内，向本院递交上诉状，并按对方当事人的人数提出副本，上诉于上海市第一中级人民法院。

2.1　工程项目施工招标的概念与方式

工程项目建设招投标是国际上通用的科学合理的工程承发包方式。在市场经济国家，各级政府部门和其他公共部门或政府指定的有关机构的招标开支主要来源于法人和公民的税赋和捐赠，必须以一种特别的招标方式来促进节省开支、最大限度地透明和公开，以及提高效率目标。招投标所具有的程序规范、透明度高、公平竞争、一次成交等特点，决定了招投标是政府及其他公共部门工程项目建设的主要方式。随着我国市场经济体制改革的不断深入，招投标这种反映公平、公正、有序竞争的有效方式也得到不断完善。

下面将对招投标的一些基本知识做一简单概述。

2.1.1　招投标的基本概念

1. 招标

招标，指招标人在采购货物、发包建设工程项目或购买服务之前，以公告或邀请书的

方式提出招标的项目条件、价格和要求，由愿意承担项目的投标人按照招标文件的条件和要求，提出自己的价格，填好标书进行投标，这个过程就叫招标。招标人通过招标的手段，利用投标人之间的竞争，达到货比三家，进行选优的目的。至于选优的标准，要视每个招标人自身的需要和要求而定。

2. 投标

投标，指投标人响应招标人的要求参加投标竞争的行为。也就是投标人在同意招标人的招标文件中所提出的条件和要求的前提下，对招标项目估算自己的报价，在规定的日期内填写标书并递交给招标人，参加竞争并争取中标，这个过程就叫投标。

3. 开标

开标，指招标人按照招标公告或者投标邀请函规定的时间、地点，当众开启所有投标人的投标文件，宣读投标人名称、投标价格和投标文件的其他主要内容的过程。《招标投标法》第三十四条规定："开标应当在招标文件确定的提交投标文件截止时间的同一时间公开进行；开标地点应当为招标文件中预先确定的地点。"

开标由招标人主持，邀请所有投标人参加。

招标人开标的日期、时间和地点都要在招标文件中明确规定。开标时间由招标人根据工程项目的大小和招标内容确定。投标人的标书必须在开标前寄达招标文件指定的地点，招标人应按规定的时间公开开标，当众启封标书，公布各投标企业的报价、工期及其他主要内容。根据《房屋建筑与市政基础设施工程施工招标投标管理办法》第三十五条规定，有下列情况之一的，应当作为无效投标文件，不得进入评标。

（1）投标文件未按照招标文件的要求予以密封的；

（2）投标文件的投标函未加盖投标人的企业及企业法定代表人印章的，或企业法定代表人的委托代理人没有合法、有效的委托书（原件）及委托代理人印章的；

（3）投标文件的关键内容字迹模糊、无法辨认的；

（4）投标人未按照招标文件的要求提供投标保函或者投标保证金的；

（5）组织联合体投标的，投标文件未附联合体各方共同投标协议的。

投标人在开标后不得更改其投标内容，但可以允许对自己的标书做一般性说明或澄清某些问题。未按规定日期寄送的标书应视为废标，不予开标。但如果这种延误并非投标人的过错，招标人也可同意该标书有效。

4. 评标、定标

所谓评标，指按照规定的评标标准和方法，对各投标人的投标文件进行评价比较和分析，从中选出最佳投标人的过程。按照《招标投标法》第三十七条第一款的规定，评标应由招标人依法组建的评标委员会负责。即由招标人按照法律的规定，挑选符合条件的人员组成评标委员会，负责对各投标文件的评审工作。对于依法必须进行招标的项目，评标委员会的组成必须符合《招标投标法》第三十七条第二款、第三款的规定；对自愿招标项目评标委员会的组成，招标人可以自行决定。

评标是一项比较复杂的工作，要求有生产、质量、检验、供应、财务、计划等各个方面的专业人员参加，对各个投标人的质量、价格、期限等条件进行综合分析和评比，根据招标人的要求，择优评出中标人，通常其评定办法有以下三种：

（1）全面评比、综合分析条件，最优者为中标人；

（2）按各项指标打分评标，以得分最高者为中标人；

（3）以能否满足招标人的侧重条件，如工期短、或报价低等，选择中标人。

5. 中标

当招标人以中标通知书的形式正式通知投标人得了标，作为投标人来说就是中标。在开标以后，经过评标，择优选定的投标人，就叫中标人，在国际工程招投标中，称为成功的投标人。

中标通知书的主要内容有中标人名称，中标价，双方合同时间、地点，提交履约保证的方式、时间。中标通知书对招标人和中标人具有法律效力。中标通知书发出后，招标人改变中标结果的，或者中标人放弃中标项目的，应当依法承担法律责任。

2.1.2 工程项目施工招标方式

工程项目施工招标，是指招标人就工程项目的施工任务发出招标信息或投标邀请，由投标人根据招标文件的要求，在规定的期限内提交包括施工方案和报价、工期等内容的投标书，经开标、评标、决标等程序，从中择优选定施工承包商的活动。

施工招标的最明显特点是发包工作内容明确具体，各个投标人编制的投标书在评标中易于横向对比。虽然投标人是按照招标文件的工程量表中既定的工作内容和工程量编制报价，但报价高低一般并不是确定中标单位的唯一条件，投标实质上是各个施工单位完成该项目任务的技术、经济、管理等综合能力的竞争。

目前从世界各国和有关国际组织的有关招标法律、规则来看，招标方式有公开招标、邀请招标和议标三种。《招标投标法》规定，招标分为公开招标和邀请招标两种方式，即议标招标方式已不再被法律认可。下面将分别介绍工程项目施工招标的方式。

1. 公开招标

公开招标，也称竞争性招标，是指招标人以招标公告的方式邀请不特定的法人或者其他组织投标。即招标人在指定的报刊、电子网络或其他媒体上发布招标公告，吸引众多的企业单位参加投标竞争，招标人从中择优选择中标单位的招标方式。按照竞争程度（范围）可分为国际竞争性招标和国内竞争性招标。

2. 邀请招标

邀请招标，也称有限竞争性招标或选择性招标，指招标人以投标邀请书的方式邀请特定的法人或者其他组织投标。即由招标人根据供应商、承包资信和业绩，选择一定数目的法人或其他组织（一般不能少于 3 家），向其发出投标邀请书，邀请他们参加投标竞争。

3. 公开招标与邀请招标方式的区别

1）发布信息的方式不同

公开招标采用公告的形式发布，邀请招标采用投标邀请书的形式发布。

2）选择的范围不同

公开招标使用招标公告的形式，针对的是一切潜在的对招标项目感兴趣的法人或其他组织，招标人事先不知道投标人的数量；而邀请招标针对已经了解的法人或其他组织，而且事先已经知道投标人的数量。

3）竞争的范围不同

由于公开招标使所有符合条件的法人或其他组织都有机会参加投标，竞争的范围较广，竞争性体现得也比较充分，招标人拥有绝对的选择余地，容易获得最佳招标效果；邀请招标中投标人的数量有限，竞争的范围有限，招标人拥有的选择余地相对较小，有可能提高中标的合同价，也有可能将某些在技术上或报价上更有竞争力的供应商或承包商遗漏。

4）公开的程度不同

公开招标中，所有的活动都必须严格按照预先指定并为大家所熟知的程序标准公开进行，大大减少了作弊的可能；相比而言，邀请招标的公开程度逊色一些，产生不法行为的机会也就多一些。

5）时间和费用不同

公开招标要求招标信息能够传达给所有的潜在投标人处，而从发布公告至投标人做出反应，以及从评标到签订合同，有许多时间上的要求，要准备许多文件，因而耗时较长，费用也比较高。由于邀请招标不发公告，招标文件只送几家，使整个招投标的时间大大缩短，招标费用也相应减少。

由此可见，两种招标方式各有千秋，从不同的角度比较，会得出不同的结论。在实际中，各国或国际组织的做法也不一致。世界贸易组织“政府采购协议”也对这两种方式孰优孰劣取了未置可否的态度。如“世行采购指南”把国际竞争性招标（公开招标）作为最能充分实现资金的经济和效率要求的方式，要求以此作为最基本的采购方式。只有在国际竞争性招标不是最经济和有效的情况下，才可采用其他方式。而邀请招标在欧盟各国运用得非常广。

2.2 工程建设项目施工招标的条件与程序

2.2.1 必须招标的工程建设项目

我国《招标投标法》规定，“对于以下工程建设项目，包括项目的勘察、设计、施工、监理以及与工程建设有关的重要设备、材料等的采购，必须依法进行招标：

（1）大型基础设施、公用事业等关系社会公共利益、公众安全的项目；

（2）全部或者部分使用国有资金投资及国家融资的项目；

（3）使用国际组织或者外国政府贷款、援助资金的项目；

（4）法律或者国务院对必须进行招标的其他项目的范围有规定的，依照其规定。”

对于前款所列项目的具体规模和范围标准，原国家发展计划委员会于2000年5月1日3号令发布实施的《工程建设项目招标范围和规模标准规定》进行了细化规定。例如，关系社会公共利益、公众安全的公用事业项目的范围包括：供水、供电、供气、供热等市政工程项目；科技、教育、文化等项目；体育、旅游等项目；卫生、社会福利等项目；商品住宅，包括经济适用住房；其他公用事业项目。而该规定的第七条更明确规定，具体规模标准（包括项目的勘察、设计、施工、监理及与工程建设有关的重要设备、材料等的采购）达到下列标准之一的各类工程项目，其建设活动必须进行招标：

（1）施工单项合同估算价在 200 万元人民币以上的；

（2）重要设备、材料等货物的采购，单项合同估算价在 100 万元人民币以上的；

（3）勘察、设计、监理等服务的采购，单项合同估算价在 50 万元人民币以上的；

（4）单项合同估算价低于第（1）、（2）、（3）项规定的标准，但项目总投资额在 3 000 万元人民币以上的。

注：国家发展改革委 2013 年就《工程建设项目招标范围和规模标准规定》（国家发展计划委员会令第 3 号）的修订向社会公开征求意见，截至 10 月 30 日止。

征求意见稿阐释了"工程建设项目"及"与政府采购工程有关的货物和服务"的内涵，并对关系社会公共利益、公众安全的基础设施项目，关系社会公共利益、公众安全的公用事业项目，使用国有资金投资的项目，国家融资项目及使用国际组织或外国政府资金等五类项目的招标范围进行了调整，同时提高了工程建设项目的招标限额标准。按照规定，施工单项合同估算价由 200 万元以上调整为 400 万元以上；重要设备、材料等货物的采购，单项合同估算价由 100 万元以上调整为 200 万元以上；勘察、设计、监理等服务的采购，单项合同估算价由 50 万元以上调整为 100 万元以上。

此外，征求意见稿还补充说明，单项合同估算价应根据项目所处阶段的估算投资额、概算、施工图预算等确定。同一工程建设项目 12 个月内发生的同类勘察、设计、施工、监理及与工程建设有关的重要设备、材料等的采购，总估算价达到规定标准的，每次采购须招标。

征求意见稿还指出工程建设项目可以不进行招标的四种情况，包括在安排投资补助或贴息前已依法进行勘察、设计、施工、监理可以不进行招标；与工程建设有关的重要设备、材料等的采购可以不进行招标；符合条件的潜在投标人数量不足三家可以不进行招标等。

2.2.2　工程建设项目施工招标的条件

为了建立和维护工程建设项目施工招标秩序，招标人必须在招标前做好准备工作，满足招标条件。

我国《工程建设项目施工招标投标办法》第八条指出依法必须招标的工程建设项目，应当具备下列条件才能进行施工招标：

（1）招标人已经依法成立；

（2）初步设计及概算应当履行审批手续的，已经批准；

（3）招标范围、招标方式和招标组织形式等应当履行核准手续的，已经核准；

（4）有相应资金或资金来源已经落实；

（5）有招标所需的设计图纸及技术资料。

我国《房屋建筑和市政基础设施工程施工招标投标管理办法》第八条规定的工程施工招标应当具备下列条件：

（1）按照国家有关规定需要履行项目审批手续的，已经履行审批手续；

（2）工程资金或者资金来源已经落实；

（3）有满足施工招标需要的设计文件及其他技术资料；

（4）法律、法规、规章规定的其他条件。

总之，根据上述规定我们认为，工程建设项目施工招标一般应该具备下列六方面的条件：

（1）概算已经批准；

（2）建设项目已正式列入国家、部门或地方的年度固定资产投资计划；.

（3）建设用地的征用工作已经完成；

（4）有能够满足施工需要的施工图纸及技术资料；

（5）建设资金和主要建筑材料、设备的来源已经落实；

（6）已经通过建设项目所在地规划部门批准，施工现场的“三通一平”已经完成或一并列入施工招标范围。

上述条件规定，可以促使招标人（业主）严格按照建设程序办事，防止“三边”工程的发生，确保工程建设项目招标工作的顺利进行。

2.2.3 工程建设项目施工招标程序

工程建设项目施工招标程序，是指在工程建设项目施工招标活动中，按照一定的时间、空间顺序运作的次序、步骤、方式。工程建设项目施工招投标是一个整体活动，涉及招标人和投标人两个方面，招标作为整体活动的一部分主要是从招标人的角度揭示其工作内容，但同时又应注意到招标与投标活动的关联性，不能将两者割裂开。所谓招标程序是指招标活动内容的逻辑关系，不同的招标方式（公开招标和邀请招标）具有不同的活动内容。

1. 工程建设项目施工公开招标程序

由于公开招标是工程建设项目施工招标程序最为完整、规范、典型的招标方式，所以掌握公开招标的程序，对于承揽工程任务，签订相关合同具有格外重要的意义。

公开招标的程序为：工程建设项目报建→审查建设单位资质→招标申请→资格预审文件、招标文件编制与送审→发布资格预审通告及招标通告→资格预审→发放招标文件→现场勘察→招标预审会→工程标底的编制与送审→投标文件的接收→开标→评标→定标→签订合同。

1）工程建设项目报建

根据《工程建设项目报建管理办法》的规定，凡在我国境内投资兴建的工程建设项目都必须实行报建制度，接受当地建设行政主管部门的监督管理。

工程建设项目报建，是建设单位招标活动的前提，报建范围包括各类房屋建筑（包括新建、改建、扩建、翻修等）、土木工程（包括道路、桥梁、房屋基础打桩等）、设备安装、管道线路铺设和装修等建设工程。报建的内容主要包括工程名称、建设地点、投资规模、资金投资额、工程规模、发包方式、计划开/竣工日期和工程筹建情况等。办理工程建设项目报建时应该交验的文件资料包括立项批准文件或年度投资计划、固定资产投资许可证、建设工程规划许可证、验资证明。

在工程建设项目的立项批准文件或投资计划下达后，建设单位根据《工程建设项目报建管理办法》规定的要求进行报建，并由建设行政主管部门审批。具备招标条件的，可开始办理建设单位资质审查。

2）审查建设单位资质

即审查建设单位是否具备招标条件，不具备有关条件的建设单位应委托具有相应资质的中介机构代理招标。建设单位与中介机构签订委托代理招标的协议，并报招投标管理机构备案。

3）招标申请

招标申请是指招标单位向政府主管部门提交的开始组织招标、办理招标事宜的一种法律行为。招标单位进行招标，要向招投标管理机构申报招标申请书，填写“建设工程招标申请表”，并经上级主管部门批准后，连同“工程建设项目报建审查登记表”报招投标管理机构审批。

申请表的主要内容包括工程名称、建设地点、招标建设规模、结构类型、招标范围、招标方式、要求施工单位等级、施工前期准备情况（土地征用、拆迁情况、勘察设计情况、施工现场条件等）、招标机构组织情况等。申请书批准后，就可以编制资格预审文件和招标文件了。

4）资格预审文件、招标文件编制与送审

公开招标时，只有通过资格预审的施工单位才可以参加投标。不采用资格预审的公开招标应进行资格后审，即在开标后进行资格审查。资格预审文件和招标文件应报招投标管理机构审查，审查同意后可刊登资格预审通告、招标通告。

5）刊登资格预审通告、招标通告。

我国《招标投标法》规定，招标人采用公开招标形式的应当发布招标公告。依法必须进行招标的项目，其招标公告应该通过国家指定的报刊、信息网络或者其他媒介发布。建设项目的公开招标应该在建设工程交易中心发布信息，同时也可通过报刊、广播、电视或信息网络发布资格预审通告或招标通告。

6）资格预审

对申请资格预审的投标人送交填报的资格预审文件和资料进行评比分析，确定出合格的投标人的名单，并报招投标管理机构核准。

7）发放招标文件

将招标文件、图纸和有关技术资料发放给通过资格预审获得投标资格的投标单位。投标单位收到招标文件、图纸和有关技术资料后，应认真核对，核对无误后应以书面形式予以确认。

8）勘察现场

招标人组织投标人进行勘察现场的目的在于了解工程场地和周围环境情况，使投标单位可以获取其认为有必要的信息。

9）招标预备会

招标预备会的目的在于澄清招标文件中的疑问，解答投标人对招标文件的疑问和勘察现场后所提出的问题。

10）工程标底的编制与送审（如有标底）

招标文件的商务条款一经确定，即可进入标底编制阶段。标底编制完后应将必要的资料报送招投标管理机构审定。

11）投标文件的接收

投标人根据招标文件的要求，编制投标文件，并进行密封和标志，在投标截止时间前按规定的地点递交至招标人。招标人接收投标文件并将其秘密封存。

12）开标

在投标截止日期后，按规定时间、地点，在投标人法定代表人或授权代理人在场的情况下举行开标会议，按规定的议程进行开标。

13）评标

由招标代理、建设单位上级主管部门协商，按有关规定成立评标委员会，在招投标管理机构监督下，依据评标原则、评标方法，对投标单位的报价、工期、质量、主要材料用量、施工方案或施工组织设计、以往业绩、社会信誉、优惠条件等方面进行综合评价，公正、合理择优选择中标单位。

根据《房屋建筑和市政基础设施工程施工招标投标管理办法》第四十一条规定评标可以采用综合评估法、经评审的最低投标价法或者法律法规允许的其他评标方法。

（1）综合评估法（综合定量评估法或百分制定量计分法）：是指对投标人投标文件提出的投标价格、工程质量、施工安全、施工工期、施工组织设计方案、投标人及项目经理等内容满足招标人要求的程度进行量化计分，得分高者为中标第一排序人或者中标人；

（2）经评审的最低投标价法（综合定性评价法或技术、商务两阶段评标法）：是指投标人能够满足招标文件的实质性要求，且技术标科学、合理、可行，商务标报价经评审属合理最低者（不低于成本价格）即为中标人或以此确定中标候选人的排序。

14）定标

中标单位选定后由招投标管理机构核准，获准后招标单位发出“中标通知书”。

15）合同签订

招标人与中标人应当自中标通知书发出之日起 30 日内，按照招标文件和中标人的投标文件签订工程承包合同。

2. 工程建设项目施工邀请招标程序

邀请招标程序是直接向适于本工程施工的单位发出邀请，其程序与公开招标大同小异。其不同点主要是没有资格预审的环节，但增加了发出投标邀请书的环节。

这里的发出投标邀请书是指招标人可直接向有能力承担本工程的施工单位发出投标邀请书。

3. 工程建设项目施工招标资格审查的种类

一般来说，资格审查可分为资格预审和资格后审。资格预审是指在投标前对潜在的投标人进行的资格审查。资格后审是指在投标后（开标后）对投标人进行的资格审查。

通常公开招标采用资格预审，只有资格预审合格的施工单位才可以参加投标；不采用资格预审的公开招标应进行资格后审，即在开标后进行资格审查。

资格预审主要是审查投标人或潜在投标人是否符合下列条件：

（1）具有独立订立合同的权利；

（2）具有圆满履行合同的能力，包括专业、技术资格和能力，资金、设备和其他物质设施状况，管理能力，经验、信誉和相应的工作人员；（3 年内）没有与骗取合同有关的犯罪或严重违法行为。此外，如果国家对投标人的资格条件另有规定的，招标人必须依照其规定，不得与这些规定相冲突或低于这些规定的要求。如在国家重大工程建设项目的施工招标中，国家要求一级施工单位才能承包，招标人不能让二级及以下的施工单位参与投标。在不损害商业秘密的前提下，投标人或潜在投标人应向招标人提交能证明上述有关资质和业绩情况的法定证明文件或其他资料。这样能预先淘汰不合格的投标人，减少评标阶段的工作时间和费用，也使不合格的投标人节约购买招标文件、现场考察和投标的费用。

4. 工程建设项目施工招标资格预审程序

资格预审程序一般为编制资格预审文件、刊登资格预审通告、出售资格预审文件、对资格预审文件的答疑、报送资格预审文件、澄清资格预审文件、评审资格预审文件，最后招标人以书面形式向所有参加资格预审者通知评审结果，在规定的日期、地点向通过资格预审的投标人出售招标文件。

5. 工程建设项目施工招标资格预审文件的内容

资格预审文件的内容应包括以下几个方面。

1）资格预审公告

资格预审公告包括以下内容：

① 招标人的名称和地址；

② 招标项目的性质和数量；

③ 招标项目的地点和时间要求；

④ 获取资格预审文件的办法、地点和时间；

⑤ 对资格预审文件收取的费用；

⑥ 提交资格预审申请书的地点和截止时间；

⑦ 资格预审的日程安排。

2）资格预审须知

资格预审须知应包括以下内容。

（1）总则。在总则中分别列出工程招标人名称、资金来源、工程名称和位置、工程概述（当中包括“初步工程量清单”中的主要项目和估计数量、申请人有资格执行的最小合同规模，以及资格预审时间表等，可用附件形式列出）。

（2）要求投标人应提供的资料和证明。在资格预审须知中应说明对投标人提供资料内容的要求，一般包括以下内容：

① 申请人的身份及组织机构，包括该公司或合伙人或联合体各方的章程或法律地位、注册地点、主要营业地点、资质等级等原始文件的复印件；

② 申请人（包括联合体的各方）在近三年内完成的与本工程相似的工程的情况和正在履行的合同的工程情况；

③ 管理和执行本合同所配备的主要人员的资历和经验；

④ 执行本合同拟采用的主要施工机械设备情况；

⑤ 提供本工程拟分包的项目及拟承担分包项目分包人情况；

⑥ 提供近两年经审计的财务报表，今后两年的财务预测，以及申请人出具的允许招标人在其开户银行进行查询的授权书；

⑦ 申请人近两年介入的诉讼情况。

（3）资格预审通过的强制性标准。强制性标准以附件的形式列入。它是资格预审时对列入工程项目一览表中的各主要项目提出的强制性要求，包括强制性经验标准（指主要工程一览表中主要项目的业绩要求）；强制性财务、人员、设备、分包、诉讼及履约标准等。达不到标准的，资格预审不能通过。

（4）对联合体提交资格预审申请的要求。对于一个合同项目能凭一家的能力通过资格预审的，应当鼓励以单独的身份参加资格预审。但在许多情况下，对于一个合同项目，往往一家不能单独通过资格预审，需要两家或两家以上组成联合体才能通过，因此在资格预审须知中应对联合体通过资格预审做出具体规定，一般规定如下：

① 对于达不到联合体要求的，或企业单位既以单独身份又以联合体身份向同一合同投标时，资格预审申请都应遭到拒绝。

② 招标人不得强制投标人组成联合体共同投标，不得限制投标人之间的竞争。

③ 每个联合体的成员应满足的要求是，联合体各方均应当具备承担招标项目的相应能力；由同一专业的单位组成的联合体，按照资质等级较低的单位确定资质等级；联合体的每个成员必须各自提交申请资格预审的全套文件；对于通过资格预审后参加投标的投标文件以后签订的合同，对联合体各方都产生约束力；联合体协议应随同投标文件一起提交，该协议要规定出联合体各方对项目承担的共同和分别的义务，并声明联合体各方提出的参加并承担本项目的责任和份额，以及承担其相应工程的足够能力和经验；联合体必须指定某一成员作为主办人，负责与招标人联系；在资格预审结束后新组成的联合体或已通过资格预审的联合体内部发生了变化，应征得招标人的书面同意，新的组成或变化不允许从实质上降低竞争力，不得包括未通过资格预审的单位和降低到资格预审所能接受的最低条件以下的单位；提出联合体各方合格条件的能力要求，如可以要求联合体各方都应具有不低于各项资格要求的 25%的能力，对联合体的主办人应具有不低于各项资格要求的 40%的能力，所承担的工程应不少于合同总价格的 40%；申请并接受资格预审的联合体不能在提出申请后解体或与其他申请人联合而通过资格预审。

（5）对通过资格预审的投标人所建议的分包人的要求。由于对资格预审投标人所建议的分包人也要进行资格预审，所以通过资格预审后，如果投标人对其所建议的分包人有变更，则必须征得招标人的同意，否则，他们的资格预审视为无效。

（6）对通过资格预审的国内投标人的优惠。世界银行贷款项目对于通过资格预审的国内投标人，在投标时能够提出令招标人满意的、符合优惠标准的文件证明，在评标时其投标报价可以享受优惠。一般享受优惠的标准条件为：投标人在工程所在国注册；工程所在国的投标人持有绝大多数股份；分包给国外工程量不超过合同价的 50%。具备上述三个条件者，其投标报价在评标排名次时可享受 7.5%的优惠。

（7）其他规定：包括递交资格预审文件的份数，送交单位的地址、邮编、电话、传真、负责人、截止日期；招标人要求申请人提供的资料要准确、详尽，并有对资料进行核定和澄清的权利，对于弄虚作假、不真实的介绍可拒绝其申请；资格预审者的数量不限，并且有资格参与投一个或多个合同的标；资格预审的结果和已通过资格预审的申请人的名单将以书面形式通知每一位申请人，申请人在收到通知后的规定时间内（如 48 小时）回复招标人，确认收到通知。

资格预审须知的有关附件应包括如下内容：

① 申请人表。主要包括申请人的名称、地址、电话、电传、传真、成立日期等。如果是联合体，应首先列明牵头的申请人，然后是所有合伙人的名称、地址等，一并附上每个公司的章程、合伙关系的文件等。

② 申请合同表。如果一个工程项目分为几个合同招标，应在表中分别列出各合同的编号和名称，以便让申请人选择申请。

③ 组织机构表。包括公司简况、领导层名单、股东名单、直属公司名单、驻当地办事处或联络机构名单等。

④ 组织机构框图。主要用叙述或附图表示申请者的组织机构，与母公司或子公司的关系，总负责人和主要人员。如果是联合体，则应说明合作伙伴关系及在合同中的责任划分。

⑤ 财务状况表。包括注册资金、实有资金、总资产、流动资产、总负债、流动负债、未完成工程的年投资额、未完成工程的总投资额、年均完成投资额（近三年）、最大施工能力等；近三年年度营业额和为本项目合同工程提供的营运资金、现在正进行的工程估价、今后两年的财务预算、银行信贷证明；并随附由审计部门审计或由省、市公证部门公证的财务报表，包括损益表、资产负债表及其他财务资料。

⑥ 公司人员表。包括管理人员、技术人员、工人及其他人员的数量；拟为本合同提供的各类专业技术人员的数量及其从事本专业工作的年限；公司主要人员的一般情况和主要工作经历。

⑦ 施工机械设备表。包括拟用于本合同自有设备、拟新购置设备和租用设备的名称、数量、型号、商标、出厂日期、现值等。

⑧ 分包商表。包括拟分包工程项目的名称，占总工程价的百分数，分包人的名称、经验、财务状况、主要人员、主要设备等。

⑨ 业绩。已完成的同类工程项目表，包括项目名称、地点、结构类型、合同价格、竣工日期、工期、招标人或监理工程师的地址、电话、电传等。

⑩ 在建项目表。包括正在施工和准备施工的项目名称、地点、工程概况、完成日期、合同总价等。

⑪ 介入诉讼事件表。详细说明申请人或联合体各方介入诉讼或仲裁的案件。应该注意，每一张表格都应有授权人的签字和日期，对于要求提供的证明附件应附在表后。

6. 资格预审文件的填报

对投标人来说，填好资格预审文件是能否购买招标文件，进行投标的第一步，因此，填写资格预审文件一定要认真细心，严格按照要求逐项填写，不能漏项，每项内容都要填写清楚。投标人应特别注意要根据所投标工程的特点，有重点地填写，对在评审中可能占有较大比重的内容多填写，有针对性地多报送资料，并强调本公司的财务、人员、施工设备、施工经验等方面的优势。对报送的预审文件内容应简明准确，装帧美观大方，给招标人一个良好的印象。

要做到在较短的时间内填报出高质量的资格预审文件，平时要做好公司在财务、人员、施工设备和施工经验等各方面原始资料的积累与整理工作，分门别类地存在计算机中，随时可以调用和打印出来。例如，公司施工经验方面应详细记录公司近 5～10 年来所完成的和目前正在施工的工程项目名称、地点、规模、合同价格、开工/竣工的时间；招标人名称、地址、监理单位名称、地址；在工程中本公司所担任的角色，是独家承包还是联合承包，是联合体负责人还是合伙人，是总承包商还是分承包商；公司在工程建设项目实施中的地位和作用等。

7. 资格预审评审

由评审委员会进行资格预审评审工作。评审委员会一般由招标人负责组织，参加人员由招标人的代表，有关专业技术、财务经济等方面的专家 5 人以上单数组成。

1）评审标准

资格预审是为了检查、评估投标人是否具备能令人满意地执行合同的能力。只有表明投标人有能力胜任，公司机构健全，财务状况良好，人员技术、管理水平高，施工设备适用，有丰富的类似工程经验，有良好信誉，才能被招标人认为是资格预审合格。

2）评审方法

（1）对收到的资格预审文件进行整理，看是否对资格预审文件做出了实质性的响应，即是否满足资格预审文件的要求。检查资格预审文件的完整性，检查资格预审强制性标准的合格性。如投标人（包括联合体成员）营业执照和授权代理人授权书应有效。投标人（包括联合体成员）企业资质和资信登记等级应与拟承担的工程标准和规模相适应；如以联合体形式申请资格预审，则应提交联合体协议，明确联合体主办人。如有分包，则应满足主体工程限制分包的要求。投标人提供的财务状况、人员与设备情况及履行合同的情况应满足要求。

只有对资格预审文件做出实质性响应的投标人才能参加进一步评审。

（2）一般情况下资格预审都采用评分法进行，按一定评分标准逐项打分。评选结果按淘汰法进行，即先淘汰明显不符合要求的投标人，对于满足资格预审文件要求的投标人按组织机构与经营管理、财务状况、技术能力、施工经验四个方面逐项打分。只有每项得分超过最低分数线，而且四项得分之和高于 60 分（满分为 100 分）的投标人才能通过资格预审。资格预审评审时，上述评分的四个方面中每个方面还可以进一步细分为若干因素，分别打分。上述各个方面各个因素所占评分权重应根据项目的性质及它们在项目实施中的重要性而定。如果是复杂的工程建设项目，人员素质与施工经验应占更大比重。

最低合格分数线应根据参加资格预审的投标人的数量来决定，如果投标人的数量比较多，则适当提高最低合格分数线，这样可以多淘汰一些水平较低的投标人，使通过资格预审的投标人的数量不致太多。

8. 资格预审评审报告

资格预审评审委员会对评审结果要给出书面报告，评审报告的主要内容包括工程项目概要、资格预审工作简介、资格预审评价标准、资格预审评审程序、资格预审评审结果、资格预审评审委员会名单、资格预审评分汇总表、资格预审分项评分表、资格预审评审细则等。资格预审评审报告应上报招投标管理机构审查。资格预审评审结果应在其文件规定的期限内通知所有投标人，同时向通过资格预审的投标人发出投标邀请。

9. 投标人资格审查应注意的问题

（1）通过建筑市场的调查确定资格条件。根据拟建工程的特点和规模进行建筑市场调查。调查与本工程项目相类似的已建成工程和拟建工程的施工单位资质及施工水平，调查可能来此项目投标的投标人数量等。依此确定实施本工程项目施工单位的资质和资格条件。该资格条件既不能过高，减少竞争，也不能过低，增加其评标工作量。

（2）资格审查文件的文字和条款要求严密、明确，一旦发现条款中存在问题，特别是影响资格审查时，应及时修正和补遗。但必须在递交资格预审截止日前 14 天或 28 天发出，否则投标人来不及做出响应，影响评审的公正性。

（3）应审查资格审查资料的真实性。当投标人提供的资格审查资料是编造的或者不真实时，招标人有权取消其资格申请，而且可不做任何解释。因此，投标人编制资格审查文件时切忌弄虚作假，此外还要加强资格审查文件的编后审查工作，尽量减少不必要的损失。

10. 资格后审

对于一些开工期要求比较早，工程不算复杂的项目，为了争取早日开工，有时不进行资格预审，而进行资格后审。资格后审是在招标文件中加入资格审查的内容。投标人在填报投标文件的同时，按要求填写资格审查资料。评标委员会在正式评标前先对投标人进行资格审查，对资格审查合格的投标人进行评标；对不合格的投标人，不进行评标。资格后审的内容与资格预审的内容大致相同，主要包括投标人的组织机构、财务状况、人员与设备情况、施工经验等方面。

2.3　建设工程招标文件的编制

建设工程招标文件，是建设工程招标单位单方面阐述自己的招标条件和具体要求的意思表示，是招标单位确定、修改和解释有关招标事项的书面表达形式的统称。从合同的订立过程来分析，建设工程招标文件属于一种要约邀请，其目的在于引起投标人的注意，希望投标人能按照招标人的要求向招标人发出要约。

我国《招标投标法》规定，招标人应当根据招标项目的特点和需要编制招标文件。国家对招标项目的技术、标准有规定的，招标人应当按照其规定在招标文件中提出相应的要求。

建设工程招标文件是由招标单位或其委托的咨询机构编制并发布的。它既是投标单位

编制投标文件的依据，也是招标单位将来与中标单位签订工程承包合同的基础。招标文件提出的各项要求，对整个招标工作乃至承发包双方都有约束力。由此可见，建设工程招标文件的编制实质上是做合同的前期准备工作，即合同的策划工作。

2.3.1 建设工程招标文件的主要内容

建设部2008年颁布的《建设工程施工招标文件范本》和2003年2月17日颁布的《建设工程工程量清单计价规范》规定了公开招标的招标文件的内容和邀请招标的招标文件内容，除无资格审查表以外，其余内容和公开招标的招标文件的内容相同。

建设工程招标文件一般包含下列几方面的内容，即投标邀请书、投标须知、合同通用条款、合同专用条款、合同格式、技术规范、图纸等，下面分别介绍。

1. 投标邀请书

投标邀请书是用来邀请资格预审合格的投标人按招标人规定的条件和时间前来投标。它一般应说明以下各点：

（1）招标人单位、招标性质；

（2）资金来源；

（3）工程简况、分标情况、主要工程量、工期要求；

（4）承包商为完成本工程所需提供的服务内容，如施工、设备和材料采购、劳务等；

（5）发售招标文件的时间、地点、售价；

（6）投标文件送交的地点、份数和截止时间；

（7）提交投标保证金的规定额度和时间；

（8）开标的日期、时间和地点；

（9）现场考察和召开标前会议的日期、时间和地点。

2. 投标须知

投标须知中首先列出前附表，将投标须知各条款中论述的关于投标的重要时间表、地址、投标书副本份数、工程项目资金来源、投标保证金数额等集中列在表中，便于投标人做好投标工作安排。主要内容如下。

1）总则

（1）工程描述。说明本工程的名称、地理位置、工程规模和性质、工程分标情况及本合同的工作范围等。

（2）资金来源。说明招标项目的资金来源。

（3）资格与合格条件要求。投标人应提交独立法人资格和相应的施工资质证书。提供令招标人满意的资格文件，包括拟实施本合同的人员、机械情况、以往类似工程的施工经验、经过审计的主要财务报表等，以证明投标人具有履行合同的能力。两个或两个以上施工单位组成的联合体投标时，每一个成员均应提交上述符合资格与要求的资料，应指定其中一家联合体成员作为主办人，由联合体所有成员法人、代表签署提交一份授权书，以证明其主办人资格。联合体各成员之间签订的联合体协议书副本应随投标文件一起递交。协议书中应明确各个成员为实施合同共同或分别承担的责任。

（4）投标费用。投标单位应承担其编制投标文件与递交投标文件所涉及的一切费用，不管投标结果如何，招标人对上述费用不负任何责任。

（5）现场考察。投标人按招标人的要求和时间考察现场。

2）招标文件

（1）招标文件的内容，据 2007 版《标准施工招标文件》的规定（其他部门招标文件范本的内容大同小异），对于公开招标的招标文件，分为四卷，共八章，其内容的目录如下：

第一卷

第一章　招标公告、投标邀请书

第二章　投标人须知

第三章　评标办法

第四章　合体条款及格式

第五章　工程量清单

第二卷

第六章　图纸

第三卷

第七章　技术标准和要求

第四卷

第八章　投标文件格式

（2）招标文件的澄清。投标人发现招标文件中有遗漏、错误、词义含糊等情况，应按规定的时间限制通过书面向招标人质询。招标人将书面答复所有质询的问题，送交全部投标人，但不涉及问题的由来。

3. 合同通用条款

合同通用条款一般采用标准合同文本，如采用国家工商行政管理局和建设部最新颁布的《建设工程施工合同文本》的有关规定。新修订的《建设工程施工合同文本》由《协议书》《通用条款》《专用条款》三部分组成，在招标文件中可以采用。

4. 合同专用条款

合同专用条款一般包括合同文件、双方一般责任、施工组织设计和工期、质量与验收、合同价款与支付、材料和设备供应、设计变更、竣工结算、争议、违约和索赔。

5. 合同格式

合同格式主要包括合同协议书格式、银行履约保函格式、履约担保书格式、预付款银行保函格式。合同格式的各种形式将在后面做详细介绍，此不赘述。

6. 技术规范

技术规范的内容主要包括说明建设工程现场的自然条件、施工条件及本工程施工技术要求和采用的技术规范。

7. 图纸

建设工程图纸也属于建设工程招标文件的重要组成部分，不可缺少。

8. 投标文件参考格式

建设工程投标文件参考格式包括投标书及投标书附录、工程量清单与报价表、辅助资料表、资格审查表（未进行资格预审时采用）。

2.3.2 建设工程招标文件的编制原则

（1）遵守国家的法律、法规，如合同法、建筑法、招标投标法等。

（2）如果是国际组织贷款，则应符合该组织的各项规定和要求。

（3）公正、合理地处理招标人和投标人（或供货商）的关系，要使投标人（或供货商）能获得合理的利润。如果不恰当地将过多的风险转移给投标人，势必迫使投标人加大风险金，提高投标报价，最终还是招标人增加支出。

（4）招标文件应该正确、详细地反映项目的客观情况，以使投标人的投标建立在可靠的基础上，这样也可减少履约过程中产生争议。

（5）招标文件所包括的众多内容应力求统一、明确，尽量减少和避免相互矛盾，招标文件的矛盾会为投标人创造索赔机会。招标文件用语应力求严谨、明确，以便在产生争端时易于根据合同文件判断解决。

（6）利用国家相关部门编制有关建设工程招标文件范本，规范招标文件的内容和格式，节约招标文件编写的时间，提高招标文件的质量。

2.3.3 建设工程招标文件编制注意事项

（1）评标原则和评标办法细则，尤其是计分方法在招标文件中要明确。

（2）投标价格中，一般结构不太复杂或工期在 12 个月以内的工程，可以采用固定价格，考虑一定的风险系数；结构复杂或大型工程，工期在 12 个月以上的，应采用调整价格，调整方法和调整范围在招标文件中明确。

（3）在招标文件中应该明确投标价格计算依据。

（4）质量标准必须达到国家施工验收规范合格标准，当要求质量达到优良标准时，应计取补偿费用，补偿费用的计算办法应按照国家或地方的有关文件执行，并在招标文件中明确。

（5）招标文件中的建设工期应该参照国家或地方颁发的工期定额确定，如果要求的工期比工期定额缩短 20%以上（含 20%），应计算赶工措施费。赶工措施费如何计取应该在招标文件中明确。由于施工单位原因造成不能按照合同工期竣工的，计取赶工措施费的需扣除，同时还应该承担给建设单位带来的损失。损失费用的计算方法或规定应该在招标文件中明确。

（6）如果建设单位要求按合同工期提前竣工交付使用，则应该考虑计取提前工期奖，提前工期奖的计算方法应在招标文件中明确。

（7）招标文件中应该明确投标准备时间。即从开始发放招标文件之日起，至投标截止时的时间期限，最短不得少于 20 天。

（8）在招标文件中应明确投标保证金数额，一般该保证金数额不超过投标总价的 2%，投标保证金的有效期应超过投标有效期。

（9）中标单位应按规定向招标单位提交履约担保，履约担保可采用银行保函或履约担保书。履约担保比率一般为：银行出具的银行保函为合同价格的 5%；履约担保书为合同价格的 10%。

（10）投标有效期应视工程情况确定，结构不太复杂的中、小型工程的投标有效期可定为 28 天以内；结构复杂的大型工程投标有效期可定为 56 天内。

（11）材料或设备采购、运输、保管的责任应该在招标文件中明确。如果由建设单位提供材料或设备，则应列明材料或设备名称、品种或型号、数量，以及提供日期和交货地点等；还应该在招标文件中明确招标单位提供的材料或设备计价和结算退款的方式、方法。

（12）关于工程量清单，招标单位按照国家颁布的统一工程项目划分，统一计量单位和统一工程量计算规则，根据施工图纸计算工程量，提供给投标单位作为投标报价的基础。结算拨付工程款时以实际工程量为依据。

（13）合同专用条款的编写，招标单位在编制招标文件时，应该根据《中华人民共和国合同法》和《建设工程施工合同管理办法》的规定及工程具体情况确定“招标文件合同专用条款”内容。

（14）投标单位在收到招标文件后，若有问题需要澄清，应于收到招标文件后以书面形式向招标单位提出，招标单位将以书面形式或投标预备会的方式予以解答，答复将送给所有获得招标文件的投标单位。

（15）招标人对已经发出的招标文件进行必要澄清或修改的，应当至少在招标文件要求的提交投标文件截止时间前 15 日以书面形式通知所有招标文件收受人。该澄清或修改内容为招标文件的组成部分。

2.4　建设工程招标标底的编制

建设工程招标标底是建筑安装工程造价的表现形式之一，是指由招标人（业主）自行编制的，或者委托具有编制标底资格和能力的中介机构代理编制，并按规定报经审定的招标工程的预期价格。在建设工程招投标过程中起至关重要的作用。

2.4.1　标底的作用与组成

1. 标底的作用

招标的评标可以采取有标底评标方式，也可以采取无标底评标方式。但是无论评标是否采用标底，标底都具有以下作用：

（1）标底是招标人为招标项目确定的预期价格，能预先明确自己在拟建工程上应该承担的财务义务。

（2）给上级主管部门提供核实建设规模的依据。

（3）衡量投标单位标价的准绳。只有有了标底，才能正确判断投标人所投报价的合理性、可靠性。

（4）标底是评标的重要尺度。有了科学的标底，在定标时才能做出正确的选择，防止评标的盲目性。

2. 标底的组成

标底的组成内容主要有下列几点：

（1）标底的综合编制说明。

（2）标底价格审定书、标底价格计算书、带有价格的工程量清单、现场因素、各种施工措施费的测算明细及采用固定价格时的风险系数测算明细等。

（3）主要材料用量。

（4）标底附件，如各项交底纪要、各种材料及设备的价格来源、现场地质、水文、地上情况的有关资料、编制标底所依据的施工方案或施工组织设计等。

2.4.2 编制标底的原则

（1）根据国家公布的统一工程项目划分、统一计量单位、统一工程量计算规则及施工图纸、招标文件，并参照国家制定的基础定额和国家、行业、地方规定的技术标准规范，以及要素市场价格确定工程量和编制标底。

（2）标底价格应由成本、利润、税金组成，一般应控制在批准的总概算（或修正概算）及投资包干的限额内。

（3）标底价格作为建设单位的期望计划价，应力求与市场的实际变化吻合，要有利于竞争和保证工程质量。

（4）标底价格应考虑人工、材料、机械台班等价格变动因素，还应包括施工不可预见费（特殊情况）、预算包干费、措施费（赶工措施费、施工技术措施费）、现场因素费、保险及采用固定价格的工程风险金等。工程要求优良的，还应增加相应费用。

（5）一个工程只能编制一个标底。

（6）标底编制完成后，应密封报送招投标管理机构审定。审定后必须及时妥善封存直至开标，所有接触过标底价格的人员均负有保密责任，不得泄露。

2.4.3 编制标底的主要程序

招标文件中的商务条款一经确定，即可进入标底编制阶段。工程标底的编制程序通常如下：

（1）确定标底的编制单位。

（2）提供以下相关资料，以便进行标底计算。

① 全套施工图纸及现场地质、水文、地上情况的有关资料；

② 招标文件；

③ 领取标底价格计算书、报审的有关表格。

（3）参加交底会及现场勘察。标底编审人员均应该参加施工图交底、施工方案交底及现场勘察、招标预备会，以便于标底的编审工作。

（4）编制标底。

2.4.4 编制标底的主要依据

根据《建设工程施工招标文件范本》的规定，标底的编制依据主要有：

（1）招标文件的商务条款。

（2）工程施工图纸、工程量计算规则。

（3）施工现场地质、水文、地上情况的有关资料。

（4）施工方案或施工组织设计。

（5）现场工程预算定额、工期定额、工程项目计价类别及取费标准、国家或地方有关价格调整文件规定。

（6）招标时，建筑安装材料及设备的市场价格。

2.4.5　编制标底的方法

当前，我国建设工程招标标底主要采用工料单价法和综合单价法编制。下面分别进行简单介绍。

1. 工料单价法

具体做法是根据施工图纸及技术说明，按照预算定额规定的分部、分项工程子目，逐项计算出工程量，填入工程量清单内，再套用定额单价（或单位估价）计算出招标项目的全部工程直接费，然后按规定的费用定额确定其他直接费、现场经费、间接费、计划利润和税金，还要加上材料调价系数和适当的不可预见费，汇总后即为工程预算总价，也就是标底的基础。

在实施中工料单价法也可采用工程概算定额，对分项工程子目做适当的归并和综合，使标底价格的计算有所简化。采用概算定额编制标底，通常适用于技术设计阶段即进行招标的工程。在施工图设计阶段招标，也可按施工图计算工程量，按概算定额和单价计算直接费，既可提高计算结果的可靠性，又可以减少工作量，节省人力和时间。

运用工料单价法编制招标工程的标底大多是在工程概算定额或预算的基础上做出的，但它不完全等同于工程概算或施工图预算。编制一个合理、可靠的标底还必须在此基础上考虑以下因素：

（1）标底必须适应目标工期的要求，对提前工期因素有所反映。应将目标工期对照工期定额，按照提前天数给出必要的赶工费和奖励，并列入标底。

（2）标底必须适应招标方的质量要求、对高于国家验收规范的质量应给予一定的费用补偿。

（3）标底必须适应建筑材料采购渠道和市场价格的变化，考虑材料差价因素，并将差价列入标底。

（4）标底必须合理考虑招标工程的自然地理条件和招标工程范围等因素。应将地下工程及“三通一平”等招标工程范围内的费用正确地计入标底价格。由于自然条件导致的施工不利因素也应考虑计入标底。

2. 综合单价法

用综合单价法编制标底，其各分部、分项工程的单价应包括人工费用、材料费、机械费、间接费、有关文件规定的调价、利润、税金及采用固定价格的风险金等全部费用。综合单价确定后，再与各分部、分项工程量相乘汇总，即可得标底价格。

（1）一般住宅和公用设施工程中，以平方米造价包干为基础编制标底。这种标底主要

适用于采用标准图大量建造的住宅工程。一般做法是由地方工程造价管理部门经过多年实践，对不同结构体系的住宅造价进行测算分析，制定每平方米造价包干标准。在具体的工程招标时，再根据装修、设备情况进行适当调整，确定标底综合价格。考虑到基础工程因地基条件不同而有很大差别，平方米造价多以工程的±0 以上为对象，基础及地下室仍以施工图预算为基础编制标底，二者之和构成完整标底。

（2）在工业项目工程中，尽管其结构复杂、用途各异，但整个工程中分部工程的构成则大同小异，主要有土方工程、桩基工程、砌筑工程、混凝土及钢筋混凝土工程、防腐防水工程、管道工程、金属结构工程、机电设备安装工程等。按照分部工程分类，在施工图、材料、设备及现场条件具备的情况下，经过科学的测算，可以得出综合单价。有了这个综合单价就可以计算出该工业项目的标底。

2.4.6 标底的审定

工程施工招标的标底价格应该在投标截止日期后、开标之前按照规定报招投标管理机构审查，招投标管理机构在规定的时间内完成标底的审定工作，未经审查的标底一律无效。

1. 标底审查时应提交的各类文件

标底报送招投标管理机构审查时，应提交工程施工图纸、方案或施工组织设计、填有单价与合价的工程量清单、标底计算书、标底汇总表、标底审定书、采用固定价格的工程的风险系数测算明细，以及现场因素、各种施工措施测算明细、主要材料用量、设备清单等。

2. 标底审定内容

（1）采用工料单价法编制的标底价格，主要审查以下内容：

① 标底计价内容，包括承包范围、招标文件规定的计价方法及招标文件的其他有关条款。

② 预算内容，包括工程量清单单价、补充定额单价、直接费、其他直接费、有关文件规定的调价、间接费、现场经费、预算包干费、利润、税金、设备费及主要材料设备数量等。

③ 预算外费用包括材料或设备的市场供应价格、措施费（赶工措施费、施工技术措施费）、现场因素费、不可预见费（特殊情况）、材料设备差价，以及对于采用固定价格合同方式计价后的工程，在其施工周期中出现的因价格波动导致的风险系数等。

（2）采用综合单价法编制的标底价格，主要审查以下内容：

① 标底计价内容，包括承包范围、招标文件规定的计价方法及招标文件的其他有关条款。

② 工程量清单单价组成分析，人工、材料、机械台班计取的价格、直接费、其他直接费、有关文件规定的调价、间接费、现场经费、预算包干费、利润、税金、采用固定价格合同方式计价后的工程，在其施工周期中出现的因价格波动导致的风险系数、不可预见费（特殊情况），以及主要材料数量等。

③ 设备的市场供应价格、措施费（赶工措施费、施工技术措施费）、现场因素费用等。

3. 标底审定时间

标底审定时间一般在投标截止日后、开标之前，结构不太复杂的中、小型工程为 7 天以内，结构复杂的大型工程为 14 天以内。

需要注意的是，标底的编制人员应该在保密的环境中编制，标底完成后应该密封送审，审定完后应该及时封存，直至开标。

2.5　建设工程招标的评标与定标

2.5.1　建设工程招标的评标、定标办法的组成

建设工程招标的评标、定标办法在内容上主要包括以下几部分。

1）评标、定标组织

评标、定标组织是由招标人设立的负责工程投标书的评定的临时组织。评标、定标组织以评标委员会的形式，由招标人和有关方面的技术经济专家组成，各成员的地位平等，实行少数服从多数的组织原则。

2）评标、定标原则

评标、定标原则是评标、定标的指导思想和准则。评标、定标的基本原则是客观公正、平等竞争、机会均等、科学合理、择优定标。

3）评标、定标程序

评标、定标程序是评标、定标的步骤。对确认有效的标书一般经过初审、终审，即符合性、技术性、商务性评审（简称两段三审）后转入定标程序。

4）评标、定标方法

评标、定标方法主要有单项评议法、综合评议法、两阶段评议法。

5）评标、定标日程安排

招标文件中应阐明评标、定标的时间、地点，以及定标的最长期限。

6）评标、定标过程中争议问题的澄清、解释和协调处理

2.5.2　建设工程招标的评标、定标办法的编制

建设工程招标的评标、定标办法是由招标人或委托代理人编制的。具有招标资格的单位就具有编制评标、定标办法的资质。

编制评标、定标办法的基本程序是：

（1）确定评标、定标组织的形式、人员构成和运作制度；

（2）明确评标、定标的原则和程序；

（3）选定评标、定标办法；

（4）明确评标、定标的日程。

编制评标、定标办法，要求做到：

（1）评标、定标办法公正，对全部投标人平等，不含有偏爱性或歧视性条款；

（2）评标、定标办法科学、合理，据此能客观、准确地判断各个投标文件之间的差别和优势。

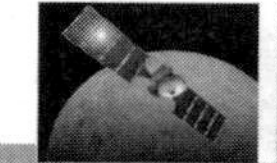

（3）评标、定标办法应该点面结合，重点突出，可以全面衡量。

（4）评标、定标办法应该简明扼要，具有准确性和可操作性。

2.5.3 建设工程招标的评标、定标办法的审定

建设工程招标的评标、定标办法编制完成后，必须按照规定报送建设工程招投标管理机构审查认定。

1. 建设工程招标的评标、定标办法的审定程序

1）评标、定标办法送审

（1）送审时间。在实践中通常有两种做法：第一种是将评标、定标办法同其他招标文件在正式招标前一并报送招投标管理机构审定；第二种是在投标截止日期后、开标前，将评标、定标办法报送招投标管理机构审定。

（2）送审时应提交的文件。送审时提交评标、定标的组织形式，组成人员名单和分工，评标、定标原则和程序的说明，评标、定标方法及日程安排等文件。

2）评标、定标方法审定交底

招投标管理机构收到评标、定标办法后3～5日内审定完毕（中、小型工程为3日内，大型工程为5日内），向招标人进行必要的审定交底。

3）封存经审定的评标、定标办法

评标、定标办法自编制之日起至公布之日止应该严格保密。评标、定标办法的编制、审定单位应按规定封存评标、定标办法，开标前不得泄露。经审定的评标、定标办法，未经招投标管理机构同意，不得变更。

2. 建设工程招标的评标、定标办法的审定内容

招投标管理机构主要确认评标、定标办法的下述内容的合法、合规性：

（1）是否符合有关法律、法规和政策的要求；

（2）是否体现公开、公正、公平竞争和择优原则；

（3）是否与其他招标文件的有关规定一致；

（4）评标、定标组成人员是否符合有关文件规定，有无应回避人员；

（5）评标、定标办法是否适当，评标因素设置是否合理，分值分配是否恰当，评分规则是否清楚等；

（6）评标、定标程序和日程安排是否恰当；

（7）有无多余、遗漏或不清楚的问题，可操作性如何。

2.5.4 建设工程招标的评标方法

评标是指由招标单位依法组建的评标委员会对所有的有效标书进行综合分析评比，从中确定理想的中标单位。评标委员会由招标人的代表和有关技术、经济等方面的专家组成，一般要求成员人数为5人以上单数，其中经济、技术方面的专家不得少于成员人数的三分之二。评标主要从以下三方面进行评价。

1. 对投标文件的技术方面评估

对投标人所报的施工方案或施工组织设计、施工进度计划、施工人员和施工机械设备的配备、施工技术能力、以往履行合同情况、临时设施的布置和临时用地情况等进行评估。

2. 对投标报价经济方面评估

评标委员会将对确定为实质上响应招标文件要求的投标进行投标报价评估，在评估投标报价时应对报价进行校核，看其是否有计算上或累计上的算术错误。修改错误原则如下：

（1）当用数字表示的数额与用文字表示的数额不一致时，以文字表示的数额为准。

（2）当单价与工程量的乘积与总价之间不一致时，通常以标出的单价为准，除非评标机构认为有明显的小数点错位，此时应以标出的总价为准，并修改单价。

按照上述修改错误的方法，调整投标书中的投标报价，经投标人确认同意后，调整后的报价对投标人起约束作用。如果投标人不接受修正后的投标报价，则其投标将被拒绝，其投标保证金将被没收。

3. 综合评价和比较

评标应依据评标原则、评标办法，对投标单位的报价、工期、质量、主要材料用量、施工方案或组织设计、以往业绩、社会信誉、优惠条件等方面综合评定，公正、合理地择优选定中标单位。

但需要注意的是，对于投标价格采用价格调整的，在评标时不考虑招标文件中规定的价格变化因素和允许调整的规定。

综合案例 2　某学院教学楼建设工程招标文件的编制

前面内容主要介绍了建设工程项目施工招标的一些基本原理，下面以某职业学院第一教学大楼工程招标文件综合案例，说明招标文件的编制方法。

工程名称：某职业学院第一教学大楼工程

目　　录

第一部分　投标邀请书、投标须知及合同条件

一、投标邀请书

二、投标须知

（一）总则

（二）招标文件

（三）工程价款的计算依据及结算

（四）投标文件的编制

（五）投标文件的递交

（六）开标

（七）评标

（八）决标及授予合同

三、合同条件及合同主要条款

（一）合同条件

（二）合同主要条款

第二部分　工程建设条件及技术规范

第三部分　本工程施工图纸

第四部分　招标、评标办法及操作程序

附件A　某职业学院第一教学大楼施工工程招标、评标实施办法

附件B　招标代理人、建设方、招投标监督管理机构对招标文件的意见

第一部分　投标邀请书、投标须知及合同条件

一、投标邀请书

______________________________（投标人全称）

本公司受某职业学院委托对其拟建的第一教学大楼工程进行招标。

该工程建设地点：某市北京路四号

本次招标采用公开招标的方式，经对投标报名人资质审查后，合格的投标人进行正式投标，投标人必须按照招标文件的要求做出准确答复，且每个投标人只能递交一套投标书（其中正本一份，副本两份，施工组织设计封面不得注明正、副本或做任何填写和标示）。

本工程按规定时间发放招标文件等资料，招标文件及施工图售价为人民币 1 500 元/套，各个投标人另须支付投标保证金人民币 500 000 元（大写：五十万元），未中标人需要在招标活动结束之日起 3 日内退还图纸，如有损坏，照价赔偿，具体事宜见投标须知。本工程投标书的接受截止日期为 2005 年 11 月 28 日上午 9:00，对截止日期以后所递交的投标书，视为废标，不予以考虑。

购买招标文件的地址如下：

南海工程咨询有限公司（某市石岛路 8 号）

联系电话：080-3764291

联系人：周小盛

二、投标须知

（一）总则

2.1.1　本工程的招标人为某职业学院，招标代理人为南海工程咨询有限公司，招标工作由经招标监督管理机构核准的“某职业学院第一教学大楼工程招标领导小组”负责主持。招投标监督管理机构管理整个招标、投标过程。

2.1.2　工程概况及招标范围。

2.1.2.1　工程概况。

结构类型：七层框架；

建筑面积：约为 20 000 m^2。

2.1.2.2　招标范围。施工图预算范围。

2.1.3　投标费用。投标人承担其编制投标文件与递交投标文件所涉及的一切费用。不管投标结果如何，招标人对上述费用不负任何责任。

2.1.4　不管投标结果如何，投标人的投标资料均不退回。

2.1.5　招标人和招标代理人不对未中标人做任何解释。

2.1.6　招标过程中出现争议，由本次工程评标委员会根据国家七部委联合颁布的《评

标委员会和评标办法暂行规定》及相关法律、法规裁定。

2.1.7　招标工作日程安排表（见表 2.1）

表 2.1　招标工作日程安排表

工作内容	时　　间	地　　址
发放招标文件及投标资料	2005 年 11 月 18 日 14：30 前	某市建设工程交易中心
发标会	2005 年 11 月 18 日 14：30	某市建设工程交易中心
勘察现场	2005 年 11 月 18 日	某市北京路四号
招标答疑	2005 年 11 月 23 日 9：00	某市建设工程交易中心
递交标书、开标时间	2005 年 11 月 28 日 9：00	某市建设工程交易中心

（二）招标文件

2.2.1　本工程的招标文件包括下列文件及发出的相应补充资料。

招标文件包括下列内容:

第一部分　投标邀请书、投标须知及合同条件

第二部分　工程建设条件及技术规范

第三部分　本工程施工图纸

第四部分　招标、评标办法及操作程序

招标文件及补充资料前后有矛盾的，以发放时间在后的为准。

2.2.2　投标人应认真审阅招标文件中的所有要求，如果投标人的投标文件没有对招标文件做出实质性响应，则其投标文件视为废标。

2.2.3　投标文件的解释。本招标文件由南海工程咨询有限公司受某职业学院全权委托负责解释。

投标人在收到招标文件后，若有问题需要澄清，应在收到招标文件后，以书面形式（包括书面文字、电传、传真、电报等，下同）向招标人或招标代理人提出，招标人或招标代理人将以书面形式予以解答，答复将分发给所有获得招标文件的投标人。

2.2.4　投标文件的修改。在递交投标书截止日期前，招标人补充、修改招标文件视为有效。

2.2.5　投标人将补充、修改的招标文件补充、修改部分以书面通知方式发给所有获得招标文件的投标人，补充通知作为招标文件的组成部分，对招标人、投标人起约束作用。

（三）工程价款的计算依据及结算

（1）本工程均按赣省 2005 年土建、装饰、安装工程定额及相关规定计算。

（2）取费等级按三级 I 档、工程类别按 II 类取费计算。

（3）材料价格按《赣省工程造价》2005 年第 3 季度公布的某材料价格信息，价格信息中缺项的未计价材料、主要材料由业主方提供暂定价（在招标答疑纪要中明确，当《赣省工程造价》与招标答疑所明确材料价格不一致时，以招标答疑纪要为准）。暂定价中未涉及的材料单价，各投标企业自行按市场价格进行计算。综合调整系数及单调系数按省工程造价信息 2005 年第 3 季度公布数据执行。

（4）本工程钢筋按含量计算。

（5）本工程安全文明施工增加费、赶工补偿费不计。

（6）结算的材料价格按甲方审定的材料价格计算。

（四）投标文件的编制

2.4.1　投标文件的语言。投标文件及招标、投标人之间与投标有关的来往文件、通知均使用中文。

2.4.2　投标文件的组成。

投标人的投标文件组成应包括下列内容。

2.4.2.1　施工投标文件第一部分。

（1）投标综合说明书；

（2）投标保证金；

（3）法定代表人资格证明书；

（4）授权委托书；

（5）工器具及设备清单报价表（不填写）；

（6）企业综合业绩表（一）；

（7）企业综合业绩表（二）；

（8）企业综合业绩辅助说明资料；

（9）项目管理班子配备情况表；

（10）项目经理简历表；

（11）项目管理班子配备情况辅助说明表。

2.4.2.2　施工投标文件第二部分：施工组织设计。

本次投标施工组织设计采用暗标形式。投标人在其施工组织设计中不得出现该投标单位的名称及与本单位相关的人员名称，且不得出现其他任何明显的标记使该组织设计明显异于其他施工组织设计。同时各个投标人不得自行制作封面、目录表。所有文档应统一使用 Word 文档编写；纸张采用 A4 纸；字体除表格、节点详图、框图采用小 5 号仿宋体外其余采用 4 号仿宋体，不加粗；双面黑白打印；字符间距采用标准值，行间距采用单倍行距，页面设置采用默认值，不设页眉、页脚。施工组织设计封面投标人不得做任何修改或填写。

在填写好施工组织设计封面密封栏中的内容后，加盖法人单位公章及法定代表人印章，并将密封栏用胶水密封。施工组织设计封面与内页装订时应使用三颗订书钉四等分装订，封面与内页应该下口对齐，不得使用装订线。

在此需要注意的是，使用招标软件编写时，除施工组织设计封面不需填写外，其余内容也应按上述内容编写，且需在生成的软盘上加盖法人单位公章及法定代表人印章。软盘应按投标文件所标示的进行封装。本工程采用软盘和纸张同时进行的方式。如有违反以上规定，其施工组织设计一律记零分处理。

2.4.2.3　施工投标文件第三部分：商务标。

当不采用投标软件编写时，投标人应在该部分附上本工程预算书，并在投标报价汇总表一栏和预算书上加盖本单位注册造价员（师）证章及该注册造价员（师）本人的签字。如果采用投标软件编写，则投标人应该在软盘上加盖与投标文件上一致的造价员资格证章。软盘应按投标文件所标示的进行封装。本工程采用软盘和纸张同时进行的方式。

2.4.2.4　根据威建函［2005］建字第 188 号、第 189 号文规定推行投标无纸化，目前处在纸张与无纸化投标并轨阶段，两种方式同时使用，如果投标文件中文本内容与软盘内容不符，则以文本内容为准。

2.4.3　投标有效期。投标有效期为截标时间前 30 日内。

2.4.4　投标保证金。

2.4.4.1　投标人向招标人缴纳人民币 500 000 元（大写：五十万元）的投标保证金。此投标保证金是投标文件的一个组成部分，应于发标会前交纳。如果未在规定期限内交纳投标保证金，将被视为自动放弃本工程的竞标权。

开户银行：某市交通银行营业部；账号为 19791020；收款单位为某职业学院。

2.4.4.2　投标保证金为现金或支票。

2.4.4.3　对于未能按要求递交投标保证金的投标人的投标书，招标人将视为废标。

2.4.4.4　对于未中标的投标人在工程招标活动结束后，其投标保证金将在 7 日内无息退还。

2.4.4.5　中标人按要求提交履约保证金并签署合同协议后，可将其投标保证金转为履约保证金。

2.4.4.6　如果投标人有下列情况之一者，将无权收回其投标保证金：

（1）投标人在投标有效期内撤回其投标文件的；

（2）投标人未能按时参加开标会的；

（3）投标人之间有串通投标行为的；

（4）中标人未能在规定期限内提交履约保证金或签署合同协议的；

（5）投标人有其他违反招标投标法律、法规的行为。

2.4.5　招标答疑会。

2.4.5.1　投标人派代表于第 2.1.7 条规定的时间和地点出席招标答疑会。

2.4.5.2　勘察现场（便于编制施工组织设计）。

（1）投标人可对工程施工现场和周围环境进行勘察，以获取编制投标文件和签署合同所需要的资料，勘察现场的费用归投标人自己承担。

（2）招标人向投标人提供的有关施工现场的资料和数据，是招标人现有的仅供投标人使用的资料。招标人对投标人基于此而做出的结论、理解和推论概不负责。

（3）投标人提出的与招标有关的任何问题应在招标答疑会召开前，以书面形式送达招标人或招标代理人。

（4）招标答疑会议记录的副本将迅速提供给所有的投标单位，并以招标文件补充通知的方式发出。

2.4.6　招标文件的份数和签署。

2.4.6.1　投标人按本须知第 2.4.2 条的规定，编制投标文件正本一份和副本两份，并明确标明“投标文件正本”和“投标文件副本”，一起装入投标书内。正本与副本不符时，以正本为准。

2.4.6.2　投标文件所有文本均应使用不褪色、不变质墨水打印或书写，并加盖法人单位公章和法定代表人印章，必须在报价表及预算书上同时加盖本单位注册造价员（师）资格证章和该注册造价员（师）本人的签字。若投标单位委托有资质的中介机构编制，其预算书及报价表均必须加盖该中介机构法人公章及参与编制的中介机构注册造价员（师）资格

证章和该注册造价员（师）本人的签字。

2.4.6.3　全套投标文件应无涂改和行间插字。

（五）投标文件的递交

2.5.1　投标文件的密封与标志详见第2.5.3条规定。

2.5.2　投标文件的修改与撤回。投标人若修改或撤回投标文件，应按照本须知第2.5.1条规定密封、标示并提交，同时应标明“修改”或“撤回”字样。在投标截止日期与招标人宣布中标结果之间的时间内，投标人不能撤回投标文件，否则其投标保证金将无权收回。

2.5.3　施工投标文件解释说明。

（1）施工投标文件的分装。

投标人领取三个投标文件袋，其中一个为施工组织方案投标文件袋，其余两个分别为施工投标文件商务标文件袋与施工投标文件技术标文件袋，其分装方法如下：

① 施工组织方案投标文件袋仅用于装入施工组织设计方案书（施工组织设计方案软盘）。

② 施工投标文件商务标文件袋仅用于装施工投标文件第二部分（即投标报价汇总表），如使用软盘，则装入软盘；如不使用软盘，则应装预算书。

③ 施工投标文件技术标文件袋仅用于装入施工投标文件第一部分和信誉资料。

（2）施工投标文件袋的密封与标示。

三个投标文件袋均应密封与标示，密封时上下封口处均以封条密封，同时在封条骑缝上加盖法人单位公章与法人代表印章以做标示。

（六）开标

2.6.1　招标人应于第2.1.7条规定的时间和地点举行开标会议，参加开标的投标人代表应签名报到，以证明其出席开标会议。

2.6.2　开标会议在招投标监督管理机构的监督下由招标人或其委托的招标代理机构组织并主持。对投标文件进行检查，确定其是否完整，是否按要求提供了投标保证金，文件签署是否正确。

2.6.3　投标人法定代表人或授权代表人未参加或未按时参加发标会、开标会议的视为自动弃权。投标文件有下列情况之一者视为无效：

（1）投标文件袋或投标文件未按规定标志、密封。

（2）投标人未在投标文件规定的地方加盖投标法人单位公章、法定代表人印章、注册造价员（师）资格证章、注册造价员（师）本人的签字（缺少其中任意一个，相应标书将被视为无效标书）。

（3）投标文件未按规定的格式填写、内容不全、字迹模糊辨认不清（任一种情况其相应标书将被视为无效标书）。

（4）投标截止日期以后送达的投标文件。

（5）投标人未出具法人资格说明书及法定代表人身份证（原件）或授权书及被授权人身份证（原件）。

（6）投标人之间有串通投标行为的。

（7）投标文件袋未加盖骑缝法人单位公章及法定代表人印章的。

（8）投标文件其他不响应招标文件要求的行为。

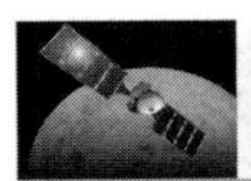

2.6.4　招标人于开标会现场当众宣布核查结果，并宣读有效标函名称。

（七）评标

评标由招标人依法组建的评标委员会负责，评标委员会的组成按《招标投标法》第三十七条的相关规定进行确定。

本次评标（评标办法详见招标文件第四部分）先开技术标书（投标文件第一部分和施工组织设计），待技术标书评审结果出来后，再开商务标书（投标文件第三部分）。

2.7.1　评标文件的保密。

2.7.1.1　开标后直到宣布授予中标人合同为止，凡属于审查、澄清、评价和比较投标的所有资料、有关授予合同的信息，都不得向投标人或与评标无关的其他人泄露。

2.7.1.2　在投标文件的审查、澄清、评价、比较及授予合同的过程中，投标人对招标人和评标委员会成员施加影响的任何行为都将导致取消其投标资格或中标资格。

2.7.2　投标文件澄清。为了有助于投标文件的审查、评价和比较，评标委员会对情况不清的可以请投标人澄清其投标文件。有关澄清的要求与答复将以书面形式进行，但不允许更改投标文件的实质性内容。评标期间投标人提出的问题和意见，招标人不予答复。

2.7.2.1　在详细评标之前，评标委员会将首先审定每份投标文件是否在实质上响应了招标文件的要求。

2.7.2.2　实质上响应招标文件的要求是指投标文件应该与招标文件的所有规定、要求、条件、条款和规范相符，并且无显著差异或保留。所谓显著差异或保留是指对工程的发包范围、质量标准及运用产生实质性影响或者对合同中规定的招标人的权利及投标人的责任造成实质性限制，而且纠正这种差异或保留将对其他实质上响应要求的投标人的竞争地位产生不公正的影响。

2.7.2.3　如果投标文件实质上不响应招标文件的要求，招标人将其视为废标。

2.7.3　投标文件的评价与比较。在评价与比较时应该根据评标办法内容的规定，通过对投标人的质量、施工组织设计、社会信誉及以往业绩等综合评价。

（八）决标及授予合同

2.8.1　决标。

2.8.1.1　根据评标结果，汇总各项得分，由本工程评标委员会按照得分高低向招标人推荐合格的中标候选人并提交评标报告。

2.8.1.2　招标人审核评标结果，确定得分最高者为中标人，并由招标人当众宣布。若中标人自动放弃，按得分高低，由高到低依次递补，重新确定中标人。

2.8.2　异议或投诉。

在决标完成后24小时内，投标人若有异议的可以书面形式向招标人提出，若有投诉的应以书面形式在收到招标人异议答复24小时内向市级建设行政主管部门和纪律监察机关提出。

2.8.3　中标通知书。

2.8.3.1　确定出中标人后，招标人将以书面形式通知中标的投标人其投标被接受。

2.8.3.2　中标通知书为合同的组成部分。

2.8.3.3　中标人在签订施工合同时，应以现金或支票的形式向招标人提供工程合同价款5%的履约保证金。未按规定提供履约保证金的投标人将被取消其中标资格，并按决标计分名次重新确定中标人。在中标人按本须知规定提供了履约保证金后，招标人及时将决标的

结果通知其他投标人，并宣布本次招标活动结束。

2.8.4 合同或协议书的签署。中标人应按中标通知书，在 10 日内由法定代表人或授权代表前往与招标人代表签订合同。

三、合同条件及合同主要条款

（一）合同条件

合同条件采用建设部和工商行政管理局颁发的《建设工程施工合同》（GF—2013—0201）的合同条件。

（二）合同主要条款

1. 签约人

招标人，某职业学院为合同甲方。

中标人为合同乙方。

2. 签约依据

以《合同法》《建筑法》及《建筑安装工程承包合同条例》等有关法律、法规、规章及文件为签约的依据。

3. 承包范围

见本招标文件第 2.1.2 条规定的招标范围。

4. 承包方式

本工程招标的发包范围以总承包方式由乙方承包，不准违法转包、分包。中标单位在投标书中承诺的项目经理不得变更，如变更即中止合同。

5. 合同价格的确定

本工程合同价款是依据施工图纸及甲方批准的施工组织设计按工程价款计算依据计算，采用可调价格合同，以中标价为参考价款。调价材料按甲方审定的价格为结算依据。

6. 设计变更、补充和中标后的设计会审纪要

在工程进行中，根据工程需要，设计单位提出必要的增减变更和补充设计及中标后的设计会审纪要，以设计单位发给的工程变更通知书为准，乙方应该依照施工，并按有关规定编制预算，报请甲方审查结果。

7. 工期

本工程工期按施工合同工期，招标邀约工期 260 天。

8. 质量等级要求

优良。

9. 施工图的供应

甲方负责及时向乙方提供四份施工图（不包括定型图、通用图、标准图）。乙方如果认为图纸不够使用，可向甲方申报，由甲方向设计人洽购，购置费用由乙方承担。

10. 材料供应方式

（1）本工程建筑材料的采购由甲方、乙方在施工合同中约定。

（2）承包商采购的材料必须是优质品。主要材料采购前应先取样品，提供质量检查报告后方准购买。

11. 工程施工要求

（1）在施工中乙方应该积极采取有力措施，避免发生一切质量和安全事故，发生工程

质量和人身安全事故均由乙方负责。

（2）工程质量达不到国家规定标准和发生工程事故时，甲方有权勒令停工或返工。由此引起的一切后果全部由乙方承担。

12. 工程竣工验收工作

（1）工程竣工验收工作由甲方负责组织。以施工图纸及有关设计文件说明、变更设计通知书、国家颁发的现行的施工验收规范和质量检验标准为依据进行验收、评定、交接。

（2）工程验收中，如发生设计外新增工程项目，甲方按基本建设程序办理有关手续，由乙方负责施工，所需要的工程费用按合同规定的计算标准进行计算并办理结算。

（3）工程竣工资料，乙方应按建设档案管理要求办理。

13. 施工进度和统计报表

为确保施工有计划进行，乙方应在合同签订生效 7 日内编制、补充、完善实施性施工组织设计，递交甲方（一式两份）审定后实施，同时报上级有关部门备案。乙方应每月向甲方报送计划与各种统计报表。

14. 保修期

本工程质量保修期自工程竣工验收合格之日起计算。在正常使用下，房屋建筑工程的最低保修期限为:

（1）地基基础和主体结构工程，为设计文件规定的该工程的合理使用年限。

（2）屋面防水工程、有防水要求的卫生间、房间和外墙面的防渗漏为五年。

（3）供热和供冷系统为两个采暖期、供冷期。

（4）电气系统、给排水管道、设备安装为两年。

（5）灯器、电器、开关保修期为六个月。

（6）门窗翘裂、五金件损坏保修一年；管道堵塞在两个月内负责保修、疏通。

（7）卫生洁具保修期为一年。

（8）地面开裂、大面积起砂在一年内负责保修。

（9）墙面、顶棚抹灰层脱落现象在一年内负责保修。

（10）装修工程在两年内保修。

其他项目的保修期限由建设单位和施工单位约定。

15. 不可抗力

不可抗拒的自然灾害指在施工区内发生：七级以上地震；十级以上持续三天的大风；百年一遇的暴雨、大雪；百年一遇的洪水。

社会动乱的破坏作用，如战争（指发生在现场）。

灾害性气象以当地气象部门提供的资料为准；强烈地震资料以国家地震局和省地震部门提供的资料为准；洪水位以当地水文部门提供的资料为准。

只要发生上述不可抗力，建设工期就进行顺延。

16. 本合同经相关部门鉴证或公证后方为有效

17. 合同的仲裁和补充

（1）工程合同执行中如果发生问题，双方应该按照合同法的规定，本着友好合作、协商解决的态度，将争议提请双方上级主管部门进行调解。如果调解无效，可依照法律程序申请仲裁，仲裁人为某市仲裁委员会。

（2）合同的未尽事宜，经双方协商可以增订补充合同。

第二部分　工程建设条件及技术规范

一、工程建设地点现场施工条件

场地的施工条件已经具备。

二、本工程采用的技术规范

执行我国现行的施工、质量检测及验收规范。

第三部分　本工程施工图纸

本工程目前有施工图纸 86 页。

第四部分　招标、评标办法及操作程序

为使某职业学院第一教学大楼工程施工招标工作圆满完成，并充分体现平等竞争的精神，应该遵循竞争优先，公正、公开、科学合理，质量好、信誉高，价格合理、工期适当、施工方案先进可行，反不正当竞争，规范性和灵活性结合的原则，结合《招标投标法》、建设部 89 号令、国家计委等部委 12 号令的有关规定，确定按某职业学院第一教学大楼工程招标、评标实施办法执行。

综合案例 3　公诉某住宅项目招投标收受贿赂案

上海市浦东新区人民法院刑事判决书

（2013）浦刑初字第 4595 号

公诉机关上海市浦东新区人民检察院。

被告人俞某，男。

辩护人潘书鸿，上海恒建律师事务所律师。

辩护人姚逸炯，上海恒建律师事务所律师。

上海市浦东新区人民检察院以沪浦检刑诉[2013]4716 号起诉书指控被告人俞某犯非国家工作人员受贿罪，于 2013 年 11 月 26 日向本院提起公诉。本院依法适用简易程序，实行独任审判，公开开庭审理了本案。上海市浦东新区人民检察院指派检察员张瑾出庭支持公诉，被告人俞某及辩护人姚逸炯到庭参加诉讼。现已审理终结。

上海市浦东新区人民检察院指控，2005 年 7 月至 2011 年 8 月，被告人俞某在上海某某房地产开发有限公司（以下简称某某房地产公司）先后担任预决算主管和合约部主管，其职务范围包括公司工程项目招投标、工程询价定价采购、工程合同的签订及付款申请等有关事宜。

2007 年 11 月至 2011 年 8 月，被告人俞某被派驻某某房地产公司下属子公司苏州某某房地产开发有限公司开发的江苏省吴江市“国际丽湾”项目，主要负责招标、起草合同、工程款结算审批等工作，期间上海某某不锈钢制品有限公司（以下简称某某公司）承接了“国际丽湾”项目的住宅阳台栏杆工程。某某公司为加速项目请款审核速度，由该公司老板郑某某按照 1%工程款的比例，分多次给予被告人俞某回扣，被告人俞某利用职务便利共计收受回扣人民币 74 000 元，上述回扣均由被告人俞某用于个人花用。

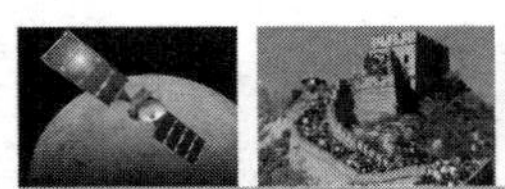

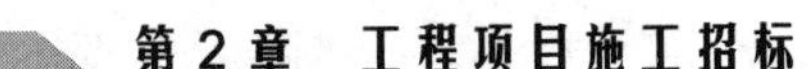

2013 年 6 月 21 日，被告人俞某经公安机关电话通知后主动投案，并如实供述了自己的犯罪事实，且案发后已将非法所得主动上交上海某某房地产开发有限公司处理。

上述事实，被告人俞某在开庭审理过程中无异议，并有经庭审质证属实的证人郑某某、何某某的证言，企业法人营业执照、个人信息情况说明、工资单、工资结算、身份证复印件、员工基本情况表、述职报告，情况说明、工程款结算及支付明细表、阳台栏杆报价单、工程合同、竣工结算审核报告、收款证明、案发经过、被告人俞某的户籍资料及到案后供述等证据证实，足以认定。

本院认为，被告人俞某身为公司工作人员，利用职务上的便利，在经济往来中违反国家规定，收受回扣归个人所有，数额较大，其行为已构成非国家工作人员受贿罪。公诉机关指控罪名成立，本院予以支持。被告人俞某系自首，且主动将非法所得退回，予以从轻处罚。辩护人对相关从轻处罚的辩护意见，本院予以采纳。依照《中华人民共和国刑法》第一百六十三条第一款和第二款、第六十七条第一款、第七十二条、第七十三条、第六十四条的规定，判决如下：

一、被告人俞某犯非国家工作人员受贿罪，判处有期徒刑一年十个月，缓刑一年十个月（缓刑考验期限，从判决确定之日起计算）。

二、赃款予以没收。

俞某回到社区后，应当遵守法律、法规，服从监督管理，接受教育，完成公益劳动，做一名有益社会的公民。

如不服本判决，可在接到判决书的第二日起十日内，通过本院或者直接向上海市第一中级人民法院提出上诉。书面上诉的，应当提交上诉状正本一份，副本两份。

第3章 工程项目施工投标

教学导航

教学目标	1. 了解投标的一般程序。 2. 掌握投标的决策、投标策略与技巧、投标报价。 3. 初步会编制投标文件。
关键词汇	投标程序; 投标报价; 投标文件; 投标决策。

典型案例 3　某地下商业综合体工程招投标买卖合同纠纷案

上海市闸北区人民法院民事判决书

（2013）闸民三（民）初字第 1694 号

原告浙江 XX 建设集团有限公司。

法定代表人应某某。

委托代理人江新，上海霖昂律师事务所律师。

委托代理人李宁，上海霖昂律师事务所律师。

被告上海 XX 房地产开发有限公司。

法定代表人于雁。

委托代理人李循，北京盈科（武汉）律师事务所律师。

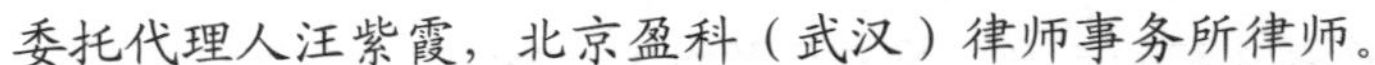

委托代理人汪紫霞，北京盈科（武汉）律师事务所律师。

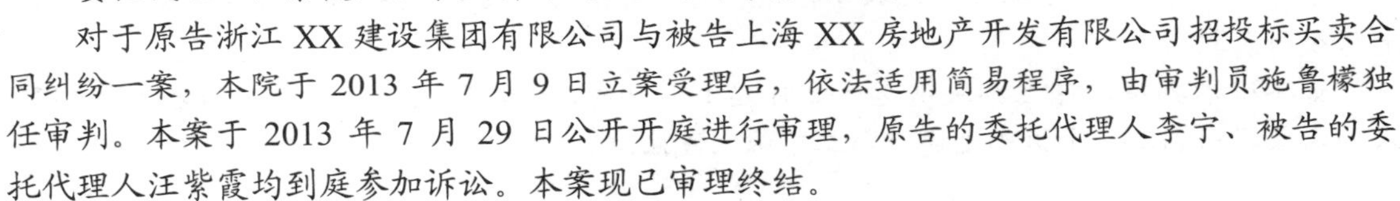

对于原告浙江 XX 建设集团有限公司与被告上海 XX 房地产开发有限公司招投标买卖合同纠纷一案，本院于 2013 年 7 月 9 日立案受理后，依法适用简易程序，由审判员施鲁檬独任审判。本案于 2013 年 7 月 29 日公开开庭进行审理，原告的委托代理人李宁、被告的委托代理人汪紫霞均到庭参加诉讼。本案现已审理终结。

原告浙江 XX 建设集团有限公司诉称，2011 年 4 月，原告参加“苏州市 XX 公园地下商业综合体工程”项目的招投标活动，并向被告缴纳了投标保证金人民币 50 万元（以下币种均为人民币）。之后，因被告一再拖延投标时间，经协商被告同意原告退出投标，且承诺尽快退还保证金。后经原告多次催要未果。原告请求判令：1. 被告返还原告投标保证金 50 万元；2. 被告赔偿资金占用期间的利息（以 50 万元为本金，按银行同期贷款利率，自 2012 年 4 月 1 日起算至 2013 年 5 月 15 日止）。

被告上海 XX 房地产开发有限公司辩称，对于原告所述事实无异议，同意返还原告保证金 50 万元，考虑到目前被告资金困难，望付款期限延长至 2013 年年底。按照招投标的相关规定，利息应按同期银行存款利率计付，对于原告主张的利息起算、终止时间均无异议。

经审理查明，2011 年 4 月 11 日，原告为参加“苏州市 XX 公园地下商业综合体工程”项目的招投标向被告支付保证金 50 万元，被告出具收据一张。

2012 年 3 月左右，因招标工作迟迟未开展，原告向被告提出退还保证金，被告表示同意，并于 2012 年 8 月 29 日将收据原件收回，被告工作人员杨晓英在复印件上注明“原件已收回”的字样。2013 年 1 月 15 日，原告再次催款，被告工作人员又在收据上注明“属实”字样。

2013 年 2 月 28 日，原告向被告发函，称已按被告要求的格式于 2012 年 3 月 31 日以书面形式提出了退还保证金的申请，后又多次催要，但钱款至今未退，现再次提请被告尽快退还。

2013 年 3 月 15 日，原告再次向被告发出律师函，要求被告尽快退款。

2013 年 5 月 15 日，原告向本院递交诉状。

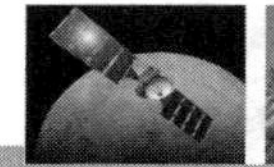

以上事实，有银行票据、收据、函及当事人的陈述等证据予以佐证。

本院认为，原告为工程项目招投标向被告缴纳了投标保证金 50 万元，但招标工作迟迟未能开展。根据相关规定，招标人终止招标的，招标人应当及时退还所收取的投标保证金及银行同期存款利息。被告虽对原告所述事实无异议，但以资金困难为由要求延期归还，原告则坚持诉请。被告要求延期返还的理由不足，本院不予采纳。原告所主张的利息，应按银行同期存款利息计算。依照《中华人民共和国招标投标法实施条例》第三十一条规定，判决如下：

一、被告上海 XX 房地产开发有限公司应于本判决生效之日起五日内返还原告浙江 XX 建设集团有限公司投标保证金 50 万元。

二、被告上海 XX 房地产开发有限公司应于本判决生效之日起五日内给付原告浙江 XX 建设集团有限公司利息（以 50 万元为本金，按中国人民银行同期存款利率计算，自 2012 年 4 月 1 日起算至 2013 年 5 月 15 日止）。

如果义务人未按本判决指定的期间履行给付金钱义务，应当依照《中华人民共和国民事诉讼法》第二百五十三条规定，加倍支付迟延履行期间的债务利息。

案件受理费 8 859.3 元减半收取 4 429.65 元（原告已预缴），由被告上海 XX 房地产开发有限公司负担。

如不服本判决，可在判决书送达之日起十五日内，向本院递交上诉状，并按对方当事人的人数提出副本，上诉于上海市第二中级人民法院。

3.1 投标的一般程序

我国已经成为 WTO 正式成员国，市场经济体制逐步完善，施工单位将全面进入建筑市场，并成为竞争的主体参与招投标。工程施工投标是施工单位在激烈的竞争中，凭借本企业的实力、优势、经验和信誉，以及投标水平和技巧获得工程项目承包任务的过程，也是施工单位对市场的争取和占领过程。

3.1.1 建设工程投标程序

建设工程投标人在取得投标资格后参加投标一般要经过以下几个程序：

（1）投标人了解并跟踪招标信息，提出投标申请。

建筑企业根据招标广告或投标邀请书，分析招标工程的条件，依据自身的实力，选择并确定投标工程。向招标人提出投标申请，并提交有关资料。

（2）接受招标人的资质审查。

（3）购买招标文件及有关技术资料。

（4）参加现场踏勘，并对有关疑问提出质询。

（5）编制投标书及报价。

投标书是投标人的投标文件，是对招标文件提出的要求和条件做出的实质性响应。

（6）参加开标会议。

（7）接受中标通知书，与招标人签订合同。

3.1.2　建设工程项目施工投标过程

投标过程主要是指投标人从填写资格预审调查表申报资格预审时开始，到将正式投标文件递交业主为止所进行的全部工作，一般需要完成下列工作：资格预审，填写资格预审调查表；购买招标文件（通过资格预审）；组织投标班子；进行投标前调查，现场踏勘；分析招标文件、校核工程量；投标质疑；编制施工规划；投标报价的计算；编制投标文件；递送投标文件。如果中标，则与招标人协商签署承包合同。

投标过程中重要步骤的主要工作内容介绍如下。

1. 资格预审

资格预审是投标人能否通过投标过程中的第一关。有关资格预审文件的要求、内容及资格预审评定的内容在前面已有详细介绍。这里仅就投标人申报资格预审时应注意的事项进行介绍。

（1）应注意平时对一般资格预审的有关资料进行积累并存储在计算机内。针对某个项目填写资格预审调查表时，再将有关资料调出来并加以补充完善。如果平时不积累资料，完全靠临时填写，则往往会达不到业主要求而失去机会。

（2）在投标决策阶段，研究并确定今后本公司发展的地区和项目时，注意收集信息，如果有合适的项目，及早动手做资格预审的申请准备。

（3）加强填表时的分析，既要针对工程特点，下工夫填好重点内容，又要反映出本公司的施工经验、施工水平和施工组织能力。这往往是业主考虑的重点。

（4）做好递交资格预审表后的跟踪工作，以便及时发现问题，补充资料。如果是国外工程，可通过当地分公司或代理人进行有关查询工作。

2. 投标前的调查与现场考察

这是投标前非常重要的准备工作。如果事前对招标工程有所了解，那么拿到招标文件后一般只需要进行有针对性的补充调查，否则应进行全面的调查研究。

现场考察主要指的是去工地现场进行考察，招标人一般在招标文件中会注明现场考察的时间和地点。施工现场考察是投标人必须经过的投标程序。

投标人在现场考察之前，应先拟定好现场考察的提纲和疑点，设计好现场调查表格，做到有准备、有计划地进行现场考察。

现场考察（踏勘）是指招标人组织投标人对项目实施现场的经济、地理、地质、气候等客观条件和环境进行的现场调查。一般应至少了解以下内容：

（1）施工现场是否达到招标文件规定的条件；

（2）施工的地理位置和地形、地貌；

（3）施工现场的地质、地下水位、水文等情况；

（4）施工现场的气候条件，如气温、湿度、风力等；

（5）施工现场的环境，如交通、供水、供电、污水排放等；

（6）临时用地、临时设施搭建等，即工程施工过程中临时使用的工棚、堆放材料的库房及这些设施所占持方等。

投标人提出的报价应当是在现场考察的基础上编制出来的，而且应包括施工中可能遇

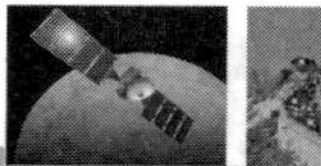

见的各种风险和费用。

3. 分析招标文件、核实工程量、编制施工规划

1）分析招标文件

招标文件是投标的主要依据，应该仔细分析研究招标文件，重点应该放在投标人须知、合同条件、设计图纸、工程范围及工程量清单上，最好有专人或小组研究技术规范和设计图纸，弄清其特殊要求。

施工招标过程中，投标时间是紧张的，有时甚至比较仓促，国内招标的工程更是如此。但决不能因时间的仓促而削弱对招标文件的分析与研究，投标人可能是参加过多个项目投标的有经验的专家，靠经验办事是他们的优势和传统，但不能以经验代替对招标文件的分析与研究。否则，易给自己带来投标失误甚至无法弥补的损失。

作为一名有经验的专家，施工投标时要注意将招标文件中的各项规定和过去承担过的项目合同逐一进行比较，发现其规定上的差异，并逐条做好记录。如技术规范中的质量标准和过去合同中的规定相比，有什么提高（质量标准越高，施工成本越高）；合同条款中关于各种风险的规定与过去相比有什么差异（物价上涨、法规变更后是否允许调整费用，施工条件不具备造成承包商损失时是否已规定由业主赔偿，不可抗力、不可预见及承包商施工中不能克服的风险是否规定由业主承担）。

2）核实工程量

招标项目的工程量在招标文件的工程量清单中有详细说明，但由于种种原因，工程量清单中的工程数量有时会和图纸中的数量存在不一致的现象。国际工程中大部分土木工程采用单价合同或以单价合同为主，一般由业主提供有数量的工程量清单让投标人报价，但国际上的某些工程项目招标并无工程量清单，而仅有招标图纸，这就要求投标人按照自己的习惯列出工程细目并计算出工程量。对于招标文件中的工程量清单，投标人一定要进行核实，因为它直接影响投标报价及中标机会。例如，当投标人大体上确定了工程总报价之后，对某些项目工程量可能增加的，可以提高单价，而对某些项目工程量估计会减少的，则可以降低单价。如发现工程量有重大出入的，特别是漏项的，必要时可找招标人核对，要求招标人认可，并给予书面证明，这个对于总价固定合同尤为重要。

3）编制施工规划

该工作对于投标报价影响很大。在投标活动中，必须编制施工规划，其深度和广度都比不上施工组织设计。如果中标，再编制施工组织设计。施工规划的内容一般包括施工方案和施工方法、施工进度计划、施工机械计划、材料设备计划和劳动力计划，以及临时生产、生活设施。制定施工规划的依据是设计图纸，执行的规范，经复核的工程量，招标文件要求的开工、竣工日期，以及对市场材料、设备、劳动力价格的调查。编制的原则是在保证工期和工程质量的前提下，如何使成本最低，利润最大。

（1）选择和确定施工方法。根据工程的类型，研究可以采用的施工方法。对于一般的土方工程、混凝土工程、房建工程、灌溉工程等比较简单的工程，可结合已有施工机械及工人技术水平来选定施工方法，努力做到节约开支，加快进度。对于大型复杂工程则要考虑几种施工方案，综合比较。如水利工程中的施工导流方式对工程造价及工期均有很大影

响，投标人应结合施工进度计划及能力进行研究确定。又如地下开挖工程（开挖隧道或洞室），则要进行地质资料分析，确定开挖方法（用掘进机还是钻孔爆破等），确定支洞、斜井、竖井的数量和位置，以及出渣方法、通风方式等。

（2）选择施工机械和施工设施。此工作一般与研究施工方法同时进行。在工程估价过程中还要不断进行施工设备和施工设施的比较，是利用旧设备还是采购新设备，是在国内采购还是在国外采购，设备的型号、配套、数量（包括使用数量和备用数量），哪些类型的机械可以采用租赁方式，特殊的、专用的设备折旧率要单独考虑，订货设备清单中还要考虑辅助和修配用机械及备用零件，在订购外国机械时也应该注意这一点。

（3）编制施工进度计划。编制施工进度计划应紧密结合施工方法和施工设备的选定。施工进度计划中应提出各时段内要完成的工程量及限定日期。施工进度计划可用网络进度或线条进度，根据招标文件要求而定。在投标阶段，一般用线条进度即可满足要求。

4. 投标报价的计算

投标报价是投标人承包项目工程的总价格。对一般项目合同而言，招标人在能够满足招标文件实质要求的前提下，以投标人报价作为主要标准来选择中标人，所以投标成败的关键是确定一个合适的投标报价。这是投标人能否中标和盈利的最关键问题。

建设项目的价格是市场上的商业价格，按市场供求关系即竞争情况定价。所以，招标人的标底不应是按计划经济条件下制定的国家定额编制的概算；投标人的投标报价也不应按国家定额编制的实施工程的项目概算。投标报价是由成本和利润组成的，其中成本由直接费用和间接费用构成。经验成熟的施工单位应有自己各项目的直接费用的单价。也就是说，对本企业在施工方法和施工技术上有优势的施工项目，通过施工实践，经各项目的成本分析，制定出主要项目直接费用的单价，该单价是准确的保本价，也是编制投标报价的基础。在保本的直接费用单价上摊入间接费用、风险基金和利润后，即为各项目的综合单价。在投标时结合工程项目和市场竞争情况，对上述综合单价进行适当修正（增加或减少风险基金和利润部分），即为投标报价。这样既可做到胸中有数，也可加快投标报价的编制工作。对招标的项目中本企业没有直接费用单价的项目，可采用实物法编制直接费用单价，即依据项目的各种资源投入和产出计算单价。然后分别计算投标项目的间接费用，再加上风险基金和利润后，分别摊入直接费用单价中，成为综合单价。最后再乘以各项目招标工程量，成为各项目合价，总和即为投标总价。

投标报价详见 3.4 节。

5. 编制投标文件

编制投标文件也称填写投标书，或称编制报价书。

投标文件必须依照招标文件中提供的格式或大纲编制，除另有规定者外，投标人不得修改投标文件格式。一般不能带任何附加条件，否则将导致投标作废。

6. 准备备忘录提要

招标文件中一般都有明确规定，不允许投标人对招标文件的各项要求进行随意取舍、修改或提出保留。但是在投标过程中，投标人在对招标文件进行仔细研究后，通常会发现很多问题，这些问题可归纳如下：

（1）发现的问题对投标人有利。对于投标人有利的问题，可以在投标时加以利用或在以后提出索赔要求的，投标人在投标时一般是不提的。

（2）发现的问题明显对投标人不利。如总价包干合同工程漏项或工程量偏少，这类问题投标人应及时向业主提出质疑，要求业主更正。

（3）投标人企图通过修改某些招标文件和条款或希望补充某些规定，以便使自己在合同实施时能处于主动地位的问题。

如果投标人发现上述问题，在准备投标文件时应该单独写出一份备忘录提要，但是这份备忘录提要不能附在投标文件中提交，只能自己保存。对于第三类问题，可留待合同谈判时使用，也就是说，当该投标使招标人感兴趣，邀请投标人谈判时，再将这些问题根据当时情况，一个一个地进行谈判，并将谈判结果写入合同协议书的备忘录中。

7. 递送投标文件

递送投标文件也称递标，是指投标人编制投标文件完成后按招标文件规定的投标截止日之前，将准备好的所有投标文件密封报送指定地点的行为。

招标人或者招标代理机构收到投标文件后应当签收保存，并应采取措施确保投标文件的安全，以防失密。投标人报送投标文件后，在截止日之前，允许投标人撤回投标文件，可对其修改或补充。修改或补充的内容作为投标文件的组成部分。投标人的投标文件在投标截止日期以后送达的，将被招标人拒收。

需要注意的是，除上述规定的投标文件外，投标人还可以写一份更详细的致函，对自己的投标报价做必要的说明，以吸引招标人对递送这份投标文件的投标人感兴趣。

3.2 投标的决策

投标人通过投标取得项目，是市场经济条件下的必然。但是，作为投标人来说，并不是每标必投，因为投标人要想在投标中获胜，即中标得到承包工程，然后又要从承包工程中盈利，需要研究投标决策并注意投标的技巧。

所谓投标决策包括三方面内容：首先是针对项目招标确定投标或不投标；其次是确定去投标，投什么性质的标；最后才是以优胜劣的策略和技巧力争中标。投标决策的正确与否，关系到能否中标和中标后的效益，关系到施工单位的生存和发展。如今，每个施工单位都充分认识到投标决策的重要意义，把这一工作摆在企业的重要议事日程上。

3.2.1 投标决策的划分

投标决策可以分为两个阶段进行，即投标的前期决策和投标的后期决策。下面将分别对这两个阶段做简单介绍。

1. 投标决策的前期阶段

投标决策的前期阶段，主要是投标人及其决策班子对是否参加投标进行研究、论证并做出决策。这个阶段的决策必须是在投标人参加投标资格预审前后完成。以下就这一阶段决策的主要依据和应放弃投标的项目进行介绍。

1）决策依据

（1）招标人发布的招标广告；

（2）对招标工程项目的跟踪调查情况；

（3）对业主情况的调研和了解的程度；

（4）如果是国际工程，还包括对工程所在国和工程所在地的调研和了解程度。

2）应放弃投标的招标项目

通常情况下，对于下列招标项目投标人应放弃投标：

（1）本施工单位主管和兼营能力之外的项目；

（2）工程规模、技术要求超过本施工单位技术等级的项目；

（3）本施工单位生产任务饱满，无力承担的工程项目；

（4）招标工程的盈利水平较低或风险较大的项目；

（5）本施工单位技术等级、信誉、施工水平明显不如竞争对手的项目。

2. 投标决策的后期阶段

通过前期论证并决定参加投标后，便进入投标决策的后期阶段。该阶段是指从申报投标资格预审资料至投标报价（报送投标文件）期间的决策研究阶段，主要研究投什么性质的标，以及投标中采取的策略问题（投标策略见 3.3 节）。关于投标决策一般有以下分类：按性质分，投标有风险标和保险标；按效益分，投标有盈利标和保本标。承包商应结合自身经济实力和施工管理水平做出选择。

（1）企业经济实力雄厚，施工管理水平较高的条件下：

可投风险标，虽然工程项目难度大、风险大，而且技术、施工设备和资金等方面存在尚未解决的问题，但如果施工队伍窝工，且工程盈利丰厚，则可以投此风险标。但是也应评估，当出现风险导致亏损时企业能够承受才行。当亏损过大，有可能破产时，这样的标是不能投的。

可投亏损标，如果为与投标对手竞争，更为占领新市场，那么在亏损能承受的条件下，可以压低投标报价，即投亏损标。日本大成建设株式会社投云南省鲁布革水电站的标就是投亏损标。但是，只能在授予合同条件中没有低于成本限制的前提下投亏损标。

可投盈利标，如果本企业施工任务饱满，拟承建的项目又是本企业的优势，招标人授标意向明确时，可以投盈利标。但是，也应慎重，因为这是本企业超负荷的任务，当不能按期完成项目时，企业信誉会受损，这是得不偿失的。

（2）企业经济实力较差，施工管理水平一般的条件下：

可投保险标，由于企业经不起投标或合同执行失误造成的经济损失，因此应对招标项目的责任和风险做充分评估，并结合本企业技术、施工设备和资金等问题，研究出对策和解决办法，再投有把握的保险标。

可投保本标，当本企业无后继项目任务，有窝工存在时，不求盈利，投保本标也是可行的。

3.2.2 投标决策的主观条件与客观因素

1. 投标决策的主观条件

投标人决定参加投标或放弃投标，首先取决于投标人的实力，也就是投标人自身的主观条件。下面将对主观条件做一简单介绍。

1）技术实力

技术要求主要是人才的要求，具备了高素质的人才技术实力必然较强。评价技术实力主要考察以下几个方面：

（1）有精通专业的建筑师、工程师、造价师、会计师和管理专家等组成的投标组织机构。

（2）有技术、经验较为丰富的施工队伍。

（3）有工程项目施工专业特长，有解决工程项目施工技术难题的能力。

（4）有与招标工程项目同类的施工和管理经验。

（5）有一定技术实力的合作伙伴、分包商和代理人。

2）经济实力

（1）具有垫付建设资金的能力，即具有“带资承包工程”的能力。需要注意的是，该承包方式风险较大，决策时应该慎重考虑。

（2）具有一定的固定资产和机具设备，如大型施工机械、模板、脚手架等。

（3）具有支付施工费用的资金周转能力。

（4）具有支付各项税款和保险金、担保金的能力。

（5）具有承包国际工程所需要的外汇。

（6）具有承担不可抗力所带来的风险的能力。

3）管理实力

向管理要效益是现代企业的经营理念，投标人想取得较好的经济效益就必须从成本控制上下工夫，向管理要效益。因此，要加强企业管理，建立健全的企业管理制度，制定切实可行的措施，努力实现企业管理的科学化和现代化。

4）信誉实力

在目前建筑市场竞争日益激烈的情况下，投标人的信誉也是中标的一条重要条件。因此，投标人必须具有重质量、重合同、守信誉的意识。要建立良好的企业信誉就必须遵守国家的法律、法规，按照国际惯例办事，保证工程施工的安全、工期和质量。

2. 投标决策的客观因素

1）招标人和监理工程师的情况

招标人的合法地位、支付能力、履约能力，以及监理工程师处理问题的公正性、合理性等均是影响投标人决策的重要客观因素，应予以考虑。

2）投标竞争形式和竞争对手的情况

投标竞争形式的好坏、竞争对手的实力、优势及在建工程的情况等，都对投标人决定

是否参加投标起重要的影响作用。一般来说，大型的承包公司技术水平高，管理经验丰富，适应性强，具有承包大型工程的能力，因此在大型工程项目中，中标可能性较大。而中、小型工程项目的投标中，一般中、小型公司或当地的工程公司中标的可能性更大。另外，竞争对手在建工程的规模和进度对本公司的投标决策也存在一定的影响。

3）法律、法规情况

目前我国实现依法治国的策略，法律和法规具有统一性，全国各地的法制环境基本相同。因此，对于国内工程承包，适用本国的法律、法规。如果是国际工程承包，则存在法律的适用问题。法律适用的原则有：

（1）强制适用工程所在地原则；

（2）意思自治原则；

（3）最密切联系原则；

（4）适用国际惯例原则；

（5）国际法优先于国内法原则。

在具体适用过程中，应该根据工程招投标的实际情况来确定。

4）投标风险的情况

在市场经济中风险是和利润并存的，风险的存在是必然的，只是有大小之分。在国内参加投标竞争和承包工程，风险相对较小，对国际工程投标和承包则风险较大。因此，投标人在决定是否投标时必须考虑风险因素。投标人只有经过调查研究、总结资料、全面分析，才能对投标做出正确的决策。其中很重要的是承包工程的效益性，投标人应对承包工程的成本、利润进行预测和分析，以便作为投资决策的依据。

3.2.3 投标前的报价调整因素

报价低是确定中标人的条件之一，但不是唯一的条件。一般来说在工期、质量、社会信誉相同的条件下，招标人才选择最低价。因此，投标人并不一定要过度追求报价的最低，而应该在评价的多种因素上下工夫。例如，若企业自身掌握有三大材料、流动资金拥有量大、施工组织水平高、工期短等，就可以自身的优势战胜竞争对手。报价过高或过低，不但不能得标而且会损害本企业的信誉和效益。

下面将投标前对报价的减价和加价因素做简单介绍。

1. 减价因素

（1）对于大批量工程或有后续分期建设的工程，可适当减计临时设施费用。

（2）对施工图设计详细无误，不可预见因素小的工程可减计不可预见包干费。

（3）对无冬雨季施工的工程，可免计冬雨季施工增加费。

（4）技术设备水平较高的建筑企业，可减计技术设备费。

（5）对工期要求不紧或无须赶工的工程，可减免计夜间施工增加费。

（6）大量使用当地民工的，可适当减计远征工程费和机构调迁费。

（7）采用先进技术、先进施工工艺或廉价材料等，也可以削减其有关费用。

2. 加价因素

（1）合同签订后的设计变更，可另行计算。
（2）签订合同后的材料差价变更，可另行结算或估算列入报价。
（3）材料代用增加的费用，可另行结算或列入报价。
（4）大量压缩工期增加的赶工措施费用，可增加报价。
（5）要求垫付资金或材料的，可增加有关费用。
（6）无预付款的工程，因贷款所增加的流动资金贷款利息应列入报价。
（7）为了防止天灾人祸等意外费用发生，可在允许范围内增加报价。
通常来说，承包合同签订后所增加的费用应该另行结算，不列入报价。
上述所罗列的减价、加价因素，应视其招标办法和合同条款而定，不能随便套用。

3.3 投标策略与技巧

投标策略（技巧），是指投标人在投标竞争中的指导思想与系统工作部署，以及其参与投标竞争的方式和手段。投标策略作为投标取胜的方式、手段和艺术，贯穿于投标竞争的始终，内容十分丰富。在投标与否、投标项目的选择、投标报价等方面，无不包含投标策略。

尤其需要注意的是，投标策略在投标报价过程中的作用更为显著。恰当的报价是能否中标的关键，但恰当的报价并不一定是最低报价。实践表明，标价过高，无疑会失去竞争力而落标；而标价过低（低于正常情况下完成合同所需的价格或低于成本），也会成为废标而不能入围。

投标策略的种类较多，下面简单地介绍几种在投标过程中常见的策略，希望能对大家有所启发，以便可以在日后的实际投标过程中举一反三，不断提高。

1. 增加建议方案

有时招标文件中规定，可以提出一个建议方案，即可以修改原设计方案，提出投标者的方案。投标者这个时候应抓住机会，组织一批有经验的设计和施工工程师，对原招标文件的设计和施工方案进行仔细研究，提出更为合理的方案以吸引业主，促成自己的方案中标。这种新建议方案可以降低总造价或缩短工期，或使工程运用更合理。但是需要注意对原招标方案一定也要报价。建议方案不要写得太具体，要保留方案的技术关键，防止业主将此建议方案交给其他承包商。

同时需要强调的是，建议方案一定要比较成熟，有很好的操作性和可行性，不能空谈而不切实际。

2. 不平衡报价法

所谓不平衡报价，是对常规报价的优化，其实质是在保持总报价不变的前提下，通过提高工程量清单中一些基价细目的综合单价，同时降低另外一些细目的单价来使所获工程款收益现值最大。即对施工方案实施可能性大的报高价，对实施可能性小的报低价，目的是“早收钱”或“快收钱”。即赚取由于工程量改变而引起的额外收入，改善工程项目的资金流动，赚取由通货膨胀引起的额外收入。

原则一般有以下几条：

（1）先期开工的项目（如开办费、土方、基础等隐蔽工程）的单价报价高，后期开工的项目（如高速公路的路面、交通设施、绿化等附属设施）的单价报价低。

（2）经过核算工程量，估计到以后会增加工程量的项目的单价报价高，工程量会减少的项目的单价报价低。

（3）图纸不明确或有错误的，估计今后会修改的项目的单价报价高，估计今后会取消的项目的单价报价低。

（4）没有工程量，只填单价的项目（如土方工程中挖淤泥、岩石、土方超运等备用单价）其单价报价高（这样既不影响投标总价，又有利于多获利润）。

（5）对暂定金额项目，分析其让承包商做的可能性大时，其单价报价高；反之，报价低。

（6）零星用工（记日工）单价一般可稍高于工程中的工资单价，因为记日工不属于承包总价的范围，发生时实报实销。但如果招标文件中已经假定了记日工的“名义工程量”，则需要具体分析是否报高价，以免提高总报价。

（7）对于允许价格调整的工程，当利率低于物价上涨时，后期施工的工程细目的单价报价高；反之，报价低。

对于不平衡报价法，有些问题是需要注意的，简单介绍如下：

（1）不平衡报价要适度，一般浮动不要超过 30%，否则，“物极必反”。因为近年业主评标时，对报价的不平衡系数要分析，不平衡程度高的要扣分，严重不平衡报价的可能会成为废标。

（2）对“钢筋”和“混凝土”等常规项目最好不要提高单价。

（3）如果业主要求提供“工程预算书”，则应使工程量清单综合单价与预算书一致。

（4）同一标段中工程内容完全一样的计价细目的综合单价要一致。

例如，在广州市“花旗银行”基础工程的投标中，广东某水电公司就是采用此方案而夺标的。“花旗银行”基础工程主要包括地下室四层及挖孔桩。投标该公司时考虑到其地处广州市繁华的商业区和密集的居民区，是交通十分繁忙的交通枢纽，采用爆破方法不太可行，因此在投标时将该方案的单价报得很低；而将采用机械辅以工人破碎凿除基岩方案报价较高。由于按原设计方案报价较低而中标。施工中，正如该公司预料的以上因素，公安部门不予批准爆破，业主只好同意采用机械辅以工人破碎开挖，使其不但中标，而且取得了较好的经济效益。

3. 突然袭击法

由于投标竞争激烈，为迷惑对方，可在整个报价过程中仍然按照一般情况进行，甚至有意泄露一些虚假情况，如宣扬自己对该工程兴趣不大，不打算参加投标（或准备投高标），表现出无利可图不想干等假象，到投标截止前几小时，突然前往投标，并压低投标价（或加价），从而使对手措手不及而败北。

4. 多方案报价法

对于一些招标文件，如果发现工程范围不明确，条款不清楚或很不公正，技术规范要求过于苛刻时，要在充分估计投标风险的基础上，按多方案报价法处理，即将原招标文件

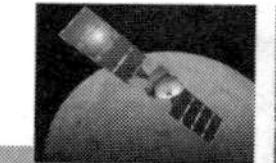

报一个价，然后再提出，如果某某条款做某些变动，报价可降低多少，由此可报出一个较低的价。这样可以降低总价，吸引业主。

5. 优惠取胜法

向业主提出缩短工期、提高质量、降低支付条件，提出新技术、新设计方案，提供物资、设备、仪器（交通车辆、生活设施）等，以优惠条件取得业主赞许，争取中标。

6. 以人为本法

注重与业主当地政府搞好关系，邀请他们到本企业施工管理过硬的在建工地考察，以显示企业的实力和信誉。按照社会主义的思想、品质、道德和作风的要求去处理好人与人之间的关系，求得理解与支持，争取中标。

7. 扩大标价法

这种方法也比较常用，即除了按正常的已知条件编制价格外，对工程中变化较大或没有把握的工作，采用扩大单价，增加“不可预见费”的方法来减少风险。但是这种方法往往因为总价过高而不易中标。

8. 联合保标法

在竞争对手众多的情况下，可以几家实力雄厚的承包商联合起来控制标价，一家出面争取中标，再将其中部分项目转让给其他承包商分包，或轮流相互保标。

9. 低价投标夺标法

这是一种非常手段，承包商为了打进某一地区，为减少大量窝工损失或为挤走竞争对手保住自己的地盘，依靠自身的雄厚资本实力，采取一种不惜代价、只求中标的低价投标方案。应用这种方法的承包商必须有较好的资信条件，并且提出的施工方案也先进可行。

3.4 投标报价

投标报价是投标书的核心组成部分，招标人往往将投标人的报价作为主要标准来选择中标人，同时也是招标人与中标人就工程标价进行谈判的基础。因此，报价的策略、技巧、标价评估与决策是做出合适的投标报价，使其能否中标的关键。

3.4.1 投标报价的主要依据

（1）设计图样。

（2）工程量表。

（3）合同条件，尤其是有关工期、支付条件、外汇比例的规定。

（4）相关的法律、法规。

（5）拟采用的施工方案、进度计划。

（6）施工规范和施工说明书。

（7）工程材料、设备的价格及运费。

（8）劳务工资标准。

（9）当地的物质生活价格水平。

除了依据上述因素以外，投标报价还应该考虑各种相关的间接费用。

3.4.2　投标报价的步骤

做好投标报价工作，需充分了解招标文件的全部含义，采用已熟悉的投标报价程序和方法；应对招标文件有一个系统而完整的理解，从合同条件到技术规范、工程设计图纸，从工程量清单到具体投标书和报价单的要求，都要严肃认真对待。其步骤一般为：

（1）熟悉招标文件，对工程项目进行调查与现场考察。

（2）结合工程项目的特点、竞争对手的实力和本企业的自身状况、经验、习惯，制定投标策略。

（3）核算招标项目实际工程量。

（4）编制施工组织设计。

（5）考虑土木工程承包市场的行情，以及人工、机械及材料供应的费用，计算分项工程直接费用。

（6）分摊项目费用，编制单价分析表。

（7）计算投标基础价。

（8）根据企业的管理水平、工程经验与信誉、技术能力与机械装备能力、财务应变能力、抵御风险的能力、降低工程成本增加经济效益的能力等进行获胜分析与盈亏分析。

（9）提出备选投标报价方案。

（10）编制出合理的报价，以争取中标。

3.4.3　投标报价的原则

建设工程投标报价时，可参照下述原则确定报价策略：

（1）按招标要求的计价方式确定报价内容及各细目的计算深度；

（2）按经济责任确定报价的费用内容；

（3）充分利用调查资料和市场行情资料；

（4）以施工组织设计确定的基本条件为依据；

（5）投标报价计算方法应简明适用。

3.4.4　国际工程投标报价的组成和计算

工程项目投标报价的具体组成应随投标的工程项目内容和招标文件进行划分。国际工程招标一般采用最低价中标或合理低价中标方式，投标价的确定要经过工程成本测算和标价确定两个阶段。标价是由成本、利润和风险费组成的，其中工程成本包括直接费用和间接费用。工程成本包含费用内容和测算方式，与国内工程差异较大，其计算方法具体如下。

1. 直接费用

指由工程本身因素决定的费用。其构成受市场现行物价影响，但不受经营条件的影响。工程直接费用一般由人工费、施工机械费、材料设备费等组成。

1）人工费

人工费单价需根据工人来源情况确定。我国到国外承包工程，劳动力来源主要有两方面，一是国内派遣工人；二是雇用当地工人（包括第三国工人）。人工费单价的计算就是指国内派出工人和当地雇用工人平均工资单价的计算。在分别计算出这两类工人的工资单价后，再考虑工效和其他一些有关因素，就可以确定在工程总用工量中这两类工人完成工日所占的比重，进而加权平均算出平均工资单价。

考虑到当地雇用工人的工效可能较低，而当地政府又规定承包商必须雇用部分当地工人，因此计算工资单价时还应把工效考虑在内，根据已经掌握的当地雇用工人的工效和国内派出工人的工效，确定一个大致的工效比（通常为小于1的数字），用下式计算：

考虑工效的平均工资单价=（国内派出工人工资单价×国内派出工人工日占总工日的百分比+当地雇用工人工资单价×当地工人工日占总工日的百分比）/工效比

（1）国内派出工人工资单价。可按下式计算：

国内派出工人工资单价=一个工人出国期间的全部费用/（一个工人参加施工年限×年工作日）

出国期间的全部费用应当包括从工人准备出国到回国休整结束后的全部费用，可由国内和国外两部分费用构成。

工人施工年限应当以工期为基础，由多数或大多数工人在该工程的工作时间来确定。

工人的年工作日是工人在一年内的纯工作天数。一般情况下可按年日历天数扣除休息日、法定节假日和天气影响的可能停工天数计算。实际报价计算中，每年工作日不少于300天，以利于提高报价的竞争能力。

（2）当地雇用工人工资单价。当地工人包括工程所在国具有该国国籍的工人和在当地的外籍工人。当地雇用工人工资单价主要包括下列内容：

① 日标准工资（国外一般以小时为单位）；

② 带薪法定假日、带薪休假日工资；

③ 夜间施工或加班应增加的工资；

④ 按规定由承包商支付的所得税、福利费、保险费等；

⑤ 工人招募和解雇费用；

⑥ 工人上、下班交通费；

⑦ 按有关规定应支付的各种津贴和补贴等［如高空或地下作业津贴和上、下班时间（视离家距离而定）补贴］，该项开支有时可高达工资数的20%～30%。

在计算报价时，一般直接按工程所在地各类工人的日工资标准的平均值计算。

若所算的国内派出工人工资单价和当地雇用工人工资单价相差甚远，还应当进行综合考虑和调整。当国内派出工人工资单价低于当地雇用工人工资单价时，固然是竞争的有利因素，但若采用较低的工资单价就会减少收益，从长远考虑更不利，应向上调整。调整后的工资单价以略低于当地工人工资单价5%～10%为宜。当国内派出工人工资单价高于当地工人工资单价时，如在考虑了当地工人的工效、技术水平后，派出工人工资单价仍有竞争力，就不用调整；反之，应向下调。若下调后的工资单价仍不理想，就要考虑不派或少派

国内工人。

国际承包工程的人工费有时占到总造价的 20%～30%，大大高于国内工程的比率。确定一个合适的工资单价，对于做出有竞争力的报价是十分重要的。

2）施工机械费

指用于工程施工的机械和工器具的费用。由于工程建设项目大都采用机械化施工，所以施工机械费用占直接费用的主要部分。该费用在工程建成后不构成发包人的固定资产，而是承包商的设备。其主要施工机械费以台时费为单位，辅助施工机械费则只计算总费用，类似于国内概预算中的小型机具使用费。主要施工机械台时费为：施工机械折旧费、施工机械海洋运保费、施工机械陆地运保费、施工机械进口税、施工机械安装拆卸费、施工机械修理费、施工机械燃料费和施工机械操作人工费。

以上八项费用合计成施工机械台时费，其中属于固定费用的有施工机械折旧费、施工机械海洋运保费、施工机械陆地运保费、施工机械进口税等，这些费用即使不运转也要计算。属于运转费用的有施工机械安装拆卸费、施工机械修理费、施工机械燃料费、施工机械操作人工费。

国外承包工程施工机械除了承包企业自行购买外，有些还可以租赁使用，如果决定租赁机械，则施工机械费（台班单价）就可以根据事先调查的市场租赁价来确定。

3）材料设备费

材料和（永久）设备费用在直接费用中所占的比例很大，准确计算材料、设备的预算价格是计算投标报价的重要一环。为了准确确定材料、设备的预算价格，我国有些对外公司根据对外承包工程的经验，依据材料、设备来源的不同，制定出两种表格，一种是当地市场材料、设备优选价格统计表；另一种是国内和第三国采购材料、设备价格比较表。在计算报价时，通过这两种价格表的比较，进行材料、设备的选择。上述价格表一般每半年调整一次，以保证其准确性。下面介绍不同来源的材料、设备单价计算。

（1）国内和第三国采购材料、设备单价的计算，主要包括以下几部分内容。

① 采购材料、设备的价格。包括材料、设备出厂价及包装费，还应考虑因满足承包工程对材料、设备质量及运输包装的特殊要求而增加的费用。

② 全程运杂费。即由材料、设备厂家到工地现场存储处所需的运输费和杂费。对于设备，还要加上设备安装费和运行调试费（如果在工程量清单中这两项不单列的话）及备用件费用。若业主对设备采用单独招标的方式，则承包商在报价中仅考虑设备安装费和运行调试费。全程运杂费包括国内段运杂费、海运段运保费和当地运杂费。

国内段运杂费是指由厂家到出口港装船的一切费用，其计算一般采用综合费率法：

国内段运杂费=运输装卸费+港口仓储装船费

运输装卸费=（10%～12%）×材料采购价格

港口仓储装船费=（3%～5%）×材料采购价格

海运段运保费是指材料由出口港到卸货港之间的海运费和保险费。具体计算应包括材料的基本运价、附加费和保险费。其中，基本运价是按有关海运公司规定的不同货物品种、等级、航线的运输基价计算；附加费是指燃油附加、超重附加、直航附加、港口附加等费用；保险费则按有关的保险费率计算。

当地运杂费是指材料由卸货现场到工地现场存储地所需的一切费用：

当地运杂费=上岸费+运距×运价+装卸费

（2）当地采购材料、设备。一般按当地材料、设备供应商报价，由供应商运到工地。有些材料也可自己组织运输。另外，对一些大宗材料，如块石、石子、卵石和砂子等，也可自己组织开采和加工，其预算价格按实际消耗费用计算。

材料消耗定额可根据招标文件中有关技术规范要求，结合工程条件、机械化施工程度，参照国内定额确定。材料的运输损耗和加工损耗计入材料用量，不增加单价。

2. 间接费用

间接费用是指除直接费用以外的经营性费用。它直接受市场状况变化的影响，另外还要依据招标文件的规定，对间接费用构成项目进行增删。间接费用一般由如下费用组成。

1）临时设施工程费

包括全部生产、生活和办公所需的临时设施，施工区内道路、围墙及水、电、通信设施等。如果在工程量清单通用费项目中有大型临时设施项目，如砂石料加工系统、混凝土拌和系统、附属加工车间等（一般用项目总包干价投标），则间接费用中仅包括小型临时设施费用。

2）保函手续费

指投标保函、预付款保函、履约保函（或履约担保）、保留金保函等交纳的手续费。银行保函均要按保函金额的一定比例，由银行收取手续费。例如，中国银行一般收取保函金额的0.4%～0.6%年手续费。外国银行一般收取保函金额的1%年手续费。

3）保险费

承包工程中一般的保险项目有工程保险、施工机械保险、第三者责任险、人身意外保险、材料和永久设备运输保险、施工机械运输保险。其中，后三种险已计入人工、材料和永久设备、施工机械单价中，不要重复计算。而工程保险、第三者责任险、施工机械保险、发包人和监理工程师人身意外险的费用，一般为合同总价的0.5%～1.0%。

4）税金

应按招标文件规定及工程所在国的法律计算。各国情况不同，税种也不同。由于各国对承包工程的征税办法及税率相差极大，因此应预先做好调查。一般常见税金项目有合同税、利润所得税、营业税、增值税、社会福利税、社会安全税、养路及车辆牌照税、关税、商检等。上述税种中额度最大的是利润所得税或营业税，有的国家分别达到30%或40%以上。

5）业务费（包括投标费、监理工程师和发包人费、代理人佣金、法律顾问费）

（1）投标费。包括购买资格预审文件和招标文件费用、投标期间差旅费、编制资格预审申请和投标文件费。

（2）监理工程师（或称工程师）和发包人费。指承包商为他们提供现场工作和生活环境而支付的费用。主要包括办公和居住用房，以及其室内全部设施和用具、交通车辆等费用。有的招标文件在工程量清单中对上述费用开发项目有明确的规定，投标人可按此要求

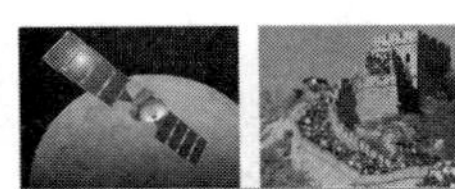

填报该项费用。也可按招标文件的规定由投标人配备，并计入间接费用中的业务费。

（3）代理人佣金。投标人通过代理人协助收集、通报消息，并帮助投标，以及中标后协助承包商了解当地政治、社会和经济状况，解决工作和生活等的困难问题。其费用按实际情况计列，代理费一般约为总合同价的 0.5%～3%。小工程费率高些，大工程费率低些。上述情况适用于我国施工单位参加国际招标的投标。我国境内工程建设项目进行国际招标时，外国公司参与投标，一般也雇用代理人，以便尽快了解国情和市场情况。但是，国内招标时国内施工单位是无须雇用代理人的。

（4）法律顾问费。一般是雇用当地法律顾问支付固定的月工资。当受理法律事务时，还需增加一定数量的酬金。

6）管理费

包括施工管理费和总部管理费。

（1）施工管理费。包括现场职员的工资和补贴、办公费、差旅费、医疗费、文体费、业务经营费、劳动保护费、生活用品费、固定资产使用费、工具/用具使用费、检验和试验费等。应根据实际需要逐项计算其费用，一般情况下为投标总价的 1%～2%。

（2）总部管理费。指上级管理总部对所属项目管理企业收取的管理费，一般为投标总价的 2%～4%。

7）财务费

主要指承包商为实施承包工程向银行贷款而支付的资金利息，并计入成本。首先应编制工程进度计划投入的资金、预计工程各项收入及各项支出，以季度为单位的资金平衡表（即工程资金流量表）。根据资金平衡表算出施工期间各个时期承包商垫付资金数量及垫付时间，再计算资金利息。

另外，发包人为解决资金不足的问题，应在招标文件中规定由承包商贷款先垫付部分或全部工程款项，并规定还款的时间和年限，以及规定应付给的利息。承包商应对银行贷款利率做出评估，应将此利息差计入投标报价中，即计入成本中。

3. 利润和风险费

1）利润

按照国内概预算编制办法的规定，施工单位承包工程任务时计取的计划利润为工程成本的 7%（或分为施工技术装备费与计划利润，两项合计 7%）。但是建筑市场竞争激烈，工程利润也是随市场需求而变化的。一般按工程成本价格 3%～10%估算。

2）风险费

其内容及费率由投标人根据招标文件要求及竞争状况自行确定。基本上包括备用金（也称暂定金额）和风险基金等。

（1）备用金，指发包人在招标文件中和工程量清单中以备用金标明的金额，是供任何部分施工，或提供货物、材料、设备或服务，或供不可预料事件的费用的一项金额。这项金额应按监理工程师的指示全部或部分使用，或根本不予动用。投标人的投标报价中只能把备用金列入工程总报价，不能以间接费用的方式分摊入各项目单价中。

（2）风险基金，土木工程的承包、经营是一种在技术经验、经济实力和管理水平等方

面存在竞争的事业。既然是竞争，就必然伴随着风险。承包商有以下主要风险：

① 资金额度和来源的可靠程度，以及工程所在国经济状况给承包商带来的风险；

② 选择何种合同标准范本，以及承包商对合同条件的理解带来的风险；

③ 对现场调查不够，对困难估计不足造成的风险；

④ 工程设计水平、工程水文和地质勘测不深造成的风险；

⑤ 恶劣的天气带来的风险；

⑥ 工程各控制性工期和总工期的风险；

⑦ 发包人对监理工程师的授权、独立处理合同争议的能力和公正程度，以及争议裁决委员会协调能力方面的风险；

⑧ 承包商自身能力、施工和管理水平的风险等。

风险基金对投标人来说是一项很难估算的费用。对那些在合同实施过程中通过索赔可补偿的风险不计在风险基金之中，以免投标总价过高而影响中标。

认真对各类风险因素进行分析，列出可能产生的风险清单，确定主要风险；严格界定风险内涵并考虑风险因素之间的相关性；先怀疑，后排除，不要轻易否定或排除某些风险因素；排除与确认并重。对于肯定不能排除但又不能肯定予以确认的风险按确认考虑；必要时可做实验论证。对于风险可采用回避风险，即以一定的方式中断风险源，使其不发生或不再发展，从而避免可能产生的潜在损失。但回避的同时可能会产生另一种新的风险，风险回避的同时也失去了从风险中获利的可能，或风险回避可能不实际或不可能。还有一种就是风险转移。任何一种风险都应由最适宜承担该风险或最有能力进行损失控制的一方承担。符合这一原则的风险转移是合理的，可以取得双赢或多赢的结果。

4. 工程综合单价的确定

以投标人在施工组织设计中确定的施工方法、施工强度、施工机械型号和选定的生产效率为前提，同时对项目设计、技术质量要求及施工活动进行分析，制定出合适的施工机械组合和人员配备。再以上述各项费用为计算基础，据此用实物法分别计算完成各项目工程任务时所消耗的各种材料（永久设备的安装）数量和费用；所消耗施工机械的工时和费用（按施工机械的生产效率计算投入工时，按施工机械的固定费和运转费计算台时费）；所使用人工工时和费用（按劳动效率计算投入工时，按工资、补贴和福利等费用计算工时费用）。

上述各项资源投入费用之和被此项目产出的工程数量除，即为此项目的基础单价。有经验的成熟投标人为发挥自己企业的优势，以及加快计算投标报价的速度，往往运用自己的施工实践确定工程项目的保本价，计算各项目的基础单价（考虑施工条件差异后的修正价）。这种做法既准确又快捷，是首选的方法；而对未经历过的承包项目采用上述方法计算基础单价。各基础单价乘工程量清单中各项工程数量，然后相加汇总即得出直接费用总额。进而根据上述各项费用，算出间接费用、利润和风险基金等总额，并全部摊入各工程项目中，最后计算出各工程项目（即工程量清单中各项目）综合单价。按此综合单价填入工程量清单表，即成为投标人已报价的工程量清单表。

计算综合单价公式为：

$$\text{某项目综合单价}=\left(1+\frac{\text{间接费}+\text{利润}+\text{风险基金}}{\text{直接费总额}}\right)\times\text{某项基础单价}$$

各项综合单价乘相应项目工程数量即为各项目合价，合价相加汇总再加上通用费（包括进场费、退场费、各大型临时设施费等以总价或费率包干费用）和备用金，即为投标人投标报价的总价。

间接费用、利润和风险基金总额，在实际投标中要依据竞争情况确定摊入项目。如早期施工项目多摊入，后期施工项目少摊入，投标总价不变，这样做可以在工程施工初期将多结算的工程价款作为承包商的流动资金，以减少银行贷款的额度，从而减少发包人支付银行贷款的利息，降低投标人“评标价格”，增加中标的概率。

3.4.5　国内工程投标报价的组成和计算

《建筑工程施工发包与承包计价管理办法》（以下简称《办法》）第五条规定，施工图预算、招标标底和投标报价由成本（直接费用、间接费用）、利润和税金构成。其编制可以采用以下计价方法：

① 工料单价法。分部、分项工程量的单价为直接费用。直接费用由人工、材料、机械的消耗量及其相应价格确定。间接费用、利润、税金按照有关规定另行计算。

② 综合单价法。分部、分项工程量的单价为全费用单价。全费用单价综合了分部、分项工程所发生的直接费用、间接费用、利润、税金。

案例 3-1　某厂房土建和安装工程施工费用纠纷

上诉人（原审被告）：某信息产业有限公司（以下简称 A 公司）

被上诉人（原审原告）：某建设工程公司（以下简称 B 公司）

一、案件基本事实

2001 年 3 月，A 公司为建厂房向包括 B 公司在内的多家施工单位进行招标。A 公司的《招标须知》规定，工程范围为：依据工程图完成工程工作所需的人工、材料、设备、安全设施、管理费、税金等一切费用。各施工单位公平竞争，最后中标单位标价即为工程总造价。本工程完工后如无增减项目，不另行决算。

此后，各施工单位进行了投标。其中，B 公司的投标价为：土建工程 12 188 221 元，安装工程 3 969 817 元，合计 16 158 038 元。A 公司对各施工单位进行考察评估，并分别进行磋商。B 公司在第一次减价中将工程造价减至 15 381 697 元，后又向 A 公司发出《承诺书》，最终报价为 1 250 万元。A 公司与 B 公司达成一致意见：由 B 公司以 1 250 万元承包 A 公司的厂房土建和安装工程。

2001 年 4 月 25 日，双方签订《工程合约书》。约定：工程范围为依据工程图及工程估价单所列项目，完成本工程所需的人工、材料、设备、安全设施、管理费、税金等一切费用；工程总造价为 1 250 万元（含税）；本工程期限为 2001 年 11 月 24 日前完工……

协议签订后，B 公司进场施工。在施工过程中，B 公司认为 1 250 万元的合同价格低于成本价，且 A 公司指定材料供应商增加了成本，遂要求提高合同价格，但 A 公司不同意。2001

年12月4日，B公司向某区法院提起诉讼，要求判令A公司补偿工程价款2 567 575元。

受一审法院的委托，某工程咨询有限公司对该项工程进行了鉴定，鉴定结论为：招标范围内工程项目的工程造价为16 599 701元，其中利润为1 299 667元；施工合同履行过程中，增减项目的工程造价为694 912元。

二、一审法院的认定和判决

某区法院审理认为，A公司以邀请招标形式向B公司招标，在B公司投标后，利用自身优势和B公司急于承接工程的心理，以泄露其他投标单位投标价等方式，使B公司一再减价至1 250万元，明显低于工程招标范围内的成本造价15 300 034元。双方的合同条款违背民事活动应当遵循的公平、等价有偿原则，显失公平，依法应予撤销。B公司起诉要求A公司补偿合同价与成本价之间的差额2 567 575元，依法应予支持。工程其余部分双方应按实际发生的工程量按实结算。遂判决：撤销B公司与A公司于2001年4月25日签订的《工程合约书》中关于合同价款1 250万元条款，A公司于判决生效之日起十日内向B公司支付合同价与成本价之间差额2 567 575元，其余部分工程造价按实结算。

三、二审法院的认定和判决

对于一审法院的判决，A公司表示不服，上诉至某中级人民法院。

中级人民法院认为，A公司为建设厂房向包括B公司在内的多家建筑企业发出了《招标须知》，该《招标须知》规定了详细的招投工程范围和程序。B公司作为施工单位应当有较强的预算能力和经验，其在查勘、预算的基础上，通过议价，与A公司签订的合同固定价为1 250万元的《工程合约书》是双方真实意思的表示，并不违反法律规定，应为有效合同。双方利益即使失衡，因该风险是B公司在签订合同时应当预见而没有预见的经营风险，双方签订的合同也不构成显失公平。B公司主张变更合同价款的诉讼请求不能成立。遂判决：撤销一审法院判决，驳回B公司的诉讼请求。

解析　最高人民法院关于贯彻执行《中华人民共和国民法通则》若干问题的意见第七十二条规定，一方当事人利用优势或者利用对方没有经验，致使双方的权利和义务明显违反公平、等价有偿原则的，可以认定为显失公平。根据学术界的通说，显失公平的合同应当有两个构成要件：一是主观要件，即一方故意利用其优势或另一方无经验订立了显失公平的合同；二是客观要件，即客观上当事人利益不平衡。综观本案事实，上述两要件都未成就。

B公司称A公司利用其优势，就是因为A公司是建设单位，B公司是施工单位，这种优劣势是建筑市场因竞争产生的供求关系的正常反应，随着供求关系的变化而变化。这种优势是暂时的，属于正常的交易风险，并非绝对的优势。而显失公平意义上的优势是相对稳定的，这种优势虽受供求关系影响，但却主导供求关系，如行业垄断等。显然，如果把占有供求关系上的优势也作为“优势”的话，显失公平的合同就太多了，这也必然导致法律的滥用。B公司作为一家建筑企业，拥有专业技术人员，具有较强的预算能力，经验丰富可想而知，其在投标时应当对工程做出科学、精确的预算，特别是对工程成本要有具体的把握。实际上，B公司为了承接这项工程，没有注意这些问题，导致投标失误，作为市场主体应当自行承担决策失误的经营风险。

任何交易，双方当事人的利益都是不平衡的，有赚有赔，很难做到双赢。确立显失公平制度，目的不是为了免除当事人应当承担的交易风险，而是限制一方当事人获得超过法律允许范围内的利益。我国现行法律制度没有规定显失公平的具体标准或限度。国外的相关规定则有借鉴意义。《罗马法》中曾有“短少逾半规则”，就是说如果买卖价款少于标的物价值一半时，出卖人可以解除契约，返还价金，请求返还标的物。《法国民法典》第1674条规定：如果出卖人因低价而受损失超过不动产价金7/12的，有权取消买卖。就本案而言，B公司主张补偿的2 567 575元工程款只占工程总造价的1/5，显然未达到《罗马法》及《法国民法典》规定的限度。

公平、等价有偿原则是民法的基本原则，但自愿、诚实信用也是民法的基本原则，这些原则都应当遵守。A公司与B公司签订的合同是双方真实意思的表示，不存在瑕疵，也不违反法律的规定，应认定为有效合同，双方都应自觉履行。尽管双方间的利益或许失衡，但A公司在签订合同时无优势可以利用，B公司也并非无经验的建筑企业，因此本案不能适用显失公平原则对合同价款进行变更。

3.5　投标文件的编制与提交

3.5.1　投标文件的主要内容

投标文件应严格按照招标文件的各项要求来编制，一般来说投标文件的内容主要包括以下几点：

①投标书；②投标书附录；③投标保证金；④法定代表人；⑤授权委托书；⑥具有标价的工程量清单与报价表；⑦施工组织设计；⑧辅助资料表；⑨资格审查表；⑩对招标文件的合同条款内容的确认和响应；⑪按招标文件规定提交的其他资料。

3.5.2　投标文件编制要点

（1）招标文件要研究透彻，重点是投标须知、合同条件、技术规范、工程量清单及图纸。

（2）为编制好投标文件和投标报价，应收集现行定额标准、取费标准及各类标准图集，收集掌握政策性调价文件及材料、设备价格情况。

（3）投标文件编制中，投标单位应依据招标文件和工程技术规范要求，并根据施工现场情况编制施工方案或施工组织设计。

（4）按照招标文件中规定的各种因素和依据计算报价，并仔细核对，确保准确，在此基础上正确运用报价技巧和策略，并用科学方法做出报价决策。

（5）填写各种投标表格。招标文件所要求的每一种表格都要认真填写，尤其是需要签章的一定要按要求完成，否则有可能会因此导致废标。

（6）投标文件的封装。投标文件编制完成后要按招标文件要求的方式分装、贴封、签章。

3.5.3　投标文件的提交

投标文件编制完成，经核对无误，由投标人的法定代表人签字密封，派专人在投标截止日前送到招标人指定地点，并取得收讫证明。

招标人在规定的投标截止日前，在递送标书后，可用书面形式向招标人递交补充、修改或撤回其投标文件的通知。在投标截止日后撤回投标文件，投标保证金不能退还。

递送投标文件不宜太早，因市场情况在不断变化，投标人需要根据市场行情及自身情况对投标文件进行修改。递送投标文件的时间在招标人接受投标文件截止日前两天为宜。

综合案例4　某废水处理工程施工合同纠纷案

上海市青浦区人民法院民事判决书

（2011）青民三（民）初字第2559号

原告：上海某电子有限公司。

被告：某科技有限公司。

原告上海某电子有限公司诉被告某科技有限公司建设工程施工合同纠纷一案，本院于2011年8月3日立案受理后，依法由审判员王美芳独任审判。本案于2011年8月29日公开开庭进行了审理，原告上海某电子有限公司的委托代理人、原委托代理人、被告某科技有限公司的法定代表人及委托代理人到庭参加诉讼。2011年10月28日，因案情复杂，本院依法组成合议庭，本案转为普通程序进行审理。本案于2012年1月5日第二次公开开庭进行了审理，原告上海某电子有限公司的委托代理人、原委托代理人、被告某科技有限公司的委托代理人到庭参加诉讼。2012年1月10日，被告向本院提出申请，要求对被告向第三方订购的机器设备及加工准备的材料是否是非标产品、是否为履行双方合同所需的特定产品进行鉴定。本案于2013年2月17日第二次公开开庭进行了审理，原告上海某电子有限公司的委托代理人、原委托代理人、被告某科技有限公司的委托代理人到庭参加诉讼。本案现已审理终结。

原告上海某电子有限公司诉称：原告于2010年筹备进行废水处理站技改项目，该项目工程为青浦区重大环境治理工程，对市民环境用水将产生一定影响。为此，原告对该项目承办单位进行招标。被告提供招投标方案申请承包该项目工程。原告、被告遂于2010年9月20日签订《废水总排改造工程合同》《废水斜板沉淀池工程合同》和《砂滤和树脂工程合同》，约定由被告承包原告项目中的以上三项工程。合同签订后，原告依照合同向被告支付了工程预付款人民币654 900元，而后在合作过程中，原告发现被告并不具有进行环保工程所必需的环保工程设计、环保工程施工专业承包资质及环境污染治理设施运营资质。并且被告在与原告签订工程合同时，隐瞒了其不具有上述资质的事实。原告发现被告不具有承包运作项目工程资质后，立即提出终止该项目进程，并且出具律师函要求被告退还预付款。原告认为双方所签订的合同违反了法律强制性规定，是无效合同，给原告造成相应的经济损失，被告理应承担上述合同无效的全部责任，返还原告支付的所有预付款。为此原告诉于本院，要求：1. 判令原告、被告签订的《废水总排改造工程合同》《废水斜板沉淀池工程合同》和《砂滤和树脂工程合同》为无效合同。2. 判令被告返还原告支付的合同预付款654 900元，以及至被告归还之日的银行利息（以本金654 900元，按照中国人民银行同期贷款利率，从2010年10月15日开始计算至被告实际归还之日止）。3. 本案诉讼费由被告承担。审理中，原告表示利息计算起始日自原告起诉之日起。

被告某科技有限公司辩称：不同意原告的诉讼请求。本案是由于原告原有的废水处理设施不符合新的限值标准，需要对原有设备进行改进，这是对原有设备的更换，不能称为重大环保工程。本案合同文本是原告提供的格式合同，从双方签订的合同及附件来看，上述合同是普通的废水处理设备的承揽合同，合同附件特别是施工进度表中明确写明土建工程由原告提供，即被告履行的合同中是不包括土建工程的，故本案不是建设工程施工合同，不应受建筑法的约束。本案双方为承揽关系，被告履行合同的行为是属于经营范围的水处理设备的处理加工等内容，本案并非环境污染治理工程，故并不需要对此具备相应的资质，被告在其合法经营范围内经营，本案所涉合同是有效的。原告签订合同时就要求被告提供相关资料，被告将有关的情况如实告知，因被告进入中国市场不久，有关资质不全，对此被告都如实告知原告，原告对此非常清楚，因原告对被告的生产工艺非常满意，故才与被告合作。2010 年 10 月 8 日，被告按约开始采购并在厂区内进行加工，直至 2010 年 10 月 15 日原告因其自身原因无理要求被告先行暂停沉淀池、砂滤和树脂工程，10 月 18 日通知三个合同都暂停，在要求被告暂停时也没有告知被告任何理由，此后经被告多次询问何时恢复，原告一直没有通知被告。在双方未解除合同的情况下，原告又于 2010 年 12 月 17 日发了新的招标文件给被告，对于被告要求继续履行合同及被告的重大经济损失置之不理。原告擅自暂停双方签订的合同，要求解除合同，并以合同无效为由来逃避原告应承担的违约责任。被告保留对原告追偿违约损失的权利。即使本案合同确认无效，合同无效的后果也不一定是被告返还预付款，被告已经履行合同的内容应一并处理。请求法院驳回原告的请求。

经开庭审理查明：2010 年 9 月 30 日，原告（发包方、甲方）与被告（承包方、乙方）签订《废水总排改造工程合同》，约定工程名称为废水总排改造，承包方式为包工包料、包质量、包安全、包工期，合同价款为 805 000 元；工期自 2010 年 10 月 8 日开工至 2011 年 1 月 14 日竣工。合同第六条约定经甲方确认，乙方采购相关材料设备详细信息参见附件，乙方应确保其采购的产品为全新的、未经使用且质量良好的产品，并应通过甲方常规检验，但甲方的检验和认可不免除乙方对该材料所承担的质量保证责任。凡由乙方采购的材料、设备，如不符合质量要求或规格有差异，应禁止使用，予以更换全新产品。若已使用必须予以更换，因此造成的工程迟延和损失的，由乙方承担违约责任和赔偿责任。合同附件中包括报价单、乙方方案及图纸、施工进度表、验收标准、甲方规范要求。同日原告（发包方、甲方）与被告（承包方、乙方）还签订了《砂滤和树脂工程合同》，该合同约定工程名称为砂滤和树脂，合同价款为 895 000 元，工程地点与工期、承包方式和上述合同一致。合同第六条也做了与上述合同一致的约定。同日原告（发包方、甲方）与被告（承包方、乙方）还签订了《废水斜板沉淀池工程合同》，该合同约定工程名称为废水斜板沉淀池，合同价款为 483 000 元，工程地点与工期、承包方式和上述合同一致。合同第六条也做了与上述合同一致的约定。上述三份合同后所附报价单中载明了材料名及厂商、型号。合同签订后，原告于 2010 年 10 月支付被告工程预付款 654 900 元。2011 年 5 月 23 日，原告委托律师致函于被告，认为被告隐瞒其不具备相关资质的事实，双方所签的合同属无效，要求被告返还预付款，并赔偿原告的相应损失。

还查明，在原告、被告于 2010 年 9 月的合作协商过程中，被告通过电子邮件告知原告其公司刚进入中国市场不久，相关资质尚未申请，并将其公司营业执照及税务登记证传于

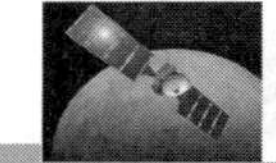

原告。2010 年 11 月 15 日，原告通过电子邮件的方式告知被告接高层通知，沉淀池和砂滤两工程暂停，等公司通知，废水总排工程照常进行。2010 年 11 月 18 日，原告再次通过电子邮件告知被告三项工程暂停，等公司通知。2010 年 11 月 19 日，被告向原告表示所有项目已暂停，被告已订购与采购许多设备等，要求与原告进行讨论。2010 年 11 月 22 日，原告要求被告将废水项目所花费金额与具体细节提供给原告方。后原告就本案所涉工程进行招投标。2010 年 12 月 17 日，被告通过电子邮件方式向原告发出招投标书及相应资料。原告处未有被告施工的设备、产品，被告也未至原告处进行过施工。原告就本案所涉工程已通过招投标的方式委托具备施工资质的其他单位进行施工。

又查明，原告无建筑业施工资质证书。上海市城乡建设和交通委员会向本院表示本案所涉工程是涉及设备安装的环保工程，需要有资质的企业在资质范围内承接工程，本案所涉的工程属建筑法调整范围。

在审理中，被告向本院申请，对其提供的清单上的设备是否属于非标产品、是否是本案工程所必需进行鉴定。上海某某建筑设计有限公司出具设备咨询报告，该报告内容为，该公司于 2012 年 12 月 10 日到被告提供的工程施工一小部分设备、配件的物品置放处进行核查，对照法院提供的原告、被告签订的工程施工合同，咨询意见如下：1. 清单列表与现场所见设备、配件数量、种类相吻合。有如下设备——气动蝶阀两台，手动蝶阀一台，MCC 柜一台，气动泵一台，计量泵一台，UPVC 管道、弯头、三通、法兰若干，具体详见当事人库存清单和拍摄的现场照片。2. 现场所见设备及配件均已拆箱，无保护地随意裸露放置，似为陈旧。有些设备锈迹斑斑，有些管道已用胶水黏结过。3. 现场所见设备及配件均属于标准通用产品，可以用于合同所提到的项目中，也可用于其他工程项目。原告对设备咨询报告没有异议。被告对咨询报告的真实性没有异议，但对报告中表示设备是通用产品表示异议，对其他内容没有异议。被告不需要鉴定人员当庭接受质询。

以上事实，由原告、被告的陈述，以及原告提供的《废水总排改造工程合同》《废水斜板沉淀池工程合同》和《砂滤和树脂工程合同》、原告与其他单位签订的合同、付款凭证、律师函、被告提供的电子邮件、本院出示的调查笔录、咨询报告、谈话笔录等证据予以佐证，并经庭审质证，本院予以确认。

审理中，原告表示：1. 双方所签订的三份合同是对废水进行处理，处理设备由被告提供，包括废水处理中所涉及的沉淀池也由被告提供。2. 本案所涉工程为废水处理工程，需要相关资质，因被告不具备相关资质，原告认为合同无效，过错在于被告。3. 如被告确实因本案工程而订购、制作设备和材料，并已经向第三方付款，且为本案工程所必需的非标产品，则原告愿意相应承担一些损失，但被告未能提供证据来证明上述条件，被告应返还预付款。被告提供的预付单上的付款均不是用于本案工程，是被告与其他公司的项目而支付的款项。就现场清点时看到的设备，也不是非标产品，原告向有关机构对现场清点的材料价格进行了查询，设备若是全新，除一件设备未有价格外，总价约为 42 000 元。原告同意将 25 000 元作为自愿补偿的性质补偿给被告，对于诉讼请求中利息计算中的本金，也以扣除 25 000 元为标准计算。

被告表示：1. 双方所签订的三份合同都是设备提供、安装、调试，设备都是在被告工厂内生产后运输到原告处进行管道的连接安装，沉淀池是混凝土的土建工程，土建工程由原告施工，三份合同均不涉及土建。2. 设备安装、调试大部分需要在原告场地外完成，故

在未收到原告预付款时，被告自 2010 年 10 月 8 日开始就进行了设备采购，部分是被告生产的，部分是订购后运送到被告公司的，还有部分订购后仍在供应商处。3. 被告认为双方所签的合同是有效的。因为本案所涉设备是非标设备，是为原告特别制作的，不能适用于其他项目。如合同确认无效，那么被告已经完成的设备采购、加工的损失要求一并处理。若合同无效，则被告已将资质问题提前告知原告，双方对此均有过错。4. 被告要求在本案中处理的损失金额为 860 357 元，其中被告从他人处购进的材料设备计 335 676 元，被告公司自有库存设备 2 500 元。被告为了履行原告、被告的合同，被告公司的工作人员耗费的人工费用计 6 万元。另根据公司全年的销售额，计算本次销售额中被告公司的日常消耗计 417 716 元，以上合计 815 892 元。被告根据原告提供的流程工艺进行设计，6 万元中包括了设计费用，设计人员中包括一部分美国某公司的人员，对于该部分人员支付了工资。另被告方需要与案外人签订设备采购合同等，需要工作人员进行联系而支付了工资。

被告提供：1. 项目清单、费用清单说明，证明被告的损失。2. 供应商合同。因原告、被告签订合同后，被告对外进行了采购，以完成原告、被告签订的内容。3. 付款凭证回单 4 份，存单上支付人为被告，收款人为案外人，备注栏分别为预付款 30%、海水淡化膜（杰润）、PVC 材料（中天）等，证明被告已经对外支付的费用，是被告因合同未能履行而造成的损失。4. 产品设备清单，是被告自行制作，清单地址所指浦东是指在被告公司内存放，其他设备仍在其他公司。

原告对被告提供的证据 1、2 认为：被告未提供部分合同所对应的付款凭证、发票、货物的清单，无法证明该合同是为原告、被告签订的合同所做的准备；部分合同涉及内容不属于本案中被告应施工内容；国外购买的产品需要相应的报关单，但是被告并未提供。对证据 3 认为上述凭证不能证明被告是为了原告、被告的合同而支付的钱款。对证据 4 认为该清单是被告自行制作的。

根据庭审确认的事实，本院认为：原告与被告签订的《废水总排改造工程合同》《废水斜板沉淀池工程合同》和《砂滤和树脂工程合同》，因本案被告不具备建筑业颁发的资质证书，故违反了法律规定，是无效的。被告认为合同内容不属于建设工程，无须具备资质证书的意见，本院不予采信。原告、被告在合同洽谈中，被告已将其不具备资质的事实告知原告，原告仍与被告签订合同，造成合同无效双方均有过错。合同无效或者被撤销后，因该合同取得的财产，应当予以返还；不能返还或者没有必要返还的，应当折价补偿。有过错的一方应当赔偿对方因此所受到的损失；双方都有过错的，应当各自承担相应的责任。原告已支付被告预付款，若被告已为原告进行施工或因无效合同造成被告损失，则可以在预付款中抵扣原告应承担的款项。被告主张已为本合同履行了部分义务，包括自其他单位定购材料、被告自有材料、被告公司工作人员的人工费用等，但被告除现场清点的设备外未能提供其他设备，对于向其他单位定购设备的，被告也未提供因合同不能履行而由被告承担包括预付款不能返还等责任的证据，被告也未能提供为履行本合同其支出的人工费证据，本案中被告未至原告处进行施工，也未有设备等运到原告处，故除鉴定时留有的设备外被告未能提供其他损失依据。对于鉴定时留有的设备，因双方确认的鉴定机构查看后认为现场所见设备及配件均已拆箱，似为陈旧，且均属于标准通用产品，可以用于合同所提到的项目中，也可用于其他工程项目。被告也不能提供这些设备的相应发票及购买时间，故不能证明这些设备是为履行本案所涉合同所定制，不能认定被告的损失。故对于被告主

张的损失本院不能认定，原告已支付给被告的预付款被告应予返还，被告在原告已告知其因无资质证书、要求暂停施工并返还预付款的情况下，仍未将预付款返还于原告，应偿付原告相应的利息损失。审理中，原告表示自愿补偿被告 25 000 元，本院予以准许。据此，依照《中华人民共和国合同法》第五十二条第（五）项、第五十八条、第二百六十九条、《中华人民共和国建筑法》第二十六条、《最高人民法院关于民事诉讼证据的若干规定》第二条的规定，判决如下：

一、原告上海某电子有限公司与被告某科技有限公司于 2010 年 9 月 30 日签订的《废水总排改造工程合同》《废水斜板沉淀池工程合同》和《砂滤和树脂工程合同》无效。

二、被告某科技有限公司应于本判决生效之日起十日内返还原告上海某电子有限公司预付款人民币 629 900 元。

三、被告某科技有限公司应于本判决生效之日起十日内偿付原告上海某电子有限公司利息损失（以本金 629 900 元，按照中国人民银行同期贷款利率，从 2011 年 8 月 4 日开始计算至被告实际归还之日止）。

如果未按本判决指定的期间履行给付金钱义务，应当依照《中华人民共和国民事诉讼法》第二百五十三条的规定，加倍支付延迟履行期间的债务利息。

本案受理费为人民币 10 349 元，由原告负担人民币 425 元，被告负担人民币 9 924 元；财产保全费为人民币 3 794.50 元，由被告负担；鉴定费为人民币 30 000 元（被告未预付），由被告负担。

如不服本判决，可在判决书送达之日起十五日内，向本院递交上诉状，并按对方当事人的人数提出副本，上诉于上海市第二中级人民法院。

第4章 国际工程招投标的特点与程序

教学导航

教学目标	1. 了解国内和国际工程招投标的区别和联系。 2. 熟悉国际工程招投标程序。
关键词汇	国际工程招投标; 标底; 评标; 定标。

典型案例4　某外国两个学院建设工程的投标问题

某工程为非洲某国两个学院的建设，资金由非洲银行提供，属技术援助项目，招标范围仅为土建工程的施工。

我国某工程承包公司获得该国建设两个学院的招标信息，考虑到准备在该国发展业务，决定参加该项目的投标。由于我国与该国没有外交关系，经过几番周折，投标小组到达该国时离投标截止日期仅20天。买了标书后，没有时间进行全面的招标文件分析和详细的环境调查，仅粗略地折算各种费用，仓促投标报价。待开标后发现报价低于正常价格的30%。开标后业主代表、监理工程师进行了投标文件的分析，对授标产生分歧。监理工程师坚持我国该公司的标为废标，因为报价太低肯定亏损，如果授标则肯定完不成。但业主代表坚持将该标授予该公司，并坚信中国公司信誉好，工程项目一定很顺利。最终该公司中标。

中标后该公司分析了招标文件，调查了市场价格，发现报价太低，合同风险太大，如果承接，至少亏损100万美元以上。合同中有如下问题：

（1）没有固定汇率条款，合同以当地货币计价，而经调查发现，汇率一直变动不定。

（2）合同中没有预付款的条款，按照合同所确定的付款方式，该公司要投入很多自有资金，这样不仅造成资金困难，而且财务成本增加。

（3）合同条款规定不免税，工程的税收约为13%的合同价格，而按照非洲银行与该国政府的协议本工程应该免税。

在收到中标函后，该公司与业主代表进行了多次接触。一方面感谢其支持和信任，决心做好工程；另一方面又讲述了所遇到的困难——由于报价太低，亏损是难免的，希望对方在以下几个方面给予支持：

（1）按照国际惯例将汇率以投标截止期前28天的中央银行的外汇汇率固定下来，以减少承包商的汇率风险。

（2）合同中虽没有预付款，但作为非洲银行的援助项目通常有预付款。没有预付款承包商无力进行工程施工。

（3）通过调查了解获悉，在非洲银行与该国政府的经济援助协议上本项目是免税的。而合同规定由承包商交纳税赋是不对的，应予修改。

由于是业主代表坚持将标授予中国公司，如果这个项目失败，他脸上无光甚至要承担责任，所以对承包商提出的上述三个要求，他尽了最大努力与政府交涉，并帮承包商讲话，最终承包商的三点要求都得到满足，扭转了本工程的不利局面，最后承包商顺利地完成了合同。业主很满意，在经济上不仅不亏损而且略有盈余。本工程中业主代表的立场及所做的努力起了十分关键的作用。

通过上述内容发现以下几点需要注意：

（1）承包商新到一个地方承接工程必须十分谨慎，特别是在国际工程中，必须详细地进行环境调查，进行招标文件的分析。本工程虽然结果尚好，但实属侥幸。

（2）合同中没有固定汇率的条款，在进行标后谈判时可以引用国际惯例要求业主修改合同条件。

（3）本工程中承包商与业主代表的关系是关键。能够获得业主代表、监理工程师的同情和支持对合同的签订与工程实施是十分重要的。

招标是以工程业主为主体进行的活动，投标则是以承包商为主体进行的活动。招标是市场经济中一种最普遍和最常见的择优竞争方式，国际工程的业主都是通过招标方式来选择自己认为最优秀的承包商的。

国际工程招投标是指发包方通过国内和国际的新闻媒体发布招标信息，所有感兴趣的投标人均可参与投标竞争，通过评标比较确定中标人的法律活动。

我国境内的工程建设项目也有采用国际工程招投标方式的。一般有两种情况：

（1）使用我国自有资金的工程建设项目，但是希望工程项目达到目前国际的先进水平，如国家大剧院的设计招标和奥运会相关项目的招标。

（2）由于工程项目的资金使用国际金融组织或外国政府贷款，因此必须遵循贷款协议规定，以及采用国际工程招投标方式选择中标人的规定。

4.1　国际工程招投标的特点

国际工程招投标主要有择优性、平等性、限制性三大特点，下面分别就这三个特点做简单介绍。

1. 择优性

对工程业主来说，招标就是选择最优秀的。对于建设工程来说，投标人的优胜至少表现在以下几个方面：

（1）技术最优。包括现代的施工机具设备、先进的施工技术和科学的管理体系等。

（2）质量最佳。包括良好的施工记录和保证质量的可靠措施等。

（3）价格最低。包括单位价格科学合理和总价最低等。

（4）周期最短。能够保证按期或提前完成所要求的全部建设工程任务。

通常在实践情况下，如果要求投标人在上述四个方面都是最优秀的是比较困难也是不现实的，所以业主通过招标活动，从众多的投标人中进行评选，业主可以按照自己所要求的侧重点来确定评选标准。在评选过程中既综合上述各个方面的优劣，又从其突出的侧重点进行衡量，最终确定中标人。

2. 平等性

市场经济要求平等性，国际工程招投标也不例外。只有在平等的基础上进行竞争，才能分出真正的优劣。因此，招标通常都要求制定统一的条件，即编制统一的招标文件。要求参加投标的承包商严格按照招标文件的规定报价和递交投标书，以便业主进行对比分

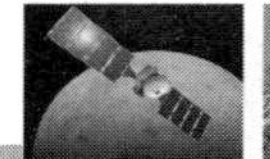

析，做出公平合理的评价。

3. 限制性

在国际工程招投标中，业主可以根据自己的主观意图来确定其优胜条件和选择承包商；承包商也可以根据自身的主观意志来确定是否参加该项工程的投标。

但是需要注意的是，一旦双方进入招标和投标程序，双方就都要受到一定的限制，不能随心所欲，尤其在采取“公开招标”的方式时，它将受到公共的、社会的甚至国家法规的限制。包括我们国家在内的许多国家都制定和颁布了《招标投标法》等相关规范招投标的法律、法规，目的是防止不公正的招标和争议。

4.2 国内和国际工程招投标的区别和联系

在经济全球化的大趋势下，建设工程的涉外性已经不足为奇，许多国内的公司也逐步参与到国际工程招投标的活动中。因此，了解国际工程招投标与国内工程招投标的区别与联系是十分必要的。下面从不同角度对此进行简单介绍。

4.2.1 适用范围

国际工程招投标与国内工程招投标在适用范围上的区别，主要体现在招投标制度与政府采购的关系不同。

1. 国内招投标制度的适用范围

我国国内的招投标立法与政府采购立法是相互独立的，现在我国已经先后颁布了《中华人民共和国招标投标法》（以下简称《招标投标法》）和《中华人民共和国政府采购法》（以下简称《政府采购法》）。

在我国进行的招投标活动，都应该适用《中华人民共和国招标投标法》的有关规定。国内的《招标投标法》与《政府采购法》既相互区别，又密切联系，这种区别和联系主要表现在以下几个方面：

（1）两法具有不同的调整范围。《招标投标法》要调整所有的招标采购活动，包括强制招标与自愿招标；《政府采购法》则要规范所有的政府采购活动，包括通过直接采购、通过招标及参与拍卖等方式进行的政府采购。

（2）两者在强制招标问题上有一定的交叉。《政府采购法》规定政府采购达到一定资金数额时必须进行招标；《招标投标法》规定强制招标的范围应包括政府采购中的强制招标，在这一点上两者具有一定的交叉。

（3）两法具有一定的互补性。《政府采购法》规范政府采购所需的资金来源渠道和程序，以及资金使用的正常监督，同时要求达到规定限额的政府采购要依据《招标投标法》

进行招标；而《招标投标法》规范通过招标进行的政府采购，使这部分采购活动更加公开、公平、公正。两法对于通过招标进行采购活动的规范具有互补性。

2. 国际招投标制度的适用范围

目前国际上，世界银行和亚洲开发银行基本相同，没有独立的招标和投标制度，只有政府采购方面的强制性规定，一般情况下要求政府采购必须采用招投标。因此，从一般意义上说，《政府采购法》就是《招标投标法》，国际强制性招投标只适用于政府采购。国际上以公开、公平、清楚、明确和一视同仁的招标制度采购货品和服务，目的是确保投标人受到平等的对待，并使政府能取得价廉物美的货品和服务。

凡是“关税及贸易总协定”缔结的“政府采购协定”的缔约成员，均依循“世界贸易组织政府采购协定”（以下简称“世贸采购协定”）。政府采购制度所依据的原则与“世贸采购协定”相符，为本地及外地供应商和服务承办商提供公开、公平的竞争环境。所有政府部门在采购货品及服务和招商承造各类工程时均须依循《物料供应及采购规例》制定的招标程序，但若干例外情况（如专营权和特许权）则另受其他程序管理。

4.2.2　标底

长期以来，国内在建设工程的招投标中都是设置标底的。标底是招标工程的预期价格，是招标者对招标工程所需费用的自我测算和控制，并被作为判断投标报价合理性的依据。由于标底的编制依据是政府发布的定额标准，定额不但有单位工程的标准消耗量，也含有材料、机械和人工的单价，实际是一种“量价合一”的单价。因此，从理论上说，任何单位或者个人编制的标底都应当是一样的。标底编制完成后，将成为判断投标人报价是否合理的重要依据。我国从 2003 年 5 月 1 日起施行的《工程建设项目施工招标投标办法》规定招标项目可以不设标底，进行无标底招标。

目前国际建设工程招标并无实际意义上的标底。当然，招标人（业主）一般在招标前会对拟建项目的造价进行估算，这是其决定是否进行建设和筹措资金的基础。这种事先估算的价格与国内的标底类似，一般是由工料测量师完成的。工料测量师在进行估算时首先根据英国皇家测量师学会编制的《英国建筑工程计算规则》（SMM）确定工程量，但是单位工程的单价则依据工料测量和各自的经验得出，因此，不同的工料测量师对单价的估计是不一样的，这会导致对一个建设项目的造价估算也会不相同。工料测量师的造价估算一般不会对投标报价产生约束力，不会因为投标报价高于或者低于这一估算一定的幅度就导致废标的结果。当然，由于这一估算会成为业主（招标人）筹措资金的依据，有时会出现“底价”的概念。“底价”一般都高于工料测量师的造价估算，它与拍卖中的“底价”不同，更不同于国内的标底，它一般是投标报价的高限（而拍卖中的“底价”是拍卖竞价的底限），并不排斥低报价的情况。

4.2.3　中标原则

《中华人民共和国招标投标法》规定，“中标人的投标应当符合下列条件之一：①能够

最大限度地满足招标文件中规定的各项综合评价标准；②能够满足招标文件的实质性要求，并且经评审的投标价格最低，但是投标价格低于成本的除外。”这样的规定体现了国内建设项目的中标原则有两种：综合评价最优中标原则和最低评标价中标原则，当然，在具体项目中只能采取其中的一种。采用第一种原则是建设项目评标中的主流做法。与这一原则相对应的评标方法是百分法和综合评议法。这一中标原则中，价格不是需要竞争的主要内容，并且在实际操作中，由于对报价有严格的限制，在标底一定幅度范围内的报价才被认为是合理的，因此，投标人（承包商）实际无法在价格上展开竞争。

随着我国市场经济的发展，建筑产品的价格市场化所需要的环境条件也在逐渐成熟。2014 年 2 月 1 日起施行的住房和城乡建设部发布的《建筑工程施工发包与承包计价管理办法》规定投标报价应根据招标文件中的工程量清单和有关要求、施工现场实际情况及拟定的施工方案或施工组织设计、企业定额和市场价格信息，并参照省、自治区、直辖市建设行政主管部门发布的社会平均消耗量定额进行编制。而且，国内各地也逐步采取以最低报价中标原则为主的评标体系。当然，综合评价最优中标原则应当予以保留，因为在建设项目的招标中，包括勘察、设计、监理等招标是无法采用最低报价中标原则的。在这些招标中，投标人主要不是在价格上展开竞争，因此只能采用综合评价最优中标原则。但这一原则不应成为建设项目主流的评标方法。

在国际上，建设项目招标实行的是最低报价中标原则，即应当由报价最低的投标人（承包商）中标。但是，最低报价中标原则，并不排除在个别情况下淘汰最低价投标。因为建设项目的招标主要是施工的招标，而施工招标的质量、进度等要求已体现在招标文件中，这一中标原则体现了投标人（承包商）在投标时可能产生中标报价与其他报价有巨大差距的结果，也有可能产生投标报价与招标人的估价有巨大差距的结果。当然，实行这样的中标原则应当具备相应的环境条件，主要是要有严格的合同管理制度（特别是违约责任追究制度）和担保、保险制度等。

4.2.4 评标组织

《中华人民共和国招标投标法》对评标组织做出了明确的规定，评标由招标人依法组建的评标委员会负责。依法必须进行招标的项目，其评标委员会由招标人的代表和有关技术、经济等方面的专家组成，成员人数为 5 人以上单数，其中技术、经济等方面的专家不得少于成员总数的三分之二；专家应当从事相关领域的工作满 8 年并具有高级职称或者具有同等专业水平，由招标人从国务院有关部门或者省、自治区、直辖市人民政府有关部门提供的专家名册或者招标代理机构的专家库内的相关专业的专家名单中选择。与投标人有利害关系的人不得进入相关项目的评标委员会，已经进入的应当更换（即实行回避制度）；评标委员会成员的名单在中标结果确定前应当保密。

而在国际上，政府对非政府投资的项目的招标是不进行干预的，对非政府投资项目的评标组织的组成也不进行干预。对于非政府投资项目只有当招标人在评标组织的组成上违反招标文件的规定时，才可能受到司法部门（法院）的干预。也就是说，在国际上政府是被动地介入非政府投资项目的招标的。

4.2.5 评标程序

国内评标实践中采用的评标程序一般包括招标文件的符合性鉴定、技术评估、商务评估、投标文件澄清、综合评价与比较、编制评标报告等几个步骤。符合性鉴定检查投标文件是否在实质上响应招标文件的要求。技术评估的目的是确认和比较投标人完成本工程的技术能力，以及他们的施工方案的可靠性。商务评估的目的是从工程成本、财务和经验分析等方面评审投标报价的准确性、合理性、经济效益和风险等，比较授标给不同的投标人产生的不同后果。投标文件澄清是在投标文件的审查、评价和比较时，评标委员会可以要求投标人对其投标文件予以澄清，以口头或书面形式提出问题，要求投标人回答，随后在规定的时间内，投标人以书面形式正式答复。澄清和确认的问题必须由授权人员正式签字，并声明将其作为投标文件的组成部分；但澄清问题的文件不允许变更投标价格或对投标文件进行实质性修改。综合评价与比较是在以上工作的基础上，根据招标文件中规定的评标标准，将价格以外的其他评价指标全部折算成价格累加到投标报价上或从中扣除，最后得到一个评标价。将各个标书的评价按由低到高的顺序进行排序，将评标价与编制好的标底进行比较，看它是否落在“合理”的范围内，即标底上下浮动一定比例，若超出此范围，则视为无效标不予评审，然后在“合理”范围内的标书中选出标价最低的标书，该标书的投标单位将成为中标人。通常设置的评价指标除价格外还包括施工方案或施工组织设计、工期、质量标准与质量管理措施，以及投标人的业绩、财务状况、社会信誉等。评标委员会完成评标后，应当向招标人提出书面评标报告，推荐合格的中标候选人。招标人也可以授权评标委员会直接确定中标人。评标报告应报有关行政监督部门审查。

国际建设项目的评标重点集中在最低报价的三份标书上。但如有必要，如第三标与第四标非常接近，第四标将也在审核之列。除了审核标书在计算上有没有错误，主要的分析工作一般集中于小项的单价是否合理。特别要审核那些有可能增加或减少数量的小项及投标的策略是否正常，譬如是否将大部分费用集中在早期施工的项目，如地基及混凝土结构上。除上述价格、数量与投标策略的审核外，还要注意前三标承包商的以往工程表现、财务与信用状况、以往工程现场的安全表现、以往违法记录（如聘用非法劳工、触犯劳工法例等行为）。

4.3 国际工程招投标程序

国际工程招投标程序主要是指我国建筑施工单位参与投标竞争国外工程所适用的程序，同时也包括在我国境内建设而需要采用国际招标的建设项目招投标时所适用的程序。随着我国改革开放的不断深化和现代化建设的迅速发展，建设工程项目吸收世界银行、亚洲开发银行、外国政府、外国财团和基金会的贷款作为建设资金来源的情况越来越多。

所以，这些建设工程项目的招标与投标，必须符合世界银行的有关规定或遵从国际惯例采用国际工程项目招投标方式进行招投标。国际工程项目招投标程序如图 4.1 所示。

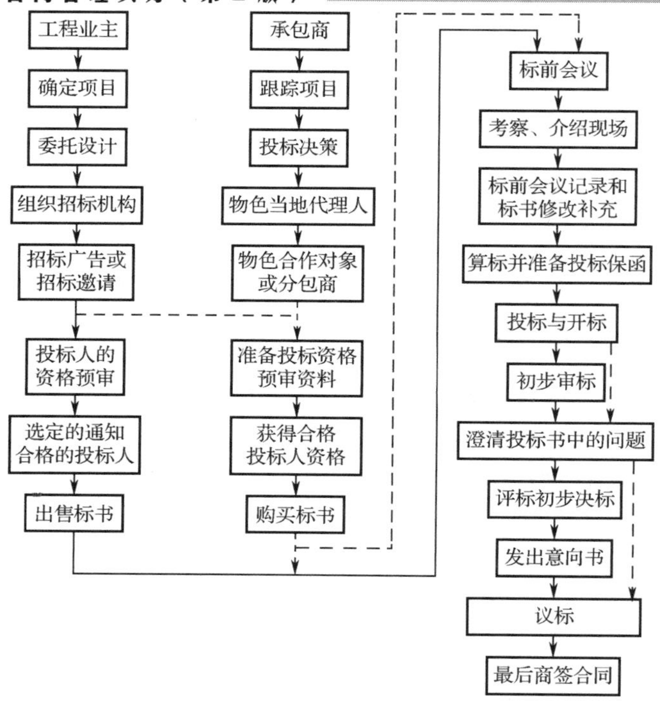

图 4.1　国际工程项目招投标程序图

综合案例 5　某水电站建设工程招标文件问题

我国某水电站建设工程采用国际招标，选定国外某承包公司承包引水洞工程施工。在招标文件中列出应由承包商承担的税赋和税率。但在其中遗漏了承包工程总额 3.03%的营业税，因此承包商报价时没有包括该税。

工程开始后，工程所在地税务部门要求承包商交纳已完工程的营业税 92 万元，承包商按时缴纳，同时向业主提出索赔要求。

对这个问题的责任分析为：业主在招标文件中仅列出几个小额税种，而忽视了大额税种，是招标文件的不完备，或者是有意的误导行为。业主应该承担责任。

索赔处理过程：索赔发生后，业主向国家申请免除营业税，并被国家批准。但对已缴纳的 92 万元税款，经双方商定各承担 50%。

案例分析：如果招标文件中没有给出任何税收目录，而承包商报价中遗漏税赋，本索赔要求是不能成立的。这属于承包商环境调查和报价失误，应由承包商负责。因为合同明确规定："承包商应遵守工程所在国一切法律""承包商应缴纳税法所规定的一切税收"。

第5章 工程施工合同的特点与内容

教学导航

教学目标	1. 了解施工合同基本概念、签订的依据与条件、特点。 2. 熟悉施工合同文件构成。 3. 理解施工合同词语含义。
关键词汇	施工合同文件; 工程师指令; 承包人; 发包人。

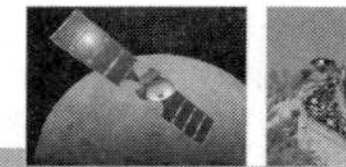

典型案例5　某厂房建设工程施工合同纠纷

上海市嘉定区人民法院民事判决书

（2012）嘉民三（民）初字第326号

原告某某建设工程有限公司。

法定代表人吴某某，董事长。

委托代理人朱某某、杨某某，某某律师事务所律师。

被告某某绘图仪器厂。

法定代表人袁某某，总经理。

委托代理人邱某某、吴某某，某律师事务所律师。

被告某某化工有限公司。

法定代表人李某，总经理。

委托代理人邱某某、吴某某，某律师事务所律师。

第三人某某建筑工程有限公司。

法定代表人仇某某，董事长。

委托代理人庄某某，上海某某律师事务所律师。

关于原告某某建设工程有限公司（以下简称A公司）与被告某某绘图仪器厂（以下简称B厂）、某某化工有限公司（以下简称C公司）间的建设工程施工合同纠纷一案，本院依法组成合议庭，公开开庭进行了审理。审理过程中，本院依法追加了某某建筑工程有限公司（以下简称D公司）作为本案的第三人参加诉讼。原告A公司的委托代理人朱某某，被告B厂、C公司的委托代理人邱某某、吴某某，第三人D公司的委托代理人庄某某到庭参加诉讼。本案现已审理终结。

原告A公司诉称：2005年，被告B厂委托原告分期建造厂房，全部工程于2008年竣工。2009年8月，被告B厂补办了工程招投标手续后与原告补签了《上海市建设工程施工合同》，约定工程地点为嘉定区某某镇某某村，工程内容为1号至4号厂房、实验车间、1号和2号仓库的土建安装；工程质量标准为合格；工程价款（固定价）为5 699 074元；工程配套等设施、增加部分原告按上海“93定额”提交造价，材料按《上海造价信息》2009年4月价格确定等。工程施工期间，被告B厂先后支付了工程款约520万元。工程完工后，被告B厂以工程未通过竣工验收为由，要求在办妥全部工程验收手续后付款。2009年11月，被告B厂办妥了上述施工合同中厂房、配套设施中2间门卫室的房地产权证。同年12月，原告要求按建设工程施工合同及配套决算书结算工程款，但被告B厂仍未同原告结算工程款。2010年5月，被告B厂将原告承建的厂房及配套工程、设施全部转让给被告C公司，在办理厂房转让前被告C公司承诺在此过程中产生的任何和其他公司的法律纠纷，均由被告C公司负责并承担责任。原告认为，在原告与被告B厂签订的施工合同中明确约定工程价款采用固定价，并约定了配套设施、增加部分的结算方式，被告B厂应依约结算工程款；被告C公司在受让被告B厂的厂房时知道受让厂房的工程款尚未结清，在被告C公司承诺承担责任后应对被告B厂转让厂房时拖欠的工程款承担连带清偿责任。现起诉要求：一、被告B厂支付工程款1 504 526元及利息（按银行同期贷款利率，自起诉之日计算至判决生效之日）；二、被告C公司对上述款项承担连带清偿责任。庭审中，原告变更第一

项诉讼请求的金额为 1 582 895.40 元。

被告 B 厂辩称，不同意原告的诉讼请求。原告、被告之间不存在建设工程施工合同关系。本案的系争工程是被告 B 厂委托第三人 D 公司进行施工的，与原告无关，故原告的诉讼主体是错误的；原告提供的《上海市建设工程施工合同》系其利用被告 B 厂委托其办理产权证时的便利私自制作，原告据此主张权利没有事实和法律依据；被告 B 厂已付清全部工程款，不存在拖欠工程款的情形。

被告 C 公司辩称，被告 C 公司没有对被告 B 厂承担担保责任的意思表示，故被告 C 公司不应承担连带清偿责任。且被告 B 厂已付清全部工程款，被告 C 公司也无须承担所谓的连带清偿责任。

第三人 D 公司辩称，根据 D 公司 2005 年 10 月 20 日的董事会决议，2006 年以前公司的债权、债务由原公司法定代表人施某某负责，且 2009 年 5 月，被告 B 厂通知 D 公司 2003 年的中标通知书作废，故 D 公司未同被告 B 厂结算工程款。2005 年 7 月的工程，其也未参与招投标。

经审理查明，2003 年 11 月 10 日，第三人 D 公司（承包商）与被告 B 厂（发包人）签订了一份《建设工程施工合同》，约定 D 公司承建位于上海市嘉定区某某工业园区内的新建厂房工程，承包方式为双包，工期 232 天，自 2003 年 11 月 10 日至 2004 年 6 月 30 日（最迟可逾期至 2004 年 7 月 30 日）。合同价款 205 万元，采用固定价方式确定。工程款支付方式为：签订合同一周内支付合同价款的 20%，基础工程完工支付合同价款的 25%，主体结构完工支付合同价款的 25%，粉刷完工支付合同价款的 10%，工程竣工、产权证办妥支付合同价款的 18%，合同价款的 2%作为保修金，保修金于一年后退回。逾期竣工的，承包商赔偿发包人 20 万元。工程所需配套（包括室内外水电安装、道路、围墙及相关办证手续及费用）由承包商支付，其中大地块只负责围墙建造及土地平整。合同另对其他事项做了约定。同年 12 月 18 日，上海市嘉定区建设工程招投标管理办公室对上述工程中标通知书进行备案。2005 年 7 月 27 日，第三人 D 公司（承包商）与被告 B 厂（发包人）再次签订一份《建设工程施工合同》，约定 D 公司承建位于上海市嘉定区某某工业园区内的新建厂房二期工程，承包方式为双包，工期 180 天，自 2005 年 7 月 30 日至 2006 年 3 月 30 日。合同价款 268 万元，采用固定价方式确定。工程款支付方式为：签订合同一周内支付合同价款的 25%，基础工程完工支付合同价款的 25%，主体结构完工支付合同价款的 20%，粉刷完工支付合同价款的 15%，工程竣工支付合同价款的 13%，合同价款的 2%作为保修金，保修金于一年后退回。室外道路和水电、监理及办证至工程竣工验收合格为止，其费用在总造价内，不再另行结算。合同另对其他事项做了约定。上述合同签订后，D 公司先后组织人员进行施工。2008 年，全部工程竣工。2009 年 8 月 18 日，原告（承包商）与被告 B 厂（发包人）签订一份《上海市建设工程施工合同》，约定原告承建位于上海市嘉定区某某镇某某村的扩建厂房工程，工程内容为 1 号至 4 号厂房、实验车间、1 号和 2 号仓库的土建安装。工期 210 天，自 2009 年 8 月 13 日至 2010 年 3 月 28 日。合同价款 5 699 074 元，采用固定价方式确定。工程款支付方式为：合同生效后十日内支付工程合同造价的 30%，工程进度至 60%时支付合同造价的 30%，工程竣工后支付合同造价的 35%，余款 5%作为质保金，保留至质保期（一年）结束后十日内支付。工程的配套等设施及增加部分，原告按上海“93 定额”提交造价，材料按《上海造价信息》确定，为 2009 年 4 月的价格。合同另对

其他事项做了约定。同日，上海市嘉定区建设工程招投标管理办公室对上述工程中标通知书进行备案。2010年3月10日，被告C公司出具一份声明，内容为“某某绘图仪器厂将沪房地嘉字（2009）第035838号和第035837号房产过户给某某化工有限公司。如在此过程中产生任何和其他公司的法律纠纷，均由某某化工有限公司负责处理并承担责任”。2011年1月12日，被告B厂在该声明上盖章确认原件由其保管。现系争厂房于2010年5月27日登记在被告C公司名下。2011年8月，原告分别向两被告发函，催要工程款，无果。

另查，2005年10月20日，第三人D公司达成一份《董事会决议》，内容为原公司法定代表人兼总经理施某某退出投资，原D公司2006年以前的债权、债务由施某某负责。2008年2月20日，被告B厂取得了系争工程的《建设用地批准书》。

庭审中，原告确认被告B厂已支付工程款的数额为5 121 630.60元，而被告B厂认为，其实际支付给第三人D公司的工程款数额为521万，另外的649 391.60元系代第三人D公司支付的各类费用，故被告B厂实际支付的金额已超过合同金额，被告B厂不拖欠任何款项。第三人D公司则表示，董事会决议后，2006年以前的债权、债务均由施某某负责，与其无关，且工程款已和施某某结算完毕。

以上事实，由建设工程施工合同、工程中标通知书、上海市建设工程施工合同、声明、上海市房地产登记信息、上海市房地产权证、董事会决议、建设用地批准书、付款凭证及当事人的陈述等证据证实，本院依法予以认定。

本院认为，被告B厂与第三人D公司分别于2003年11月10日和2005年7月27日签订《建设工程施工合同》，是双方当事人的真实意思表示，且不违反法律、行政法规的相关规定，当属合法有效，本院予以确认。庭审中经查明的D公司原法定代表人施某某于2005年10月退出投资，2006年以前的债权、债务由施某某负责的该节事实，因该事实所体现的《董事会决议》系D公司的内部决议，现没有证据证明D公司或施某某已将决议内容告知被告B厂并征得B厂的同意，故该决议内容仅发生内部效力，对被告B厂不产生约束力。被告B厂与第三人D公司仍应依约履行。在施某某退出D公司后，现原告也无证据证明D公司关于系争工程的债权或债务已转让或概括转让予原告，并已通知被告B厂或已征得被告B厂的同意，故无法认定原告对系争工程款具有债权。另外，系争工程已于2008年竣工，原告提交的中标通知书、施工合同等均是在工程竣工之后形成的，不排除这些材料仅作为办理房地产权证之需进行补办的可能性，原告提交的证据也不足以证明双方的施工合同已实际履行。故系争工程的实际履行依据应为被告B厂与第三人D公司分别于2003年11月10日和2005年7月27日签订的《建设工程施工合同》。而根据上述两份合同的约定，室内外水电安装、道路、围墙及相关办证手续及费用等均在总造价内，不再另行结算，故这些费用应由工程承包商负担，与被告B厂无关。根据被告B厂与第三人D公司确定的合同金额（固定价473万元）及被告B厂已支付的工程款金额（原告与被告B厂确认的付款金额均已超过473万元），可以确认被告B厂并不拖欠工程款。另外，因无法认定原告对系争工程款具有债权，故被告C公司无须承担连带清偿责任。故对原告的诉讼请求，本院不予支持。据此，依照《中华人民共和国合同法》第八十条和第八十八条、《中华人民共和国民事诉讼法》第六十四条第一款、《最高人民法院关于民事诉讼证据的若干规定》第二条的规定，判决如下：

驳回原告某某建设工程有限公司的全部诉讼请求。

本案受理费 18 340.73 元，由原告某某建设工程有限公司负担。

如不服本判决，可在判决书送达之日起十五日内，向本院递交上诉状，并按对方当事人的人数提出副本，上诉于上海市第二中级人民法院。

5.1　施工合同签订的条件与特点

工程施工合同，是发包人（建设单位或总包单位）和承包商（施工单位）之间，为完成商定的建筑安装工程，明确相互权利义务关系的协议。承发包双方签订施工合同必须具备相应资质条件和履行施工合同的能力。对合同范围内的工程实施建设时，发包人必须具备组织协调能力或委托给具备相应资质的监理单位承担；承包商必须具备有关部门核定的资质等级并持有营业执照等证明文件。依据施工合同，承包商应完成发包人交给的建筑安装工程任务，发包人应按合同规定提供必需的施工条件并支付工程价款。

建设工程施工合同是建设工程的主要合同，是工程建设质量控制、进度控制、投资控制的主要依据。

5.1.1　施工合同签订的依据和条件

签订施工合同必须依据《合同法》《建筑法》《招标投标法》和《建设工程质量管理条例》等有关法律、法规，按照《建设工程施工合同示范文本》的“合同条件”，明确规定合同双方的权利、义务，并各尽其责，共同保证工程项目按合同规定的工期、质量、造价等要求完成。

签订施工合同必须具备以下条件。

（1）初步设计已经批准。

（2）工程项列入年度建设计划。

（3）有能够满足施工需要的设计文件和有关技术资料。

（4）建设资金和主要建筑材料、设备来源已经落实。

（5）招投标工程中标通知书已经下达。

（6）建筑场地、水源、电源、气源及运输道路已具备或在开工前完成等。

只有上述条件成立时，施工合同才具有有效性，并能保证合同双方都能正确履行合同，以免在实施过程中引起不必要的违约和纠纷，从而圆满地完成合同规定的各项要求。

5.1.2　施工合同的特点

由于建筑产品是特殊的商品，且具有建筑产品的单件性、建设周期长、施工生产和技术复杂、工程付款和质量论证具备阶段性、受外界自然条件影响大等特点，因此决定了施工合同不同于其他经济合同，具有自身的特点。

1. 施工合同标的物的特殊性

施工合同的标的物是特定的各类建筑产品，不同于其他一般商品，其标的物的特殊性主要表现在：

（1）建筑产品的固定性（不动产）和施工生产的流动性，这是区别于其他商品的根本特征。

（2）由于建筑产品各有其特定的功能要求，其实物形态千差万别，种类繁多，所以形成建筑产品的个体性和生产的单件性。

（3）建筑产品体积庞大，消耗的人力、物力、财力多，一次性投资额大。

施工合同标的物的这些特点必然会在施工合同中表现出来，使施工合同在明确标的物时，不能像其他合同那样只简单地写明名称、规格、质量就可以了，而是需要将建筑产品的幢数、面积、层数或高度、结构特征、内外装饰标准和设备安装要求等一一规定清楚。

2. 施工合同履行期限的长期性

由于建筑产品体积大、结构复杂、施工周期长，施工工期少则几个月，一般都是几年甚至十几年，在合同实施过程中不确定影响因素多，受外界自然条件影响大，合同双方承担的风险高，当主观和客观情况变化时，就有可能造成施工合同的变化，因此施工合同的变更较频繁，争议和纠纷也比较多。

3. 施工合同内容条款多样性

由于建设工程本身的特殊性和施工生产的复杂性，决定了施工合同必须有很多条款。我国建设工程施工合同示范文本（2013 版）通用条款就有 3 大部分共 6 万余字。施工合同一般应具备以下主要内容：

（1）工程名称、地点、范围、内容，工程价款及开竣工日期。

（2）双方的权利、义务和一般责任。

（3）施工组织设计的编制要求和工期调整的处置办法。

（4）工程质量要求，检验与验收方法。

（5）合同价款调整与支付方式。

（6）材料、设备的供应方式与质量标准。

（7）设计变更。

（8）竣工条件与结算方式。

（9）违约责任与处置办法。

（10）争议解决方式。

（11）安全生产防护措施等。

此外，关于索赔、专利技术使用、发现地下障碍和文物、工程分包、不可抗力、工程保险、合同生效与终止等也是施工合同的重要内容。

4. 施工合同涉及面的广泛性

签订施工合同首先必须遵守国家的法律、法规，另外大量其他法规、规定和管理办法，如部门规章、地方法规、定额及相应预算价格、取费标准、调价办法等，也是签订施工合同要涉及的内容。因此，承发包双方要熟悉和掌握与施工合同相关的法律、法规和各种规定。此外，施工合同在履行过程中，不仅仅是建设单位和施工单位两方面的事，还涉及监理单位、施工单位的分包商、材料设备供应商、保险公司、保证单位等众多参与方。在施工合同监督管理上，会涉及工商行政管理部门、建设主管部门、合同双方的上级主管部门及负责拨付工程款的银行、解决合同纠纷的仲裁机关或人民法院，还有税务部门、审计部门及合同公证机关等机构和部门。

施工合同的这些特点，使得施工合同无论在合同文本结构上，还是合同内容上，都要适应其特点，符合工程项目建设客观规律的内在要求，以保护施工合同当事人的合法权益，促使当事人严格履行自己的义务和职责，提高工程项目的社会和经济效益。

5.1.3 施工合同的作用

在社会主义市场经济条件下，施工合同的作用日益明显和重要，主要表现在以下 4 方面。

1. 培育、发展和完善建筑市场的需要

长期以来建筑业由于受计划经济体制的束缚和影响，建筑产品没有真正成为商品。工程建设任务用行政手段分配，建设单位投资靠国家拨款，不负任何经济责任，施工单位缺乏经营自主权，盈利上缴，亏损由国家补贴；发包方和承包方合同意识不强，合同观念淡薄；工程建设中的纠纷和争议不是依靠合同解决，而主要靠主管部门行政调解。

随着社会主义市场经济新体制的建立，建设单位和施工单位将逐渐成为建筑市场的合格主体，建设项目实行真正的业主负责制，施工单位参与市场公平竞争。在建筑商品交换过程中，双方都要利用合同这一法律形式，明确规定各方的权利和义务，以最大限度地实现自己的经济目的和经济效益。施工合同作为建筑商品交换的基本法律形式，贯穿于建筑交易的全过程。无数建设工程合同的依法签订和全面履行，是建立一个完善的建筑市场的最基本条件。因此，搞好和强化施工合同管理，对纠正目前建筑市场中存在的某些混乱现象，维护建筑市场正常秩序，培育和发展建筑市场具有重要的保证作用。

2. 政府转变职能的需要

在企业转换经营机制、建立现代企业制度的进程中，随着政企分开和政府职能的转变，政府不再直接管理企业，企业行为将主要靠合同来约束和保证，建筑市场主体之间的关系也将主要靠合同来确定和调整，市场主体的利益也要靠合同来约束，建筑市场主体之间的关系也将主要靠合同确定和调整。对施工合同的管理成为政府管理市场的一项主要内容。保证施工合同的全面、正确履行，就保护了承发包双方的合法权益，保证了建筑市场的正常秩序，也就保证了建设工程的质量、工期和效益。

3. 推行建设监理制的需要

建设监理，是 20 世纪 80 年代中后期随着我国建设管理体制改革的深化和参照国际惯例组织建设工程的需要，在我国建设领域推行的一项科学管理制度，旨在改进我国建设工程项目管理体制，提高工程项目的建设水平和投资效益。这项制度现已在全国范围内推行。建设监理的依据主要是国家关于工程建设的法律、政策、法规，以及政府批准的建设计划、规划、设计文件及依法订立的工程承包合同。国内外实践经验表明，工程建设监理的主要依据是合同。监理工程师在工程监理过程中要做到坚持按合同办事，坚持按规范办事，坚持按程序办事。监理工程师必须根据合同秉公办事，监督业主和承包商都履行各自的合同义务，因此承发包双方签订一个内容合法，条款公平、完备，适应建设监理要求的施工合同是监理工程师实施公正监理的根本前提条件，也是推行建设监理制的内在要求。

4. 企业编制计划、组织生产经营的需要

在社会主义的市场经济条件下，建筑企业主要通过招投标活动参与市场竞争，承揽工程任务，获取工程项目的承包权。因此，建设工程合同是企业编制计划、组织生产经营的重要依据，是实行经济责任和推行项目经理负责制，加强企业经济核算，提高经济效益的法律保证。建筑企业将通过签订施工合同，落实全年任务，明确施工目标，并制定经营计划，优化配置资源，组织项目实施。因此，强化合同管理，对于提高企业素质，保证建设工程质量，提高经济效益都具有十分重要的作用。

5.2 施工合同的内容

建设工程施工合同中必须包括主体、客体和内容三大要素。施工合同的主体是建设单位（发包人、甲方）和建筑安装施工单位（承包商、乙方），客体是建筑安装工程项目，内容就是施工合同具体条款中规定的双方的权利和义务。

为了规范和指导合同当事人的行为，完善合同管理制度，解决施工合同中存在的合同文本不规范、条款不完备、合同纠纷多等问题，在 1991 年颁布的《建设工程施工合同》（GF—1991—0201）示范文本的基础上，国家建设部和国家工商行政管理局根据最新颁布和实施的工程建设有关法律、法规，总结了近几年施工合同示范文本推行的经验，结合我国建设工程施工的实际情况，借鉴国际通用土木工程施工合同的成熟经验和有效作法，于 1999 年 12 月 24 日又推出了修改后的新版《建筑工程施工合同》（GF—1999—0201）示范文本。该示范文本可适用于土木工程，包括公用建筑、民用住宅、工业厂房、交通设施及线路管道的施工和设备安装。2013 年推出了修改后的新版《建筑工程施工合同》（GF—2013—0201）示范文本。

《建筑工程施工合同》示范文本由合同协议书、通用合同条款和专用合同条款三部分组成。

合同协议书共计 13 条，主要包括：工程概况、合同工期、质量标准、签约合同价和合同价格形式、项目经理、合同文件构成、承诺及合同生效条件等重要内容。通用合同条款是合同当事人根据《中华人民共和国建筑法》《中华人民共和国合同法》等法律法规的规定，就工程建设的实施及相关事项，对合同当事人的权利义务做出的原则性约定。

通用合同条款共计 20 条，具体条款分别为：一般约定、发包人、承包商、监理人、工程质量、安全文明施工与环境保护、工期和进度、材料与设备、试验与检验、变更、价格调整、合同价格、计量与支付、验收和工程试车、竣工结算、缺陷责任与保修、违约、不可抗力、保险、索赔和争议解决。前述条款安排既考虑了现行法律、法规对工程建设的有关要求，也考虑了建设工程施工管理的特殊需要。

专用合同条款是对通用合同条款原则性约定的细化、完善、补充、修改或另行约定的条款。合同当事人可以根据不同建设工程的特点及具体情况，通过双方的谈判、协商对相应的专用合同条款进行修改补充。在使用专用合同条款时，应注意以下事项：

（1）专用合同条款的编号应与相应的通用合同条款的编号一致。

（2）合同当事人可以通过对专用合同条款的修改，满足具体建设工程的特殊要求，避

免直接修改通用合同条款。

（3）在专用合同条款中画横线的地方，合同当事人可针对相应的通用合同条款进行细化、完善、补充、修改或另行约定；如无细化、完善、补充、修改或另行约定，则填写“无”或画“/”。

《建筑工程施工合同》示范文本为非强制性使用文本，适用于房屋建筑工程、土木工程、线路管道和设备安装工程、装修工程等建设工程的施工承发包活动，合同当事人可结合建设工程具体情况，根据《建筑工程施工合同》示范文本订立合同，并按照法律、法规的规定和合同约定承担相应的法律责任及合同权利义务。

5.2.1　词语含义及合同文件

1. 词语含义

词语含义是对施工合同中频繁出现、含义复杂、意思多解的词语或术语做出规范表示，赋予特殊而且唯一的含义。这些合同术语的含义是根据建设工程施工合同的需要而特别书写的，它可能不同于其他文件或词典内的定义或解释。在施工合同中除专用条款另有约定外，这些词语或术语只能按特定的含义去理解，不能任意解释。在通用条款中共定义了 23 个常用词或关键词。

1）通用条款

通用条款是根据法律、行政法规规定及建设工程施工的需要订立，用于建设工程施工的条款。

2）专用条款

专用条款是发包人与承包商根据法律、行政法规规定，结合具体工程实际，经协商达成一致意见的条款，是对通用条款的具体化、补充和修改。

3）发包人

发包人是指在协议书中约定，具有工程发包主体资格和支付工程款能力的当事人，以及取得该当事人资格的合法继承人。

4）承包商

承包商是指在协议书中约定，被发包人接受的具有工程施工承包主体资格的当事人，以及取得该当事人资格的合法继承人。

5）项目经理

项目经理是指承包商在专用条款中指定的负责施工管理和合同履行的代表。

项目经理是承包商在工程项目上的代表人或负责人，一般由工程项目的项目经理负责项目施工。项目经理应按合同约定，以书面形式向工程师送交承包商的要求、请求、通知等，并履行其他约定的义务。项目经理换人时，应提前 7 天书面通知发包人。在国际工程承包合同中，业主为了保证工程质量，一般对承包商的项目经理有年龄、学历、职称、经验等方面的具体要求。

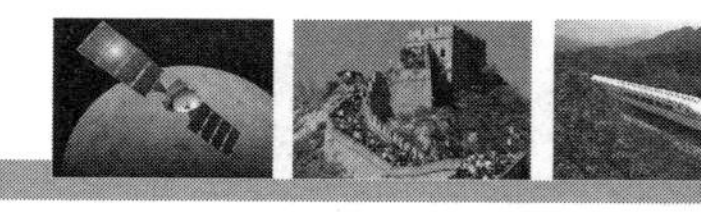

6）设计单位

设计单位是指发包人委托的负责本工程设计并取得相应工程设计资质证书的单位。

7）监理单位

监理单位是指发包人委托的负责本工程监理并取得相应工程监理资质证书的单位。

8）工程师

工程师是指本工程监理单位委派的总监理工程师或发包人指定的履行本合同的代表，其具体身份和职权由发包人、承包商在专用条款中约定。

发包人可以委托监理单位，全部或部分负责合同的履行。发包人应当将委托的监理单位名称、监理内容及监理权限以书面形式通知承包商。监理单位委派的总监理工程师在施工合同中称为工程师。总监理工程师是经监理单位法定代表人授权，派驻施工现场监理机构的总负责人，行使监理合同赋予监理单位的权利和义务，全面负责受委托工程的建设监理工作。监理单位委派的总监理工程师的姓名、职务、职责应当向发包人报送，并在施工合同专用条款中写明总监理工程师的姓名、职务和职责。

发包人派驻施工现场履行合同的代表在施工合同中也称为工程师。发包人代表是经发包人法定代表人授权，派驻施工现场的负责人，其姓名、职务、职责在专用条款中约定，但其具体职责不得与监理单位委派的总监理工程师职责相互交叉。双方职责发生交叉或不明确时，由发包人明确双方职责，并以书面形式通知承包商，以避免给现场施工管理带来混乱和困难。

9）工程造价管理部门

工程造价管理部门是指国务院各有关部门、县级以上人民政府建设行政主管部门或其委托的工程造价管理机构。

10）工程

工程是指发包人和承包商在协议书中约定的承包范围内的工程。

本书中的“工程”一般指永久性工程（包含设备），不包含双方协议书以外的其他工程或临时工程。对于群体工程项目，双方应认真填写“承包商承揽工程项目一览表”作为合同附件，以进一步明确承包商承担的工程名称、建设规模、建筑面积、结构、层数、跨度、设备安装内容等。

11）合同价款

合同价款是指发包人、承包商在协议书中约定，发包人用以支付承包商按照合同约定完成承包范围内全部工程并承担质量保修责任的款项。

双方当事人应在协议书中明确承包范围内的合同价款总额。在专用条款中应明确本工程合同价款的计价方式，是采用固定价格合同、可调价格合同还是成本加酬金合同。如采用固定价格合同，则双方应约定合同价款中包括的风险范围、风险费用的计算方式、风险范围以外合同价款的调整方法。如采用可调价格合同，则应约定合同价款调整的方法。如采用成本加酬金合同，则应约定成本的计算依据、范围和方法，以及酬金的比例或数额等内容。

12）追加合同价款

追加合同价款是指在合同履行中发生需要增加合同价款的情况，经发包人确认后按计算合同价款的方法增加的合同价款。

13）费用

费用是指不包含在合同价款之内的应当由发包人或承包商承担的经济支出。是不通过承包商，由发包人直接支付与工程有关的款项，如施工临时占地费、邻近建筑物的保护费等。乙方应负担的开支也称费用。

14）工期

工期是指发包人、承包商在协议书中约定，按总日历天数（包括法定节假日）计算的承包天数。

15）开工日期

开工日期是指发包人、承包商在协议书中约定，承包商开始施工的绝对或相对的日期。

在约定具体工程的开工日期时，双方可选择以下几种方式中的一种。

（1）约定具体开工年、月、日。

（2）从签订合同后多少日算起。

（3）从合同公证或签证之日起多少日算起。

（4）从发包人移交给承包商施工场地后多少日算起。

（5）从发包人支付预付款后多少日算起。

（6）从发包人或工程师下达开工指令后多少日算起。

16）竣工日期

竣工日期是指发包人、承包商在协议书中约定，承包商完成承包范围内工程的绝对或相对日期。

通用条款规定实际竣工日期为工程验收通过，承包商送交竣工验收报告的日期。工程按发包人要求修改后通过竣工验收的，实际竣工日期为承包商修改后提请发包人验收的日期。

对于群体工程，应按单位工程分别约定开工日期和竣工日期。

17）图纸

图纸是指由发包人提供或由承包商提供并经发包人批准，满足承包商施工需要的所有图样（包括配套说明和有关资料）。

在专用条款中应明确写出发包人提供图样的套数、提供的时间，发包人对图样的保密要求及使用国外图纸的费用承担。

18）施工场地

施工场地是指由发包人提供的用于工程施工的场所，以及发包人在图纸中具体指定的供施工使用的任何其他场所。

合同双方签订施工合同时，应按本期工程的施工总平面图确定施工场地范围，发包人移交的施工场地必须是具备施工条件、符合合同规定的合格的施工场地。

19）书面形式

书面形式是指合同书、信件和数据电文（包括电报、电传、传真、电子数据交换和电子邮件）等可以有形地表现所载内容的形式。

20）违约责任

违约责任是指合同一方当事人不履行合同义务或履行合同义务不符合约定所应承担的责任。

21）索赔

索赔是指在合同履行过程中，对于并非自己的过错，而是应由对方承担责任的情况造成的实际损失，向对方提出经济补偿和（或）工期顺延的要求。

22）不可抗力

不可抗力是指不能预见、不能避免并不能克服的客观情况。

不可抗力一般是指因战争、动乱、空中飞行物体坠落或其他非发包人和承包商责任造成的爆炸、火灾，以及在专用条款中约定等级以上的风、雨、雪、地震等对工程造成损害的自然灾害。

23）小时或天

合同中规定按小时计算时间的，从事件有效开始时计算（不扣除休息时间）；规定按天计算时间的，开始当天不计入，从次日开始计算。时限的最后一天是休息日或者其他法定节假日，以节假日次日为时限的最后一天，但竣工日期除外。时限的最后一天的截止时间为当日24时。

2. 施工合同文件构成及解释顺序

组成施工合同的文件应能互相解释，互为说明。除专用条款另有约定外，其组成和优先解释顺序如下：

（1）本合同协议书。

（2）中标通知书。

（3）投标书及其附件。

（4）本合同专用条款。

（5）本合同通用条款。

（6）标准、规范及有关技术条件。

（7）图纸。

（8）工程量清单。

（9）工程报价单或预算书。

合同履行中，发包人和承包商有关工程的洽商、变更等书面协议或文件视为本合同的组成部分。

上述合同文件应能够互相解释、互相说明。当合同文件中出现矛盾或不一致时，上面的顺序就是合同的优先解释顺序。在不违反法律和行政法规的前提下，当事人可以通过协商变更施工合同的内容，这些变更的协议或文件，其效力高于其他合同文件，且签署在后的协议或文件效力高于签署在前的协议或文件。

当合同文件内容出现含糊不清或不一致时，在不影响工程正常进行的情况下由双方协商解决。双方也可以提请负责监理的工程师做出解释。双方协商不成或不同意负责监理的工程师的解释时，可按争议的处理方式解决。

3. 合同文件使用的文字、标准和适用法律

合同文件使用汉语语言文字书写、解释和说明。如专用条款约定使用两种以上（含两种）语言文字时，汉语应为解释和说明本合同的标准语言文字。在少数民族地区，双方可以约定使用少数民族语言文字书写和解释、说明本合同。

本合同文件适用国家的法律和行政法规，需要明示的法律、行政法规，由双方在专用条款中约定。

双方在专用条款内约定适用国家标准、规范的名称。没有国家标准、规范但有行业标准、规范的，约定适用工程所在地地方标准、规范的名称。发包人应按专用条款约定的时间向承包商提供一式两份约定的标准、规范。

国内没有相应标准、规范的，由发包人按专用条款约定的时间向承包商提出施工技术要求，承包商按约定的时间和要求提出施工工艺，经发包人认可后执行。发包人要求使用国外标准、规范的，应负责提供中文译本，因此发生的购买或翻译标准、规范或制定施工工艺的费用，由发包人承担。

本款应说明本合同内各工程项目执行的具体标准、规范名称和编号。如一般工业与建筑应写明执行下列规范。

1）建设工程

（1）土方工程。土方与爆破工程施工及验收规范。

（2）砌砖。砖石工程施工及验收规范。

（3）混凝土浇筑。钢筋混凝土工程施工及验收规范。

（4）粉刷。装饰工程施工及验收规范。

2）安装工程

（1）暖气安装。采暖与卫生施工及验收规范。

（2）电气安装。电气装置工程施工及验收规范。

（3）通风安装。通风与空调工程施工及验收规范等。

（4）当需评定工程质量等级时，还要把相应工程的质量检验评定标准的名称和编号写明。

4. 图纸

工程施工应当按图施工。施工合同管理中的图纸是指由发包人提供或由承包商提供并经发包人批准，满足承包商施工需要的所有图纸（包括配套说明和有关资料）。

1）发包人提供图纸

在我国目前的工程管理体制下，施工图纸一般由发包人委托设计单位完成，施工中由发包人提供图纸给承包商。在图纸管理中，发包人应当完成以下工作。

（1）发包人应按专用条款约定的日期和套数，向承包商提供图纸。

（2）承包商需要增加图纸套数的，发包人应当代为复制，复制费用由承包商承担。发包人代为复制图纸意味着发包人对图纸的正确性和完备性负责。

（3）发包人对图纸有保密要求的，应承担保密措施费用。

2）承包商的图纸管理

（1）承包商应在施工现场保留一套图纸，供工程师及有关人员进行工程检查时使用。

（2）发包人对图纸有保密要求的，承包商应在约定保密期限内履行保密义务。

（3）承包商需要增加图纸套数的，应承担图纸复制费用。

（4）承包商未经发包人同意，不得将本工程图纸转给第三人。

（5）工程质量保修期满后，除承包商存档需要的图纸外，应将全部图纸退还给发包人。

（6）如果有些合同约定由承包商完成施工图设计或工程配套设计，则承包商应当在其设计资质允许的范围内，按工程师的要求完成设计，并经工程师确认后才能施工，发生的费用由发包人承担。

如果使用国外或境外图纸但不能满足施工要求的，双方应在专用条款中约定复制、重新绘制、翻译、购买标准图纸等责任和费用分担方法。

5.2.2 双方一般责任

1. 发包人的工作

发包人应按专用条款约定的时间和要求，完成以下工作。

（1）办理土地征用、拆迁补偿、平整施工场地等工作，使施工场地具备施工条件，在开工后继续负责解决以上事项遗留问题。

（2）将施工所需水、电、电信线路从施工场地外部接至专用条款约定地点，保证施工期间的需要。

（3）开通施工场地与城乡公共道路的通道，以及专用条款约定的施工场地内的主要道路，满足施工运输的需要，保证施工期间的畅通。

（4）向承包商提供施工场地的工程地质和地下管线资料，对资料的真实、准确性负责。

（5）办理施工许可证及其他施工所需证件、批件和临时用地、停水、停电、中断道路交通、爆破作业等的申请批准手续（证明承包商自身资质的证件除外）。

（6）确定水准点与坐标控制点，以书面形式交给承包商，进行现场交验。

（7）组织承包商和设计单位进行图纸会审和设计交底。

（8）协调处理施工场地周围地下管线和邻近建筑物、构筑物（包括文物保护建筑）、古树名木的保护工作，承担有关费用。

（9）发包人应做的其他工作，双方在专用条款内约定。

发包人不按合同约定完成以上工作，导致工期延误或给承包商造成损失的，发包人应赔偿承包商有关损失，顺延延误的工期。

2. 承包商的工作

承包商应按专用条款约定的时间和内容完成以下工作。

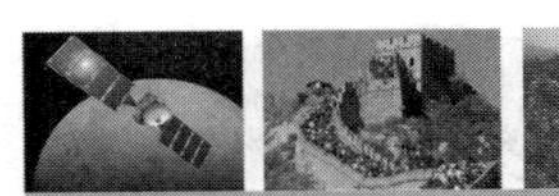

（1）根据发包人委托，在其设计资质等级和业务允许的范围内，完成施工图设计或工程配套的设计，经工程师确认后使用，发包人承担由此发生的费用。

（2）向工程师提供年、季、月度工程进度计划及相应进度统计报表。

（3）根据工程需要，提供和维修非夜间施工使用的照明、围栏设施，并负责安全保卫。

（4）按专用条款约定的数量和要求，向发包人提供施工场地办公和生活的房屋及设施，发包人承担由此发生的费用。

（5）遵守政府有关主管部门对施工场地交通、施工噪声及环境保护和安全生产的管理规定，按规定办理有关的手续，并以书面形式通知发包人，发包人承担由此发生的费用，但因承包商责任造成的罚款除外。

（6）已竣工工程在交付发包人之前，承包商按专用条款约定负责已完成工程的保护工作，保护期间发生损坏，承包商自费予以修复；发包人要求承包商采取特殊措施保护的工程部位和相应的追加合同价款，由双方在专用条款内约定。

（7）按专用条款约定做好施工场地地下管线和邻近建筑物、构筑物（包括文物保护建筑）、古树名木的保护工作。

（8）保证施工场地清洁并符合环境卫生管理的有关规定，交工前清理现场达到专用条款约定的要求，承担因自身原因违反有关规定造成的损失和罚款。

（9）承包商应做的其他工作，双方在专用条款内约定。

承包商未能履行上述各项义务，造成发包人损失的，承包商赔偿发包人有关损失。

有关施工合同的其他相关内容将在以后几章进行详细介绍。

5.2.3　工程师

1. 工程师及其代表

监理单位委派的总监理工程师在施工合同中称工程师，业主派驻或施工场地履行合同的代表在施工合同中也称工程师，但施工合同规定，两者的职权不得相互交叉。

工程师不是施工合同的主体，因此只能是受业主委托来进行合同管理，所以业主必须以明确的方式将工程师的具体情况告诉承包商。

工程师按合同约定行使职权，业主在专用条款内要求工程师在行使某些职权前需要征得业主批准的，工程师应征得业主批准。

工程师可委派工程师代表，行使合同约定的自己的职权，并可在认为必要时撤回委派。委派和撤回均应提前 7 天以书面形式通知承包商，负责监理的工程师还应将委派和撤回通知业主。工程师委派和撤回工程师代表的委派书和撤回通知，作为施工合同的附件，必须予以保留。

工程师代表在工程师授权范围内向承包商发出的任何书面形式的函件，与工程师发出的函件具有同等效力。承包商对工程师代表向其发出的任何书面形式的函件有疑问时，可将此函件提交工程师，工程师应进行确认。如果工程师代表发出的指令有失误，则工程师应该进行纠正。

对于实行监理的建设工程项目，监理单位应按照《建设工程监理规范》（GB50319—2000）（以下简称《监理规范》）的规定，组成项目监理机构，并明确监理人员的分工。《监

理规范》规定，监理单位履行施工阶段的委托监理合同时，必须在施工现场建立项目监理机构。项目监理机构在完成委托监理合同约定的监理工作后可撤离施工现场。监理人员应包括总监理工程师、专业监理工程师和监理员，必要时可配备总监理工程师代表。

1）总监理工程师

总监理工程师应履行以下职责：

（1）确定项目监理机构人员的分工和岗位职责。

（2）主持编写项目监理规划、审批项目监理实施细则，并负责管理项目监理机构的日常工作。

（3）审查分包商的资质，并提出审查意见。

（4）检查和监督监理人员的工作，可根据工程项目的进展情况进行监理人员调配，对不称职的监理人员应调换其工作。

（5）主持监理工作会议，签发项目监理机构的文件和指令。

（6）审定承包商提交的开工报告、施工组织设计、技术方案、进度计划。

（7）审核签署承包商的申请、支付证书和竣工结算。

（8）审查和处理工程师变更。

（9）主持或参与工程质量事故的调查。

（10）调解业主与承包商的合同争议、处理索赔、审批工程延期。

（11）组织编写并签发监理月报、监理工作阶段报告、专题报告和项目监理工作总结。

（12）审核签认分部工程和单位工程的质量检验评定资料，审查承包商的竣工申请，组织监理人员对待验收的工程项目进行质量检查，参与工程项目的竣工验收。

（13）主持整理工程项目的监理资料。

总监理工程师可以将自己的一部分职责委托给总监理工程师代表，但《监理规范》中规定下列工作不得委托，必须由总监理工程师亲自执行：

（1）主持编写项目监理规划、审批项目监理实施细则。

（2）签发工程开工/复工报审表、工程暂停令、工程款支付证书和工程竣工报验单。

（3）审核签认竣工结算。

（4）调解业主与承包商的合同争议、处理索赔、审批工程延期。

（5）根据工程项目的进展情况进行监理人员的调配，调换不称职的监理人员。

2）专业监理工程师

专业监理工程师应按照专业进行配备，专业要与工程项目相配套。专业监理工程师应履行以下职责：

（1）负责编制本专业的监理实施细则。

（2）负责本专业监理工作的具体实施。

（3）组织、指导、检查和监督专业监理员的工作，当人员需要调整时，向总监理工程师提出建议。

（4）审查承包商提交的涉及本专业的计划、方案、申请和变更，并向总监理工程师提出报告。

（5）负责本专业分项工程验收及隐蔽工程验收。

（6）定期向总监理工程师提交本专业监理工作实施情况报告，对重大问题及时向总监理工程师汇报和请示。

（7）根据本专业监理工作实施情况做好监理。

（8）负责本专业监理资料的收集、汇总及整理，参与编写监理月报。

（9）核查进场材料、设备、构配件的原始凭证、检测报告等质量证明文件及其质量情况，根据实际情况在必要时对进场材料、设备、构配件进行平行检验，合格时予以签认。

（10）负责本专业的工程计量工作，审核工程计量的数据和原始凭证。

3）监理员

监理员应履行以下职责：

（1）在专业监理工程师的指导下开展现场监理工作。

（2）检查承包商投入工程项目的人力、材料、主要设备及其使用、运行状况，并做好检查记录。

（3）复核或从施工现场直接获取工程计量的有关数据并签署原始凭证。

（4）按设计图及有关标准，对承包单位的工艺过程或施工工序进行检查和记录，对加工制作及工序施工质量检查结果进行记录。

（5）担任旁站工作，发现问题及时指出并向专业监理工程师报告。

（6）做好监理日记和有关的监理记录。

2. 工程师指令

1）口头指令

对于工程师希望承包商完成的任务，一般情况下在工程例会中安排，但有时工程师也要通过指令及时安排承包商应该完成的任务。工程师发给承包商的指令一般都要采用书面形式，在《监理规范》的附录“施工阶段监理工作的基本表式”中，有“监理工程师通知单”（表格编号 B1，见表 5.1）和“工程暂停令”（表格编号 B2，见表 5.2）。这两个表格通常就是工程师用来向承包商发布指令的。

表 5.1　监理工程师通知单（B1）

工程名称：　　　　　　　　　　　　　　编号：

致： 事由： 内容： 项目监理机构________ 总/专业监理工程师________ 日　期________

表 5.2　工程暂停令（B2）

工程名称：　　　　　　　　　　　　　　　　　　　　编号：

<table>
<tr><td>
致：　　　　　　　　　　　　　　　　　　　　　　　　　　　（承包商）
　　由于____
原因，现通知你方必须于______年______月______日______时起，对本工程的______部位（工序）实施暂停施工，并按下述要求做好各项工作：

项目监理机构________
总监理工程师________
日　期________
</td></tr>
</table>

施工合同规定，工程师发给承包商的指令应该采取书面形式，但在确有必要时，工程师可发出口头指令，并在 48 小时内给予书面确认，承包商对工程师的指令应予以执行。工程师不能及时给予书面确认的，承包商应于工程师发出口头指令后 7 天内提出书面确认要求。工程师在收到承包商确认要求后 48 小时内不予答复的，视为口头指令已被确认。

2）执行指令

对于工程师的指令，一般情况下承包商都应予以执行。但我国施工合同也规定，如果承包商认为工程师指令不合理，应在收到指令后 24 小时内向工程师提出修改指令的书面报告，工程师在收到承包商报告后 24 小时内做出修改指令或继续执行原指令的决定，并以书面形式通知承包商。紧急情况下，工程师要求承包商立即执行的指令或承包商虽有异议，但工程师决定仍继续执行的指令，承包商应予以执行。

对于工程师指令的这一规定，是国内施工合同所特有的。一般国际上施工合同中承包商对工程师的指令都必须予以执行，如果工程师的指令有错误，承包商执行错误指令后的损失应由业主承担。我国的施工合同中，虽然提到了承包商对工程师的指令有异议时，可以向工程师提出，但是没有讲到如果认为不合理但又没有提出的情况应该怎样，所以这样的规定似乎只是起到延缓承包商执行工程师指令的作用，实际操作的意义并不大，对承包商或工程师而言也没有任何的约束力。

3）错误指令的后果

一般情况下，工程师的指令承包商都必须予以执行，工程师如果发布错误的指令，承包商根据错误指令施工后，必然导致错误的结果，而错误的结果最终还是要予以纠正的。纠正错误的代价是由于工程师的错误指令引起的，而工程师不是合同的主体，因此该代价自然由业主来承担。施工合同规定，因工程师指令错误发生的追加合同价款和给承包商造成的损失由业主承担，延误的工期相应顺延。

4）指令发布的延误

工程师应按合同约定，及时向承包商提供所需指令、批准并履行约定的其他义务。由于工程师未能按合同约定履行义务造成工期延误，业主应承担延误造成的追加合同价款，

并赔偿承包商有关损失，顺延延误的工期。

综合案例 6　某楼房装饰墙地砖买卖合同纠纷

上海市杨浦区人民法院民事判决书

（2013）杨民二（商）初字第 367 号

原告上海关绍实业有限公司，住所地上海市崇明县。

法定代表人倪绍雷，总经理。

委托代理人胡宇，北京盈科（上海）律师事务所律师。

被告上海正海房地产开发有限公司，住所地上海市杨浦区。

法定代表人楼伟政，经理。

第三人上海虹峥实业有限公司，住所地上海市浦东新区。

法定代表人董纪奎。

原告上海关绍实业有限公司诉被告上海正海房地产开发有限公司买卖合同纠纷一案，本院于 2013 年 4 月 15 日受理后，依法适用简易程序，由代理审判员黄英独任审理。后本案转为普通程序，依法组成合议庭，公开开庭进行审理。审理中，本院依法通知上海虹峥实业有限公司作为第三人参加诉讼。原告的委托代理人胡宇及被告的法定代表人楼伟政到庭参加诉讼。第三人因下落不明，经本院公告送达传票传唤，无正当理由未到庭，本院依法缺席审理。本案现已审理终结。

原告上海关绍实业有限公司诉称，2011 年 12 月，原告、被告签订《产品购销合同》一份，约定被告向原告采购墙地砖，用于内江路工地五幢楼公共部位的装饰。2011 年 12 月至 2012 年 6 月，原告向被告供应价值人民币 1 172 665 元的墙地砖。上海住豪建筑工程有限公司（以下简称住豪公司）是该项目承包方，尹洪达是项目经理。项目共五幢楼，分别由楼江负责一、三号楼，倪利忠负责二号楼，赵永江负责四、五号楼。熊忠红是原告员工，负责供货与货款催收。每次供货都由相应楼号的负责人在送货单上签字。2012 年 9 月 26 日，原告分别与楼江、倪利忠、赵永江就送货数量和金额进行对账，三人在对账单上签字确认。同年 10 月 10 日，原告将上述三份对账结果交给尹洪达，由尹洪达制作成汇总表并注明“清单已核实”。截至目前被告仅支付原告 700 000 元，尚欠 472 665 元未付。因追讨无果，原告起诉至本院，要求：1. 判令被告支付货款 472 665 元；2. 判令被告支付违约金（以本金 472 665 元为基数，利率按每日千分之五计算，自 2012 年 6 月 27 日起至实际清偿之日止）。审理中，原告变更诉请为：1. 判令被告支付货款 472 665 元；2. 判令被告支付违约金（以本金 472 665 元为基数，利率按中国人民银行同期贷款利率的四倍计算，自 2012 年 6 月 27 日起至实际清偿之日止）。

被告上海正海房地产开发有限公司辩称，原告的陈述不属实，被告没有与原告签订过合同，没有收过原告货物，也未支付过原告货款。原告提供的《产品购销合同》从何而来被告不清楚，无法确认合同上被告印章的真实性，要求对该枚印章的形成时间进行鉴定。即便被告与原告签订过合同，也未实际履行。事实上，被告与第三人签订了《产品购销合

同》，涉案的墙地砖都是由第三人提供的。被告支付第三人 100 000 元作为预付款，第三人也开具相应发票。本案原告主体不适合，应由第三人向被告主张权利。第三人货物质量不合格，至今没有提供产品质量检测报告，更与合同约定的品牌、颜色不符，属于假冒伪劣产品。第三人故意失踪是逃避赔偿和违约责任。熊忠红是第三人的员工，其代表第三人于 2012 年 2 月 9 日就墙地砖的品牌、数量及送货日期与尹洪达进行确认，并曾在发给第三人的订货通知单上签名。本案原告和第三人恶意串通，是恶意诉讼，欺骗法庭，故其提供的证据不足以采信。综上，不同意原告诉请。

第三人上海虹峥实业有限公司未到庭应诉答辩。

经审理查明，被告是上海市杨浦区 143 号街坊商品房项目的发包方，工程地点位于内江路以东、波阳路以南、定海路以西、凉州路以北。佳豪公司是该项目承包方。尹洪达是佳豪公司派驻在该工地的负责人。

2012 年 1 月 9 日，第三人作为供方与被告（作为需方）签订《产品购销合同》一份，合同约定：采购项目——一号至五号楼公共部位玻化砖加工及供货，并约定玻化砖品牌、型号、规格、单价。包装方式及包装品处理——成品包装为纸箱包装，加工产品按行内标准包装（线绳）。交货地点及方式——交货时间为按需（甲）方实际需求供货，交货地点为内江路、波阳路施工现场，供方负责就地卸货。货物签收人由需方指派专人签收。每次供货数量及供货时间供方应在十五日以前通知需方。材料加工期为三天。损耗——在货物送到施工现场后，材料签收之前，发生的所有损耗由供方负责，签收后由需方负责保管。所定加工产品，不予退货。付款及结算方式——签订合同后，需方在七个工作日内支付给供方 100 000 元（大写人民币壹拾万元整）作为预付款，供方收到预付款后，在二十五个工作日内安排第一批货物抵达现场，所订加工产品数量应由需方书面提供定制产品加工单。供方按需方要求进行供货，货到工地后七个工作日内支付上一次货款，预付款 100 000 元抵作尾货付款，货款（包括预付款）付至合同总价的 80%后停止付款，等货全部到工地验收合格后七个工作日内支付完毕（20%）。数量增减中途不调整，结算时一起调整。需方应对需退货的产品进行二次销售的保护（不泡水、不加工、保护原包装），退货产品数量应不超过总数量的 10%。合同附件——本合同附件是本合同不可分割的组成部分，与本合同效力同等。合同附件包含但不仅限于——产品到货签收单、产品发货需求单（传真件或原件）、加工要求单、退货单等。补充合同——当需方实际需货量超出附件所定数量时，需方应在需求日前十五个工作日通知供方，让供方有时间备货，避免因货物供应不及时导致工期延误。质量保证——以供方送样到需方的封样（包括加工）质量要求为准。违约责任——供方逾期交货的，应以逾期交货部分货款每日千分之五支付违约金给需方。需方未按本合同约定付款的，应以未支付货款的每日千分之五支付违约金给供方。纠纷处理——本合同在履行中发生纠纷，双方应协商解决，如协商不成，任何一方可向项目所在地人民法院提起诉讼等。

2012 年 1 月 11 日，第三人向被告开具一张金额为 100 000 元的发票，载明经营项目为瓷砖预付款，发票号码为 0××××××0。

2012 年 2 月 9 日，熊忠红在被告发给第三人的《东外滩 1#订货通知单》上签字，通知单载明的品牌、型号、规格与上述《产品购销合同》吻合。

审理中，原告提供原告、被告签订的《产品购销合同》一份，合同内容与被告及第三

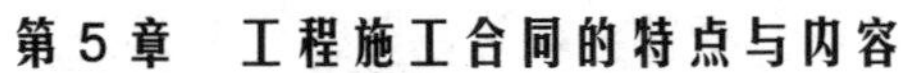

人签订的《产品购销合同》基本相同，仅在“采购项目”条款中未注明“一号至五号楼公共部位玻化砖加工及供货”，但增加了采购数量及总金额，并在“补充合同”条款中增加“自然灾害及非人力所能抗拒的因素导致运输延误的将不承担违约责任”等内容。该份合同未注明签订日期。

2012 年 1 月 13 日，熊忠红收到被告以支票形式支付的 100 000 元。同年 4 月 5 日，熊忠民收到被告以支票形式支付的 200 000 元。同年 4 月 10 日，上海项龙建材有限公司（以下简称项龙公司）收到被告以支票形式支付的 200 000 元。审理中，原告自认共计收到被告货款 700 000 元，其中包括前述被告支付熊忠红的 100 000 元、熊忠民的 200 000 元及项龙公司的 200 000 元，熊忠红、熊忠民、项龙公司书面确认支票是从原告处取得。

2012 年 9 月 26 日，熊忠红与楼江、倪利忠、赵永江就送货数量进行对账，楼江、倪利忠、赵永江分别在抬头为“内江路工地”的对账单上签字。2012 年 10 月 10 日，尹洪达在“内江路工地汇总表”上写下“请业主核实”。

审理中，尹洪达到庭陈述称，其系本案所涉楼盘的项目部经理，负责工程管理，从未听说过原告公司。本案涉及的墙地砖是由被告采购的，住豪公司不负责材料的供应和签收。所有五幢楼公共面积的玻化砖都是由第三人提供的。熊忠红代表第三人要求其确认送货情况，但因其与第三人没有合同关系也没有收货，无法确认数量和价格，故其在“内江路工地汇总表”上写下“请业主核实”。第三人是上海波涛集团装饰有限公司（以下简称波涛公司）介绍给被告的，第三人与被告签订采购合同时其在场，也知道被告支付给第三人预付款。第三人由熊忠红负责实际经营。楼江、倪利忠、赵永江均由其负责管理，其中楼江是普宏建筑发展有限公司的职工，负责一号、三号楼施工，倪利忠是波涛公司的职工，负责二号楼施工，赵永江是住豪公司的职工，负责四号、五号楼施工。

审理中，熊忠红到庭陈述称，其是原告业务员，并非原告负责人，所有货物都是受原告公司指示送到工地的，由其负责送货和货款催收。其不知道第三人，原告与第三人也无任何关系。《东外滩 1#订货通知单》上签名是其本人所签，但其签名时并无第三人抬头。

审理中，原告另向本院提供了一组销售清单、送货单等，以证明其送货事实。其中销售清单的抬头为“上海波涛建材市场”，送货单上均无抬头。

以上事实有当事人陈述、被告与第三人签订的《产品购销合同》、原告与被告签订的《产品购销合同》、对账单、内江路工地汇总表、销售清单、送货单、进账单、发票、《东外滩 1#订货通知单》及证人证言等证据为证，本院予以确认。

本院认为，鉴于本案存在两份内容基本相同的《产品购销合同》，本案的争议焦点在于原告、被告之间的《产品购销合同》是否实际履行。从送货一节来看，原告提供的送货单上均无原告公司的抬头，销售清单列明的也仅是上海波涛建材市场，从送货单上无法看出是由原告公司送货的。从付款一节来看，被告在合同履行中从未直接向原告支付过款项。现原告、被告双方均确认熊忠红负责实际送货、催款，故熊忠红代表谁向被告送货是确认合同履行主体的关键。关于熊忠红的身份，本院认为，虽然原告表示熊忠红是原告员工，但至今未能提供足以认定熊忠红员工身份的证据。熊忠红虽称其与第三人无关，但却在载有第三人抬头的《东外滩 1#订货通知单》上签字，对此，原告及熊忠红均未能做出合理解释。原告及熊忠红在对《东外滩 1#订货通知单》签字真实性无异议的前提下，对其所主张的签字时没有打印“上海虹峥实业有限公司”字样未提供证据加以证明，故对其主张不予采信。再者，一直和熊忠红接洽的工地总包负责人尹洪达也表示第三人是由熊忠红负责的，熊忠红是代表第三人在履行合同。综上，在对熊忠红代表哪家公司进行送货的事实上，原告尚未达到高度盖然性证明标准，而第三人未能就该节事实出庭陈述，不排除熊忠红擅自将第三人的送货单等原始凭证交由原告的可能，故对原告主张本院不予支持。审理中，第三人经本院合法传唤，无正当理由未到庭，视为放弃行使诉讼权利。据此，依照《中华人民共和国民事诉讼法》第六十四条第一款、第九十二条第一款，《最高人民法院关于民事诉讼证据的若干规定》第二条及《最高人民法院关于适用〈中华人民共和国民事诉讼法〉若干问题的意见》第一百六十二条的规定，判决如下：

驳回原告上海关绍实业有限公司的全部诉讼请求。

本案案件受理费人民币8 380元，由原告上海关绍实业有限公司负担。

如不服本判决，可在判决书送达之日起十五日内，向本院递交上诉状，并按对方当事人的人数提出副本，上诉于上海市第二中级人民法院。

第6章 工程施工合同的谈判、签订与审查

教学导航

教学目标	1. 掌握合同谈判的过程，了解谈判的策略与技巧。 2. 熟悉订立合同的基本原则，工程合同的主要条款。 3. 掌握合同内容、主体、法定程序的审查。
关键词汇	施工合同的谈判； 施工合同的签订； 施工合同的审查。

典型案例6 某商业会所石材幕墙项目合作纠纷

上海市青浦区人民法院民事判决书

（2013）青民二（商）初字第2272号

原告上海为宝实业有限公司。

法定代表人刘海燕，董事长。

委托代理人屈小荣，上海市方正律师事务所律师。

被告袁海云，男，1974年12月2日出生，汉族。

被告金博（上海）建工集团有限公司。

法定代表人袁国良，董事长。

上述两被告共同委托代理人叶坤元，上海市中山律师事务所律师。

对于原告上海为宝实业有限公司诉被告袁海云、金博（上海）建工集团有限公司（以下简称金博公司）合伙协议纠纷一案，本院于2013年11月4日立案受理后，依法适用简易程序，由审判员张静独任审判。本案于2013年12月4日公开开庭进行了审理，原告委托代理人屈小荣、两被告共同委托代理人叶坤元到庭参加诉讼。本案现已审理终结。

原告上海为宝实业有限公司诉称，袁海云是金博公司的职工，在金博公司担任副总经理。浙江嘉兴东方普罗旺斯工程的建设方是浙江东方蓝海置业有限公司，经原告努力，2010年2月原告承建了普罗旺斯一期工程外墙石材项目。2011年3月，原告与两被告合作共同承建普罗旺斯商业及会所石材幕墙项目，该工程已基本结束。2011年5月，普罗旺斯二期石材外墙项目开始，原告再次与两被告合作，在此期间原告付出了大量人力、财力，最终在2011年6月由袁海云作为金博公司的代理人与发包方签订合同。签订合同后，原告再次参与合作项目，但在合作半年后，由于双方合作不愉快，在石材协会的协调下，2011年12月30日，原告与两被告签订协议书一份，约定两被告应在2012年12月19日补偿原告损失人民币200万元。2011年12月20日原告借款300万给两被告，现两被告已归还借款和利息350万元，尚欠原告补偿款200万元。据此，原告请求判令：两被告支付原告补偿款200万元；两被告偿付违约金（以200万元为本金，按中国人民银行同期贷款利率的四倍，从2012年12月20日计算至判决生效之日止）

在审理过程中，原告表示如法院审查下来，应由袁海云承担补偿责任，金博公司承担连带清偿责任，原告愿意接受。

被告袁海云、金博公司辩称，袁海云是金博公司的项目经理，并非副总经理，原告所称的项目也不是原告引进的，而是甲方要求金博公司与原告合作，袁海云作为金博公司的项目经理参与项目，由金博公司中标作为承建商建设，与袁海云及原告均无关系，原告也未对协议书上所述损失进行举证，无论原告主张两被告共同承担责任还是连带承担责任，两被告均不同意。

经开庭审理查明，2011年12月17日，原告为甲方，袁海云为乙方，金博公司为丙

方，三方签订《协议书》一份，协议主要内容为：2011 年 5 月，甲、乙双方共同参投浙江嘉兴东方普罗旺斯二期石材外墙项目，为了更好地经营此项目，经三方充分协商，特签订本协议。第一条，浙江嘉兴东方普罗旺斯二期石材外墙项目由乙方袁海云独自经营，为补偿甲方退出经营该项目的经济损失，乙方自愿于 2012 年 12 月 19 日前给付甲方人民币 200 万元；第二条，自 2011 年 12 月 20 日至 2012 年 12 月 19 日，乙方向甲方借款人民币 300 万元整，用于浙江嘉兴东方普罗旺斯二期石材外墙项目建设，每年利息总计人民币 50 万元；第三条，乙方还款计划如下，2012 年 12 月 19 日一次性归还本息计 350 万元及补偿款 200 万元整，如提前还款，借款利息按实际使用天数计算；第四条，乙方如不按规定时间、数额还款，则应付给甲方违约金。违约金每天按实际应付款（包括补偿款、借款及利息）的百分之一计算；第五条，本协议项下的补偿款及借款本息由丙方作为乙方的担保人，对乙方的债务承担连带清偿责任，一旦乙方迟延或无力清偿补偿款及借款本息，则由担保人履行还款的责任。保证担保范围包括主债权及利息、违约金、损害赔偿金和实现债权的费用。落款处由原告法定代表人刘海燕、被告袁海云签名及被告金博公司加盖公司章和袁国良法人章。2013 年 1 月 31 日，原告向袁海云发函向其催讨借款 300 万元、利息 50 万元及补偿款 200 万元，表示上述款资已归还一部分，望其及时支付余款，并因金博公司是上述债务担保人，恳请其尽到监督责任。袁海云自 2012 年 12 月至 2013 年 2 月已归还原告欠款 350 万元，未支付补偿款 200 万元。原告又于 2013 年 5 月 18 日向金博公司发出商务函，要求其按协议书第五条的约定承担保证责任，支付原告 200 万元及违约金 240 万元，但是两被告均未支付款项。

2013 年 7 月 4 日，原告向本院提起民间借贷诉讼，认为协议签订后，两被告仅归还 350 万元，请求判令两被告支付 200 万元并偿付违约金及利息。本院经审理后认为：原告、被告签订的协议包括袁海云对原告 200 万元的补偿款和袁海云向原告借的 300 万借款及 50 万元利息。从协议的履行来看，袁海云已支付原告的 350 万元明显是 300 万元借款及 50 万元利息。目前双方争议的 200 万元应是协议上涉及的补偿款而非借款。现原告以民间借贷为诉由要求两被告承担民事责任依据不足，本院不予支持。2013 年 9 月 18 日，本院判决驳回原告全部诉讼请求。在该案审理期间，金博公司于 2013 年 8 月 10 日出具证明，内容为：袁海云是我公司的职工，长期担任我公司的项目经理职务，凡是我公司承建的工程项目均由他代表我公司以项目经理名义对工程进行管理工作。2011 年 6 月 1 日，我公司参加浙江嘉兴东方普罗旺斯项目二期别墅外立面石材装工程的投标活动并且中标。2011 年 6 月 27 日，我公司与建设单位签订《建设工程施工合同》，我公司委派袁海云以本公司项目经理名义担任上述工程的工地负责人，对上述工程项目进行全面管理。2013 年 11 月，原告以合伙协议为诉由诉诸本院。

上述查明的事实，由原告提供的协议书、（2013）青民二（商）初字第 1534 号民事判决书、金博公司证明、函件、商务函、邮件详情单及原告、袁海云、金博公司陈述为证，并经当庭质证，本院予以确认。

原告另向本院提供以下证据证明其主张的事实。

第一组证据：1. 2011 年 3 月《建设工程施工合同》；2. 工程签证单；3. 完税证、记账联；4. 发票签收单；5. 工程造价审定单；6. 陈勇与原告的劳动合同；7. 银行卡。

原告提供上述证据以证明原告、被告在第一次合作过程中，袁海云作为金博公司的代

理人承办普罗旺斯项目，原告为该项目的实际施工人，金博公司收取4%管理费的事实。

两被告对证据1的真实性无异议，但与原告无关，说明原告、被告与甲方合作是各自负责各自的业务；证据2是复印件，陈勇也不是金博公司人员，两被告不予认可；证据3是复印件，且与本案无关；证据4、5的真实性无异议，但与本案无关；证据6、7两被告无法核实。

第二组证据：邮件及名片，以证明双方第二次合作，由原告招投标，鉴于要以金博公司名义出面投标，原告把文件邮件发送给袁海云。

两被告质证后认为邮件情况不清楚，庭后予以核实；袁海云除了是金博公司的项目经理外，本人也在外招揽项目，名片是袁海云自己印的，责任由其承担。

第三组证据：2011年6月1日的《协议书》，以证明双方第二次合作与第一次合作一样，袁海云作为金博公司的负责人签订合同，全面负责工程管理。

两被告对《协议书》的真实性无异议，是金博公司中标后与承建方签订的合同，与原告无关，袁海云在《协议书》上签字是因为当时工程较忙，金博公司委托袁海云签合同、盖章。

两被告提供以下证据证明其主张的事实。

证据1：建设工程中标通知书，以证明本案系争的补偿款涉及项目是金博公司单独中标，与原告及袁海云无关。

证据2：《建设工程施工合同》，以证明该工程项目经理不是袁海云，该项目与袁海云无关。

证据3：发票，以证明金博公司与发包方直接发生关系的事实。

原告质证后对上述证据真实性没有异议，但对证明内容有异议。袁海云的身份在金博公司出具的证明中已明确其是整个工程负责人，金博公司与甲方的合同是2011年6月，而原告与两被告的协议签订于2011年12月，正能说明双方对前期合作进行结算的事实。

本院认为，原告、被告提供的上述证据未经相关当事人的核实，仅就双方认可的部分本院予以采信。

根据庭审确认的事实，本院认为，原告主张要求两被告支付的200万元款项的性质是原告退出与袁海云共同参投的外墙项目的补偿款，协议第一条约定袁海云自愿于2012年12月19日前补偿原告。两被告提出该条款设立了前置条件，即若袁海云独自经营，完成承建项目才给予原告补偿，该工程现由金博公司承建，并非袁海云承建，因前置条件不成就，故袁海云无须支付补偿款。本院认为，该份协议书签订时间为2011年12月，在金博公司与甲方签订《建设工程施工合同》（2011年6月签订）数月之后。虽然《建设工程施工合同》是由袁海云作为金博公司的代理人与甲方签订的，但在此类工程项目中，公司内部个人挂靠或内部承包、双方合作后由一方名义出面投标与甲方签订合同的现象并不鲜见，不能仅凭与发包方签订合同的相对人认定工程的实际承建人。事实上，该份协议反映了三方在浙江嘉兴东方普罗旺斯二期石材外墙项目中的真实关系，确认浙江嘉兴东方普罗旺斯二期石材外墙项目是由原告和袁海云共同参投，并非金博公司参投，原告和袁海云合伙关系成立，涉案工程的实际投资承建人为原告和袁海云。协议所列各项条款在文义上没有歧义，不存在两被告所述前置条件的意思表示。协议签订后，没有证据证明原告还在继续参与该项目，但袁海云至履行期限届满未支付补偿款，其应承担金钱债务的实际履行责任并

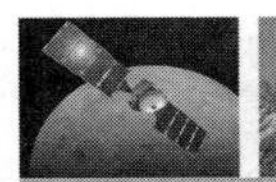

偿付逾期付款违约金。至于违约金的金额，协议约定逾期按每日百分之一计算，两被告提出约定过高，对此原告已自愿按照银行同期贷款利率的四倍予以调整，未超过协议约定和法律规定，本院予以确认和支持。此外，金博公司抗辩因原告的强烈要求自己才在协议上签字，并提出已过保证期限。本院认为，没有证据证明金博公司是受胁迫签订协议，金博公司作为担保人是其真实意思表示，应按协议约定对袁海云的债务承担连带保证责任；协议对保证期限未做约定，按照担保法的规定，连带责任的保证人与债权人未约定保证期间的，债权人自主债务履行期届满之日起六个月内要求保证人承担担保责任。在保证期间内，债权人未要求保证人承担保证责任的，保证人免除保证责任。本案中，主债务的履行期限于 2012 年 12 月 19 日届满，原告分别于 2013 年 1 月 30 日向袁海云、2013 年 5 月 18 日向金博公司发函主张债权，故原告已在主债务履行期届满之日起的 6 个月保证期间内向金博公司主张了承担保证责任，金博公司此项抗辩理由缺乏事实依据，本院不予采信。据此，依照《中华人民共和国合同法》第六十条、第一百零七条，《中华人民共和国担保法》第六条、第十八条、第二十一条、第二十六条、第三十一条的规定，判决如下:

一、被告袁海云应于本判决生效之日起十日内支付原告上海为宝实业有限公司补偿款 200 万元。

二、被告袁海云应于本判决生效之日起十日内偿付原告上海为宝实业有限公司逾期付款违约金（以 200 万元为本金，按中国人民银行同期贷款利率的四倍，从 2012 年 12 月 20 日起计算至本判决生效之日止）。

三、被告金博（上海）建工集团有限公司对被告袁海云上述一、二项债务承担连带清偿责任，被告金博（上海）建工集团有限公司承担清偿责任后有权向被告袁海云追偿。

如果未按本判决指定的期间履行给付金钱义务，应当依照《中华人民共和国民事诉讼法》第二百五十三条的规定，加倍支付迟延履行期间的债务利息。

本案受理费 26 960 元，减半收取，计 13 480 元，由两被告共同负担。

如不服本判决，可在判决书送达之日起十五日内向本院递交上诉状，并按对方当事人的人数提出副本，上诉于上海市第二中级人民法院。

6.1　合同的谈判

合同谈判，是工程施工合同签订双方对是否签订合同，以及对合同具体内容达成一致的协商过程。通过谈判，能够充分了解对方及项目的情况，为高层决策提供信息和依据。

开标以后，发包方经过研究，往往选择几家投标人就工程有关问题进行谈判，然后选择中标人，这一过程被称为谈判。

6.1.1　合同谈判的目的

1. 发包方参加谈判的目的

（1）发包方可根据参加谈判的投标人的建议和要求，也可吸收其他投标人的建议，对图样、设计方案、技术规范进行某些修改，估计可能对工程报价和工程质量产生的影响。

（2）了解和审查投标人的施工规划和各项技术措施是否合理，以及负责项目实施的班

子力量是否足够雄厚，能否保证工程质量和进度。

（3）通过谈判，发包方还可以了解投标人报价的组成，进一步审核和压低报价。

2. 投标人参加谈判的目的

（1）争取中标，即通过谈判宣传自己的优势，以及建议方案的特点等，以争取中标。

（2）争取合理的价格，既要准备应对发包方的压价，又要准备当发包方拟修改设计、增加项目或提高标准时适当增加报价。

（3）争取改善合同条款，主要包括：争取修改过于苛刻的不合理的条款，澄清模糊的条款和增加有利于保护投标人利益的条款。

6.1.2 谈判的准备与内容

谈判工作的成功与否，通常取决于谈判准备工作的充分程度和在谈判过程中策略与技巧的运用。

1. 谈判的准备工作

1）收集资料

谈判准备工作的首要任务就是要收集整理有关合同对方及项目的各种基础资料和背景材料。主要包括对方的资信状况、履约能力、发展阶段、已有成绩等；工程项目的由来、土地获得情况、项目目前的进展、资金来源等。这些资料的来源有：双方合法调查，前期接触过程中已经达成的意向书、会议纪要、备忘录、合同等，以及双方参加前期阶段谈判的人员名单及其情况等。

2）具体分析

俗话说"知彼知己"才会"百战不殆"。在收集了相关资料以后，谈判的重要准备工作就是对己方和对方进行充分分析。

（1）对己方的分析。签订工程施工合同之前，首先要确定工程施工合同的标的物，即拟建工程项目。发包方必须运用科学研究的成果，对拟建工程项目的投资进行综合分析和论证。发包方必须按照可行性研究的有关规定，做定性和定量的分析研究，包括工程水文地质勘察、地形测量及项目的经济、社会、环境效益的测算比较，在此基础上论证工程项目在技术上、经济上的可行性，对各种方案进行比较，筛选出最佳方案。依据获得批准的项目建议书和可行性研究报告，编制项目设计任务书并选择建设地点。建设项目的设计任务书和选点报告批准后，发包方就可以委托取得工程设计资格证书的设计单位进行设计，然后再进行招标。

对于承包方，在获得发包方发出招标公告后，不是盲目地投标，而是应该做一系列调查研究工作，主要考察的问题有：工程建设项目是否确实由发包方立项？项目的规模如何？是否适合自身的资质条件？发包方的资金实力如何？这些问题可以通过审查有关文件，如发包方的法人营业执照、项目可行性研究报告、立项批复、建设用地规划许可证等加以解决。承包方为承接项目，可以主动提出某些让利的优惠条件，但是在项目是否真实，发包方主体是否合法，建设资金是否落实等原则性问题上不能让步，否则即使在竞争中获胜，即使中标承包了项目，一旦发生问题，合同的合法性和有效性将得不到保证，此种情况下，受损害最大的往往是承包方。

（2）对对方的分析。对对方的基本情况的分析主要从以下几方面入手：

对对方谈判人员的分析，主要了解对手的谈判组由哪些人员组成，了解他们的身份、地位、性格、喜好、权限等，并注意与对方建立良好的关系，发展谈判双方的友谊，争取在到达谈判以前就有了亲切感和信任感，为谈判创造良好的氛围。

对对方实力的分析，主要是指对对方诚信、技术、财力、物力等状况的分析。可以通过各种渠道和信息传递手段取得有关资料。外国公司很重视这方面的工作，它们往往通过各种机构和组织及信息网络对我国公司的实力进行调研。

实践中，对于承包方而言，一要重点审查发包方是否为工程项目的合法主体。发包方作为合格的施工承发包合同的一方，是否具有拟建工程项目的地皮的立项批文、建设用地规划许可证、建设用地批准书、建设工程规划许可证、施工许可证等证件，这在《建筑法》第七条、第八条、第二十二条均做了具体的规定。二要注意调查发包方的诚信和资金情况，是否具备足够的履约能力。如果发包方在开工初期就发生资金紧张问题，则很难保证今后项目的正常进行，会出现目前建筑市场上常见的拖欠工程款和垫资施工现象。

对于发包方，则应注意承包方是否具有承包该工程项目的相应资质。对于无资质证书承揽工程或越级承揽工程，或以欺骗手段获取资质证书，或允许其他单位或个人使用该企业的资质证书、营业执照的，该施工单位应承担法律责任；对于将工程发包给不具有相应资质的施工单位的，《建筑法》也规定发包方应承担法律责任。

（3）对谈判目标进行可行性分析。分析工作中还包括分析自身设置的谈判目标是否正确合理、是否切合实际、是否能被对方接受，以及对方设置的谈判目标是否合理。如果自身设置的谈判目标有疏漏或错误，就盲目接受对方的不合理谈判目标，同样会造成项目实施过程中的后患。在实际中，由于承包方中标心切，往往接受发包方极不合理的要求，如带资、垫资、工期短等，造成其在今后发生回收资金、获取工程款、工期反索赔方面的困难。

（4）对双方地位进行分析。根据此工程项目，与对方相比分析己方所处的地位也是很有必要的。这一地位包括整体与局部的优势和劣势。如果己方在整体上存在优势，而在局部存在劣势，则可以通过以后的谈判等弥补局部的劣势。但如果己方在整体上已显示劣势，则除非能有契机转化这一情势，否则不宜再耗时耗资去进行无利的谈判。

3）拟定谈判方案

对己方与对方分析完毕之后，即可总结该项目的操作风险、双方的共同利益、双方的利益冲突，以及双方在哪些问题上已取得一致，哪些问题还存在分歧甚至原则性的分歧等，然后拟定谈判的初步方案，决定谈判的重点。

2. 明确谈判内容

1）关于工程范围

承包方所承担的工程范围，包括施工、设备采购、安装和调试等。在签订合同时要做到范围清楚、责任明确，否则将导致报价漏项。

2）关于合同文件

在拟制合同文件时，应注意以下几个问题：

（1）应将双方一致同意的修改和补充意见整理为正式的“附录”，并由双方签字作为合同的组成部分。

（2）应当由双方同意将投标前发包方对各承包方质疑的书面答复作为合同的组成部分，因为这些答复既是标价计算的依据，也可能是今后索赔的依据。

（3）应该表明“合同协议同时由双方签字确认的图样属于合同文件”，以防发包方借补图样的机会增加工程内容。

（4）对于作为付款和结算工程价款的工程量及价格清单，应该根据议标阶段做出的修正重新审定，并经双方签字。

（5）尽管采用的是标准合同文本，但在签字前都必须全面检查，对于关键词语和数字更应该反复核对，不得有任何大意。

3）关于双方的一般义务

（1）关于“工作必须使监理工程师满意”的条款。这在合同条件中常常可以见到，应该载明：“使监理工程师满意”只能是施工技术规范和合同条件范围内的满意，而不是其他。合同条件中还常常规定：“应该遵守并执行监理工程师的指示”。对此，承包方通常是书面记录下监理工程师对某问题指示的不同意见和理由，以作为日后付诸索赔的依据。

（2）关于履约保证。应该争取发包方接受由国内银行直接开出的履约保证函。有些国家的发包方一般不接受外国银行开出的履约担保，因此，在合同签订前，应与发包方选一家既与国内银行有往来关系，又能被对方接受的当地银行开具的保证函，并事先与当地银行或国内银行协商。

（3）关于工程保险。应争取发包方接受由中国人民保险公司出具的工程保险单，如发包方不同意接受，可由一家当地有信誉的保险公司与中国人民保险公司联合出具保险单。

（4）关于工人的伤亡事故保险和其他社会保险。应力争向承包方本国的保险公司投保。有些国家具有强制性社会保险的规定，对于外籍工人，由于是短期居留性质，应争取免除在当地进行社会保险。否则，这笔保险金应计入在合同价格之内。

（5）关于不可预见的自然条件和人为障碍问题。必须在合同中明确界定“不可预见的自然条件和人为障碍”的内容。若招标文件中提供的气象、地质、水文资料与实际情况有出入，则应争取列为“非正常气象和水文情况”，此时由发包方提供额外补偿费用的条款。

4）关于工程的开工和工期

（1）区别工期与合同期的概念。合同期表明一份合同的有效期，即从合同生效之日至合同终止之日的一段时间。而工期是对承包方完成其工作所规定的时间。在工程承包合同中，通常合同期长于工期。

（2）应明确规定保证开工的措施。要保证工程按期竣工，首先要保证按时开工。将发包方影响开工的因素列入合同条件之中。如果由于发包方的原因导致承包方不能如期开工，则工期应顺延。

（3）施工中，如因变更设计造成工程量增加或修改原设计方案，或工程师不能按时验

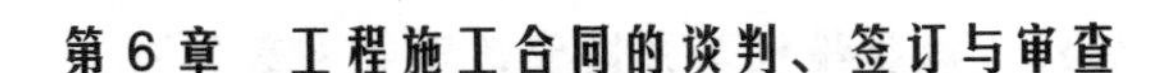

收工程，承包方有权要求延长工期。

（4）必须要求发包方按时验收工程，以免拖延付款，影响承包方的资金周转和工期。

（5）发包方向承包方提交的现场应包括施工临时用地，并写明其占用土地的一切补偿费用均由发包方承担。

（6）应规定现场移交的时间和移交的内容。所谓移交现场应包括场地测量图样、文件和各种测量标志的移交。

（7）单项工程较多的工程，应争取分批竣工，并提交工程师验收，发给竣工证明。工程全部具备验收条件而发包方无故拖延验收时，应规定发包方向承包方支付工程费用。

（8）承包方应有由于工程变更、恶劣气候影响，或其他由于发包方的原因要求延长竣工时间的正当权利。

5）关于材料和操作工艺

（1）对于报送给监理工程师或发包方审批的材料样品，应规定答复期限。发包方或监理工程师在规定答复期限不予答复，则视作“默许”。经“默许”后再提出更换，应该由发包方承担延误工期和原报批的材料已订货而造成的损失。

（2）当发生材料代用、更换型号及标准问题时，承包方应注意两点：其一，将这些问题载入合同“附录”中；其二，如有可能，可趁发包方提出材料代用的意见时，更换那些原招标文件中高价或难以采购的材料，并提出用承包方熟悉的货源并可获得优惠价格的材料代替。

（3）对于应向监理工程师提供的现场测量和试验的仪器设备，应在合同中列出清单，写明名称、型号、规格、数量等。如果超出清单内容，则应由发包方承担超出的费用。

（4）关于工序质量检查问题。如果监理工程师延误了上道工序的检查时间，往往使承包方无法按期进行下一道工序，从而使工程进度受到严重影响。因此，应对工序检验制度做出具体规定。特别是对需要及时安排检验的工序要有时间限制。超出限制时，监理工程师未予检查，则承包方可认为该工序已被接受，可进行下一道工序的施工。

（5）争取在合同或“附录”中写明材料化验和试验的权威机构，以防止对化验结果的权威性产生争执。

6）关于施工机具、设备和材料的进口

承包方应争取用本国的机具、设备和材料去承包涉外工程。许多国家允许承包方从国外运入施工机具、设备和材料为该工程专用，工程结束后再将机具和设备运出国境。如有此规定，应列入合同“附录”中。另外，还应要求发包方协助承包方取得施工机具、设备和材料的进口许可。

7）关于工程维修

应当明确维修工程的范围、维修期限和维修责任。一般工程维修期届满应退还维修保证金。承包方应争取以维修保函替代工程价款的保证金。因为维修保函具有保函有效期的规定，可以保障承包方在维修期满时自行撤销其维修责任。

8）关于工程的变更和增减

工程变更应有一个合适的限额，超过限额，承包方有权修改单价。对于单项工程的大

幅度变更，应在工程施工初期提出，并争取规定限期。超过限期大幅度增加单项工程，由发包方承担材料、工资价格上涨而引起的额外费用；大幅度减少单项工程，发包方应承担因材料已订货而造成的损失。

9）关于付款

承包方最关心的问题就是付款问题。发包方和承包方发生的争议多数集中在付款问题上。付款问题可归纳为三个方面，即价格问题、支付方式问题、货币问题。

（1）价格问题。国际承包工程的合同计价方式有三类。如果是固定总价合同，承包方应争取订立“增价条款”，保证在特殊情况下，允许对合同价格进行自动调整。这样就将全部或部分成本增高的风险转移至发包方承担。如果是单价合同，合同总价格的风险将由发包方和承包方共同承担。其中，由于工程数量方面的变更而引起的预算价格的超出，将由发包方负担，而单位工程价格中的成本增加，则由承包方承担。对单价合同，也可带有“增价条款”。如果是成本加酬金合同，则成本提高的全部风险由发包方承担。但是承包方一定要在合伺中明确哪些费用列为成本，哪些费用列为酬金。

（2）支付方式问题。主要有支付时间、支付方式和支付保证等问题。在支付时间上，承包方越早得到付款越好。支付的方法有预付款、工程进度付款、最终付款和退还保证金。对于承包方来说，一定要争取到预付款，而且最好预付款的偿还按预付款与合同总价的同一比例每次在工程进度款中扣除。对于工程进度付款，不仅包括当月已完成的工程价款，还包括运到现场的合格材料与设备费用。最终付款意味着工程的竣工，承包方有权取得全部工程合同价款中一切尚未付清的款项。承包方应争取将工程竣工结算和维修责任予以区分，可以用一份维修工程的银行担保函来担保自己的维修责任，并争取早日得到全部工程价款。关于退还保证金问题，承包方争取降低扣留金额的数额，使之不超过合同总价的5%；并争取工程竣工验收合格后全部退还，或者用维修保函代替扣留的应付工程款。

（3）货币问题。主要是货币兑换限制、货币汇率浮动、货币支付问题。货币支付条款主要有：固订货币支付条款，即合同中规定支付货币的种类和各种货币的数额，今后按此付款，而不受货币价值浮动的影响；选择性货币条款，即可在几种不同的货币中选择支付，并在合同中用不同的货币标明价格。这种方式也不受货币价值浮动的影响，但关键在于选择权的归属问题，承包方应争取主动权。

10）关于争端、法律依据及其他

（1）应争取用协商和调解的方法解决双方争端。因为协商解决灵活性比较大，有利于双方经济关系的进一步发展。如果协商不成需调解解决，则争取由中国的涉外调解机构调解；如果调解不成需仲裁解决，则争取由“中国国际经济贸易仲裁委员会”仲裁。

（2）应注意税收条款。在投标之前应对当地税收进行调查，将可能发生的各种税收计入报价中，并应在合同中规定，对合同价格确定以后由于当地法令变更而导致税收或其他费用的增加，应由发包方按票据进行补偿。

（3）合同规定管辖的法律通常是当地法律。因此，应对当地相关法律进行一定的了解。

总之，需要谈判的内容非常多，而且双方均以维护自身利益为核心进行谈判，更加使得谈判复杂化、艰难化。因而，需要精明强干的投标班子或者谈判班子进行仔细、具体的谋划。

6.1.3　谈判的策略和技巧

谈判是通过不断的会晤确定各方权利、义务的过程，它直接关系到双方最终利益的得失。因此，谈判不是一项简单的机械性工作，而是集合了策略与技巧的艺术。下面介绍几种常见的谈判策略和技巧。

1. 高起点战略

谈判的过程是双方妥协的过程，通过谈判，双方或多或少都会放弃部分利益以求得项目的进展。而有经验的谈判者在谈判之初就会有意识地向对方提出苛求的谈判条件。这样对方会过高估计己方的谈判底线，从而在谈判中做出更多让步。

2. 掌握谈判议程，合理分配各议题的时间

工程建设的谈判一定会涉及诸多需要讨论的事项，而各谈判事项的重要性并不相同，谈判双方对同一事项的关注程度也并不相同。成功的谈判者善于掌握谈判的进程，在充满合作气氛的阶段，展开自己所关注议题的商讨，从而抓住时机，达成有利于己方的协议。而在气氛紧张时，引导谈判进入双方具有共识的议题，一方面缓和气氛，另一方面缩小双方差距，推进谈判进程。同时，谈判者应懂得合理分配谈判时间。对于各议题的商讨时间应得当，不要过多拘泥于细节性问题。这样可以缩短谈判时间，降低交易成本。

3. 注意谈判氛围

谈判各方往往存在利益冲突，想“兵不血刃”就获得谈判成功是不现实的。但有经验的谈判者会在各方分歧严重、谈判气氛激烈的时候采取润滑措施，舒缓压力。在我国最常见的方式是饭桌式谈判。通过餐宴，联络谈判对方的感情，拉近双方的心理距离，进而在和谐的氛围中重新回到议题。

4. 避实就虚

这是《孙子兵法》中提出的策略，谈判各方都有自己的优势和弱点。谈判者应在充分分析形势的情况下做出正确判断，利用对方的弱点，猛烈攻击，迫其就范，做出妥协。而对于己方的弱点，则要尽量注意回避。

5. 拖延和休会

当谈判遇到障碍、陷入僵局的时候，拖延和休会可以使明智的谈判方有时间冷静思考，在客观分析形势后提出替代性方案。在一段时间的冷处理后，各方都可以进一步考虑整个项目的意义，进而弥合分歧，将谈判从低谷引向高潮。

6. 充分利用专家的作用

现代科技发展使个人不可能成为各方面的专家，而工程项目谈判又涉及广泛的学科领域，充分发挥各领域专家的作用，既可以在专业问题上获得技术支持，又可以利用专家的权威性给对方以心理压力。

7. 分配谈判角色

任何一方的谈判团都由众多人士组成，谈判中应利用各人不同的性格特征各自扮演不

同的角色，有的唱红脸，有的唱白脸，这样软硬兼施，可以事半功倍。

6.2 合同的订立

施工合同的订立，指发包人和承包商之间为了建立承发包合同关系，通过对工程合同具体内容进行协商而形成合意的过程。

6.2.1 订立工程合同的原则及要求

1. 平等、自愿原则

《合同法》第三条规定："合同当事人的法律地位平等，一方不得将自己的意志强加给另一方。"所谓平等是指当事人之间在合同的订立、履行和承担违约责任等方面都处于平等的法律地位，彼此的权利、义务对等。合同的当事人，无论规模和实力的大小在订立合同的过程中地位一律平等，订立工程合同必须体现发包方和承包方在法律地位上完全平等。

《合同法》第四条规定："当事人依法享有订立合同的权利，任何单位和个人不得干预。"所谓自愿原则，是指是否订立合同、与谁订立合同、订立合同的内容及是否变更合同，都要由当事人依法自愿决定，订立工程合同必须遵守自愿原则。实践中，有些地方行政管理部门，如消防、环保、供气等部门通常要求发包方、总包方接受并与其指定的专业承包商签订专业工程分包合同。发包方、总包方如果不同意，上述部门在工程竣工验收时就会故意找麻烦，拖延验收、通过。此行为严重违背了在订立合同时当事人之间应当遵守的自愿原则。

2. 公平原则

《合同法》第五条规定："当事人应当遵循公平原则确定各方的权利和义务。"所谓公平原则是指当事人在订立合同的过程中以利益均衡作为评判标准。该原则最基本的要求即是发包方与承包方的合同权利、义务、承担责任要对等而不能显失公平。实践中，发包方常常利用自身在建筑市场的优势地位，要求工程质量达到优良标准，但又不愿优质优价；要求承包方大幅度缩短工期，但又不愿支付赶工措施费；竣工日期提前，发包方不支付奖励或奖励很低，竣工日期延迟，发包方却要承包方承担逾期竣工一倍、有时甚至几倍于奖金的违约金。上述情况均违背了订立工程合同时承包方、发包方应该遵循的公平原则。

3. 诚实信用原则

《合同法》第六条规定："当事人行使权利、履行义务应当遵循诚实信用原则。"诚实信用原则主要指当事人在缔约时诚实并且不欺不诈，在缔约后守信并自觉履行。在工程合同的订立过程中，常常会出现这样的情况，经过招投标过程，发包方确定了中标人，却不愿与中标人订立工程合同，而另行与其他承包商订立合同。发包方此种行为严重违背了诚实信用原则，按《合同法》规定应承担缔约过失责任。

4. 合法原则

《合同法》第七条规定："当事人订立、履行合同应当遵守法律、行政法规……"所谓合法原则主要指在合同法律关系中，合同主体、合同的订立形式、订立合同的程序、合同

的内容、履行合同的方式、对变更或者解除合同权利的行使等都必须符合我国的法律、行政法规。实践中，下列工程合同常常因为违反法律、行政法规的强制性规定而无效或部分无效：没有从事建筑经营活动资格而订立的合同；超越资质等级订立的合同；未取得《建设工程规划许可证》或者违反《建设工程规划许可证》的规定进行建设，严重影响城市规划的合同；未取得《建设用地规划许可证》而签订的合同；未依法取得土地使用权而签订的合同；必须招投标的项目，未办理招投标手续而签订的合同；根据无效中标结果所订立的合同；非法转包合同；不符合分包条件而分包的合同；违法带资、垫资施工的合同等。

6.2.2 订立工程合同的形式和程序

1. 订立工程合同的形式

《合同法》第十条规定："当事人订立合同，有书面合同、口头形式和其他形式。法律、行政法规规定采用书面形式的，应当采用书面形式。当事人约定采用书面形式的应当采用书面形式。"书面形式是指合同书、信件和数据电文（包括电报、电传、传真、电子数据交换和电子邮件）等可以有形地表现所载内容的形式。

工程合同由于涉及面广、内容复杂、建设周期长、标的金额大，《合同法》第二百七十条规定："工程施工合同应当采用书面形式"。

2. 订立工程合同的程序

《合同法》第十三条规定："当事人订立合同，采取要约、承诺方式。"

1）要约

要约是希望和他人订立合同的意思表示，该意思表示应当符合下列规定：（一）内容具体、确定；（二）表明经受要约人承诺，要约人即受该意思表示约束。

要约邀请不同于要约，要约邀请是希望他人向自己发出要约的意思表示。寄送的价目表、拍卖公告、招标公告、招股说明书、商业广告等为要约邀请。

2）承诺

承诺是受要约人同意要约的意思表示。承诺应当具备的条件：承诺必须由受要约人或其代理人做出；承诺的内容与要约的内容应当一致；承诺要在要约的有效期内做出；承诺要送达要约人。

承诺可以撤回但是不得撤销。承诺通知到达受要约人时生效。不需要通知的，根据交易习惯或者要约的要求做出承诺的行为时生效。一承诺生效时，合同成立。

根据《招标投标法》对招标、投标的规定，招标、投标、中标实质上就是要约、承诺的一种具体方式。招标人通过媒体发布招标公告，或向符合条件的投标人发出招标文件，为要约邀请；投标人根据招标文件内容在约定的期限内向招标人提交投标文件，为要约；招标人通过评标确定中标人，发出中标通知书，为承诺；招标人和中标人按照中标通知书、招标文件和中标人的投标文件等订立书面合同时，合同成立并生效。

6.2.3 工程合同的文件组成及主要条款

1. 工程合同文件的组成及解释次序

不需要通过招投标方式订立的工程合同，合同文件常常就是一份合同或协议书，最多在正式的合同或协议书后附一些附件，并说明附件与合同或协议书具有同等的效力。

通过招投标方式订立的工程合同，因经过招标、投标、开标、评标、中标等一系列过程，合同文件不单单是一份协议书，而通常由以下文件共同组成：本合同协议书；中标通知书；投标书及其附件；本合同专用条款；本合同通用条款；标准、规范及有关技术文件；图纸；工程量清单；工程报价书或预算书。

当上述文件间前后矛盾或表达不一致时，以在前的文件为准。

2. 工程合同的主要条款

一般合同应当具备如下条款：当事人的名称或姓名和住所，标的，数量，质量，价款或者酬金，履行期限、地点和方式，违约责任，争议的解决方法。工程施工合同应当具备的主要条款如下。

1）承包范围

建筑安装工程通常分为基础工程（含桩基工程）、土建工程、安装工程、装饰工程，合同应明确哪些内容属于承包方的承包范围，哪些内容由发包方另行发包。

2）工期

承发包双方在确定工期的时候，应当以国家工期定额为基础，根据承发包双方的具体情况并结合工程的具体特点，确定合理的工期；工期是指自开工日期至竣工日期的期限，双方应对开工日期及竣工日期进行精确的定义，否则日后易起纠纷。

3）中间交工工程的开工和竣工时间

确定中间交工工程的工期，其需与工程合同确定的总工期相一致。

4）工程质量等级

工程质量等级标准分为不合格、合格和优良，不合格的工程不得交付使用。承发包双方可以约定工程质量等级达到优良或更高标准，但是应根据优质优价原则确定合同价款。

5）合同价款

又称工程造价，通常采用国家或者地方定额的方法进行计算确定。随着市场经济的发展，承发包双方可以协商自主定价，而无须执行国家、地方定额。

6）施工图纸的交付时间

施工图纸的交付时间必须满足工程施工进度要求。为了确保工程质量，严禁边设计、边施工、边修改的“三边”工程。

7）材料和设备供应责任

承发包双方需明确约定哪些材料和设备由发包方供应，以及在材料和设备供应方面双方各自的义务和责任。

8）付款和结算

发包人一般应在工程开工前支付一定的备料款（又称预付款），工程开工后按工程进度按月支付工程款，工程竣工后应当及时进行结算，扣除保修金后应按合同约定的期限支付尚未支付的工程款。

9）竣工验收

竣工验收是工程合同重要条款之一，实践中常见有些发包人为了达到拖欠工程款的目的，迟迟不组织验收或者验而不收。因此，承包商在拟定本条款时应设法预防上述情况的发生，争取主动。

10）质量保修范围和期限

建设工程的质量保修范围和保修期限应当符合《建设工程质量管理条例》的规定。

11）其他条款

工程合同还包括隐蔽工程验收、安全施工、工程变更、工程分包、合同解除、违约责任、争议解决方式等条款，双方均要在签订合同时加以明确约定。

6.3　合同的审查

6.3.1　合同效力的审查

依法成立的合同，自成立时生效。《合同法》第八条规定："依法成立的合同，对当事人具有法律约束力。当事人应当按照约定履行自己的义务，不得擅自变更或解除合同。依法成立的合同，受法律保护。"第四十四条规定："依法成立的合同，自成立时生效。法律、行政法规规定应当办理批准、登记等手续生效的，依照其规定。"有效的工程施工合同，有利于建设工程顺利地进行。

对工程施工合同效力的审查，基本从合同主体、客体、内容三方面加以考察。结合实践情况，主要审查以下几个方面。

1. 订立合同的双方是否具有经营资格

工程施工合同的签订双方是否有专门从事建筑业务的资格，是合同有效、无效的重要条件之一。

1）作为发包方的房地产开发公司应有相应的开发资格

《中华人民共和国城市房地产管理法》第三十条规定，"房地产开发企业是以营利为目的，从事房地产开发和经营的企业。设立房地产开发企业，应当具备下列条件：①有自己的名称和组织机构；②有固定的经营场所；③有符合国务院规定的注册资本；④有足够的专业技术人员；⑤法律、行政法规规定的其他条件。设立房地产开发企业，应当向工商行政管理部门申请设立登记。工商行政管理部门对符合本法规定条件的，应当予以登记，发给营业执照；对不符合本法规定条件的，不予登记。"由此可见，房地产开发公司必须是专门从事房地产开发和经营的公司，如无此经营范围而从事房地产开发并签订工程施工合同的，该合同无效。

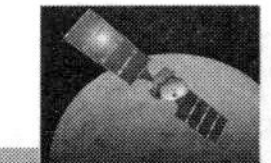

2）作为承包方的勘察、设计、施工单位均应有其经营资格

《建筑法》对“从业资格”做了明确规定，“从事建筑活动的建筑施工单位、勘察单位、设计单位和工程监理单位，应当具备下列条件：①有符合国家规定的注册资本；②有与其从事的建筑活动相适应的具有法定执业资格的专业技术人员；③有从事相关建筑活动所应有的技术装备；④法律、行政法规规定的其他条件。”因此，发包方在招标时必须审查承包方的营业执照，以此来判断承包方的经营资格。

2. 工程施工合同的主体是否缺少相应资质

由于建设工程是一种特殊的“不动产”产品，因此工程施工合同的主体不仅具备一定的资产、正规的组织机构和固定的经营场所，还必须具备与建设工程项目相适应的资质条件，而且也只能在资质证书核定的范围内承接相应的建设工程项目，不得擅自越级或超越规定的范围。

国务院于2000年1月30日发布的《建设工程质量管理条例》第十八条规定：“从事建设工程勘察、设计的单位应当依法取得相应等级的资质证书，并在其资质等级许可的范围内承揽工程。禁止勘察、设计单位超越其资质等级许可的范围或者以其他勘察、设计单位的名义承揽工程。禁止勘察、设计单位允许其他单位或者个人以本单位的名义承揽工程。”第二十五条规定：“施工单位应当依法取得相应等级的资质证书，并在其资质等级许可的范围内承揽工程。禁止施工单位超越本单位资质等级许可的业务范围或者以其他施工单位的名义承揽工程。禁止施工单位允许其他单位或者个人以本单位的名义承揽工程。”第三十四条规定：“工程监理单位应当依法取得相应等级的资质证书，并在其资质等级许可的范围内承担工程监理业务。禁止工程监理单位超越本单位资质等级许可的业务范围或者以其他工程监理单位的名义承揽工程。禁止工程监理单位允许其他单位或者个人以本单位的名义承揽工程监理业务。”由此可见，我国法律、行政法规对建筑活动中的承包商应具备相应资质做了严格的规定，违反此规定签订的合同必然是无效的。

3. 所签订的合同是否违反分包和转包的有关规定

《建筑法》允许建设工程总承包单位将承包工程中的部分发包给具有相应资质条件的分包单位，但是这些分包必须获得建设单位的认可。并且，建设工程主体结构的施工必须由总承包单位自行完成。也就是说，未经建设单位认可的分包和施工总承包单位将工程主体结构分包出去所订立的分包合同均为无效。此外，将建设工程分包给不具备相应资质条件的单位或分包后将工程再分包的，均是法律禁止的。

《建筑法》对转包行为均做了严格禁止。转包，包括承包单位将其承包的全部建设工程转包给其他单位或承包单位将其承包的全部建设工程肢解以后以分包的名义分别转包给其他单位。属于转包性质的合同均是违法的，也是无效的。

4. 订立的合同是否违反法定程序

订立合同由要约与承诺两个阶段构成。在工程施工合同尤其是总承包合同订立中，通常通过招投标的程序，招标为要约邀请，投标为要约，中标通知书的发出意味着承诺。对通过这一程序缔结的合同，我国《招标投标法》有着严格的规定。

（1）《招标投标法》对必须进行招投标的项目做了限定。

《招标投标法》第三条规定，“在中华人民共和国境内进行下列工程建设项目包括项目的勘察、设计、施工、监理以及与工程建设有关的重要设备、材料等的采购，必须进行招标：①大型基础设施、公用事业等关系社会公共利益、公众安全的项目；②全部或者部分使用国有资金投资或者国家融资的项目；③使用国际组织或者外国政府贷款、援助资金的项目。”第四条规定：“任何单位和个人不得将依法必须进行招标的项目化整为零或者以其他任何方式规避招标。”如属于上述必须招标的项目却未经招投标，由此订立的工程施工合同视为无效。

（2）招投标活动必须遵循“公开、公平、公正”的“三公”原则和诚信原则，否则将有可能导致合同无效。

所谓“公开”原则就是要求招投标活动具有高的透明度，实行招标信息、招标程序公开，即发布招标通告，公开开标，公开中标结果，使每一个投标人获得同等的信息，知悉招标的一切条件和要求。“公平”原则就是要求给予所有投标人平等的机会，使其享有同等的权利并履行相应的义务，不歧视任何一方。“公正”原则就是要求评标时按事先公布的标准对待所有的投标人。所谓“诚实信用”原则，就是招投标当事人应以诚实、守信的态度行使权利，履行义务，以维持双方的利益平衡，以及自身利益与社会利益的平衡。

从以上原则出发，《招标投标法》规定，不得规避招标、串通投标、泄露标底、骗取中标、非法律允许的转包，否则双方签订合同视为无效，并受到相应的处罚。

5. 所订立的合同是否违反其他法律和行政法规

如合同内容违反法律和行政法规，也可能导致整个合同的无效或合同的部分无效。例如，发包方指定承包单位购入的用于工程的建筑材料、构配件，或者指定生产厂、供应商等，此类条款均为无效。又如发包方与承包方约定的承包方带资垫资的条款，因违反我国《商业银行法》关于企业间借贷应通过银行的规定，也无效。合同中某一条款的无效，并不必然影响整个合同的有效性。

实践中，构成合同无效的情况众多，已不仅仅是上述几种情况，还需要根据《合同法》判别。因此，建议承发包双方将合同审查落实到合同管理机构和专门人员，每一项目的合同文本均须经过经办人员、部门负责人、法律顾问、总经理几道审查，批注具体意见，必要时还应听取财务人员的意见，以期尽量完善合同，确保在谈判时使本方利益能够得到最大保护。

6.3.2　合同内容的审查

合同条款的内容直接关系到合同双方的权利、义务，在工程施工合同签订之前，应当严格审查各项合同内容，尤其应注意如下内容。

1. 确定合理的工期

工期过长，发包方不利于及时收回投资；工期过短，承包方不利于工程质量及施工过程中建筑半成品的养护。因此，对承包方而言，应当合理计算自己能否在发包方要求的工期内完成承包任务，否则应当按照合同约定承担逾期竣工的违约责任。

2. 明确双方代表的权限

在施工承包合同中通常都明确甲方代表和乙方代表的姓名和职务，但对其作为代表的权限往往规定不明。由于代表的行为代表了合同双方的行为，因此有必要对其权利范围及权利限制做一定约定。例如，约定确认工期是否可以顺延应由甲方代表签字并加盖甲方公章方可生效，此时即对甲方代表的权利做了限制，乙方必须清楚这一点，否则将有可能违背合同。

3. 明确工程造价或工程造价的计算方法

工程造价条款是工程施工合同的必备和关键条款，但通常会发生约定不明的情况，往往为日后争议与纠纷的发生埋下隐患。而处理这类纠纷，法院或仲裁机构一般委托有权审价机构鉴定造价，势必使当事人陷入旷日持久的诉累；更何况经审价得出的造价也因缺少可靠的计算依据而缺乏准确性，对维护当事人的合法权益极为不利。

如何在订立合同时就能明确工程造价？“设定分阶段决算程序，强化过程控制”将是一个有效的方法。具体而言，就是在设定承发包合同时增加工程造价过程控制的内容，按工程形象进度分段进行预决算并确定相应的操作程序，使合同签约时不确定的工程造价在合同履行过程中按约定的程序得到确定，从而避免可能出现的造价纠纷。

设定造价过程控制程序需要增加相应的条款，其主要内容为下述一系列的特别约定：

（1）约定发包方按工程进度分段提供施工图的期限和发包方组织分段图样会审的期限。

（2）约定承包方得到分段施工图后提供相应工程预算，以及发包方批复同意分段预算的期限。经发包方认可的分段预算是该段工程备料款和进度款的付款依据。

（3）约定承包方完成分阶段工程并经质量检查符合合同约定条件，向发包方递交该进度阶段的工程决算的期限，以及发包方审核的期限。

（4）约定承包方按经发包方认可的分段施工图组织设计，按分段进度计划组织基础、结构、装修阶段的施工。合同规定的分段进度计划具有决定合同是否继续履行的直接约束力。

（5）约定全部工程竣工通过验收后承包方递交工程最终决算造价的期限，以及发包方审核是否同意及提出异议的期限和方法。双方约定经发包方提出异议，承包方做修改、调整后双方能协商一致的，即为工程最终造价。

（6）约定发包方支付承包方各分阶段预算工程款的比例，以及备料款、进度、工作量增减值和设计变更签证、新型特殊材料差价的分阶段结算方法。

（7）约定承发包双方对结算工程最终造价有异议时的委托审价机构审价，以及该机构审价对双方均具有约束力，双方均承认该机构审定的即为工程最终造价。

（8）约定结算工程最终造价期间与工程交付使用的互相关系及处理方法，实际交付使用和实际结算完毕之间的期限，是否计取利息及计取的方法。

（9）约定双方自行审核确定的或由约定审价机构审定的最终造价的支付，以及工程保修金的处理方法。

4. 明确材料和设备的供应

由于材料、设备的采购和供应容易引发纠纷，所以必须在合同中明确约定相关条款，

包括发包方或承包方所供应或采购的材料或设备的名称、型号、数量、规格、单价、质量要求、运送到达工地的时间、运输费用的承担、验收标准、保管责任、违约责任等。

5. 明确工程竣工交付使用

应当明确约定工程竣工交付的标准。有两种情况：第一是发包方需要提前竣工，而承包方表示同意的，则应约定由发包方另行支付赶工费，因为赶工意味着承包方将投入更多的人力、物力、财力，劳动强度增大，损耗增加。第二是承包方未能按期完成建设工程的，应明确由于工期延误要赔偿发包方的延期费。

6. 明确最低保修年限和合理使用寿命的质量保证

《建筑法》第六十条规定："建筑物在合理使用寿命内，必须确保地基基础工程和主体结构的质量。建筑工程竣工时，屋顶、墙面不得留有渗漏、开裂等质量缺陷；对已发现的质量缺陷，建筑施工单位应当修复。"《建筑法》第六十二条规定："建筑工程实行质量保修制度。建筑工程的保修范围应当包括地基基础工程、主体结构工程、屋面防水工程和其他土建工程，以及电气管线、上下水管线的安装工程，供热、供冷系统工程等项目；保修的期限应当按照保证建筑物合理寿命年限内正常使用，维护使用者合法权益的原则确定。具体的保修范围和最低保修期限由国务院规定。"

《建设工程质量管理条例》第四十条明确规定，"在正常使用条件下，建设工程的最低保修期限为：①基础设施工程、房屋建筑的地基基础工程和主体结构工程，为设计文件规定的该工程的合理使用年限；②屋面防水工程、有防水要求的卫生间、房间和外墙面的防渗漏，为五年；③供热与供冷系统，为两个采暖期、供冷期；④电气管线、给排水管道、设备安装和装修工程，为两年。其他项目的保修期限由发包方与承包方约定。建设工程的保修期，自竣工验收合格之日起计算。"

根据以上规定，承发包双方在招投标时不仅要据此确定上述已列举项目的保修年限，并保证这些项目的保修年限等于或超过上述最低保修年限，而且要对其他保修项目加以列举并确定保修年限。

7. 明确违约责任

违约责任条款订立的目的在于促使合同双方严格履行合同义务，防止违约行为的发生。发包方拖欠工程款、承包方不能保证施工质量或不按期竣工，均会给对方及第三方带来不可估量的损失。审查违约责任条款时，要注意两点：第一，对违约责任的约定不应笼统化，而应区分情况做相应约定。有的合同不论违约的具体情况，笼统地约定一笔违约金，这没有与因违约造成的真正损失额挂钩，从而会导致违约金过高或过低的情形，是不妥当的。应当针对不同的情形做不同的约定，如质量不符合合同约定标准应当承担的责任、因工程返修造成工期延长的责任、逾期支付工程款所应承担的责任等，衡量标准均不同。第二，对双方的违约责任的约定是否全面。在工程施工合同中，双方的义务繁多，有的合同仅对主要的违约情况做了违约责任的约定，而忽视了违反其他非主要义务所应承担的违约责任。但实际上，违反这些义务极可能影响整个合同的履行。

除对合同每项条款均应仔细审查外，签约主体也是应当注意的问题。合同尾部应加盖

与合同双方文字名称相一致的公章，并由法定代表人或授权代表签名或盖章，授权代表的授权委托书应作为合同附件。

综合案例7　公诉某空调设备采购合同诈骗案

上海市奉贤区人民法院刑事判决书

（2013）奉刑初字第470号

公诉机关上海市奉贤区人民检察院。

被告人陈某甲。

辩护人沈汇贤，上海理帅律师事务所律师。

上海市奉贤区人民检察院以沪奉检刑诉（2013）352号起诉书指控被告人陈某甲犯合同诈骗罪、诈骗罪，于2013年3月29日向本院提起公诉。本院依法组成合议庭，于2013年12月6日、12月11日公开开庭审理了本案。上海市奉贤区人民检察院指派检察员平某某出庭支持公诉，被告人陈某甲及辩护人沈汇贤到庭参加诉讼。本案依法延长审限和延期审理，现已审理终结。

公诉机关指控如下。

一、合同诈骗犯罪事实

2012年3月21日，被告人陈某甲以南通市同方金属材料有限公司上海分公司（以下简称同方公司）的名义与上海华日新港冷热设备有限公司（以下简称华日公司）约定，由同方公司供应给华日公司合计人民币730 675元（以下币种均为人民币）的空调设备，华日公司用一张某甲乐（中国）电器销售有限公司开具的杭州银行上海分行（票据金额149万元，到期日为2012年9月9日）的承兑汇票背书作为货款支付给陈某甲，并约定余款764 334元（有返利）由被告人陈某甲用同方公司的中国农业银行支票返还给华日公司。被告人陈某甲到江苏省启东市通过他人将承兑汇票提前贴现149万元，之后并未提供空调设备给华日公司，且开具的返还余款的支票因存款不足遭银行退票。

二、诈骗犯罪事实

1. 2011年10月至11月，被告人陈某甲虚构“三菱重工空调系统（上海）有限公司空调器生产线厂区工程”项目，伪造相关材料，并称该工程由同方公司全权代理招标，骗取被害人王某乙的信任。之后以资金周转为由、借款为名，骗取被害人王某乙100万元。

2. 2012年3月至5月2日，被告人陈某甲虚构“三菱重工空调系统（上海）有限公司空调器生产线厂区工程”项目，伪造相关材料，并以浙江舜杰建筑集团股份有限公司（以下简称舜杰公司）可以参加该项目的招投标为由，骗取被害人孟某某的信任。之后以借款等为名，骗取被害人孟某某92万元。

3. 2012年1月至6月20日，被告人陈某甲虚构“三菱重工空调系统（上海）有限公司空调器生产线厂区工程”项目，伪造相关材料，并以宝钢工程建设有限公司可以参加该项目的招投标为由，骗取被害人陈某乙的信任，之后以借款为名，骗取被害人陈某乙315万元。

公诉机关就上述指控的事实当庭宣读和出示了被害人王某甲（华日公司总经理）、王某乙、孟某某、陈某乙的陈述，证人邹某某、曹某某、李某某、何某某、徐某甲、顾某某、郝某某、许某某、汤某某等人的证言，辨认笔录，订货单，请购单，承兑汇票复印件，支票复印件，领取汇票记录单，承兑汇票转让协议书，电子银行交易回单，转账凭证，汇划明细查询单，邀请函，授权委托书，公函复印件，借条，农业银行业务回单，银行账户基本信息查询，银行退票信息，印文、笔迹鉴定书，企业法人营业执照复印件、工商资料，三菱重工空调系统（上海）有限公司出具的证明材料，公安机关出具的案发经过等证据材料，据此认定被告人陈某甲的行为已构成合同诈骗罪、诈骗罪，提请本院依据《中华人民共和国刑法》第二百二十四条、第二百六十六条、第六十九条的规定予以惩处。

庭审中，被告人陈某甲对公诉机关指控其诈骗被害人孟某某 92 万元、诈骗被害人陈某乙 315 万元的犯罪事实及罪名不持异议，但对指控其合同诈骗被害单位华日公司 149 万元、诈骗王某乙 100 万元的犯罪事实和罪名均持有异议，认为其与被害人王某甲、王某乙之间是正常借贷关系，尚不构成犯罪。辩护人对公诉机关指控被告人的犯罪事实和罪名的意见与被告人一致。

经审理查明：

一、被告人陈某甲合同诈骗的犯罪事实

2012 年 3 月 21 日，被告人陈某甲以同方公司的名义与华日公司约定由同方公司供应给华日公司合计人民币 730 675 元的空调设备，华日公司用一张某甲乐（中国）电器销售有限公司开具的杭州银行上海分行、票据金额为人民币 149 万元、到期日为 2012 年 9 月 9 日的承兑汇票背书作为货款支付给陈某甲，并约定余款人民币 764 334 元由被告人陈某甲用同方公司的中国农业银行支票返还给华日公司。被告人陈某甲到江苏省启东市通过他人将承兑汇票提前贴现 149 万元，后陈某甲未按约提供空调设备给华日公司，开具的返还余款的支票因存款不足遭银行退票。后被告人陈某甲予以躲匿。

上述事实，有下列经庭审举证、质证的证据证实，本院予以确认：

1. 被害人王某甲的陈述及辨认笔录证实，其是华日公司的总经理、实际经营者。华日公司虽然自己经营空调设备，但是与三菱重工金羚空调器有限公司的合同签订至 2011 年 7 月 31 日，即从该日起华日公司不能直接从三菱重工金羚空调器有限公司进货。2012 年恰巧被告人陈某甲正在推销三菱小空调生意，其还专门到奉贤区南桥镇考察陈某甲的同方公司。2012 年 3 月 21 日，华日公司营业部部长邹某某以公司名义向同方公司订购了一批价值为 730 675 元的空调设备，约定三天后交货，并且将一张票据金额为 149 万元的预期承兑汇票交给了陈某甲，陈某甲在这张承兑汇票的复印件上签了“原件已收，陈某甲”等字样。之后华日公司一直催陈某甲提供空调设备和将多支付的钱款退还公司，陈某甲却没有按约提供空调设备，直到 2012 年 4 月中旬，陈某甲开了一张出票日期为 2012 年 4 月 27 日，票据金额为 764 334 元的中国农业银行支票给华日公司。4 月 27 日，华日公司将支票解入银行，但 2012 年 5 月 3 日接到银行工作人员通知，这张支票的密码没有填写，且这张支票账上只有 1 万元的存款，支票被银行退回华日公司。之后华日公司一直寻找陈某甲交涉此事，但始终没能找到他。

另证实，华日公司当时确实没有和陈某甲签订书面的合同，只有一份订货单代替合同。华日公司在向陈某甲购买空调设备时，于 2012 年 3 月 21 日出具了请购单。陈某甲给华日公司提供过 2012 年 1 月的销售价格表。邹某某的工作日记上面记载有 2012 年 3 月 21

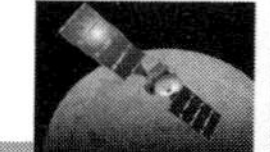

日与陈某甲洽谈的记录和 2012 年 3 月 23 日陈某甲来电商量更换部分空调的记录。在华日公司出纳领取汇票、支票的登记本上有陈某甲的签名。陈某甲开给华日公司的支票金额为 764 334 元，因为华日公司是批量订购，其中有一部分返利，订购的 730 675 元的空调设备，扣除返利应该支付给陈某甲 725 666 元。

2. 证人邹某某的证言及辨认笔录证实，2012 年 3 月 13 日左右，其打电话给华日公司以前的一个客户陈某甲，进一批 200 套左右的空调。2012 年 3 月 21 日，陈某甲到华日公司，其当时就以公司名义向陈某甲所属的同方公司订购了一批价值 730 675 元的空调设备，约定五天后到货，也就是 3 月 26 日其到陈某甲在奉贤区的代理公司提货。华日公司将一张票据金额为 149 万元的预期承兑汇票交给了陈某甲，之后其将这张承兑汇票复印了一份，陈某甲在复印件上签了“原件已收，陈某甲”等字样。到了约定交货日期，其联系陈某甲，陈某甲推脱说货还没到，也未将钱退给华日公司。随后华日公司一直向陈某甲催讨。2012 年 4 月中旬，陈某甲到华日公司开具了一张预期 2012 年 4 月 27 日，票据金额是 764 334 元的支票。到了 4 月 27 日，华日公司将支票解入银行，2012 年 5 月 3 日银行工作人员告知这张支票的密码没有填写，且这张支票账上只有 1 万元存款，支票被银行退回华日公司。之后华日公司就一直寻找陈某甲交涉此事，一直没找到，电话也联系不上。

另证实，由于陈某甲是其公司以前的客户，2011 年时陈某甲曾向华日公司购买过三笔设备，这次没有和陈某甲签订订货合同并且支付他超出合同金额的承兑汇票，完全是对他的信任。

3. 证人李某某的证言及辨认笔录证实，其是三菱重工空调系统（上海）有限公司 K 计划执行总监、战略推进总负责人，陈某甲是三菱公司中央空调体验店奉贤店的经营者，在奉贤区南桥镇经营一家体验店。2011 年陈某甲与三菱重工空调系统（上海）有限公司签有“K 店销售合同”，合同期限至 2011 年 12 月 30 日，2012 年没有再签订合同，但因为有 2011 年的合同，陈某甲还是可以拿一些货的。到了 2012 年 5 月 30 日之后，其公司专门向下属的 K 店发了“通知书”，郑重告知“同方公司及陈某甲”无权代理销售行为。

4. 证人何某某的证言证实，其是三菱重工空调（上海）有限公司的区域主管。陈某甲经营三菱重工空调（上海）有限公司下属的 K 店，代理销售三菱公司的空调产品。2012 年 3 月中下旬，陈某甲用手机与其联系说要申请价值 70 多万元的空调设备，其就将相关的手续准备好，按照公司规定 K 店将全部货款到账以后公司才能发货，而陈某甲始终没有把汇款汇过来，所以这批业务没有进行到底，公司也没有把设备发给陈某甲。

5. 华日公司向同方公司的请购单、华日公司订货单、承兑汇票、支票的复印件证实，请购单是在 2012 年 3 月 21 日出具的，上面有请购人孙慧萍（采购部科长）、邹某某（营业部部长）、王某甲（总经理）和梁德美（核准）等人的签名；华日公司订购各种机型的空调设备共计 188 台、730 675 元，付款日期约定为 2012 年 3 月 21 日，交货日期为 2012 年 3 月 26 日，收货联系人为邹某某；承兑汇票是“某甲（中国）电器销售有限公司”在 2012 年 3 月 9 日开给华日公司的，承兑汇票号码是 20173323，开户账号是××××××××××××××，开户银行是在上海市九江路×××号的杭州银行上海分行，承兑到期日是 2012 年 9 月 9 日，出票金额是 149 万元人民币，该份汇票上有“原件已收，陈某甲，2012 年 3 月 21 日”字样；支票是陈某甲的同方公司开出来的，支票号码是 10303130，开户银行是中国农业银行上海市奉贤区南桥镇环城东路支行，出票人账号是×××××××××××××××，出票日期是 2012 年

4 月 27 日，金额是 764 334 元人民币，盖有陈某甲本人印鉴和同方公司财务专用章。

6. 邹某某的工作日记、华日公司出纳领取汇票、支票的登记本、2012 年 1 月公司销售价格表的复印件证实，邹某某工作日记中 2012 年 3 月 21 日记录有“华日从奉贤进货如下：（南通市同方金属材料有限公司上海分公司）725 666 元”，并有具体要进货的型号、数量和价格，2012 年 3 月 23 日记录有“奉贤陈某甲来电商量更换部分空调”的内容；领取汇票、支票的登记本记录表上记载有“2012 年 3 月 21 日南通市同方三菱空调采购款（背书某甲乐承兑汇票），票号是 20173323，金额 149 万元”，签收人签字一栏签名为“陈某甲”；价格表中记载各种空调机型的规格型号、型号简称、能效等级、标准开票价、统一零售价等信息，在该份价格表上方空白处手写有各种返点情况及具体返点数。

7. 三菱重工金羚空调器有限公司通知书证实，2011 年 9 月 21 日三菱重工金羚空调器有限公司致华日公司通知书，称双方签订代理协议有效期至 2011 年 7 月 31 日止，对于华日公司的库存产品，自 2011 年 9 月 21 日起不得销售给国美电器、北京市大中家用电器、永乐（中国）电器等五家量贩店。

8. 证人曹某某的证言及辨认笔录证实，其是江苏启东农村商业银行城东支行客户经理，2012 年 3 月 22 日，陈某甲拿了一张 149 万的承兑汇票问其能否帮忙提前兑现。这张承兑汇票的约定兑现日期是 2012 年 9 月 9 日，要提前兑现的话，需要合同、发票及基本账户等资料，陈某甲无法提供这些资料，但一再要求其帮忙。于是其找了朋友沈洪石帮忙，由于该份承兑汇票没有办法背书，沈洪石就让会计蔡金妹去江阴找人兑现了。149 万元钱是沈洪石让朋友先垫支的，具体汇钱的情况是 2012 年 3 月 23 日，分 5 次每次 20 万元汇到陈某甲在江苏启东开户的农商行的卡上，卡号是×××××××××××××××；2012 年 3 月 26 日，将 40 万元汇到陈某甲在上海开户的农行卡上，卡号是×××××××××××××××；2012 年 4 月 5 日前后的 9 万元也是汇到陈某甲的上海农行卡上，共计 149 万元全部支付给了陈某甲。而江阴那边是汇在蔡金妹丈夫陆建平的农行卡上的，金额是 1 437 850 元。支付给陈某甲是 149 万元，其中 52 150 元的差额（也就是损失）是由沈洪石承担的。其与沈洪石是多年的朋友，沈洪石这次损失完全是帮忙。

9. 证人徐某甲的证言证实，其是杭泰金属物资有限公司的经理，2012 年 3 月 24 日，其公司收到一位江苏启东叫蔡金妹的老客户拿来的一份承兑汇票，蔡金妹让其公司把贴现的钱直接汇到农行陆建平的卡上，因为是老客户，而且初步验证了汇票的真实性，于是就在 2012 年 3 月 24 日当天，其公司把扣除利息的 1 437 850 元汇到了陆建平的农行卡上。之后其公司就到江阴农村商业银行贴现了 1 444 460.63 元的钱款。蔡金妹用这张汇票直接贴现，不是作为付货款等其他用途。其只知道这份汇票是某甲乐（中国）电器销售有限公司开出来的。

10. 证人徐某甲 2012 年 5 月 23 日提供的银行承兑汇票转让协议书、农业银行电子银行交易回单的复印件证实，该份协议书上仅有甲方（转让方）蔡金妹的签名和身份证号码，签署日期是 2012 年 3 月 22 日；2012 年 3 月 24 日，江阴市杭泰金属物资有限公司将 1 437 850 元汇到陆建平的农行卡上。

11. 曹某某提供的江苏省农村信用社转账凭条 5 份、汇划明细查询单的复印件证实，2012 年 3 月 23 日，付款人分 5 次每次 20 万元汇到陈某甲在江苏启东开户的农商行的卡上，卡号×××××××××××××××；2012 年 3 月 26 日，付款人将 40 万元汇到陈某甲在上海的开

户卡号为×××××××××××××××的农行卡上；2012 年 4 月 5 日，付款人将 9 万元汇到陈某甲的同一张上海农行卡上。共计汇款 149 万元。

二、被告人陈某甲诈骗的犯罪事实

（一）2011 年 10 月至 11 月，被告人陈某甲虚构“三菱重工空调系统（上海）有限公司空调器生产线厂区工程”项目，伪造相关材料，并称该工程由同方公司全权代理招标，骗取被害人王某乙的信任。之后以资金周转为由、借款为名，骗取被害人王某乙人民币 100 万元。后归还 60 万元。

上述事实，有下列经庭审举证、质证的证据证实，本院予以确认。

1. 被害人王某乙的陈述及辨认笔录证实，2011 年 10 月，其在一次朋友的聚会上认识被告人陈某甲。

另证实，陈某甲在 2011 年 12 月 16 日通过银行给其汇钱 4 万元，作为借款的利息；2012 年 2 月 22 日，陈某甲通过银行汇钱还给其 50 万元；2012 年 2 月 23 日，陈某甲通过银行汇钱还给其 6 万元。但除了这 100 万元其还借给过陈某甲钱款。

还证实，2012 年 5 月 24 日其到三菱公司，三菱公司的工作人员告诉其，陈某甲给其的那些“邀请函”“授权委托书”“公函”等材料都是假的，三菱公司根本没有出具过这些材料，连盖的印章也是假的。

2. 证人周某某的证言证实，其是中金投资集团有限公司的高级行政经理，2011 年在一个饭局上其认识了做三菱空调生意的陈某甲，当时一起吃饭的还有王某乙、韩威廉等人，吃饭时陈某甲发了印有三菱公司上海地区总经理的名片，并称在奉贤区准备建造三菱公司的项目。其对这个项目有些动心，为了能够在这个项目上做些生意，在陈某甲向王某乙借钱时也曾想过借些钱给陈某甲，因为陈某甲没有直接向其开口借钱，且其本身也没有这个经济实力，就没有借钱给陈某甲。王某乙为了能够做到这个项目，第一次借给陈某甲 100 万元，后面又借了多少并不清楚。韩威廉也想做这个项目，也曾想借钱给陈某甲，但最后并没有出借。

另证实，其之后与陈某甲的接触中，曾看到过这个项目的“邀请函”“授权委托书”等材料，上面盖的是三菱公司的红印章，但其在网上并没有查到相关信息。

3. 被害人王某乙提供的“邀请函”“授权委托书”“公函”的复印件证实，工程项目是“三菱重工空调系统（上海）有限公司空调器生产线厂区工程”，项目投资金额是 2.5 亿元，招标单位三菱公司。邀请函上显示，招投标联系人为陈某甲、林青梅；授权委托书显示由三菱公司 2010 年 11 月 15 日授权委托同方公司全权代理投资三菱重工设备生产基地项目的各项商谈和手续事宜，并授权陈某甲为该项目的负责人；2011 年 12 月 23 日以三菱公司名义发出公函，内容是关于空调器生产线厂区工程项目招投标资格审核结果的公示，其中舜杰公司已经通过审核，具有参加招投标资格。同时“邀请函”“授权委托书”“公函”上印有三菱公司印章。

4. 被害人王某乙提供的借条和农业银行业务回单的复印件证实，2011 年 11 月 18 日借款人为陈某甲，借条内容为收到王某乙现金人民币 100 万元，王某乙系通过农行卡（卡号是×××××××××××××××）转账至陈某甲名下的农行卡（卡号是×××××××××××××××）。

5. 被害人王某乙提供的农业银行支票、招商银行进账单、账户基本信息查询、银行退票信息的复印件证实，2012 年 1 月 17 日出票人同方公司陈某甲开具一张支票给王某乙，金额为 106 万元。当日王某乙即将该支票解入银行，因余额不足遭银行退票。2012 年 2 月 2 日对同方公司账户进行查询，该账户余额仅为 11 423.58 元。

6. 证人李某某的证言及辨认笔录证实，其公司根本没有签发过“邀请函”“授权委托书”“公函”等材料。2012 年 5 月，王某乙到其公司来询问上述材料的真实性，其公司法务部专门出具了相关情况说明。

7. 三菱重工空调系统（上海）有限公司出具的证明材料证实，2012 年 5 月 24 日，三菱公司出具证明称陈某甲出具的“邀请函”“授权委托书”“公函”均是捏造内容，且公章是伪造的。

8. 农业银行转账凭证及账号明细对账单证实，2012 年 2 月 22 日，被害人王某乙的农行卡（卡号是××××××××××××××××）收到陈某甲转账 50 万元；2012 年 2 月 23 日，被害人王某乙的农行卡（卡号是××××××××××××××××）收到陈某甲转账 6 万元。

9. 上海市人民检察院检验鉴定文书证实，“邀请函”上的三菱公司印章是伪造的。

（二）2012 年 3 月至 5 月 2 日，被告人陈某甲虚构“三菱重工空调系统（上海）有限公司空调器生产线厂区工程”项目，伪造相关材料，并以舜杰公司可以参加该项目的招投标为由，骗取被害人孟某某的信任。之后以借款等为名，骗取被害人孟某某人民币 92 万元。

2012 年 1 月至 6 月 20 日，被告人陈某甲虚构“三菱重工空调系统（上海）有限公司空调器生产线厂区工程”项目，伪造相关材料，并以宝钢工程建设有限公司可以参加该项目的招投标为由，骗取被害人陈某乙的信任，之后以借款为名，骗取被害人陈某乙人民币 315 万元。

上述事实，被告人陈某甲在开庭审理过程中无异议，且有被害人孟某某、陈某乙的陈述、报案材料，证人李某某、顾某某、郝某某、徐某乙、汤某某的证言，辨认笔录，招标邀请函，银行业务回单，银行转账凭证，银行明细对账单，银行卡客户交易查询单，手机短信记录，印文、笔迹鉴定书等证据证实，足以认定。

三、与本案相关的其他事实的证据材料

1. 证人顾某某、郝某某的证言及辨认笔录证实，被告人陈某甲采用同样的诈骗手段，曾骗取顾某某 100 万元，后被顾某某要回的事实。

2. 证人施某某、许某某的证言证实，陈某甲经常到澳门及境外赌博的事实。

3. 证人汤某某的证言证实，陈某甲是其徒弟，两人 2011 年后很少见面，2011 年年底其在安徽的安徽国际金融中心项目完工，结算 800 万元，赚到 100 多万元，陈某甲与该工程没有任何关系，其与陈某甲之间没有生意上的关系。

4. 公安机关出具的案发经过、出警经过证实，本案案发及被告人陈某甲是被抓获到案的。

5. 企业工商资料等证实，涉案企业华日公司、同方公司等的公司企业信息。

结合上述经审理查明的事实及证据，本院对控、辩双方的争议意见评判如下：

（一）关于被告人陈某甲合同诈骗的犯罪事实是否成立。

被告人陈某甲辩称，与华日公司之间的 149 万元是借贷关系；华日公司从来没有向其购买三菱小空调，其也没有收到和签收过华日公司提供的订货单，请购单；证人何某某、李某某的证言均不真实，且其在领取汇票记录单上签名时汇票记录单上并未记载汇票的用途；149 万元的借款和华日公司约定两个月内归还，并且应王某甲的要求提供一张支票抵

押，该支票确实只有少许金额。辩护人与陈某甲的意见基本一致，另在证据方面对邹某某的工作日记、领取汇票记录单等证据的真实性提出异议，认为本案的所有证据不足以排除合理怀疑，证据不足，应当认定被告人与华日公司是借贷关系而非合同诈骗。本院认为，认定被告人与华日公司是否具有买卖空调的合同关系是本案审查的重点，公诉机关当庭宣读并出示了被害人王某甲的陈述，证人邹某某、何某某的证言，华日公司工作人员的工作日记、领取汇票、支票的登记本及销售价格表复印件，这些证据可以证实被告人陈某甲确与华日公司有笔买卖空调的业务关系；而证人李某某的证言、三菱重工金羚空调器有限公司通知书证实了华日公司之所以与上门推销业务的陈某甲有该笔空调买卖的业务关系，是因为华日公司已与三菱重工金羚空调器有限公司终止代理关系；同时，证人何某某的证言也能佐证陈某甲曾在该时间向三菱公司咨询关于订购空调的事实；另外，证人曹某某、徐某甲的证言及相关银行转账材料、支票等证据能够证实陈某甲在拿取汇票后立即进行了兑现，且提供给华日公司的支票为空头支票。庭审后，本院也调取并审查了邹某某的工作日记、领取汇票记录单等，进一步确认了这些证据的真实性。而被告人陈某甲并不能提供其所辩称借贷关系的借条等相关证据材料，其无罪辩解未得到相关证据的支撑，被告人陈某甲虽对该节犯罪事实没有做出过任何有罪供述，但综合全案证据来看，公诉机关提供的证据之间能够相互印证，已形成证据锁链，且能排除合理怀疑，证据确实充分，足以证实指控的事实。尽管华日公司与被告人陈某甲之间并未签订正式的书面合同，但双方的订货约定和部分履行行为足以认定为合同关系，被告人陈某甲在接受华日公司给付的预付款后躲匿的行为完成符合合同诈骗犯罪的构成要件。故对被告人陈某甲及辩护人的意见本院不予采纳。

（二）关于被告人陈某甲诈骗被害人王某乙的犯罪事实是否成立。

被告人陈某甲辩称，与被害人王某乙之间也是正常借贷关系，对被害人王某乙从未采用过虚构“三菱重工空调系统（上海）有限公司空调器生产线厂区工程”项目，伪造相关材料的方式来骗取被害人王某乙的钱财。辩护人认为被告人陈某甲先后归还被害人王某乙60万元借款，且有被告人签字确认的借条，被告人陈某甲的行为应当认定为民间借贷。本院认为，认定被告人是否采用虚构事实、隐瞒真相的方式骗取被害人的信任，从而向被害人借款是本案审查的重点，公诉机关当庭宣读并出示了被害人王某乙的陈述、证人周某某的证言，证实了被告人陈某甲虚构了三菱公司厂区工程建设的项目，同方公司可以全权代理负责，被告人虚构的这一系列事实，足以让被害人确信能够拿到工程并心甘情愿向其借款；证人李某某的证言、三菱公司的证明材料及检验鉴定文书证实，所谓三菱公司的“邀请函”“授权委托书”“公函”均为陈某甲伪造；相关银行转账材料、支票等证据证实被害人王某乙的借款和被告人陈某甲确实有归还钱款的情况；另外被害人孟某某、陈某乙的陈述及证人顾某某、郝某某的证言均能证实，被告人陈某甲采用同样的手段诈骗他人的情况。因此，公诉机关提供的证据之间能够相互印证且已形成证据锁链，证据确实充分，足以证实被告人陈某甲对被害人王某乙也实施了诈骗行为。故对被告人陈某甲及辩护人的意见本院不予采纳。

综上，本院认为，被告人陈某甲以非法占有为目的，在签订、履行合同的过程中，骗取他人钱款，数额特别巨大，其行为已触犯刑律，构成合同诈骗罪。被告人陈某甲以非法占有为目的，采用虚构事实、隐瞒真相的方式，多次骗取他人钱款，数额特别巨大，其行为也已触犯刑律，构成诈骗罪。公诉机关指控的罪名成立。被告人陈某甲的行为已分别构成合同诈骗罪、诈骗罪，依法应予二罪并罚。庭审中，被告人陈某甲能够主动承认诈骗被害人孟某某、陈某乙的犯罪事实，但对合同诈骗华日公司及诈骗王某乙的犯罪部分未能如实供述，且本案被害人绝大部分经济损失尚未挽回。本院根据被告人陈某甲的犯罪事实、性质、情节、社会危害性等在量刑时一并予以考虑。为严肃国家法制，维护市场秩序，确保公私财产权利不受侵犯，依据《中华人民共和国刑法》第二百二十四条、第二百六十六条、第六十九条、第六十四条的规定，判决如下：

一、被告人陈某甲犯合同诈骗罪，判处有期徒刑十一年，并处罚金人民币七十五万元；犯诈骗罪，判处有期徒刑十三年，并处罚金人民币二百五十万元；决定执行有期徒刑二十年，并处罚金人民币三百二十五万元。

（刑期从判决执行之日起计算。判决执行以前先行羁押的，羁押一日折抵刑期一日，即自二〇一二年六月二十六日至二〇三二年六月二十五日止。罚金于本判决生效后十日内缴纳。）

二、责令被告人陈某甲退赔被害单位上海华日新港冷热设备有限公司人民币一百四十九万元，退赔被害人王某乙人民币四十万元，退赔被害人孟某某人民币九十二万元，退赔被害人陈某乙人民币三百一十五万元。

如不服本判决，可在接到判决书的第二日起十日内，通过本院或者直接向上海市第一中级人民法院提出上诉。书面上诉的，应当提交上诉状正本一份，副本两份。

第7章 工程施工合同进度管理

教学导航

教学目标	1. 掌握延期开工、工期顺延的要求及规定。 2. 熟悉进度计划实施、变更、调整的规定。 3. 了解竣工验收程序。
关键词汇	进度计划; 竣工验收; 合同工期。

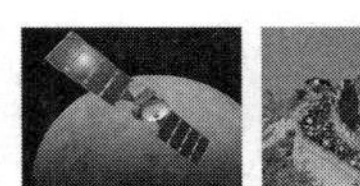

典型案例 7　某小区建筑消防工程施工合同纠纷案

上海市虹口区人民法院民事判决书

（2009）虹民三（民）初字第 939 号

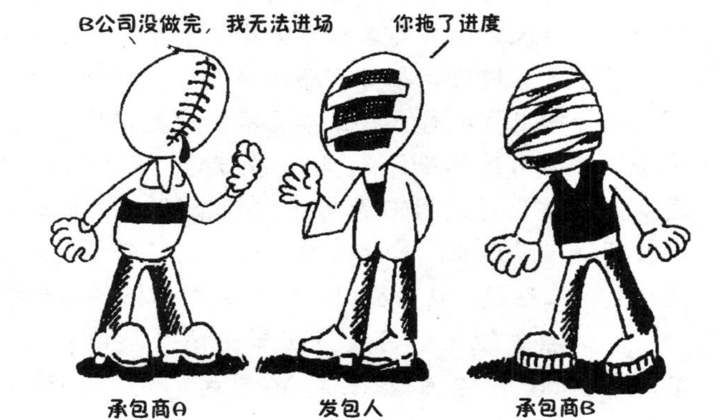

原告（反诉被告）上海××工程有限公司。

法定代表人徐某某。

委托代理人高某某。

委托代理人郑祺，上海市震旦律师事务所律师。

被告（反诉原告）上海虹×房地产有限公司。

法定代表人徐某民。

委托代理人周某。

委托代理人唐勇强，上海市浦栋律师事务所律师。

对于原告上海××工程有限公司（以下简称消防公司）与被告上海虹×房地产有限公司（以下简称虹×公司）建设工程施工合同纠纷一案，被告虹×公司反诉原告消防公司建设工程施工合同纠纷，本院受理后，依法由代理审判员陈真丙独任审判，公开开庭进行了合并审理。原告（反诉被告）消防公司的委托代理人高某某、郑祺、被告（反诉原告）虹×公司的委托代理人周某、唐勇强到庭参加诉讼。本案现已审理终结。

原告消防公司诉称：2006 年 12 月 28 日，消防公司（承包方）与虹×公司（发包方）就本市四平路××号××嘉园消防工程签订《消防工程施工合同》，约定工程承包范围为××嘉园项目的 2 号楼、3 号楼及地下车库的火灾自动喷水灭火系统、消火栓系统、火灾自动报警系统工程的安装、调试、验收和开通；工程总金额暂估为 160 万元整等。合同签订后，消防公司本应如期进场施工，但由于虹×公司连基本的土建都尚未施工结束，不具备施工条件，致使消防公司自 2007 年 3 月 10 日起方能对 2 号楼、3 号楼开始施工。施工后，又由于施工场地不具备消防公司可施工的条件，以及虹×公司变更、增加大量工程量等许多原因，致使 2 号楼、3 号楼工程于 2008 年 2 月 18 日才通过上海市虹口区公安消防支队（以下简称虹口消防支队）验收。2007 年 7 月，消防公司开始地下车库进场施工，却因虹×公司图纸及管道走向接连变更，施工中断断续续调整，于 2007 年 11 月施工中断，此后又由于虹×公司工程场地不符合施工条件等许多原因，使消防公司只能窝工至 2008 年 4 月对地下车库工程接连实施施工，于 2008 年 6 月完工，并于 2008 年 8 月 2 日通过虹口消防支队验收。2008 年 8 月 18 日，本工程经有关部门验收合格。同时，双方办理了本工程设备移交证明等相关手续。消防公司于 2008 年 10 月 17 日向虹×公司提交本工程结算编制书（工程结算价为 4 641 446 元，不包括 3%措施费）及工程相关文件资料。此后，在法定期限内，虹×公司未就工程竣工结算报告金额向原告提出审查意见。至 2009 年 3 月，消防公司要求虹×公司按竣工结算报告金额的 95%支付工程款（相应扣减已支付的工程款人民币 139 万元），但虹×公司为了达到拖延支付工程款的目的，开始以消防公司工程竣工结算报告金额不符合合同约定等种种理由，拒绝支付工程款。消防公司经催讨工程款无果，故起诉，

要求：一、虹×公司支付工程款 3 386 098 元；二、虹×公司支付逾期付款利息，自 2008 年 12 月 16 日起计至判决生效之日止，按中国人民银行同期贷款利率计算；三、虹×公司赔偿窝工损失 1 564 707 元。

被告虹×公司辩称：不同意消防公司所有诉请。2006 年 10 月，虹×公司邀请招标，消防公司根据设计图计算工程量并进行优化，后消防公司中标，中标价为 165 万元。同年 12 月，双方又经过公开招标程序，消防公司报价 175 万元，双方签订正式合同，约定价款 160 万元，并约定有增补以签证单为准，现签证单为 22 万元，工程总价应在 182 万元左右。但是，消防公司结算报价为 400 多万元，虹×公司立即提出异议，并送交审价。审价过程中发现，消防公司使用旧管材替代新管材，而结算按新管材价格，且消防公司不配合审价，导致审价期限延长。虹×公司已经支付了除了需在审价之后支付的部分尾款外的全部款项，没有欠付工程款，消防公司要求的逾期付款利息没有依据。消防公司没有任何窝工损失。

反诉原告虹×公司反诉诉称：消防公司与虹×公司签订的《消防工程施工合同》约定，自 2006 年 12 月 28 日起 30 日内完成 2 号楼、3 号楼的工程施工；2007 年 6 月 15 日起（以甲方书面通知为准）60 日内，完成地下车库的工程施工，并完成 1～3 号楼及地下车库的调试、验收和开通。2008 年 4 月 24 日，经双方协商一致并经建设部门登记备案，竣工期限变更为 2008 年 5 月 20 日。但在施工过程中，消防公司施工进度缓慢，直至 2008 年 8 月 18 日才最终提交《施工单位工程质量竣工报告》。故反诉要求消防公司支付延误工期违约金，按合同造价的 20%计算。

反诉被告消防公司辩称：工期延误是由于虹×公司动拆迁问题迟迟没有落实导致晚开工，开工之后又因虹×公司的施工条件不达标准，导致窝工，因此不同意虹×公司反诉诉请。

经审理查明：2006 年 11 月 3 日，虹×公司就××嘉园地下车库及 2 号楼、3 号楼消防工程发布《招标文件》。同月 9 日，消防公司提交《施工投标文件》，其中载明，设计原则：……经济性——在实现先进性和可靠性的前提下，本消防系统设计以期达到功能上和经济上的最优化设计等；报价编制说明：工程报价依据为 20051—024 虹口 43 号地块住宅小区工程设计图纸；本工程按工程总报价在扣除税金前让利 8%（报警设备以松江电子仪器厂产品打四折）以表示合作诚意；根据甲方报警图纸共计费用 534 432 元等。同月 20 日，虹×公司在原招标基础上就剩余消防工程发布《招标补充文件》。同月 27 日，消防公司提交《地下车库及 2 号楼与 3 号楼消火栓、火灾自动喷水灭火系统工程投标报价》，工程报价为 1 125 086 元，同时载明，报价编制说明，工程报价依据为 20051—024 虹口 43 号地块住宅小区工程设计图纸。

2006 年 11 月，虹×公司对××嘉园消防工程发布《招标文件》并报上海市虹口区建筑业管理署备案，文件中载明：招标范围为依照工程量清单所表明的工程；投标报价依据为招标单位提供的工程量清单等。2006 年 12 月 22 日，消防公司提交《投标文件》，其中载明：投标报价为 1 701 880 元；我司设计施工标准规则如下，……经济性——在实现先进性和可靠性的前提下，本消防系统设计施工工程以期达到功能上和经济上的最优化服务等；报价编制说明，工程报价依据为 20051—024 虹口 43 号地块住宅小区工程设计图纸。其后，消防公司中标。

2006 年 12 月 28 日，消防公司与虹×公司签订《消防工程施工合同》约定：消防公司向虹×公司承包施工本市四平路××号××嘉园消防工程；工程承包范围为××嘉园项目

的 2 号楼、3 号楼及地下车库的火灾自动喷水灭火系统、消火栓系统、火灾自动报警系统工程的安装、调试、验收和开通；工程为包工包料；工程总金额暂估为 160 万元整（见合同附件消防公司投标书），该金额为预算价的工程量，但不包括现场设计变更、签证增加、工程配合管理费，若因设计变更、签证增加而使工程量发生增加或减少的，则以消防公司投标书中所列单价计算方式及定额为准，涉及新增品类的材料、设备，由虹×公司按市场价格予以核定，相应增加或减少合同总价，消防部门验收费用由消防公司承担，消防检测费用双方各承担一半；付款方式中约定双方完成全部工程的决算后十个工作日内，虹×公司支付消防公司至工程决算价的 95%，工程自通过竣工验收之日起保修一年，保修期满后十个工作日内，甲方付清全部尾款 5%的质保金；虹×公司修改设计时，消防公司必须配合虹×公司对原设计方案进行优化，并确保本工程能通过消防验收；本预算工程量若有增减或变更，应经双方同意，以技术核定单、工程签证的形式予以记录，在竣工时按实结算，工程总造价做相应调整；工程期限为消防公司自 2006 年 12 月 28 日起 30 日内，完成 2 号楼、3 号楼的工程施工，2007 年 6 月 15 日起（以虹×公司书面通知为准）60 日内，完成地下车库的工程施工，并完成 1～3 号楼及地下车库的调试、验收和开通；消防公司须在规定时间内完成工程的验收工作，若消防公司不能按约定完成验收，验收在超过约定时间一个月内完成的，消防公司应向虹×公司支付合同造价的 10%违约金；超过约定时间一个月完成，消防公司应向虹×公司支付合同造价的 20%违约金，若因虹×公司原因造成消防公司工期拖延的，应以工程签证单书面记录，相应顺延计算；消防公司的投标文件及施工进度表作为本合同的附件等。在施工过程中，消防公司多次在工程例会上对总包单位或其他参建单位影响工程及时施工等提出意见。施工中，消防公司将部分旧钢管代替新钢管用于系争工程。

2007 年 12 月 19 日，虹口消防支队出具《建筑工程消防验收的意见书》，确认××嘉园 1 号楼建筑工程消防验收基本合格。2008 年 2 月 18 日，虹口消防支队出具《建筑工程消防验收的意见书》，确认××嘉园 2 号楼、3 号楼建筑工程消防验收基本合格。2008 年 4 月 24 日，消防公司与虹×公司向相关合同登记备案机构提交由双方签章确认的《上海市建设工程合同登记备案变更表》，变更合同竣工日期为 2008 年 5 月 20 日。在虹×公司另出具给合同登记备案机构的《情况说明》中载明：由于动迁原因消防工程不能按照原合同规定的竣工日期竣工，特申请变更竣工日期为 2008 年 5 月 20 日。2008 年 8 月 2 日，虹口消防支队出具《建筑工程消防验收的意见书》，确认××嘉园（双层地下车库）建筑工程消防验收合格。2008 年 8 月 18 日，设计单位、监理单位等分别确认系争工程质量合格。次日，系争工程通过竣工验收。2008 年 10 月 7 日，消防公司与虹×公司签订《××嘉园消防安装工程结算编制书交接单》，消防公司在交接单上另注明：同意送审，审计费用按相关文件执行。结算书结算造价为 4 641 446 元。因虹×公司仅累计支付工程款 139 万元，消防公司催讨余款无果，遂诉至本院，虹×公司也提起反诉。

审理中，因消防公司申请，本院委托上海沪港建设咨询有限公司（以下简称沪港公司）对系争工程造价进行审价。沪港公司出具沪港审基[2009]992 号报告，结论为：一、工程造价部分。1. 根据 2009 年 10 月 27 日原告提供消防工程结算原则书面意见书，依据《招标文件》中第 29.1.1 条对结算原则的约定，“竣工结算时工程量计算应以设计单位盖章签字的施工图、设计修改通知单、经监理或建设单位批准的施工变更通知单和工程量核定

单及会议纪要为依据”。针对以上结算原则，我司对本消防工程造价进行审核，经原告与我司的工程量的核对及对工程造价初稿的谈判，现工程造价审核为 3 726 779 元；2. 根据2009 年 10 月 28 日被告提供消防工程结算原则书面意见书，依据《消防工程施工合同》第三条中第 1 点及第四条中第 2 点的约定，投标时的工程量作为基数，在施工过程中工程量若有变更应以技术核定单及工程签证的形式进行价款的调整，材料单价按照施工过程中建设方的批价进行调整。针对以上结算原则，我司对本消防工程造价进行审核，经被告与我司的工程量的核对及对工程造价初稿的谈判，现工程造价审核为 1 974 966 元；以上工程结算原则，双方对对方的结算原则及工程造价不予认可。二、窝工费部分。原告认为，根据合同的约定工期，2 号楼、3 号楼为 30 日，地下车库为 60 日。而由于建设单位的原因，造成工期拖延了 459 天，计算在此期间造成原告的窝工损失。我司审阅原告提供的施工过程中的工程例会记录，里面有某些施工由于总包或其他参建单位的原因，导致此项工作不能及时施工，但我司认为没有足够的书面依据证明，做此项工作的施工人员没被安排做其他的内容（窝工）。对窝工损失的计算我司认为书面证据不充分，窝工费共计 0 元。根据原告对窝工损失的计算，共计 2 650 068 元（详见原告送审）。

针对双方质证意见，沪港公司出具了沪港审基[2009]992 号—1 号补充报告，载明：一、工程造价部分。1. 根据原告的结算原则，针对原告、被告上次开庭中提出的相关问题，我司已根据竣工图并与原告、被告到现场清点部分工程量，双方各与我司核对，现造价情况如下。（1）原告部分（按原告结算原则）合计 2 928 927 元，注——①火灾报警系统 634 557 元，未包括电线造价（按照原告提供的竣工图，按图计算电线部分造价为 151 366 元；原告提出电线走向与现场不符，根据原告口头说明电线走向（现场无法核实）该部分造价为 654 384 元）。②火灾报警系统中未扣除税前下浮 8%费用，现将上述两种电线的情况把此费用单独列出，供法院参考，按图纸应为 51 674 元；原告提出电线走向与现场不符，根据原告口头说明电线走向（现场无法核实）为 91 915 元。（2）被告部分合计 2 984 990 元，注——上述表中火灾报警系统中未扣除税前下浮 8%费用，现将该费用单独列出，供法院参考，该费用应 50 601 元。2. 根据被告的结算原则，在原报告 1 974 966 元基础上相应增减，①在招标中没有的，但在现场已施工的项目（如电梯迫降，强切、电梯机房增加电话及防排烟阀联动接线）；②招标图中有部分区域现实没有做的项目。电梯迫降等增加部分 44 863 元，部分区域取消项目 88 175 元。二、窝工费部分。原告认为，根据合同的约定工期，2 号楼、3 号楼为 30 日；地下车库为 60 日。而由于建设单位的原因，造成工期拖延了 459 天，计算在此期间造成原告的窝工损失。我司审阅原告提供的施工过程中的工程例会记录，我司认为原告提供的相关资料无法计算出具体的窝工费。我司根据原告的结算原则将审定好的造价，用实际完成工期结合定额测算出每天需要的定额人工供法院参考。1. 每天的定额人工=10 336.6 工（总定额工）/549 天（实际工期）=18.82 工（定额工）/天；2. 窝工费=窝工天数×18.82×40（定额单价）。

随后，针对双方质证意见，沪港公司再次出具沪港审基[2009]992 号—2 号补充报告，载明：一、工程造价部分。1. 根据原告主张的结算原则，情况如下。①原告提出配管是总包施工，线是其施工，但火灾报警竣工图中的管线走向均与现场施工不符。后原告重新绘制火灾报警系统电线的走向图纸，要求按该图计算，被告称对其重新绘制图纸不予认可，我司根据原告意见计算造价为 3 326 499 元。注——火灾报警系统未扣除税前下浮 8%费用，现将此费用单独列出，供法院参考，共计 69 979 元；②对于原告主张，被告站在原告立场上，按竣工图计算造价为 3 014 174 元。注——火灾报警系统未扣除税前下浮 8%费用，现将此费用单独列出，供法院参考，应为 50 527 元；③被告提出原告用部分旧钢管代替新钢管，DN50 镀锌钢管 152 m，28.54 元/m；DN32 镀锌钢管 6 m，19.5 元/m，涉及旧钢管费用共计 152×28.54+19.5×6=4 455.08 元；④被告现提出原告施工所用电线与设计及核定电线均不同，原核定的材料单价已不适用。由于被告无举证材料，因此我司未予采纳。2. 根据被告主张的结算原则，在原审价报告 1 974 966 元的基础上相应增减。①招标图（参照被告提供的工程编号 20051—024，图号为电施 13、电施 18C、电施 19C 图纸）与现竣工图对比，新增的项目，如电梯迫降，强切、电梯机房增加电话；②招标图（参照被告提供的工程编号 20051—024，图号为水施 06C、水施 07C 图纸）与现竣工图对比，取消或减少的项目，电梯迫降等增加部分 67 010 元，部分区域取消项目 88 175 元。注——根据上次开庭的情况，现招标图纸的确认双方还存在异议，以上两项工程造价是依据被告提供的图纸（招标图）与竣工图对比产生的，供参考。二、窝工费部分。1. 原告主张。原告提交延误窝工费（延误、停工）的计算结论为 1 524 096 元，认为依据如下。①合同约定 2 号楼、3 号楼计划为 30 日，地下车库为 60 日，原告提出根据原告提供的例会纪要中所描述，本项目实际工期为 549 日，故窝工延误工期为 459 日。②原告提供的计算表称其劳动力安排及工资计算为 1 300 320 元。2. 被告主张。被告认为本项目不存在因甲方原因造成的窝工，并主张是原告原因而造成工期延误，需追究延期竣工违约责任，认为依据如下。①施工合同约定工期为分段施工，不是连续施工，并且根据施工合同第九条第 2 项约定“因甲方原因造成乙方工期拖延的，应以工程签证单书面记录，相应顺延计算”；②根据上海市建设工程合同登记备案变更及上海市建设工程合同登记备案数据变更办结单，双方已同意调整约定竣工日期为 2008 年 5 月 20 日；③原告于 2008 年 7 月 24 日方提出工程竣工验收申请，其延误工期已超过 60 天。本项目是否窝工（延误、停工）及其费用由法院裁定。

审理中，因消防公司申请，本院依法裁定冻结虹×公司银行存款 300 万元，或查封、扣押其等值的其他财产。其后，因虹×公司申请并提供担保，本院依法裁定解除对虹×公司银行存款 300 万元的冻结；查封虹×公司名下位于上海市四平路××号 6 号楼 2 单元 3301 室的房产。

以上事实，由双方当事人陈述、招投标文件、合同、消防验收意见书、交接单、报告、补充报告等证据证实，经庭审质证，本院予以确认。

本院认为：第一，消防公司与虹×公司签订的《消防工程施工合同》依法成立，具有法律约束力。

第二，关于系争工程造价。双方对于结算原则存有争议，消防公司要求根据施工图及实际施工量按实结算，虹×公司则要求按合同约定结算。应认为：首先，虽然在经过备案的招标文件中载明投标报价依据为招标单位提供的工程量清单等，但是在消防公司随后的投标文件中另载明工程报价依据为 20051—024 虹口 43 号地块住宅小区工程设计图纸，再结合考虑双方此前实质上已进行过招投标程序，在该报价中消防公司的工程报价依据也为上述图纸，故本院确认合同价 160 万元是消防公司依据相关图纸并按其投标时承诺的优化设计后所确定的合同价款。其次，对于消防公司表示进场后虹×公司另提供了施工图，施工图所示工程量大大超过招投标文件明确的工程量一节，因没有证据予以证明，且消防公司作为专业施工单位，如发觉工程量存在较大差异，可能对工程结算原则产生影响时，也应及时与虹×公司协商。再者，从沪港公司通过对比招标图与竣工图后所做结论看，并非消防公司所述工程量大大增加。现施工合同已对合同预算价、因设计变更、签证增加而使工程量发生增减后如何计价等做出了明确约定，故工程应按合同约定计价。消防公司所主张的结算原则，实质是对全部工程项目按实结算，明显违背了双方合同约定，本院不予采纳。沪港公司根据虹×公司结算原则，计算出系争工程造价为 1 953 801 元。虽然消防公司对虹×公司提供的招标图纸不予认可，并表示竣工图管线走向与现场施工不符，但是有关招标图纸，消防公司没有提供相应反驳证据，故本院对虹×公司提供的招标图予以确认；有关竣工图，竣工图是由消防公司制作并经监理单位审核的，沪港公司鉴定人员也表示因部分属于隐蔽工程，无法判断竣工图与现场是否一致，故沪港公司以竣工图为依据进行审价并无不当。综上，系争工程造价应为 1 953 801 元，扣除已付款 139 万元，虹×公司还应支付 563 801 元。

第三，关于消防公司要求虹×公司支付逾期付款利息的诉请。因施工合同约定双方完成全部工程的决算后十个工作日内，虹×公司支付消防公司至工程决算价的 95%；工程自通过竣工验收之日起保修一年，保修期满后十个工作日内，甲方付清全部尾款 5%的质保金；同时，消防公司在结算编制书交接单上表示同意送审，后双方就结算原则产生争议。可认为，虹×公司并未拖延支付工程余款，故对于相关诉请，本院不予支持。

第四，关于消防公司要求虹×公司赔偿窝工损失的诉请。由于消防公司提供的证据并不足以证明实际造成了窝工及具体窝工金额，沪港公司鉴定人员出庭时也表示无法看出是否窝工及窝工时间，故对于相关诉请，本院不予支持。

第五，关于虹×公司反诉要求消防公司支付延误工期违约金的诉请。根据施工中形成的会议纪要反映，系争工程延期完工的责任不能完全归责于消防公司，故对于相关诉请，本院不予支持。

据此，依照《中华人民共和国合同法》第一百零九条的规定，判决如下：

一、被告上海虹×房地产有限公司于本判决生效之日起十日内支付原告上海××工程有限公司工程款 563 801 元；

二、原告上海××工程有限公司要求被告上海虹×房地产有限公司支付逾期付款利息的诉讼请求，不予支持；

三、原告上海××工程有限公司要求被告上海虹×房地产有限公司赔偿窝工损失 1 564 707 元的诉讼请求，不予支持。

四、被告上海虹×房地产有限公司反诉要求原告上海××工程有限公司支付延误工期违约金的诉讼请求，不予支持。

如果未按本判决指定的期间履行给付金钱义务，应当依照《中华人民共和国民事诉讼法》第二百二十九条的规定，加倍支付迟延履行期间的债务利息。

本案本诉案件受理费 47 607.58 元，减半收取 23 803.79 元，由原告消防公司负担 21 185.37 元、被告虹×公司负担 2 618.42 元；反诉案件受理费 3 050 元，由被告虹×公司负担；财产保全申请费 5 000 元，由原告消防公司负担 4 450 元、被告虹×公司负担 550 元；鉴定费 65 054 元，由原告消防公司负担 57 898.06 元、被告虹×公司负担 7 155.94 元。

如不服本判决，可在判决书送达之日起十五日内，向本院递交上诉状，并按对方当事

人的人数提出副本，上诉于上海市第二中级人民法院。

7.1　工期

7.1.1　合同工期

发包人应按照法律规定获得工程施工所需的许可。经发包人同意后，监理人发出的开工通知应符合法律规定。监理人应在计划开工日期七天前向承包商发出开工通知，工期自开工通知中载明的开工日期起算。

除专用合同条款另有约定外，因发包人原因造成监理人未能在计划开工日期之日起九十天内发出开工通知的，承包商有权提出价格调整要求，或者解除合同。发包人应当承担由此增加的费用和（或）延误的工期，并向承包商支付合理利润。

7.1.2　工期延误

1. 因发包人原因导致工期延误

在合同履行过程中，因下列情况导致工期延误和（或）费用增加的，由发包人承担由此延误的工期和（或）增加的费用，且发包人应支付承包商合理的利润：

（1）发包人未能按合同约定提供图纸或所提供图纸不符合合同约定的；

（2）发包人未能按合同约定提供施工现场、施工条件、基础资料、许可、批准等开工条件的；

（3）发包人提供的测量基准点、基准线和水准点及其书面资料存在错误或疏漏的；

（4）发包人未能在计划开工日期之日起七天内同意下达开工通知的；

（5）发包人未能按合同约定日期支付工程预付款、进度款或竣工结算款的；

（6）监理人未按合同约定发出指示、批准等文件的；

（7）专用合同条款中约定的其他情形。

因发包人原因未按计划开工日期开工的，发包人应按实际开工日期顺延竣工日期，确保实际工期不低于合同约定的工期总日历天数。因发包人原因导致工期延误需要修订施工进度计划的，按照施工进度计划的修订执行。

2. 因承包商原因导致工期延误

因承包商原因造成工期延误的，可以在专用合同条款中约定逾期竣工违约金的计算方法和逾期竣工违约金的上限。承包商支付逾期竣工违约金后，不免除承包商继续完成工程及修补缺陷的义务。

7.1.3　合同工期的顺延

实践中，施工合同受到来自各方面的影响因素很多，这些影响因素的影响结果不是工程造价提高，就是工程施工停工或施工时间增加，而且造价提高和工期延长往往同时并存。这些影响因素有的是承包商在投票时就可以预计到的，有的是不可以预计的。不论是承包商可以预计还是不可以预计的，从业主的角度都必须考虑这些影响因素应该由谁来承

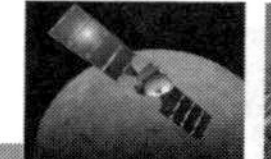

担。很显然，如果业主将可能出现的影响因素都转嫁给承包商来承担，则必然导致的情况就是，承包商在投标阶段必定将这些风险转变成施工成本而提高投标报价。换句话说，如果业主将这些因素都交由承包商来承担，不管这样的因素在实际施工期间是否发生，业主招标的结果必然是中标价要高些。这样对业主当然是不利的，所以国际上通常的惯例做法是将这类风险留给业主自己承担。这样做的好处是，只有该因素在施工中出现了业主才承担，不出现时业主就不承担，最终使得业主的投资没有浪费。

1. 延误的工期

我国现行的施工合同也是参照了国际惯例，同国际惯例的做法一样，将这些风险归为应由业主承担的风险。在施工时间方面，通用条款规定，因下列原因造成的工期延误属于业主所应承担的风险，经工程师确认后，延误的工期应该由业主补给承包商：

（1）业主未能按专用条款的约定提供图纸及开工条件。

（2）业主未能按约定日期支付工程预付款、进度款，使施工不能正常进行。

（3）工程师未按合同约定提供所需指令、批准等，使施工不能正常进行。

（4）设计变更和工程量增加。

（5）一周内非承包商原因停水、停电、停气造成停工累计超过8小时。

（6）不可抗力。

（7）专用条款中约定或工程师同意工期顺延的其他情况。

2. 工期顺延的程序

通用条款规定，在上述顺延工程工期的情况发生后十四天内，承包商就延误的工期以书面形式向工程师提出报告。

工程师在收到报告后十四天内予以确认，逾期不予确认也不提出修改意见的，视为同意顺延工期。

《监理规范》规定，当承包商提出工程延期要求符合施工合同的规定条件时，项目监理机构应予以受理。当影响工期事件具有持续性时，项目监理机构可在收到承包商提交的阶段性工程延期申请表并经过审查后，先由总监理工程师签署工程临时延期审批表并通报业主。当承包商提交最终的工程延期申请表后，项目监理机构应复查工程延期及临时延期情况，并由总监理工程师签署最终延期审批表。

工程临时延期申请表应符合《监理规范》附录A7表（见表7.1）的格式；工程临时延期审批表应符合《监理规范》附录B4表（见表7.2）的格式；工程最终延期审批表应符合《监理规范》附录B5表（见表7.3）的格式。

在《监理规范》的附录“施工阶段监理工程的基本表式”中，A7表为承包商使用的“工程临时延期申请表”，B4表和B5表分别为监理工程师使用的“工程临时延期审批表”和“工程最终延期审批表”。

表 7.1　工程临时延期申请表（A7）

工程名称：　　　　　　　　　　　　　　　　　　　　　　　　编号：

致：　　　　　　　　　　　　　　　　　　　（监理单位） 根据施工合同条款________条的规定，由于__________________________原因，我方申请工期延期，请予以批准。 附件： 1．工程延期的依据及工期计算 合同竣工日期： 申请延长竣工日期： 2．证明材料 承包商________ 项目经理________ 日　期________

表 7.2　工程临时延期审批表（B4）

工程名称：　　　　　　　　　　　　　　　　　　　　　　　　编号：

致：　　　　　　　　　　　　　　　　　　　（承包商） 根据施工合同条款________条的规定，我方对你方提出的________工程延期申请（第________号）要求延长工期_______日历天的要求，经过审核评估： □暂时同意工期延长________日历天。使竣工日期（包括已指令延长的工期）从原来的________年____月____日延迟到________年____月____日。请你方执行。 □不同意延长工期，请按约定竣工日期组织施工。 说明： 项目监理机构________ 总监理工程师________ 日　　期________

表 7.3　工程最终延期审批表（B5）

工程名称：　　　　　　　　　　　　　　　　　　　　　　　　编号：

致：　　　　　　　　　　　　　　　（承包商） 　根据施工合同条款________条的规定，我方对你方提出的________工程延期申请（第________号）要求延长工期_____日历天的要求，经过审核评估： 　□最终同意工期延长__________日历天。使竣工日期（包括已指令延长的工期）从原来的________年____月____日延迟到________年____月____日。请你方执行。 　□不同意延长工期，请按约定竣工日期组织施工。 说明： 项目监理机构________ 总监理工程师________ 日　　期________

《监理规范》还规定，项目监理机构在做出临时延期批准和最终延期批准之前，均应与业主和承包商进行协商。

项目监理机构在审查工程延期时，应依下列情况确定批准工程延期的时间：

（1）施工合同中有关工程延期的约定。

（2）工期拖延和影响工期事件的事实和程度。

（3）影响工期事件对工期的量化程度。

案例 7-1　某工程项目，钢筋混凝土大板结构，地下 2 层，地上 18 层，基础为整体底板，混凝土量为 840 立方米，底板标高-6 米，钢门窗框，木门，采用集中空调设备。施工组织设计确定，土方采用大开挖放坡施工方案，开挖土方工期 20 天，浇筑底板混凝土 24 小时连续施工需要 4 天。

（1）施工单位在协议条款约定的开工日期前 8 天提交了一份请求报告，报告请求延期开工 10 天，其理由是：

① 电力部门通知，施工用电变压器在开工 4 天后才能安装完毕。

② 由铁路部门运输的 5 台施工单位自有施工主要机械在开工后 8 天才能运输到施工现场。

③ 为工程开工所必需的辅助施工设施在开工后 10 天才能投入使用。

（2）基坑开挖进行 18 天时，发现-6 米地基仍为软土地基，与地质报告不符。监理工程师及时进行了以下工作：

① 通知施工单位配合勘察单位利用 2 天时间查明地基情况。

② 通知业主与设计单位洽商修改基础设计，设计时间为 5 天交图。确定局部基础深度加深到-7.5 米，混凝土工程量增加 70 立方米。

③ 通知施工单位修改土方施工方案，加深开挖，增大放坡，开挖土方需要 4 天。混凝土浇筑仍在原时间完成。

（3）工程所需的 200 个钢门窗框由业主负责供货。钢门窗框运达施工单位工地仓库，并入库验收。施工过程中监理工程师进行检验时，发现有 10 个钢窗框有较大变形，即下令施工单位拆除。经检查，原因属于钢窗框使用材料不符合要求。

问题:（1）监理工程师接到报告后应该如何处理？为什么？

（2）监理工程师应该核准哪些项目的工期顺延？应该同意延期几天？对哪些项目（列出项目名称内容）应该核准经济补偿？

（3）对此事故监理工程师应该如何处理？

解析　（1）应该同意延期开工 4 天。因为只有变压器安装延误不属于施工单位的责任，所以工期应该予以延期开工。

（2）三种情况均可以顺延工期。顺延时间应该为 11 天。可核准经济补偿的有：配合勘察单位查明地基情况、等待图纸延误补偿、增加的土方开挖工程量、增加的混凝土浇筑工程量。

（3）由业主承担费用补偿和工期补偿责任。

7.1.4　实际施工期

从合同协议书约定的开工日期起，至承包商实际完成施工、工程实际竣工之日止的时间段，为承包商实际施工期。

实际竣工日期为工程竣工验收通过、承包商送交竣工验收申请报告的日期。工程按业主要求修改后通过竣工验收的，实际竣工日期为承包商修改后提请业主验收的日期。

我国施工合同的这种规定，与 FIDIC 合同的做法不同。在 FIDIC 合同中，实际竣工时间是由工程师掌握的，具体情况将在以后的章节进行介绍。但在我国却是以通过验收时承包商提交验收申请报告的日期为工程的实际竣工日期，仔细分析就会发现，这样的规定存在漏洞。因为按照施工合同规定，从承包商提交验收申请，到业主组织验收有不超过 28 天的准备时间。试想，如果承包商递交验收申请后，业主在第 20 天才开始验收，而验收结果是没有通过，这 20 天承包商可能已经没有施工任务而处于等待状态，但 20 天等待后却要继续返工，等其返工完毕，再提交验收申请。如果第二次验收通过，则按照施工合同的规定，实际竣工时间为返工后提交申请的时间，那自然包括了此前提到 20 天的等待时间。然而把这 20 天作为承包商的实际施工时间看待，对于承包商来说是不公平的，因为这是由业主安排竣工检验的原因引起的。

7.2　进度计划

承包商编制的施工进度计划，是施工合同管理中一个极为重要的依据文件。前述如工期顺延等问题，判别一些关键时间界限及划分责任归属的依据，就是经工程师批准执行的进度计划。进度计划经工程师批准后，不仅承包商应按照计划组织施工，业主、工程师也要按照计划履行相应的义务，所以其对承包商、业主和工程师三方均具有约束力。

7.2.1 进度计划修改

进度计划必然受到现场各种实际因素的干扰，而当计划与现实情况不相符时，计划必须要进行修改。因此，在施工合同通用条款中，对进度计划做出如下约定：

（1）承包商应按专用条款约定的日期，将施工组织设计和工程进度计划提交工程师，工程师按照专用条款约定的时间予以确认或提出修改意见，逾期不确认也不提出书面意见的，视为同意。

（2）群体工程中单位工程分期进行施工的，承包商应按照业主提供的图纸及有关资料的时间，按单位工程编制进度计划，具体内容双方在专用条款中约定。

（3）承包商必须按工程师确认的进度计划组织施工，接受工程师对进度的检查、监管。工程实际进度与经确认的进度计划不符时，承包商应按工程师的要求提出改进措施，经工程师确认后执行。因承包商的原因导致实际进度与进度计划不符，承包商无权就改进措施提出追加合同价款。

施工过程中，各种因素引起的停工时有发生，同时由于施工合同履行期限长，履行过程中难免会发生合同变更。当工程停工、合同变更等情况出现后，都会引起计划进度与实际进度不相符，此时承包商一般都要对进度计划进行调整。

承包商对进度计划的调整，是承包商的一项义务，这是国际惯例的通行做法，如FIDIC施工合同条件规定，不论什么原因引起进度计划与实际进度不符，承包商都应免费调整进度计划。这就说明，即使进度计划与实际进度不相符的原因是由业主引起的，承包商也要调整进度计划，而且不能要求业主支付一笔调整进度计划的费用。

我国施工合同中没有明确说到对进度计划进行调整，而是承包商要“提出改进措施”。虽然这样的规定是放在“进度计划”的条款之下，但由于改进措施，可以是对实际施工进度而言的，也可以是其他方面，所以此处意义是不明确的。合同还提到“因承包商原因导致的实际进度与进度计划不符，承包商无权就改进措施提出追加合同价款”，如果“改进措施”是指进度计划调整，则说明由业主原因引起的实际进度与进度计划不符，承包商就有权因改进措施提出追加合同价款，这又与国际惯例不相符。

承包商修改进度计划是承包商的管理手段，承包商进行施工管理的相关费用，已经在投标报价中有所体现。因此，承包商修改进度计划是其义务，不论什么原因要修改进度计划，都应该是免费进行的，即国际惯例的通行做法是比较科学的。

7.2.2 暂停施工

在施工过程中可能会出现暂时停工的情况，暂停施工会影响工程进度，作为工程师应该尽量避免暂停施工。实践中暂停施工有的是局部的暂停施工，有的是整个工程的暂停施工。而停工的原因来自四个方面：一定发包人原因引起暂停施工；二是承包商原因引起暂停施工；三是指示暂停施工；四是紧急情况下的暂停施工。下面将分别进行简单介绍。

1. 发包原因引起暂停施工

由发包人原因引起暂停施工的，监理人经发包人同意后，应及时下达暂停施工指示。情况紧急且监理人未及时下达暂停施工指示的，按照13版施工合同范本执行。

由发包人原因引起的暂停施工，发包人应承担由此增加的费用和（或）延误的工期，并支付承包商合理的利润。

2. 承包商原因引起暂停施工

由承包商原因引起的暂停施工，承包商应承担由此增加的费用和（或）延误的工期，且承包商在收到监理人复工指示后 84 天内仍未复工的，视为 13 版施工合同范本第（7）项约定的承包商无法继续履行合同的情形。

3. 指示暂停施工

监理人认为有必要时，并经发包人批准后，可向承包商做出暂停施工的指示，承包商应按监理人指示暂停施工。

4. 紧急情况下的暂停施工

因紧急情况需暂停施工且监理人未及时下达暂停施工指示的，承包商可先暂停施工，并及时通知监理人。监理人应在接到通知后 24 小时内发出指示，逾期未发出指示，视为同意承包商暂停施工。监理人不同意承包商暂停施工的，应说明理由，承包商对监理人的答复有异议，按照 13 版施工合同范本约定处理。

7.2.3 设计变更

在施工过程中如果发生设计变更，将对施工进度产生重大影响。因此，工程师在其可能的范围内应尽量减少设计变更。如果必须对设计进行变更，应该严格按照国家的规定和合同约定的程序进行。

1. 业主要求变更

施工中业主要对原工程进行设计变更，应提前 14 天以书面形式向承包商发出变更通知。变更超过原设计标准或批准的建设规模时，业主应报规划管理部门和其他有关部门重新审查批准，并由原设计单位提供变更的相应图纸和说明。由此延误的工期相应顺延。

由于大部分建设工程的设计是由业主委托设计单位进行的，因此，如果设计单位要求对设计进行变更，在施工合同中也属于业主要求设计变更的情况。

2. 承包商要求变更

承包商应该严格按照图纸施工，施工中承包商不得对原工程设计进行变更。因承包商擅自变更设计发生的费用和由此导致业主的直接损失，由承包商承担，延误的工期不予顺延。

承包商在施工中提出的合理化建议涉及对设计图纸或施工组织设计的更改及对材料、设备的换用必须经工程师同意。未经同意擅自更改或换用时，承包商承担由此发生的费用，并赔偿业主的有关损失，延误的工期不予顺延。

3. 设计变更内容

能够构成设计变更的事项包括以下变更：

（1）增加或减少合同中任何工作，或追加额外的工作；

（2）取消合同中任何工作，但转由他人实施的工作除外；

（3）改变合同中任何工作的质量标准或其他特性；

（4）改变工程的基线、标高、位置和尺寸；

（5）改变工程的时间安排或实施顺序。

4. 工程变更处理程序

在施工合同管理中，工程变更的情况非常常见，设计变更是工程变更的一种情况。由于设计变更一般会涉及工期与施工成本的较大调整，所以施工合同中对此做出特别的说明，而一般的工程变更则属于合同管理的内容。

发包人和监理人均可以提出变更。变更指示均通过监理人发出，监理人发出变更指示前应征得发包人同意。承包商收到经发包人签认的变更指示后，方可实施变更。未经许可，承包商不得擅自对工程的任何部分进行变更。

涉及设计变更的，应由设计人提供变更后的图纸和说明。当变更超过原设计标准或批准的建设规模时，发包人应及时办理规划、设计变更等审批手续。

《监理规范》规定，项目监理机构应按下列程序处理工程变更。

（1）设计单位对原设计存在的缺陷提出的工程变更，应编制设计变更文件；业主或承包商提出的工程变更，应提交总监理工程师，由总监理工程师组织专业监理工程师审查。审查同意后，应由业主转交原设计单位编制设计变更文件。当工程变更涉及安全、环保等内容时，应按规定经有关部门审定。

（2）项目监理机构应了解实际情况并收集与工程变更有关的资料。

（3）总监理工程师必须根据实际情况设计变更文件和其他有关资料，按照施工合同的有关条款，在指定专业监理工程师完成下列工作后，对工程变更的费用和工期做出评估：

① 确定工程变更项目与原工程项目之间的类似程度和难易程度。

② 确定工程变更项目的单价或总价。

③ 确定工程变更的单价或总价。

（4）总监理工程师应就工程变更费用及工期的评估情况与承包单位和建设单位进行协调。

（5）总监理工程师签发工程变更单。工程变更单应符合附录“施工阶段监理工作的基本表式”中 C2 表（见表 7.4）的格式，并应包括工程变更要求、工程变更说明、工程变更费用和工期、必要的附件等内容，有设计变更文件的工程变更应附设计变更文件。

（6）项目监理机构应根据工程变更单监督承包商实施。

表 7.4　工程变更单（C2）

工程名称：　　　　　　　　　　　　　　　　　　　　　编号：

致：　　　　　　　　　　　　　　（监理单位） 　　由于________________原因，兹提出________工程变更（内容见附件），请予以审批。 附件：   　　　　　　　　　　　　　　　　　　　　　　提出单位________ 　　　　　　　　　　　　　　　　　　　　　　代 表 人________ 　　　　　　　　　　　　　　　　　　　　　　日　　期________

续表

一致意见：		
建设单位代表 签字： 日期____	设计单位代表 签字： 日期____	项目监理机构 签字： 日期____

7.3　竣工验收

竣工验收是业主对工程的全面检验，是保修期外的最后阶段。在竣工验收阶段，工程师对进度管理的任务就是督促承包商完成工程的扫尾工作，协调竣工验收中的各方关系，参加竣工验收。

7.3.1　竣工验收条件

工程具备以下条件的，承包商可以申请竣工验收：

（1）除发包人同意的甩项工作和缺陷修补工作外，合同范围内的全部工程及有关工作，包括合同要求的试验、试运行及检验均已完成，并符合合同要求。

（2）已按合同约定编制了甩项工作和缺陷修补工作清单及相应的施工计划。

（3）已按合同约定的内容和份数备齐竣工资料。

7.3.2　竣工验收程序

除专用合同条款另有约定外，承包商申请竣工验收的，应当按照以下程序进行：

（1）承包商向监理人报送竣工验收申请报告，监理人应在收到竣工验收申请报告后 14 天内完成审查并报送发包人。监理人审查后认为尚不具备验收条件的，应通知承包商在竣工验收前还需完成的工作内容，承包商应在完成监理人通知的全部工作内容后，再次提交竣工验收申请报告。

（2）监理人审查后认为已具备竣工验收条件的，应将竣工验收申请报告提交发包人，发包人应在收到经监理人审核的竣工验收申请报告后 28 天内审批完毕并组织监理人、承包商、设计人等相关单位完成竣工验收。

（3）竣工验收合格的，发包人应在验收合格后 14 天内向承包商签发工程接收证书。发包人无正当理由逾期不颁发工程接收证书的，自验收合格后第 15 天起视为已颁发工程接收证书。

（4）竣工验收不合格的，监理人应按照验收意见发出指示，要求承包商对不合格工程返工、修复或采取其他补救措施，由此增加的费用和（或）延误的工期由承包商承担。承包商在完成不合格工程的返工、修复或采取其他补救措施后，应重新提交竣工验收申请报告，并按本项约定的程序重新进行验收。

（5）工程未经验收或验收不合格，发包人擅自使用的，应在转移占有工程后 7 天内向承包商颁发工程接收证书；发包人无正当理由逾期不颁发工程接收证书的，自转移占有后

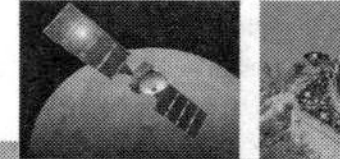

第15天起视为已颁发工程接收证书。

除专用合同条款另有约定外，发包人不按照本项约定组织竣工验收、颁发工程接收证书的，每逾期一天，应以签约合同价为基数，按照中国人民银行发布的同期同类贷款基准利率支付违约金。

7.3.3 业主要求提前竣工

在施工中，业主如果要求提前竣工，应当与承包商进行协商，协商一致后应签订提前竣工协议。业主应该为赶工提供方便条件。提前竣工应该包括以下几个方面的内容：

（1）提前的时间；

（2）承包商采取的赶工措施；

（3）业主为赶工提供的条件；

（4）承包商为保证工程质量采取的措施；

（5）提前竣工所需要的追加合同价款。

7.3.4 甩项工程

因为特殊原因，业主要求部分单位工程或工程部位甩项竣工的，双方应当另行签订甩项竣工协议，明确各方的责任和工程价款的支付办法。

第8章 工程施工合同质量管理

教学导航

教学目标	1. 明确质量标准及图纸的提供与管理要求。 2. 掌握材料设备供应的质量管理。 3. 了解质量检验的重要性。
关键词汇	标准和图纸； 材料设备供应； 质量检验。

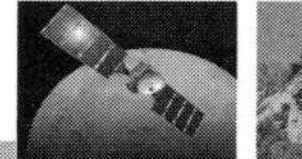

典型案例8　某复合板买卖合同纠纷案

上海市第一中级人民法院民事判决书

（2013）沪一中民四（商）终字第2299号

上诉人（原审原告、反诉被告）诺派建筑材料（上海）有限公司。

被上诉人（原审被告、反诉原告）四川天宇建设工程有限公司。

上诉人诺派建筑材料（上海）有限公司（以下简称诺派公司）因买卖合同纠纷一案，不服上海市徐汇区人民法院（2012）徐民二（商）初字第627号民事判决，向本院提起上诉。本院于2013年12月19日立案受理后，依法组成合议庭，于2014年1月7日公开开庭审理了本案。上诉人诺派公司的委托代理人，被上诉人四川天宇建设工程有限公司（以下简称天宇公司）的委托代理人到庭参加诉讼。本案现已审理终结。

原审法院认定，2010年3月15日，天宇公司出具授权委托书，委托张才能以天宇公司一分公司名义，与诺派公司签订合同和处理有关事宜。同年3月19日，诺派公司与天宇公司一分公司签订材料供应合同，约定天宇公司向诺派公司购买金属面硬质聚氨酯夹芯板，其中复合板平板面积为10 484.25平方米，单价为161.39元（人民币，下同）/平方米；复合板弧形板面积为1 634.86平方米，单价为395.53元/平方米；合计总金额为2 338 689.28元；合同最终结算总金额以实际供货面积（以天宇公司代收人签收确认的发货单）为准，单价不变，最终结算按本合同实际供货面积总金额结算，并向天宇公司开具全额的正规发票。合同签订后，天宇公司一分公司于五日内向诺派公司支付合同总价款的30%作为预付款，诺派公司开始备货，天宇公司向诺派公司支付到合同总价款的70%后，诺派公司开始向天宇公司发货，货物清单由天宇公司提出；诺派公司发货量占本合同的70%后，天宇公司向诺派公司支付到总货款的95%，诺派公司向天宇公司继续发货；本合同总金额的5%作为材质保证金，最后一批货到工地后七十天内，如材料无质量问题，由天宇公司向诺派公司全额支付材质保证金；另，天宇公司应按直板20元/平方米、弧板40元/平方米的单价向诺派公司支付施工技术服务费，付款同上述材料款，最终结算按本合同实际供货面积总金额结算，并向天宇公司开具全额的技术服务费发票；本合同各种附件（含图纸或加工规格确认单、业主招标文件、答疑纪要及诺派公司的承诺）与本合同具有同等法律效力等。同年7月18日，诺派公司与天宇公司签订补充协议，约定在主合同的基础上天宇公司支付诺派公司辅材及配件费用，数量为12 119.11平方米，单价为30元/平方米，总价为363 573.30元；本合同最终结算以安装面积为准，单价不变，并向天宇公司开具全额的正规发票；合同签订后且诺派公司在收到天宇公司30%的预付款后，随墙面材料同步提供相应配件，保证天宇公司的安装；付款方式为合同签订后，天宇公司于五日内向诺派公司支付协议的30%作为预付款，即109 072元，诺派公司开始备货，天宇公司向诺派公司支付到合同总价款的100%后，诺派公司开始向天宇公司发货等。上述合同及补充协议签订后，诺派公司自2010年7月23日起至同年9月20日，向天宇公司交付总面积为12 119.11平方米（应为12 223.53平方米，系笔误）的复合板平板及复合板弧形板，均由天宇公司工作人员在25张

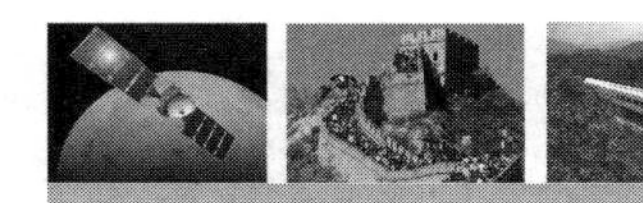

装运单上签字予以确认。系争装运单的栏目中列明了板长、张数、总板长、板号、转角数、企口数、圆弧数等项目。天宇公司先后支付诺派公司货款合计 2 846 653.24 元，诺派公司向天宇公司开具了合计金额为 1 829 638.07 元、税率为 17%的增值税普通发票。之后，诺派公司以天宇公司尚欠货款为由，诉至原审法院，要求天宇公司支付货款 303 492 元，并偿付自 2010 年 11 月 30 日起至实际清偿日止，按银行同期贷款利率计算的利息损失。天宇公司则提起反诉，要求诺派公司返还货款 6 794 元，并向天宇公司开具金额为 745 609.34 元的上海增值税普通发票及金额为 264 611.20 元的技术服务费发票。

原审审理中，双方确认，2010 年 7 月 26 日第 6 车、同年 7 月 30 日第 9 车 2-2、同年 7 月 31 日第 10 车、同年 8 月 4 日第 11 车、同年 8 月 5 日第 12 车、同年 8 月 6 日第 13 车的装运单载明的均为复合板平板，双方对所记载的面积无异议，上述装运单中板号、圆弧数、圆弧等项目中均未反映复合板为圆弧板。双方也确认，2010 年 8 月 21 日第 22 车、同年 9 月 2 日第 24 车 2-2、同年 9 月 2 日第 23 车 4-3、同年 9 月 4 日第 25 车 2-2、同年 9 月 10 日第 28 车 3-2 的装运单载明的均为复合板弧形板，双方对所记载的面积无异议，上述装运单中板号均注明为圆弧板，圆弧数、圆弧等项目均注明了数量。双方对剩余 14 张装运单记载的面积无异议，但诺派公司认为虽然装运单在板号、圆弧数、圆弧等项目中均未注明为圆弧板，但装运单中注明的板号，与项目深化设计图纸中的弧形板编号一致，从中可以反映部分复合板实际为圆弧板，应按合同约定的圆弧板单价予以结算；天宇公司则表示，除装运单板号中注明为圆弧板、圆弧数、圆弧等均有记载的，其余复合板应为平板，而深化设计图纸并非合同附件，且系争合同明确约定最终结算应以天宇公司代收人签收确认的发货单为准，故对诺派公司的主张不予认可。

原审法院认为，诺派公司与天宇公司签订的材料供应合同及补充协议是双方当事人真实意思表示，属合法有效，双方均应按约履行。双方对诺派公司实际交付货物的数量并无异议，但对货物品种存在争议。虽然诺派公司认为，装运单未注明为圆弧板的可由天宇公司根据深化设计图纸载明的编号予以核对，但天宇公司否认深化设计图纸是合同附件，并表示未收到该图纸，诺派公司也未就其主张举证予以证明，故天宇公司的上述抗辩理由成立，货款应按装运单中板号、圆弧数、圆弧等项目载明的内容予以结算。经核对，天宇公司根据装运单统计的平板、圆弧板面积均准确无误，故认定：诺派公司交付天宇公司的复合板平板面积为 11 216.50 平方米，货款金额为 1 810 230.94 元；复合板弧形板面积为 1 007.03 平方米，货款金额为 398 310.58 元；复合板平板技术服务费为 224 330 元，复合板弧形板技术服务费为 40 281.20 元，辅材及配件费合计为 366 705.90 元，天宇公司应支付诺派公司款项合计 2 839 858.62 元。现天宇公司已支付诺派公司款项 2 846 653.24 元，故其已多支付诺派公司 6 794.62 元，故对诺派公司要求天宇公司支付货款及相应利息损失的本诉诉讼请求，均不予支持，对天宇公司要求诺派公司返还款项 6 794 元的反诉诉讼请求，予以支持。关于发票，系争合同约定诺派公司应按实际供货面积总金额向天宇公司开具材料发票及技术服务费发票，且诺派公司已向天宇公司开具了部分增值税普通发票，故现天宇公司要求诺派公司开具剩余货款金额的增值税普通发票及技术服务费发票的反诉诉讼请求符合系争合同约定，予以支持。

原审法院遂依照《中华人民共和国合同法》第八条、《中华人民共和国民事诉讼法》第六十四条第一款、《最高人民法院关于民事诉讼证据的若干规定》第二条的规定，判决：

一、驳回诺派公司的全部本诉诉讼请求；二、诺派公司应于判决生效后十日内返还天宇公司款项 6 794 元；三、诺派公司应于判决生效后十日内向天宇公司开具金额为 745 609.34 元的上海增值税普通发票；四、诺派公司应于判决生效后十日内向天宇公司开具金额为 264 611.20 元的技术服务费发票。负有金钱给付义务的当事人如果未按判决指定的期间履行给付金钱义务，应当依照《中华人民共和国民事诉讼法》第二百五十三条的规定，加倍支付迟延履行期间的债务利息。本案一审本诉受理费 4 988.50 元，反诉受理费减半收取 25 元，均由诺派公司负担。

判决后，诺派公司不服，向本院提起上诉称：根据诺派公司提供的货物装运单、招投标文件及项目深化设计图纸等证据，可证明诺派公司自 2010 年 7 月 23 日起至同年 9 月 20 日期间向天宇公司供应复合板总面积为 12 223.53 平方米（已扣除损坏面积），其中平板面积为 10 074.341 平方米，弧形板（含转角板）面积为 2 149.189 平方米，板材配件面积为 12 223.53 平方米，原审判决对此认定事实不清；诺派公司已提供合同及项目深化设计图纸，并约定图纸与合同具同等法律效力，原审法院在天宇公司未提交任何反驳证据的情况下即支持其关于否认该图纸是合同附件的抗辩理由，显然与《最高人民法院关于民事诉讼证据的若干规定》相悖，属适用法律错误；原审法院对于深化设计图纸和装运单所对应的复合板型号的专门性问题，未依职权委托相关机构进行鉴定，属违反法定程序。据此，诺派公司请求二审法院撤销原判，改判支持其原审的全部诉讼请求，并驳回天宇公司原审的全部反诉请求。

天宇公司答辩称：按照合同约定来理解，没有标明圆弧数的板材即属于平板，且无其他有效证据予以推翻，其中也可能涉及双方对权利、义务的处分；涉案合同是诺派公司提供的格式合同，双方从未将业主招投标文件、图纸等作为合同附件，双方仅是独立的购销合同关系，涉案板材的规格及数量应完全按照合同及装运单来确定。据此，天宇公司不同意诺派公司的上诉请求，并认为原审判决认定事实清楚，适用法律正确，请求二审法院驳回上诉，维持原判。

二审庭审中，诺派公司提供了以下证据：1. 诺派公司与案外人签订的材料供应合同一份，以证明涉案园区的材料供应是业主指定，业主招标文件、答疑纪要及设计图纸等均是合同附件；2. 深化设计图纸的设计方出具的鉴证意见及附件，以证明对涉案板材的具体要求是按照深化设计图纸来确定的；3. 天宇公司施工使用的深化设计图纸，以证明涉案板材使用的具体情况。

天宇公司认为，诺派公司提供的上述证据均非新证据，且对其真实性、关联性均有异议。材料供应合同完全与本案无关；鉴证意见不符合证据的形式要件，不具有证明效力，且鉴证意见的附件天宇公司从未见到；深化设计图纸从未见过，施工人员是在诺派公司现场人员指导下根据工程施工图进行施工的。

本院认为，诺派公司提供的其与案外人之间的合同、未经天宇公司确认的深化设计图纸及图纸设计方的意见等，均无法证明与本案双方当事人复合板买卖合同之间的关联性，故难以采信。

天宇公司二审期间未提供新的证据。

本院经审理查明，原审法院认定的事实基本属实，本院予以确认。

另查明，涉案材料供应合同还约定：就成飞航空科技产业园区中的集成科技厂房工

程项目，天宇公司向诺派公司购买产品；技术要求按招标文件要求，技术服务内容按招标文件。

再查明，在诺派公司提供的 25 张装运单中，发货时间为 2010 年 8 月 8 日的第 14 车 2-1 的装运单中有两项载明转角数为 1；发货时间为 2010 年 9 月 20 日的第 31 车 3-1、3-2、3-3 合计 3 张装运单所载明的板号栏中有“转角板”字样且注明转角数为 1。上述该类板材面积共计 114.387 平方米。

还查明，成都飞机工业（集团）有限责任公司技术改造部于 2009 年 12 月 23 日出具《PU 聚氨酯金属复合板招标答疑》，其中第 7 个问题载明：折板如何报价？由于复合板折板（即转角板）与弧形板的加工工艺类似，中标后折板单价采用《投标报价表》中“复合板弧形板”的单价，即投标人在填报弧形板单价时应联系折板综合考虑。

本院认为，本案双方对诺派公司交付的复合板的总面积为 12 223.53 平方米并不持异议，但对其中平板、弧形板的具体面积存有争议。诺派公司认为，应依据货物装运单及作为合同附件的业主招标文件、项目深化设计图纸等来确定平板与弧形板的面积；天宇公司则认为，双方从未将业主招标文件、图纸等作为合同附件，故应完全按照合同及装运单来确定涉案板材的规格及面积。对此，本院认为，涉案合同明确约定，双方最终结算是以天宇公司签收确认的发货单来确定实际供货面积的，而涉案装运单载明了板材的张数、型号、板长、宽度、转角数、圆弧数等数据，且经天宇公司人员签收，故双方应当按约以涉案 25 张装运单载明的内容作为最终结算的依据。关于诺派公司认为双方结算还应结合业主招标文件、深化设计图纸的意见，合同虽约定业主招标文件、图纸等作为合同附件，但双方对上述文件并未做书面确认，现天宇公司也不予认可，且该意见与合同关于以发货单作为结算依据的约定相悖，故本院难以采信。

就涉案装运单载明的内容而言，在 25 张装运单中板号、圆弧数项目反映为圆弧板的，应认定为弧形板，双方对此没有异议。本院注意到，发货时间为 2010 年 8 月 8 日的第 14 车 2-1 的装运单中有两项载明转角数为 1；发货时间为 2010 年 9 月 20 日的第 31 车 3-1、3-2、3-3 合计 3 张装运单所载明的板号栏中有“转角板”字样且注明转角数为 1，该类“转角板”面积共计 114.387 平方米。然双方在合同中对名为“转角板”的货物型号及价格并未约定，现双方对其是属平板还是弧形板各执一词。就双方对该争议事实的举证而言，诺派公司在原审中举证的由涉案工程项目业主相关部门盖章确认的业主招标答疑中，业主表明了对于“转角板”的单价采用弧形板单价的意见。对此，本院认为，从双方合同的相关条款来看，天宇公司采购涉案复合板是由项目业主通过招投标方式确定供应商的，故业主关于板材型号及价格的意见对本案上述争议事实具有证明力，而天宇公司虽予以否认，但并未能提供任何证据予以反驳，故本院据此认定，上述装运单所反映的“转角板”的单价及技术服务费可比照采用弧形板的价格予以确定。

综上所述，本院认定，诺派公司向天宇公司交付复合板平板面积为 11 102.113 平方米，货款金额为 1 791 770.02 元，技术服务费为 222 042.26 元；复合板弧形板面积为 1 007.03 平方米，货款金额为 398 310.58 元，技术服务费为 40 281.20 元；“转角板”面积为 114.387 平方米，货款金额为 45 243.49 元，技术服务费为 4 575.48 元；辅材及配件费合计 366 705.90 元，故天宇公司应支付诺派公司款项共计 2 868 928.93 元，扣除天宇公司已付款项，天宇公司尚应支付 22 275.69 元。据此，对诺派公司的关于货款的本诉诉讼请求予以部分支持，其

关于利息损失的主张，因双方对“转角板”的价格未做约定且存有争议，故不予支持。对于天宇公司要求返还货款的反诉请求予以驳回，对于其关于要求诺派公司开具发票的请求，按照本院确定的货款及技术服务费金额，判令由诺派公司就尚未开具部分履行开票义务。原审判决遗漏部分事实，本院予以纠正。对于诺派公司的上诉请求，予以部分支持。据此，依照《中华人民共和国合同法》第八条、第六十一条，《最高人民法院关于民事诉讼证据的若干规定》第二条、第七十二条第一款及《中华人民共和国民事诉讼法》第一百七十条第一款第（二）项的规定，判决如下：

一、撤销上海市徐汇区人民法院（2012）徐民二（商）初字第627号民事判决；

二、被上诉人四川天宇建设工程有限公司应于本判决生效之日起十日内向上诉人诺派建筑材料（上海）有限公司支付尚欠货款及技术服务费计人民币22 275.69元；

三、驳回上诉人诺派建筑材料（上海）有限公司其余诉讼请求；

四、上诉人诺派建筑材料（上海）有限公司应于本判决生效之日起十日内向被上诉人四川天宇建设工程有限公司开具合计金额为人民币772 391.92元的上海增值税普通发票；

五、上诉人诺派建筑材料（上海）有限公司应于本判决生效之日起十日内向被上诉人四川天宇建设工程有限公司开具合计金额为人民币266 898.94元的技术服务费发票；

六、驳回被上诉人四川天宇建设工程有限公司其余反诉诉讼请求。

被上诉人四川天宇建设工程有限公司如未按本判决指定的期间履行给付金钱义务，应当依照《中华人民共和国民事诉讼法》第二百五十三条的规定，加倍支付迟延履行期间的债务利息。

本案一审本诉案件受理费人民币 4 988.50 元，由上诉人诺派建筑材料（上海）有限公司负担人民币 4 622.35 元，被上诉人四川天宇建设工程有限公司负担人民币 366.15 元；反诉案件受理费减半收取人民币 25 元，由上诉人诺派建筑材料（上海）有限公司负担；本案二审案件受理费人民币 5 013.50 元，由上诉人诺派建筑材料（上海）有限公司负担人民币4 653.58元，被上诉人四川天宇建设工程有限公司负担人民币359.92元。

本判决为终审判决。

8.1 标准和图纸

8.1.1 标准

标准，是指对重复性事物和概念所做的统一性规定。它以科学技术和实践经验的综合成果为基础，经有关方面协商统一，由主管机构批准，以特写形式发布，作为共同遵守的准则和依据。

按照《标准化法》的规定，工程建设的质量必须符合一定的质量标准。工程建设标准，是指对基本建设中各类工程的规划、勘查、设计、施工、安装和验收等需要协调统一的事项所制定的标准。从不同的角度划分，工程建设标准有不同的种类。

（1）按标准内容划分，工程建设标准可分为技术标准、经济标准和管理标准。

（2）按适用范围划分，工程建设标准可分为国家标准、行业标准、地方标准和企业标准。

（3）按执行效力划分，工程建设标准可分为强制性标准和推荐性标准。

施工中所采用的施工和验收标准，都必须在签订施工合同时予以确定，因为不同的标准，对应不同的施工质量，当然也对应不同的工程造价。严格地说，工程适用的标准在招标文件中就应该确定。

施工合同规定，业主和承包商双方要在专用条款内约定工程适用的国家标准、规范的名称。没有国家标准、规范但有行业标准、规范的，约定适用行业标准、规范的名称。没有国家和行业标准、规范的，约定适用工程所在地地方标准、规范的名称。具体来说，就是要约定施工和验收采用的标准，使工程的施工和验收都依据该标准进行。

施工合同还规定，业主应按专用条款约定的时间向承包商提供一式两份约定的标准、规范。

如果国内没有相应标准、规范，业主应按专用条款约定的时间向承包商提出施工技术要求，承包商按约定的时间和要求提出施工工艺，经业主认可后执行。

业主要求使用国外标准、规范的，应负责提供中文译本。

施工合同管理者必须注意，我国《建设工程质量管理条例》规定，建设单位不得明示或者暗示设计单位或者施工单位违反工程建设强制性标准，降低建设工程质量。根据《建设工程质量管理条例》的规定，我国建设部在 2000 年 8 月发布《实施工程建设强制性标准监督规定》，规定在中华人民共和国境内从事新建、扩建、改建等工程建设活动，必须执行工程建设强制性标准，并发布了《工程建设强制性标准条文》，各建筑市场的主体在工程建设活动中都不得违背强制性标准条文的规定。

8.1.2 图纸

建设工程施工应当按照图纸进行。在施工合同管理中的图纸是指由业主提供或者由承包商提供经工程师批准，满足承包商施工需要的所有图纸（包括配套说明和有关资料）。按时、按质、按量提供施工所需的图纸，也是保证工程施工质量的重要因素。

在国际工程中，存在由业主负责设计图纸和由承包商负责设计图纸两种情况，如 FIDIC 合同中，就有用于由业主设计的建筑和工程（For Building and Engineering Works Designed by the Employer）的《施工合同条件》（Conditions of Contract for Construction）和由承包商设计的《设计采购施工（EPC）/交钥匙工程合同条件》（Conditions of Contract for EPC/Turnkey Projects）两种施工合同，因此图纸的提供存在两种情况，即分别由业主或承包商提供图纸。我国没有类似 FIDIC 的交钥匙合同条件，因此隐含的意思是图纸由业主提供。但是，建设工程实践中存在承包商提供图纸的情况，一般做法是承包商根据需要画出图纸，经工程师认可后，报设计单位审核。设计单位同意的，由设计单位对图纸进行确认（盖出图章）后，承包商依照施工。

1. 业主提供图纸

在我国目前的建设工程管理体制中，施工所需要的图纸主要由业主提供（业主通过设计合同委托设计单位设计）。对于业主提供的图纸，《通用条款》有以下约定：

（1）业主应按专用条款约定的日期和套数，向承包商提供图纸。

（2）承包商需要增加图纸套数的，业主应代为复制，复制费用由承包商承担。业主应

代为复制意味着业主应当为图纸的正确性负责。

（3）业主对工程有保密要求的，应在专用条款中提出保密要求，保密措施费用由业主承担，承包商在约定保密期限内履行保密义务。

（4）承包商未经业主同意，不得将本工程图纸转给第三人。工程质量保修期满后，除承包商存档需要的图纸外，应将全部图纸退还给业主。

（5）承包商应在施工现场保留一套完整的图纸，供工程师及有关人员进行工程检查时使用。

使用国外或者境外图纸，不能满足施工需要时，双方在专用条款内约定复制、重新绘制、翻译、购买标准图纸等责任及费用承担。

工程师在对图纸进行管理时，重点是按照合同约定按时向承包商提供图纸，同时根据图纸检查承包商的工程施工。

2. 承包商提供图纸

实践中有些工程，施工图纸的设计或者与工程配套的设计有可能由承包商完成。如果合同中有这样的约定，则承包商应当在其设计资质允许的范围内，按工程师的要求完成这些设计，经过工程师确认后使用，发生的费用由业主承担。在这种情况下，工程师对图纸的管理重点是审查承包商的设计。

案例 8-1 某施工合同规定，业主给承包商提供图纸 8 套，承包商由于在施工中图纸损耗过多，已经没有剩余的图纸作为竣工图，于是要求业主再提供图纸 3 套。业主同意继续提供 3 套。请问施工图纸的费用由谁来承担？

解析 由于施工合同约定业主提供 8 套图纸给承包商，这 8 套图纸的费用由业主支付。而承包商由于在施工中图纸损耗过多，已经没有剩余的图纸作为竣工图，于是要求业主再提供图纸 3 套，这 3 套应该由业主复制给承包商，但是复制费用应该由承包商承担。

8.2 材料设备供应

工程建设材料设备供应的质量管理，是整个工程质量管理的基础。建筑材料、构配件生产及设备供应单位对其生产或供应的产品质量负责。而材料设备的需方则应该根据买卖合同的规定进行质量验收。

8.2.1 业主供应的材料设备

我国施工合同允许业主提供工程建设所需要的材料、设备、构配件等，但如果业主提供这些资源，应该在招标文件中予以载明，在确定中标人后，双方签订施工合同时，就招标文件中约定的业主提供的材料设备，填写施工合同的附件之一“发包人供应材料设备一览表”。业主根据该表提供相应的材料设备，并对材料设备负责。

业主提供材料设备的情况是我国施工合同中的一个特点，但施工合同中对此规定不足，又使其成为一个在合同条文上欠考虑的合同缺陷。对于业主供应的材料设备，在施工合同通用条款中规定当事人双方在签订合同时填写“发包人供应材料设备一览表”，但合同并没有规定该材料设备必须是招标文件已经约定由业主提供。这样就会出现问题，因为承

包商的投标报价是根据工程量和综合单价决定的，如果业主没有在招标文件中明确规定哪些材料设备由自己提供，则承包商的报价中包含自己的成本价格定位，就必然会存在这样的问题，当业主要求这些材料设备由自己提供时，承包商报价时这些材料设备实际价格定位是多少？如果业主在招标文件中就规定这些材料设备由自己提供，则承包商在投标时就不必考虑这些资源的成本，只要考虑除成本外的价格因素即可，当然也就不会出现上述的不足了。因此，对于业主提供的材料设备，应该在招标文件中予以规定，否则就不存在业主提供材料设备的情况，这样合同就完备了。

施工合同对于业主提供的材料设备规定如下。

1. 到货验收

业主按“发包人供应材料设备一览表”约定的内容提供材料设备，并向承包商提供产品合格证明，对其质量负责。业主在所供材料设备到货前 24 小时，以书面形式通知承包商，由承包商派人与业主共同清点。

2. 保管

业主供应的材料设备，承包商派人参加清点后由承包商妥善保管，业主支付相应保管费用。因承包商原因发生丢失损坏，由承包商负责赔偿。

业主未通知承包商清点，承包商不负责材料设备的保管，丢失损坏由业主负责。

3. 检验

业主供应的材料设备使用前由承包商负责检验或试验，不合格的不得使用，检验或试验费用由业主承担。

4. 业主采购的材料设备不符合一览表要求

业主供应的材料设备与约定不符合时，业主应承担责任的具体内容，双方根据下列情况在专用条款内约定：

（1）材料设备单价与一览表不符，由业主承担所有差价。

（2）材料设备的品种、规格、型号和质量等级与一览表不符，承包商可拒绝接收保管，由业主运出施工场地并重新采购。

（3）业主供应的材料规格、型号与一览表不符，经业主同意，承包商可代为调剂串换，由业主承担相应费用。

（4）到货地点与一览表约定的不符合时，由业主负责运至一览表指定地点。

（5）供应数量少于一览表约定的数量时，由业主补齐；多于一览表约定数量时，业主负责将多出部分运出施工场地。

（6）到货时间早于一览表约定时间，由业主承担因此发生的保管费用；到货时间迟于一览表约定时间，业主赔偿由此造成的承包商损失，造成工期延误的，相应顺延工期。

5. 业主供应的材料设备在使用前的检验或试验

业主供应的材料设备进入施工现场后需要在使用前检验或者试验的，由业主负责，费用由业主负责。即使在承包商检验通过后，如果又发现质量有问题的，业主仍应承担重新采购及拆除重建的追加合同价款，并相应顺延由此延误的工期。

案例8-2 某建设工程经过施工招投标，业主最终选定甲建筑公司为中标单位。在施工合同中双方约定，甲建筑公司将配套工程分包给乙专业工程公司，业主负责设备的采购。该工程在施工过程中出现如下情况：

（1）业主负责采购的配套工程设备提前进场，甲建筑公司派人参加开箱清点，并且向监理工程师提交因此增加的保管费支付申请。

（2）乙专业工程公司在配套设备工程安装过程中发现附属工程设备材料库中部分配件丢失，要求业主重新采购供应货物。

问题：（1）甲建筑公司向监理工程师提交因工程设备提前进场增加的保管费支付申请，监理工程师是否应该予以签认？为什么？

（2）乙专业工程公司的要求是否合理？为什么？

解析 （1）监理工程师对于甲建筑公司增加保管费的支付申请应该予以签认。因为，根据合同规定，业主提供的材料设备提前进场，承包商的保管成本增加，属于业主应该承担的责任，由业主承担因此而发生的保管费用。

（2）乙专业工程公司的要求不合理。

因为：第一，乙专业工程公司是分包商，无权直接向业主提出采购要求；第二，业主购买的设备虽然提前进场，但是承包商甲建筑公司已经派人参加开箱清点，在保管期间的损坏丢失责任应该由承包商承担。

8.2.2 承包商采购的材料设备

《建筑法》第二十五条规定："按照合同约定，建筑材料、建筑构配件和设备由工程承包单位采购的，发包单位不得指定承包单位购入用于工程的建筑材料、建筑构配件和设备或者指定生产厂、供应商。"因此，施工合同规定，由承包商采购的材料设备，业主不得指定生产厂或供应商。有关承包商采购的材料设备，施工合同中的相关规定如下。

1. 到货验收

承包商负责采购材料设备的，应按照专用条款约定及设计和有关标准要求采购，并提供产品合格证明，对材料设备质量负责。承包商在材料设备到货前24小时通知工程师验收清点。这是工程师的一项重要职责，工程师应该严格按照合同的约定和有关标准进行验收。

2. 退场

承包商采购的材料设备与设计标准要求不符时，工程师可以拒绝，承包商应按工程师要求的时间运出施工场地，重新采购符合要求的产品，承担由此发生的费用，由此延误的工期不予顺延。

3. 检验

承包商采购的材料设备需要经工程师认可后方可以使用，承包商应按工程师的要求进行检验或试验，不合格的不得使用，检验或试验费用由承包商承担。

4. 代用材料

承包商需要使用代用材料时，应经工程师认可后才能使用，由此增减的合同价款双方

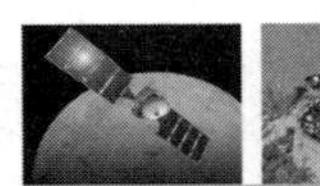

以书面形式议定。

对于工程建设材料设备，《建设工程质量管理条例》规定，施工单位必须按照工程设计要求、施工技术标准和合同约定，对建筑材料、建筑构配件、设备和商品混凝土进行检验，检验应当有书面记录和专人签字；未经检验或者检验不合格的，不得使用。施工人员对涉及结构安全的试块、试件及有关材料，应当在建设单位或者工程监理单位监督下现场取样，并送具有相应资质等级的质量检测单位进行检测。

《监理规范》规定，专业监理工程师应对承包商报送的拟进场工程材料、构配件和设备的工程材料/构配件/设备报审表及其质量证明资料进行审核，并对进场的实物按照委托监理合同约定或有关工程质量管理文件规定的比例采用平行检验或见证取样方式进行抽检。

对未经监理人员验收或验收不合格的工程材料、构配件和设备，监理人员应拒绝签认，并应签发监理工程师通知单，书面通知承包商限期将不合格的工程材料、构配件和设备撤出现场。

工程材料/构配件/设备报审表应符合《监理规范》附录 A9 表（见表 8.1）的格式，监理工程师通知单应符合《监理规范》附录 B1 表（见表 5.1）的格式。

表 8.1　工程材料/构配件/设备报审表（A9）

工程名称：　　　　　　　　　　　　　　　　　　　　　　　　　编号：

致：　　　　　　　　　　　　（监理单位） 我方于________年____月____日进场的工程材料/构配件/设备数量如下（见附件）。现将质量证明文件及自检结果报上，拟用于下述部位： ______________________________，请予以审核。 附件：1．数量清单 2．质量证明文件 3．自检结果 承包商（章）________ 项目经理________ 日　　期________
审查意见： 经检查上述工程材料/构配件/设备，符合/不符合设计文件和规范要求，准许/不准许进场，同意/不同意使用于拟定部位。 项目监理机构________ 总/专业监理工程师________ 日　　期________

当承包单位采用新材料、新工艺、新技术和新设备时，专业监理工程师应要求承包单位报送相关的施工工艺措施和证明材料，组织专题论证，经审定后予以签认。

8.3 施工单位的质量管理

施工单位的质量管理是工程师进行质量管理的出发点和落脚点。工程师应当协助和监督施工单位建立有效的质量管理体系。

建设工程施工单位的经理要对本企业的工程质量负责，并建立有效的质量保证体系。施工单位的总工程师和技术负责人要协助经理管理好质量工作。

施工单位应该逐级建立质量责任制。项目经理要对本施工现场内所有单位工程的质量负责；生产班组要对分项工程质量负责。现场施工员、工长、质量检验员和关键工种工人必须经过考核取得岗位证书后，方可以上岗。企业内各级职能部门必须按照企业规定对各自的工作质量负责。

施工单位必须设立质量检查、测试机构，并由经理直接领导，企业专职质量检查员应抽调有实践经验和独立工作的人员充任。任何人不得设置障碍，干预质量检测人员依章行使职权。

用于工程的建筑材料必须送实验室检验，经过实验室主任签字认可后才能投入使用。

实行总分包的工程，分包单位要对分包工程的质量负责，总包单位对承包的全部工程质量负责。

国家对从事建筑活动的单位推行质量体系认证制度。施工单位根据自愿原则可以向国务院产品质量监督管理部门或者其授权的部门认可的认证机构申请质量体系认证。

8.4 质量检验

工程质量检验是一项以确认工程是否符合合同规定为目的的行为，是质量控制最重要的环节。所以，在施工合同的管理中应该予以重视。

建设工程质量，是施工合同管理的一项重要内容，不仅施工合同中有很多条款对各方进行质量管理做出约定，同时国家还有很多法律法规对建设工程质量做出强制性规定，施工合同当事人和管理者都必须遵照执行。

8.4.1 施工组织设计方案

承包商编制的施工组织设计是指导承包商完成施工任务的纲领性文件，也是施工合同管理的重要资料之一，项目监理机构的总监理工程师必须予以特别的重视。我国《监理规范》规定，工程项目开工前，总监理工程师应组织专业监理工程师审查承包商报送的施工组织设计（方案），提出审查意见，并经总监理工程师审核、签认后报建设单位。施工组织设计（方案）报审表应符合《监理规范》附录A2表（见表8.2）的格式。

在施工过程中，当承包商对已批准的施工组织设计进行调整、补充或变动时，应经专业监理工程师审查，并应由总监理工程师签认。

专业监理工程师应要求承包商报送重点部位、关键工序的施工工艺和确保工程质量的措施，审核同意后予以签认。

表 8.2　施工组织设计（方案）报审表（A2）

工程名称：　　　　　　　　　　　　　　　　　　　　　　　　　　　　编号：

<table>
<tr><td>致：　　　　　　　　　　　　　　　　（监理单位）
我方已根据施工合同的有关规定完成了________工程施工组织设计（方案）的编制，并经我单位上级技术负责人审查批准，请予以审核。
附件：施工组织设计（方案）

承包商（章）________
项目经理________
日　　期________</td></tr>
<tr><td>专业监理工程师审查意见：

专业监理工程师________
日　　期________</td></tr>
<tr><td>总监理工程师审核意见：

项目监理机构________
总监理工程师________
日　　期________</td></tr>
</table>

8.4.2　检查与返工

在工程施工过程中，工程师及其委派的人员对施工过程的每个环节进行检查检验，这是他们的一项日常性工作和重要职能，是他们应该履行的义务。

承包商应认真按照标准、规范和设计图纸要求，以及工程师依据合同发出的指令施工，随时接受工程师的检查、检验，并为检查、检验提供便利条件。工程质量达不到约定标准的部分，工程师应要求承包商拆除和重新施工，直到符合约定标准。承包商应该按照工程师的要求拆除并重新施工，因承包商原因达不到约定标准的，由承包商承担拆除和重新施工的费用，工期不予顺延。

检查、检验合格后，又发现因承包商引起的质量问题，由承包商承担责任，赔偿业主的直接损失，工期不应该顺延。

工程师的检查、检验不应影响施工正常进行。如影响施工正常进行，检查、检验不合格时，影响正常施工的费用由承包商承担。除此之外影响正常施工的追加合同价款由业主承担，相应顺延工期。

由于工程师的指令失误和其他非承包商原因发生的追加合同价款，由业主承担。

《建设工程质量管理条例》第三十八条规定："监理工程师应当按照工程监理规范的要求，采取旁站、巡视和平行检验等形式，对建设工程实施监理。"

建设部2002年7月发布、2003年1月1日执行的《房屋建筑工程施工旁站监理管理办法》（试行）（以下简称《旁站监理》）第二条规定："本办法所称房屋建筑工程施工旁站监理（以下简称旁站监理），是指监理人员在房屋建筑工程施工阶段监理中，对关键部位、关键工序的施工质量实施全过程现场跟班的监督活动。"旁站记录表如表8.3所示。

表8.3　旁站记录表

工程名称：　　　　　　　　　　　　　　　　　　　　　　　　编号：

日期及气候：	工程地点：
旁站监理的部位或工序：	
旁站监理开始时间：	旁站监理结束时间：
施工情况：	
监理情况：	
发现情况：	
处理意见：	
备注：	
施工单位：______ 项目经理部：______ 质检员（签字）：______ 年　月　日	监理企业：______ 项目监理机构：______ 旁站监理人员（签字）：______ 年　月　日

《旁站监理》所规定的房屋建筑工程的关键部位、关键工序，在基础工程方面包括土方回填，混凝土灌注桩浇筑，地下连续墙、土钉墙、后浇带及其他结构混凝土、防水混凝土浇筑，卷材防水层细部构造处理，钢结构安装；在主体结构工程方面包括梁柱节点钢筋隐

蔽过程，混凝土浇筑，预应力张拉，装配式结构安装，钢结构安装，网架结构安装，索膜安装。

《旁站监理》第六条规定，“旁站监理人员的主要职责是：①检查施工单位现场质检人员到岗、特殊工种人员持证上岗以及施工机械、建筑材料准备情况；②在现场跟班监督关键部位、关键工序的施工执行方案以及工程建设强制性标准情况；③核查进场建筑材料、建筑构配件、设备和商品混凝土的质量检验报告等，并可在现场监督施工单位进行检验或委托具有资格的第三方进行复验；④做好旁站监理记录和监理日记，保存旁站监理原始资料。”

《旁站监理》第八条规定，“旁站监理人员实施旁站监理时，发现施工单位有违反工程建设强制性标准行为的，有权责令施工单位立即整改；发现其施工活动已经或者可能危及工程质量的，应当及时向监理工程师或者总监理工程师报告，由总监理工程师下达局部暂停施工指令或者采取其他应急措施。”

《监理规范》规定，总监理工程师应安排监理人员对施工过程进行巡视和检查。对隐蔽工程的隐蔽过程、下道工序施工完成后难以检查的重点部位，专业监理工程师应安排监理员进行旁站。

8.4.3　隐蔽工程和中间验收

由于隐蔽工程在施工中一旦完成隐蔽就很难再对其进行质量检查，因此隐蔽工程必须在隐蔽前进行检查验收。对于中间验收，合同双方应该在专用条款中约定需要中间验收的单项工程和部位的名称、验收的时间和要求，以及业主应该提供的便利条件。

工程具备隐蔽条件或达到专用条款约定的中间验收部位由承包商进行自检，并在隐蔽或中间验收前 48 小时以书面形式通知工程师验收。验收合格，工程师在验收记录上签字后，承包商可进行隐蔽和继续施工。验收不合格，承包商在工程师限定的时间内修改后重新验收。

工程师不能按时进行验收，应在验收前 24 小时以书面形式向承包商提出延期要求，延期不能超过 48 小时。工程师未能按以上时间提出延期要求，但又不进行验收的，承包商可自行组织验收，工程师应承认验收记录。

经工程师验收，工程质量符合标准、规范和设计图纸等要求，验收 24 小时后，工程师未在验收记录上签字的，视为工程师已经认可验收记录，承包商可进行隐蔽或继续施工。

隐蔽工程的检查验收是工程师进行质量管理的最重要工作之一，主要因为隐蔽工程的质量问题具有隐蔽性，危害更大。《建筑法》第三十五条规定：“工程监理单位不按照委托监理合同的约定履行监理义务，对应当监督检查的项目不检查或者不按照规定检查，给建设单位造成损失的，应当承担相应的赔偿责任。”

《监理规范》规定，专业监理工程师应根据承包商报送的隐蔽工程报验申请表和自检结果进行现场检查，符合要求的予以签认。对未经监理人员验收或验收不合格的工序，监理人员应拒绝签认，并要求承包商严禁进行下一道工序的施工。隐蔽工程报验申请表应符合《监理规范》附录 A4 表（见表 8.4）的格式。

表 8.4 ______报验申请表（A4）

工程名称：　　　　　　　　　　　　　　　　　　　　编号：

<table>
<tr><td>致：　　　　　　　　　　　　（监理单位）
我单位已经完成了________工作，现报上该工程报验申请表，请予以审查和验收。
附件：

承包商（章）________
项目经理________
日　　期________</td></tr>
<tr><td>审查意见：

项目监理机构________
总/专业监理工程师________
日　　期________</td></tr>
</table>

8.4.4 重新检验

保证工程质量符合合同约定的标准是工程师进行质量管理的目的，因此工程师应该有权随时对工程的任何部位进行检验。

无论工程师是否进行验收，当其要求对已经隐蔽的工程重新检验时，承包商都应按要求进行剥离或开孔，并在检验后重新覆盖或修复。

检查合格，业主承担由此发生的全部追加合同价款，赔偿承包商损失，并相应顺延工期。检验不合格，承包商承担发生的全部费用，工期不予顺延。

8.4.5 工程试车

1. 试车的组织责任

对于设备安装工程应当组织试车，试车内容应与承包商承包的安装范围相一致。

1）单机无负荷试车

设备安装工程具备单机无负荷试车条件的由承包商组织试车。只有在单机试运转达到规定要求，才能进行联动无负荷试车。承包商应在试车前 48 小时书面通知工程师。通知包括试车内容、时间、地点。承包商准备试车记录，业主根据承包商要求为试车提供必要条件。试车通过，工程师在试车记录上签字。工程师未能按以上时间提出延期要求，不参加试车，应承认试车记录。

2）联动无负荷试车

设备安装工程具备无负荷联动试车条件的由业主组织试车，并在试车前 48 小时以书面形式通知承包商。通知包括试车内容、时间、地点和对承包商的要求，承包商按要求做好

准备工作。试车合格，双方在试车记录上签字。

3）投料试车

投料试车应当在工程竣工验收后由业主全部负责。如果业主要求承包商配合或在工程竣工验收前进行，则应当征得承包商同意，另行签订补充协议。

2. 试车的双方责任

1）由于设计原因导致试车达不到验收要求

由于设计原因导致试车达不到验收要求的，业主应要求设计单位修改设计，承包商按修改后的设计重新安装。业主承担修改设计、拆除及重新安装的全部费用和追加合同价款，工期相应顺延。

2）由于设备制造原因导致试车达不到验收要求

由于设备制造原因导致试车达不到验收要求的，由该设备采购一方负责重新购置或修理，承包商负责拆除和重新安装。设备由承包商采购的，由承包商承担修理或重新购置、拆除及重新安装的费用，工期不予顺延；设备由业主采购的，业主承担上述各项追加合同价款，工期相应顺延。

3）由于承包商施工原因导致试车达不到验收要求

由于承包商施工原因导致试车达不到验收要求的，承包商按工程师要求重新安装和试车，并承担重新安装和试车的费用，工期不予顺延。

4）试车费用

试车费用除了已经包括在合同价款之内或者专用条款另有约定外，均应该由业主承担。

另外，需要注意的是，如果工程师未在规定时间内提出修改意见，或者试车合格而不在试车记录上签字，试车结束 24 小时后记录自动生效，承包商可以继续施工或者办理竣工手续。

3. 工程师要求延期试车

工程师不能按时参加试车，必须在开始试车前 24 小时向承包商提出书面延期要求，延期不能超过 48 小时。工程师未能按以上时间提出延期要求，但又不参加试车，承包商可以自行组织试车，业主应该承认试车记录。

8.4.6 竣工验收

竣工验收是全面考核建设工作，检查工程质量是否符合设计和要求的重要环节。只有工程质量符合设计标准，才允许工程投入使用。

建设工程竣工验收后方可交付使用；工程未经竣工验收或竣工验收没有通过的，业主不得使用。若业主强行使用，则由此发生的质量问题及其他问题由业主承担责任。

《建筑法》规定，建筑物在合理使用寿命内，必须确保地基基础工程和主体结构的质量。建筑工程竣工时，屋顶、墙面不得有渗漏、开裂等质量缺陷；对已发现的质量缺陷，建筑施工单位应当修复。

交付竣工验收的建设工程必须符合规定的建设工程质量标准，有完整的工程技术经济资料和经签署的工程保修书，并具有国家规定的其他竣工条件。

《建设工程质量管理条例》规定，建设单位收到建设工程竣工报告后，应当组织设计、施工和工程监理等有关单位进行竣工验收。

1. 建设工程竣工验收应当具备的条件

（1）完成建设工程设计和合同约定的各项内容。

（2）有完整的技术档案和施工管理资料。

（3）有工程使用的主要建筑材料、建筑构配件和设备的进场试验报告。

（4）有勘察、设计、施工和工程监理等单位分别签署的质量合格文件。

（5）有施工单位签署的工程保修书。

2. 建设工程竣工验收的备案

建设单位应当严格按照国家有关档案管理的规定，及时收集、整理建设项目各环节的文件资料，建立健全的建设项目档案，并在建设工程竣工验收后，及时向城市建设档案部门移交建设项目档案。

2013 年住房城乡建设部印发的《房屋建筑和市政基础设施工程竣工验收规定》，建设单位应当自工程竣工验收合格之日起 15 日内，依照本办法规定，向工程所在地的县级以上地方人民政府建设行政主管部门（以下简称备案机关）备案。

建设单位办理工程竣工验收备案应当提交下列文件：

（1）工程竣工验收备案表。

（2）工程竣工验收报告。竣工验收报告应当包括工程报建日期，施工许可证号，施工图设计文件审查意见，勘察、设计、施工和工程监理等单位分别签署的质量合格文件及验收人员签署的竣工验收原始文件，市政基础设施的有关质量检测和功能性试验资料，以及备案机关认为需要提供的有关资料。

（3）法律、行政法规规定应当由规划、公安消防、环保等部门出具的认可文件或者准许使用文件。

（4）施工单位签署的工程质量保修书。

（5）法规、规章规定必须提供的其他文件。

商品住宅还应当提交《住宅质量保证书》和《住宅使用说明书》。

8.4.7 质量保修

承包商应按法律、行政法规或国家关于工程质量保修的有关规定，对交付业主使用的工程在质量保修期内承担质量保修责任，质量保修期从工程竣工验收合格之日起算。

1. 工程质量保修范围

《建筑法》规定，建筑工程实行质量保修制度。建筑工程的保修范围应当包括地基工程、主体结构工程、屋面防水工程和其他土建工程，以及电气管线、上下水管线的安装工程，供热、供冷系统工程等项目；保修的期限应当按照保证建筑物合理寿命年限内正常使用，维护使用者合法权益的原则确定。具体的保修范围和最低保修期限由国务院规定。

2. 工程质量保修期

质量保修期从工程竣工验收合格之日起算。分单项竣工验收的工程，按单项工程分别计算质量保修期。

合同双方可以根据国家有关规定，结合具体工程约定质量保修期，但是双方的约定不得低于国家规定的最低质量保修期。《建设工程质量管理条例》和建设部颁发的《房屋建筑工程质量保修办法》对在正常使用条件下，建设工程的最低保修期限规定为：

（1）基础设施工程、房屋建筑的地基基础工程和主体结构工程，为设计文件规定的该工程的合理使用年限；

（2）屋面防水工程、有防水要求的卫生间、房间和外墙面的防渗漏，为五年；

（3）供热与供冷系统，为两个采暖期、供冷期；

（4）电气管线、给排水管道、设备安装和装修工程，为两年。

综合案例 8　某建筑设备租赁合同纠纷案

上海市浦东新区人民法院民事判决书

（2013）浦民一（民）再重字第 6 号

原告上海江俊建筑设备有限公司。

法定代表人仓鸿珍。

委托代理人傅水俊。

委托代理人施冬梅，上海市东浦律师事务所律师。

被告曹亚鑫。

被告上海东惠建筑劳务有限公司。

法定代表人鲁建伟。

委托代理人闻暮岚，上海同盛达律师事务所律师。

委托代理人王建芳，上海同盛达律师事务所律师。

对于原告上海江俊建筑设备有限公司（以下简称江俊公司）诉被告曹亚鑫、上海东惠建筑劳务有限公司（以下简称东惠公司）建筑设备租赁合同纠纷一案，本院曾于 2012 年 7 月 13 日做出（2012）浦民一（民）初字第 5987 号民事判决。被告东惠公司不服该判决，向上海市第一中级人民法院申请再审，上海市第一中级人民法院提审后于 2013 年 8 月 19 日做出（2013）沪一中民四（商）再提字第 1 号民事裁定，撤销（2012）浦民一（民）初字第 5987 号民事判决，将案件发回本院重审。本院于 2013 年 9 月 3 日受理该案后，另行组成合议庭，于 2014 年 4 月 8 日公开开庭进行了审理。原告江俊公司的委托代理人傅水俊、施东梅，被告东惠公司的委托代理人闻暮岚、王建芳到庭参加了诉讼，被告曹亚鑫经本院合法传唤，未到庭应诉。本案现已审理终结。

原告江俊公司诉称，2008 年 9 月 6 日，原告与被告曹亚鑫签订租赁合同一份，约定：由被告曹亚鑫向原告租赁钢管、扣件及接头等物资；租赁物的数量及品种按双方经办人签字确认后的发料单为准；租赁期限自 2008 年 9 月 6 日起至 2009 年 3 月 31 日止，租期计算方法为发出天计算至归还天（不足一个月按一个月计算，超出一个月按实际天数计算）；租金及装、卸、运、修理、材料等费用，被告曹亚鑫应在每月到月后三天内送原告付清；合同还就“租赁物的归还及维修保养、提货方式、违约责任及担保等”做了具体约定，并由被告东惠公司作为被告曹亚鑫的担保方在租赁合同上担保盖章。签约后，被告曹亚鑫分批次派人来原告处提取相应租赁物。2010 年 12 月 31 日，被告曹亚鑫承包的工程竣工。经双方结算，自 2008 年 9 月 6 日起至 2010 年 12 月 31 日止被告曹亚鑫尚欠原告租费、装卸车费及编织袋费等共计人民币 809 888.65 元，并拖欠部分租赁物未归还。因被告曹亚鑫未能全部付清欠款，且又继续租用原告上述租赁物至今。经结算，自 2011 年 1 月 1 日至 2011 年 3 月 31 日止被告曹亚鑫欠租费及螺丝螺帽维修、扣件清理上油费等总计 27 427.55 元；自 2011 年 4 月 1 日至 2011 年 9 月 30 日止所欠租费 38 653.19 元；自 2011 年 10 月 1 日至 2012 年 1 月 31 日止所欠租费 25 980.01 元，另被告曹亚鑫还租用原告的钢管共 17 985.30 米、三种型号接头 883 只，至今未归还。故向法院起诉，要求：1. 依法解除原告江俊公司与被告曹亚鑫于 2008 年 9 月 6 日签订的租赁合同；2. 被告曹亚鑫支付原告江俊公司自 2008 年 9 月 6 日起至 2012 年 1 月 31 日止所欠租赁费等总计 841 949.40 元；3. 被告曹亚鑫返还原告江俊公司租用的钢管 17 985.30 米、30 厘米接头 123 只、20 厘米接头 384 只、10 厘米接头 376 只；4. 被告东惠公司对被告曹亚鑫上述第二项、第三项义务承担连带责任。

被告曹亚鑫未做答辩。

被告东惠公司辩称，被告东惠公司不认识原告及被告曹亚鑫，也不清楚租赁合同的内容。被告东惠公司没有在涉案租赁合同上盖章，故不应当承担任何担保责任。

原告江俊公司向本院递交证据如下：

1. 2008 年 9 月 6 日原告与被告曹亚鑫、案外人成某某签订的租赁合同，以及被告东惠公司营业执照复印件，证实合同约定的内容及被告东惠公司为担保单位的事实。

2. 2008 年 9 月 6 日至 2010 年 12 月 31 日及 2011 年 1 月 1 日至 3 月 31 日有被告曹亚鑫签名确认的租费结算单，证实被告曹亚鑫欠费及继续使用租赁物的事实。

3. 2011 年 4 月 1 日至 9 月 30 日及 2011 年 10 月 1 日至 2012 年 1 月 31 日租费结算单，证实被告曹亚鑫欠费及继续使用租赁物的事实。

4. 律师函及挂号信函收据两份，证实原告曾在起诉前向本案两被告发出过催款函催要欠款等事实。

5. 租借商品提货单、租赁物资归还验收单，证实被告曹亚鑫派人到原告处提取及归还租赁物品的事实。

6. 被告曹亚鑫出具的证明（复印件），证实租赁合同上的承租方为被告曹亚鑫与成某某，而事实上成某某仅是在场人并非合同当事人，曹亚鑫出具该证明明确由其本人承担合同的全部责任，故原告不要求成某某承担本案责任的事实。

被告东惠公司向本院提供了司法鉴定书一份，证明租赁合同上的印章并非被告东惠公司的印章，是他人伪造加盖的事实。

被告东惠公司对原告提供的证据 1 的真实性不予认可，表示租赁合同上的担保单位印章并非被告东惠公司印章；合同约定的租赁日期与实际租赁日期不符，即便存在担保方，也因合同存在实质性变更而无须再行承担担保责任；该证据中的营业执照已经过期，上面加盖的被告东惠公司印章也为复印且经比对后并非被告东惠公司的印章。对证据 2、3 的真实性不予认可，认为是原告单方面制作的，即使有被告曹亚鑫签字，也仅表示收到结算单，并非是对结算结果的认可。对证据 4 的真实性不予认可，表示从未收到过该律师函。

对证据 5、6 的真实性无法确认，表示证据 5 上仍有成某某的名字，故合同的相对方依然是曹亚鑫和成某某，若要变更合同相对人应当通知担保人，不然担保人不承担责任。

原告对被告东惠公司提供的司法鉴定书的真实性无异议，但认为被告曹亚鑫拿着加盖被告东惠公司印章的营业执照复印件前来签订租赁合同，并于第二天将加盖被告东惠公司印章的租赁合同交付原告，原告没有义务去考查印章的真实性，故无论印章是否伪造，被告东惠公司都不能逃脱担保责任。

原告提供的证据 1 中的营业执照为复印件且载明复印无效，无法达到原告预期的证明目的，对此本院不予确认。原告提供的证据 1 中的其余证据及证据 2～5 均为原件，能够相互印证，本院对此予以确认。原告提供的证据 6 为复印件，经本院核实与原件一致，故予以确认。被告提供的司法鉴定书，本院予以确认。

根据上述质证、认证意见，本院确认事实如下：

2008 年 9 月 6 日，出租方为原告江俊公司、承租方署名为被告曹亚鑫、案外人成某某签订租赁合同一份，约定承租方向出租方租赁钢管、扣件等物资，租赁费为钢管每天每米 0.012 元，扣件每天每只 0.006 元，租赁期限自 2008 年 9 月 6 日至 2009 年 3 月 31 日止，租期计算方法为从发出日（不足一个月按一个月计算，超出一个月按实际天数计算），租赁物的数量及品种按照双方经手人签字确认后的发料单为准；租金及装、卸、运、修理、材料等费用，承租方应在每月到月后三天内送出租方付清；租赁物资的维修、加工上油等一律由出租方负责，费用由承租方承担；若租赁期限届满，承租方继续使用租赁物的，原租赁合同继续生效，租价递增 20%，租赁期限为不定期，以承租方归还日为合同终止日；担保单位为承租方进行担保，对承租方应履行本租赁合同所产生的各项费用承担连带责任保证，担保期限为合同约定承租履行支付各项费用届满之日起两年；另合同还对租赁物的归还、提货方式、违约责任等做了约定。上述租赁合同的担保单位一栏中加盖了“上海东惠建筑劳务有限公司”字样的印文。合同签订后，双方按约履行，并在合同到期后继续履行。原告曾出具租费结算单（明细单），明确被告曹亚鑫至 2011 年 3 月 31 日共积欠原告租赁费、维修费、装卸车费、编织袋费等 777 316.20 元，并继续租用原告脚手架钢管 17 985.30 米、30 厘米接头 123 只、20 厘米接头 384 只、10 厘米接头 376 只，同时载明承租人收到租费结算明细 15 日内未提出异议即视为确认，被告曹亚鑫于 2011 年 4 月 27 日签收该结算单。2011 年 4 月 1 日至 9 月 30 日止，被告曹亚鑫又欠原告租赁费 38 653.19 元；2011 年 10 月 1 日至 2012 年 1 月 31 日止，被告曹亚鑫再欠原告租赁费 25 980.01 元。之后，经原告催讨，被告仍未支付欠款、归还租赁物，遂原告诉讼来院。

2010 年 9 月 16 日，被告曹亚鑫出具证明一份，明确租借江俊公司的钢管、扣件、租金、损耗，经曹亚鑫与成某某两人协商，同意由曹亚鑫一个人全部承担。

审理中，经被告东惠公司申请，本院委托司法鉴定科学技术研究所司法鉴定中心对涉案租赁合同上“上海东惠建筑劳务有限公司”的印文进行鉴定，结论为：检材上的“上海东惠建筑劳务有限公司”印文与样本 1、2、3 上相同内容的印文均不是同一枚印章的印文。

本院认为，涉案租赁合同签订时的承租方署名为曹亚鑫与成某某，鉴于被告曹亚鑫未到庭应诉，放弃了抗辩权利，现原告坚持认为成某某是在场人而非合同当事人，仅要求被告曹亚鑫一人承担合同责任，此是原告真实意思表示，且未违反相关法律规定，本院自可

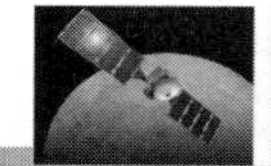

准许。涉案租赁合同的签订是双方当事人的真实意思表示，属合法有效。在合同约定的租赁期间届满后双方又继续履行该合同，租赁期限为不定期。现被告曹亚鑫拖欠原告租赁费等已构成违约，原告要求解除合同符合法律规定，本院予以准许。合同解除后，被告曹亚鑫所欠原告的租赁费应予给付、占有原告的租赁物应予归还。现原告诉请被告曹亚鑫支付租赁费等 841 949.40 元、返还钢管 17 985.30 米、30 厘米接头 123 只、20 厘米接头 384 只、10 厘米接头 376 只，有相应证据证实，符合法律规定，本院予以支持。

当事人对自己提出的诉讼请求所依据的事实或者反驳对方诉讼请求所依据的事实有责任提供证据加以证明。没有证据或者证据不足以证明当事人的事实主张的，由负有举证责任的当事人承担不利后果。被告东惠公司已经提供证据证实涉案租赁合同上担保单位处的印文并非其公司印章的印文，而原告也自述签约时从未与被告东惠公司的工作人员有过接触。故本案中原告提供的证据尚不足以推翻被告东惠公司提供的上述鉴定意见，支持其诉讼主张，现原告坚持要求被告东惠公司承担连带担保责任，无事实和法律依据，本院难以支持。

被告曹亚鑫经本院合法传唤未到庭参加诉讼，本案依法缺席判决。为此，依照《中华人民共和国合同法》第八条、第六十条、第九十四条第（三）项、第二百一十二条、第二百三十五条、第二百三十六条，《最高人民法院关于民事诉讼证据的若干规定》第二条，《中华人民共和国民事诉讼法》第一百四十四条的规定，判决如下：

一、解除原告上海江俊建筑设备有限公司与署名为被告曹亚鑫、成某某于 2008 年 9 月 6 日签订的租赁合同。

二、被告曹亚鑫于本判决生效之日起十日内给付原告上海江俊建筑设备有限公司 841 949.40 元。

三、被告曹亚鑫于本判决生效之日起十日内归还原告上海江俊建筑设备有限公司脚手架钢管 17 985.30 米、30 厘米接头 123 只、20 厘米接头 384 只、10 厘米接头 376 只。

四、驳回原告上海江俊建筑设备有限公司的其余诉讼请求。

负有金钱给付义务的当事人，如果未按本判决指定的期间履行给付金钱义务，应当依照《中华人民共和国民事诉讼法》第二百五十三条的规定，加倍支付迟延履行期间的债务利息。

案件受理费 14 671 元，鉴定费 9 000 元，公告费 800 元，由原告江俊公司负担 9 000 元，被告曹亚鑫负担 15 471 元。

如不服本判决，可在判决书送达之日起十五日内，向本院递交上诉状，并按对方当事人的人数提出副本，上诉于上海市第一中级人民法院。

第9章 工程施工合同造价管理

教学导航

教学目标	1. 明确工程预付款、工程进度款支付要求。 2. 掌握调价程序与变更价款的确定程序、确定方法。 3. 了解竣工结算程序与质量保修金及其他费用。
关键词汇	工程支付; 调价与变更价款; 竣工结算。

 典型案例9　酒店房屋装修工程施工协议纠纷案

上海市宝山区人民法院民事判决书

（2013）宝民三（民）初字第1870号

原告江苏南通三建集团有限公司。

法定代表人黄裕辉。

委托代理人仇永昌。

委托代理人范永伟。

被告上海北翼大酒店。

法定代表人顾少杰。

委托代理人张亦平，上海市东海律师事务所律师。

对于原告江苏南通三建集团有限公司（以下简称南通三建）与被告上海北翼大酒店（以下简称北翼大酒店）其他合同纠纷一案，本院于2013年12月11日受理后，依法由代理审判员蒋梦娴独任审判，公开开庭进行了审理。原告南通三建的委托代理人仇永昌、被告北翼大酒店的委托代理人张亦平到庭参加诉讼。本案现已审理终结。

原告南通三建诉称，2007年10月，南通三建与上海德祥实业公司（以下简称德祥公司）就其所承包的房屋装修工程签订了施工协议。合同签订后，南通三建依约进行施工。德祥公司在竣工试营业三个月后就停业，导致南通三建工程无法结算。故南通三建向上海市宝山区人民法院起诉，以德祥公司为被告，以北翼大酒店为第三人，该案判决德祥公司向南通三建支付工程款5 999 245元。但由于德祥公司法定代表人下落不明，无法查处财产，故南通三建与北翼大酒店协商并签订了书面协议，北翼大酒店同意代德祥公司在应付工程款范围内垫付工程款2 500 000元，垫付款项分三次支付。协议签订后，北翼大酒店只垫付了1 200 000元，余款至今未付。故南通三建起诉要求北翼大酒店支付工程款1 300 000元。

被告北翼大酒店辩称，双方间的协议是在南通三建组织了几十名员工围堵北翼大酒店经营场所的情况下写的，当时约定，如果北翼大酒店能够将饭店出租且正常经营，则向南通三建支付相关款项。但此后北翼大酒店对外出租的过程中，承租人经营不到一年就做不下去走掉了，故北翼大酒店没有出租收益。且德祥公司目前尚存在，注册资金也没有递增，南通三建应当向德祥公司主张清偿，故不同意南通三建的所有诉讼请求。

经审理查明，2010年5月13日，北翼大酒店（甲方）与南通三建（乙方）签订《协议书》，内容为：甲方于2007年9月将上海北翼大酒店五、六层餐饮用房出租给德祥公司；同年10月德祥公司将所承租房屋发包给乙方装修施工，工程名称为“玫瑰99仁豪大酒店吴淞店”。乙方装修施工工程竣工后，德祥公司试营业了三个月就停业关门。至2009年10月德祥公司的违约行为共造成甲方经济损失超过230万元；导致乙方经人民法院判决确定的工程近600万元直接损失无法取得；致使乙方的部分施工工人工资及材料供应商的货款无法支付。甲方已经向上海市宝山区人民法院申请执行（乙方承诺于本月25日前向宝山区人民法院申请执行），要求共同债务人德祥公司承担债务责任。由于法院短期内无法查找到德祥公司的财产，并且该公司法人代表徐剑英下落不明，导致甲乙双方的债权在短期内无法实现。为确保甲方正常的经营秩序，以及缓解乙方支付上述有关装修工程所欠工人工资

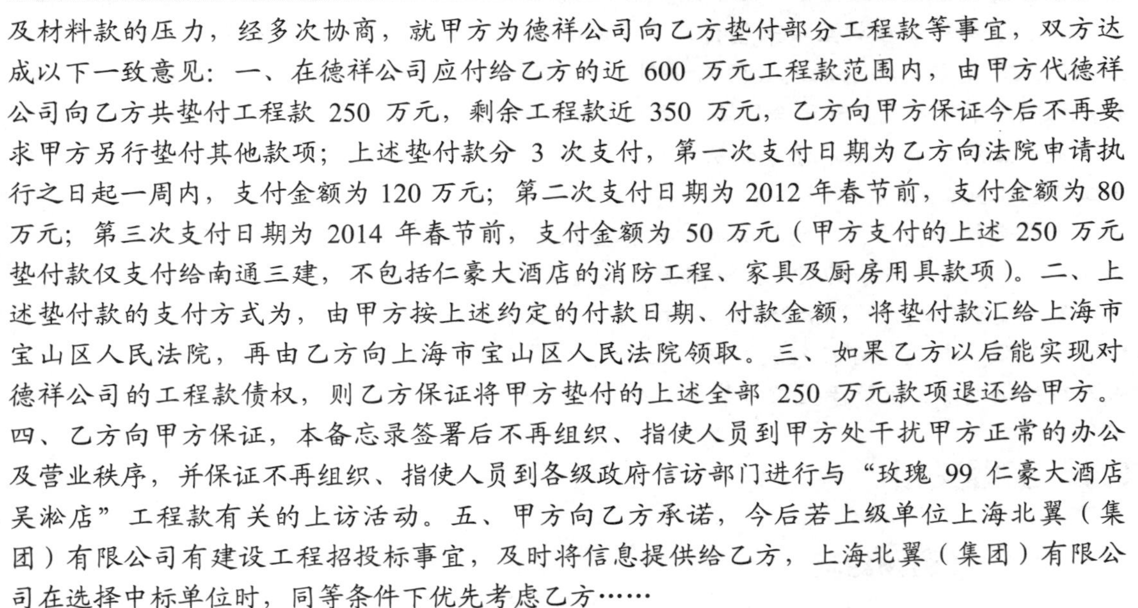
及材料款的压力，经多次协商，就甲方为德祥公司向乙方垫付部分工程款等事宜，双方达成以下一致意见：一、在德祥公司应付给乙方的近 600 万元工程款范围内，由甲方代德祥公司向乙方共垫付工程款 250 万元，剩余工程款近 350 万元，乙方向甲方保证今后不再要求甲方另行垫付其他款项；上述垫付款分 3 次支付，第一次支付日期为乙方向法院申请执行之日起一周内，支付金额为 120 万元；第二次支付日期为 2012 年春节前，支付金额为 80 万元；第三次支付日期为 2014 年春节前，支付金额为 50 万元（甲方支付的上述 250 万元垫付款仅支付给南通三建，不包括仁豪大酒店的消防工程、家具及厨房用具款项）。二、上述垫付款的支付方式为，由甲方按上述约定的付款日期、付款金额，将垫付款汇给上海市宝山区人民法院，再由乙方向上海市宝山区人民法院领取。三、如果乙方以后能实现对德祥公司的工程款债权，则乙方保证将甲方垫付的上述全部 250 万元款项退还给甲方。四、乙方向甲方保证，本备忘录签署后不再组织、指使人员到甲方处干扰甲方正常的办公及营业秩序，并保证不再组织、指使人员到各级政府信访部门进行与“玫瑰 99 仁豪大酒店吴淞店”工程款有关的上访活动。五、甲方向乙方承诺，今后若上级单位上海北翼（集团）有限公司有建设工程招投标事宜，及时将信息提供给乙方，上海北翼（集团）有限公司在选择中标单位时，同等条件下优先考虑乙方……

2010 年 7 月 12 日，北翼大酒店向南通三建支付 120 万元。2012 年 11 月，南通三建向北翼大酒店发公函，内容为：2010 年 5 月贵我双方签订了一份关于代付德祥公司工程款协议，按照协议约定，贵司在 2012 年春节前还要代付工程款 80 万元，然贵司直至今日尚未履行代付该笔款项义务。鉴于贵我双方的友好协商，请予在接函后一周内予以支付落实。

另查明，南通三建于 2008 年 8 月起诉德祥公司要求支付工程款 10 697 377 元、逾期付款违约金，并支付承诺的违约金 80 万元和补偿金 40 万元。本院于 2009 年 7 月 17 日做出（2008）宝民三（民）初字第 824 号民事判决，判决德祥公司支付南通三建工程款 5 999 245 元，并按每日万分之四计算，支付该款从 2008 年 6 月 1 日起至付款之日止的逾期付款违约金，支付南通三建补偿款 40 万元，按每日万分之四计算，支付逾期付款违约金，本金 20 万元从 2008 年 2 月 6 日起算，本金 100 万元从 2008 年 2 月 15 日起算，第二笔本金 100 万元从 2008 年 2 月 27 日起算，均计算至 2008 年 5 月 31 日止。德祥公司不服，提起上诉。上海市第二中级人民法院于 2009 年 10 月 23 日做出（2009）沪二中民二（民）终字第 1993 号民事判决，驳回上诉，维持原判。南通三建于 2010 年 5 月 7 日向本院申请执行，要求德祥公司支付 8 118 433 元。本院于 2010 年 5 月 7 日立案执行。此后，因被执行人去向不明、又无财产可供执行，申请执行人也提供不出被执行人可供执行的财产线索，致使短期内难以执行，故本院于 2010 年 6 月裁定（2008）宝民三（民）初字第 824 号民事判决本次执行程序终结。

以上事实，有南通三建提供的协议书、进账单、公函、（2008）宝民三（民）初字第 824 号民事判决书、（2009）沪二中民二（民）终字第 1993 号民事判决书等，北翼大酒店提供的工商档案资料，本院调取的（2010）宝执字第 2336 号执行裁定书，及双方当事人当庭陈述等证据为证，经庭审质证，本院予以认定。

本院认为，当事人行使权利、履行义务应当遵循诚实信用原则。原告、被告双方于 2010 年 5 月签署的协议书，已约定了由北翼大酒店在德祥公司应付给南通三建的工程款范围内向南通三建垫付工程款 250 万元，现北翼大酒店仅按协议约定垫付了第一笔工程款 120

万元，其余两笔工程款至今未垫付，且南通三建至今尚未实现对德祥公司的工程款债权，故南通三建现起诉要求北翼大酒店垫付剩余工程款 130 万元，合法有据，应予准许。据此，依照《中华人民共和国合同法》第六条、第一百零九条的规定，判决如下：

被告上海北翼大酒店于本判决生效之日起十日内，支付原告江苏南通三建集团有限公司工程款 1 300 000 元。

如果未按本判决指定的期间履行给付金钱义务的，应当依照《中华人民共和国民事诉讼法》第二百五十三条的规定，加倍支付迟延履行期间的债务利息。

案件受理费减半收取 8 250 元，由被告上海北翼大酒店负担。

如不服本判决，可在判决书送达之日起十五日内，向本院递交上诉状，并按对方当事人人数提供副本，上诉于上海市第二中级人民法院。

9.1 工程支付

9.1.1 工程预付款

实行工程预付款的，双方应当在专用条款内约定业主由承包商预付工程款的时间和数额，开工后按约定的时间和比例逐次扣回。

预付时间应不迟于约定的开工日期前七天。业主不按约定预付，承包商在约定预付时间七天后向业主发出要求预付的通知，业主收到通知后仍不能按要求预付，承包商可在发出通知后七天停止施工。业主应从约定应付之日起向承包商支付应付款的贷款利息，并承担违约责任。

工程预付款的扣除问题一般是通过合同约定从什么时间起开始扣还，多长时间扣除完毕，在该时间段内每次都是等值扣还。而在 FIDIC 中，每次扣还的数额一般不是等值的，而是每次扣还承包商应得款的 1/4。

9.1.2 工程进度款

1. 工程量的确认

对承包商已完成工程量的核实确认是业主支付工程款的前提，其具体确认程序如下。

1）承包商向工程师提交已完工程量的报告

承包商应按专用条款约定的时间，向工程师提交已完工程量的报告。该报告应当由“完成工程量报审表”和作为其附件的“完成工程量统计报表”组成。承包商应当写明项目名称、申报工程量及简要说明。

2）工程师的计量

工程师接到报告后七天内按设计图纸核实已完工程量（以下称计量），并在计量前 24 小时通知承包商，承包商为计量提供便利条件并派人参加。承包商收到通知后不参加计量，计量结果有效，作为工程价款支付的依据。

工程师收到承包商报告后七天内未进行计量，从第八天起，承包商报告中开列的工程量即视为被确认，作为工程价款支付的依据。如果工程师不按约定时间通知承包商，致使

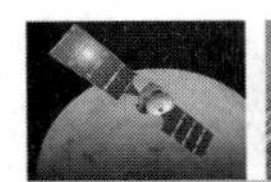

承包商未能参加计量，则计量结果无效。

对承包商超出设计图纸范围和因承包商原因造成返工的工程量，工程师不予计量。

《监理规范》规定，未经监理人员质量验收合格的工程量，或不符合施工合同规定的工程量，监理人员应拒绝计量并拒绝该部分的工程款支付申请。

承包商统计经专业监理工程师质量验收合格的工程量，按施工合同的约定填报工程量清单和工程款支付申请表。

专业监理工程师进行现场计量，按施工合同的约定审核工程量清单和工程款支付申请表，并报总监理工程师审定。

2. 进度款支付

在确认计量结果后十四天内，业主应向承包商支付工程款（进度款）。按约定时间业主应扣回的预付款，与工程款（进度款）同期结算。可调价因素引起的调价款、工程变更调整的合同价款及其他条款中约定的追加合同价款，应与工程款（进度款）同期调整支付。

若业主超过约定的支付时间不支付工程款（进度款），承包商可向业主发出要求付款的通知，业主收到承包商通知后仍不能按要求付款，可与承包商协商签订延期付款协议，经承包商同意后可延期支付。协议应明确延期支付的时间和从计量结果确认后第十五天起应付款的货款利息。业主不按合同约定支付工程款（进度款）且双方又未达成延期付款协议，导致施工无法进行，承包商可停止施工，由业主承担违约责任。

从上述合同条款可以看出，我国施工合同中的工程进度款包括扣还预付款、可调价因素引起的高价款、工程变更价款和合同约定的其他追加价款。一般合同约定的其他追加价款包括工程师主动签发并经业主同意的追加价款和承包商索赔获得的价款。而国际惯例中，除这些价款外，还包括预先支付承包商因购买大宗材料的材料预付款和名为保留金的一笔款项，这些费用都是同期支付或扣还的。对于工程进度款，由于是定期支付，所以国际上一般都规定，当支付的数量比较小时，此次就不支付，而将此次应支付的款额留待下次一并支付。这种处理方式，是在合同中约定一个工程师签发工程进度款的最小数额值，当本次签发的工程进度款大于此最小数额时，工程师才签发本次的款项支付证书。

9.2 调价与变更价款

9.2.1 调价款

1. 调价因素

可调价格合同中合同价款的调整因素包括以下几方面：

（1）法律、行政法规和国家有关政策变化影响合同价款。

（2）工程造价管理部门公布的价格调整。

（3）一周内非承包商原因停水、停电、停气造成停工累计超过八小时。

（4）双方在合同中约定的其他因素。

2. 调价程序

承包商应当在上述价款调整因素的情况发生后十四天内，将调整原因、金额以书面形式通知工程师，工程师确认调整金额后作为追加合同价款，与工程款同期支付。工程师收到承包商通知后十四天内不予确认也不提出修改意见的，视为已经同意该调整。

我国施工合同对于调价款处理，要求当事人双方在专用条款中约定。在 FIDIC 施工合同条件中，如果合同中约定有价格调整的内容，则要在投标书附录中要填写一张“调整数据表”，并按合同中规定的公式计算调整值。虽然我国施工合同中没有规定调整价格的计算公式，但 FIDIC 合同中的相关公式也可以借鉴使用。

9.2.2 变更价款

1. 变更价款的确定程序

设计变更后，承包商在工程变更确定后十四天内，提出变更工程价款的报告，经工程师确认后调整合同价款。承包商在双方确定变更后十四天内不向工程师提出变更工程价款报告的，视为该项变更不涉及合同价款的变更。

工程师应在收到变更工程价款报告之日起十四天内予以确认，工程师无正当理由不确认的，自变更工程价款报告送达之日起十四天后视为变更工程价款报告已被确认。

工程师不同意承包商提出的变更价格，按照合同约定的争议解决方式进行处理。

2. 变更价款的确定方法

变更合同价款按下列方式进行：

（1）合同中已有适用于变更工程的价格，按合同中已有的价格计算、变更合同价款。

（2）合同中只有类似于变更工程的价格，可以参照此价格变更合同价款。

（3）合同中没有适用或类似于变更工程的价格，由承包商提出适当的变更价格，经工程师确认后执行。

变更价款，国内合同中给定的原则同国际惯例做法是一样的。FIDIC 合同中的承包商报价是根据招标文件中的估计工程量形成的综合单位，而实际工程量与招标时的估计工程量一般是有出入的，当相差不大时，仍然可以使用原来的单价。但是，如果实际与估计工程量相差很大时，再用原来的单价是不合适的。因为综合单价的组成中包含一些固定的价格因素，在整个施工过程都是不变化的。当实际与估计工程量相差很大时，若仍然使用原单价计算，会导致那些固定的价格增加或减少，但正确的应该是不增加或不减少。例如，施工队伍的迁移费用，在一个建设项目中是固定的，这个费用根据招标文件中的估计工程量被分摊到每一个工程量中，如果某一个工程量增加很多，但仍然使用原单价，则相当于在这项工作中计算的施工队伍迁移费用增加了，但实际上的迁移费用是固定的，不会因某工程量增加而增加。所以，当出现某一实际与估计的工程量相差较大时，就要对原单价进行调整。具体如何调整，国内合同中没有给出，国际上的做法值得借鉴。国际上的做法是给出一个范围，当相差不超出该范围时，就使用原单价；当相差超出该范围时，不是调整整个单价，而是调整超出范围之外的工程量对应的单价。具体就是一个工程量用两种单价来计算完成该工程量后的应得款项。

例如，如果估计工程量为 A，合同约定相关范围为 S，调整系数为 d，原单价为 V，则

说明，当实际工程量在 $A \pm S$ 范围内时，都是用原单价 V 计算完成工程量的价格。当实际工程量不在 $A \pm S$ 范围内时，要将工程量分成两部分，使用两种单价：在 $A \pm S$ 以内的用原单价；在 $A \pm S$ 以外的用调整后的单价。如果实际完成的工程量 B 不在 $A \pm S$ 范围内，承包商应得的价格用 Q 表示，则 Q 用下式计算：

（1）当 $B>A+S$ 时，$Q=(A+S)V+[B-(A+S)]Vd$；

（2）当 $B<A-S$ 时，$Q=(A-S)V-[(A-S)-B]Vd$。

9.3　竣工结算

9.3.1　竣工结算程序

工程完工后，承包商应在提交竣工验收申请前编制完成竣工结算文件，并在提交竣工验收申请的同时向发包人提交竣工结算文件。

承包商未在规定的时间内提交竣工结算文件，经发包人敦促后十四天内仍未提交或没有明确答复的，发包人有权根据已有资料编制竣工结算文件，作为办理竣工结算和支付结算款的依据，承包商应予以认可。

发包人应在收到承包商提交的竣工结算文件后的二十八天内审核完毕。

发包人经核实，认为承包商还应进一步补充资料和修改结算文件的，应在上述时限内向承包商提出核实意见，承包商在收到核实意见后的十四天内按照发包人提出的合理要求补充资料，修改竣工结算文件，并再次提交给发包人复核后批准。

发包人应在收到承包商再次提交的竣工结算文件后的二十八天内予以复核，并将复核结果通知承包商。

（1）发包人、承包商对复核结果无异议的，应于七天内在竣工结算文件上签字确认，竣工结算办理完毕。

（2）发包人或承包商对复核结果认为有误的，无异议部分按照上述（1）中规定办理不完全竣工结算。

有异议部分由发承包双方协商解决，协商不成的，按照合同约定的争议解决方式处理。

发包人在收到承包商竣工结算文件后的二十八天内，不审核竣工结算或未提出审核意见的，视为承包商提交的竣工结算文件已被发包人认可，竣工结算办理完毕。

承包商在收到发包人提出的核实意见后的二十八天内，不确认也未提出异议的，视为发包人提出的核实意见已被承包商认可，竣工结算办理完毕。

发包人委托造价咨询人审核竣工结算的，工程造价咨询人应在二十八天内审核完毕。审核结论与承包商竣工结算文件不一致的，应提交给承包商复核，承包商应在十四天内将同意审核结论或不同意见的说明提交工程造价咨询人。工程造价咨询人收到承包商提出的异议后应再次复核，复核无异议的，按上述（1）中规定办理，复核后仍有异议的，按上述（2）中规定办理。

承包商逾期未提出书面异议，视为工程造价咨询人审核的竣工结算文件已经被承包商认可。

当发承包双方或一方对工程造价咨询人出具的竣工结算文件有异议时，可向当地工程造价管理机构投诉，申请对其进行执业质量鉴定。

工程造价管理机构受理投诉后，应当组织专家对投诉的竣工结算文件进行质量鉴定，并给出鉴定意见。

竣工结算办理完毕，发包人应将竣工结算书报送工程所在地（或有该工程管辖权的行业主管部门）工程造价管理机构备案，竣工结算书作为工程竣工验收备案、交付使用的必备文件。

9.3.2 竣工结算过程中的违约

业主收到竣工结算报告及结算资料后二十八天内无正当理由不支付工程竣工结算价款，从第二十九天起承包商可要求业主方按同期银行贷款利率支付拖欠工程价款的利息，并承担违约责任。

业主收到竣工结算报告及结算资料后二十八天内不支付工程竣工结算价款，承包商可以催告业主支付结算价款。业主在收到竣工结算报告及结算资料后五十六天内仍不支付的，承包商可以与业主协议将该工程折价，也可以由承包商申请人民法院将该工程依法拍卖，承包商就该工程折价或者拍卖的价款优先受偿。

目前在我国建设领域，拖欠工程款的情况较为普遍，承包商采取有力措施，保护自己的合法权益是十分重要的。但是对工程的折价或者拍卖，尚需要其他相关部门的配合。

工程竣工验收报告经业主认可后二十八天内，承包商未能向业主递交竣工结算报告及完整结算资料，造成工程竣工结算不能正常进行或工程竣工结算价款不能及时支付，业主要求交付工程的，承包商应当交付；业主不要求交付工程的，由承包商承担保管责任。

对发包人或造价咨询人指派的专业人员与承包商经审核后无异议的竣工结算文件，除非发包人能提出具体、详细的不同意见，否则发包人应在竣工结算文件上签名确认；拒不签认的，承包商可不交付竣工工程。承包商有权拒绝与发包人或其上级部门委托的工程造价咨询人重新核对竣工结算文件。

承包商未及时提交竣工结算文件的，发包人要求交付竣工工程的，承包商应当交付；发包人不要求交付竣工工程的，由承包商承担照管所建工程的责任。

9.3.3 质量保修金

承包商未按照法律、法规有关规定和合同约定履行质量保修义务的，发包人有权从质量保修金中扣留用于质量保修的各项支出。

发包人应按照合同约定的质量保修金比例从每支付期应支付给承包商的进度款或结算款中扣留，直到扣留的金额达到质量保修金的金额为止。

在保修责任期终止后的十四天内，发包人应将剩余的质量保修金返还给承包商。剩余质量保修金的返还，并不能免除承包商按照合同约定应承担的质量保修责任和应履行的质量保修义务。

质量保修金由承包商向业主支付，也可以由业主从应付承包商工程款内预留。质量保修金的具体比例和金额由双方确定，但是不应该超过合同施工价款的3%。

9.4　其他费用

9.4.1　不可抗力引起的费用

1. 不可抗力及其范围

不可抗力包括因战争、动乱、空中飞行物体坠落或其他非业主、承包商责任造成的爆炸、火灾，以及专用条款约定的风、雨、雪、洪、震等自然灾害。双方可以根据工程所在地和项目的特点，在专用条款中对适合本工程的不可抗力事件做出具体约定，如：

（1）××级以上的地震。

（2）××级以上持续××天的大风。

（3）×××毫米以上持续××天的大雨。

（4）××年以上没有发生过，持续××天的高温或严寒天气。

对以上几种形式，应该以造成工程灾害和影响施工为准。

2. 不可抗力事件发生后双方的责任

不可抗力事件发生后，承包商应立即通知工程师，并在力所能及的条件下迅速采取措施，尽量减少损失，业主应协助承包商采取措施。工程师认为应该暂停施工的，承包商应该暂停施工。不可抗力事件结束后 48 小时内承包商向工程师通报受害情况和损失情况，以及预计清理和修复的费用。

如果不可抗力持续发生，承包商应每隔七天向工程师报告一次受害情况，不可抗力事件结束后十四天内，承包商向工程师提交清理和修复费用的正式报告及有关资料。

3. 不可抗力事件导致的费用及延误的工期

因不可抗力事件导致的费用，发承包双方应按以下原则分别承担并调整工程价款：

（1）工程本身的损害、因工程损害导致第三方人员伤亡和财产损失，以及运至施工场地用于施工的材料和待安装设备的损坏，由发包人承担。

（2）发包人、承包商人员伤亡由其所在单位负责，并承担相应费用。

（3）承包商的施工机械设备损坏及停工损失，由承包商承担。

（4）停工期间，承包商应发包人要求留在施工场地的必要的管理人员及保卫人员的费用由发包人承担。

（5）工程所需清理、修复费用，由发包人承担。

9.4.2　保险费

1. 建设工程的险种

建设工程由于涉及的法律关系比较复杂，风险的种类也多样化，但一般所讲的建设工程险主要指建筑工程一切险（及第三者责任险）和安装工程一切险（及第三者责任险）。

建筑工程一切险，是指承保各类民用、工业和公用事业建筑工程项目，包括道路、桥梁、水坝和港口等，在建造过程中因自然灾害或意外事故而引起的一切损失的险种。

安装工程一切险，是指承保安装机器、设备、储油罐、钢结构工程、超重机、吊车及包含机械工程在内的各种建造工程的险种。

第三者责任险，是指凡在工程期间的保险有效期内，因在工地发生意外事故造成在工地或临近地区的第三者人身伤亡或财产损失，依法由保险人承担的经济赔偿责任。

2. 保险的合同约定

国内施工合同对保险未做强制性规定，这是由于在合同价的计算方式上一直沿用国家定额的原因造成的，因为国家定额并没有考虑保险这样的价格因素。在投标人的报价中就可能不包括保费，因此买不买保险，只能看当事人的意愿。 这与国际惯例的做法不同，国际惯例的做法是，承包商（应投保方）的投标报价中必须包含保费（即使投标人实际没有计算保费，招标人也认为含有保费），因此开工前，承包商必须提交保险证据（一般为临时保单），否则，业主会自己投保，保费由承包商承担。

我国施工合同在通用条款中约定：

（1）工程开工前，业主为建设工程和施工场地内的自有人员及第三者人员生命财产办理保险，支付保险费用。

（2）运至施工场地内用于工程的材料和待安装设备由业主办理保险，并支付保险费用。

（3）业主可以将有关保险事项委托承包商办理，费用由业主承担。

（4）承包商必须为从事危险作业的职工办理意外伤害保险，并为施工场地内自有人员生命财产和施工机械设备办理保险，支付保险费用。

保险事故发生时，业主、承包商有责任尽力采取必要的措施，防止或者减少损失。具体的投保内容和相关责任，由业主和承包商在专用条款中约定。

3. 专利技术及特殊工艺

业主要求使用专利技术或特殊工艺的，要负责办理相应的申报手续，承担申报、试验、使用等费用。承包商提出使用专利技术或特殊工艺的，应取得工程师认可，承包商负责办理申报手续并承担有关费用。

擅自使用专利技术侵犯他人专利权的，责任者依法承担相应责任。

4. 文物和地下障碍物

在施工中发现古墓、古建筑遗址等文物及化石或其他有考古、地质研究等价值的物品时，承包商应立即保护好现场并于 4 小时内以书面形式通知工程师，工程师应于收到书面通知后 24 小时内报告当地文物管理部门，业主、承包商按文物管理部门的要求采取妥善保护措施。业主承担由此发生的费用，顺延延误的工期。如果发现后隐瞒不报，致使文物遭到破坏，责任者依法承担相应责任。

施工中出现影响施工的地下障碍物时，承包商应于 8 小时内以书面形式通知工程师，同时提出处置方案，工程师收到处置方案后 24 小时内予以认可或提出修正方案。业主承担由此发生的费用，顺延延误的工期。如果所发现的地下障碍物有归属单位，则业主应报请有关部门协同处置。

5. 安全施工

承包商应遵守工程建设安全生产有关管理规定，严格按安全标准组织施工，采取必要

的安全防护措施，消除事故隐患，并随时接受行业安全检查人员实施的监督检查。由于承包商安全措施不力造成事故由承包商承担相应责任及由此发生的费用。

业主应对其在施工场地的工作人员进行安全教育，并对他们的安全负责。业主不得要求承包商违反安全管理的规定进行施工。因业主原因导致的安全事故，由业主承担相应责任及由此发生的费用。

承包商在动力设备、输电线路、地下管道、密封防震车间、易燃易爆地段及临街交通要道附近施工时，施工开始前应向工程师提出安全防护措施，经工程师认可后实施，防护措施费用由业主承担。

实施爆破作业，在放射、毒害性环境中施工（含储存、运输和使用）及使用毒害性、腐蚀性物品施工时，承包商应在施工前十四天以书面形式通知工程师，并提出相应的安全防护措施，经工程师认可后实施，由业主承担安全防护措施费用。

综合案例 9　某商住楼工程施工款项支付纠纷案

上海市浦东新区人民法院民事判决书

（2013）浦民一（民）初字第 26591 号

原告浙江舜杰建筑集团股份有限公司。

法定代表人任国龙。

委托代理人王剑烈，上海中成永华律师事务所律师。

委托代理人刘华义，上海中成永华律师事务所律师。

被告上海鼎基房地产开发有限公司。

法定代表人凌燕艳。

委托代理人吴增义，上海市申中律师事务所律师。

委托代理人钱云彬，上海市申中律师事务所律师。

对于原告浙江舜杰建筑集团股份有限公司（以下简称舜杰公司）诉被告上海鼎基房地产开发有限公司（以下简称鼎基公司）建设工程施工合同纠纷一案，本院于 2013 年 7 月 29 日立案受理后，依法适用简易程序，于 2013 年 12 月 17 日公开开庭进行了审理，原告的委托代理人王剑烈、刘华义及被告的委托代理人吴增义、钱云彬到庭参加诉讼，本案现已审理终结。

原告舜杰公司诉称，2012 年 10 月 18 日，被告与原告签订了《“丽景苑”三、四期（商住楼）工程施工合同》一份，约定被告将“丽景苑”三、四期（商住楼）发包给原告承包施工，工程内容为土建工程、安装工程及室外总体，建筑面积为 84 428.75 平方米。合同约定被告向原告预付工程款的时间和比例是签约后的十天内支付当年计划完成工作量的 25% 作为备料款，同时该合同已经在有关部门正式备案。合同订立后，被告迟迟不予支付工程备料款，也不通知原告进场施工，原告已经为此工程进行了大量准备工作，同时支付了大量费用，但是被告在 2013 年 3 月 15 日突然寄送给原告一张“合同解除通知函”，被告毫无

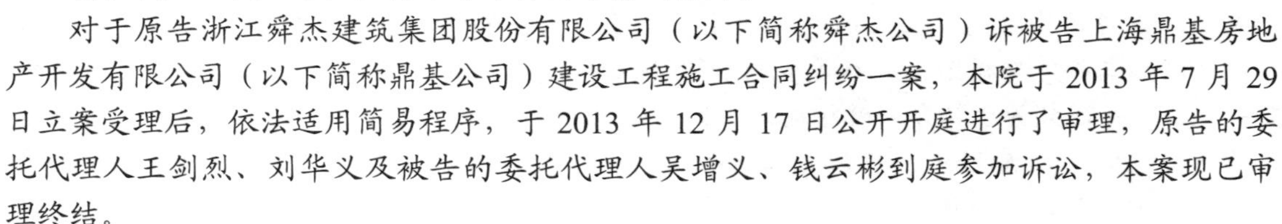

任何正当理由单方面通知要求解除2012年10月18日签订的“丽景苑”三、四期（商住楼）工程施工合同。2013年3月22日被告又寄来一张解除合同的通知函，执意要单方面解除工程施工合同。对被告的不诚信、不守约的行为，原告当然是不予接受的。原告诉讼请求：1. 判令被告2013年3月15日签发的工程合同解除通知无效；2. 诉讼费由被告承担。审理中原告明确第1项诉讼请求即指要求法院确认被告2013年3月15日发通知解除合同的行为无效，不产生解除合同的效力。

被告鼎基公司辩称，原告、被告双方曾就解除施工合同有过口头约定，因此被告于2013年3月15日向原告发出书面通知函，之后原告回函表示不同意解除。关于原告第1项诉讼请求，既然原告对被告2013年3月15日签发的解除通知不予认可，被告也没有异议，也确认该通知不产生解除合同的效力。但因系争工程无法开工施工，被告还是希望能够解除施工合同。

经审理查明，2012年10月8日，原告舜杰公司与被告鼎基公司签订《“丽景苑”三、四期（商住楼）工程施工合同》，发包人为鼎基公司，承包商为舜杰公司，约定：工程名称为“丽景苑”三、四期（商住楼）工程；工程内容为土建工程（桩基、建筑、结构）、安装工程（水、电、风、电梯等）及室外总体，总建筑面积84 428.75平方米；承包范围为“丽景苑”三、四期土建工程（桩基、建筑、结构）、安装工程（水、电、风、电梯等）及室外总体，包工包料；合同价款暂按招标清单的金额即人民币（以下币种相同）180 191 631元。该合同还就“通用条款”和“专用条款”等进行了约定。2013年3月15日，被告鼎基公司（甲方）向原告舜杰公司（乙方）发出《合同解除通知函》，内容为：“2012年10月8日，甲、乙双方曾共同签订《丽景苑三、四期（商住楼）工程施工合同》（以下简称合同）。合同约定由乙方承包甲方位于惠南镇南门大街×××号“丽景苑”三、四期（商住楼）工程，合同暂定金额为180 191 631元，合同工期暂定为2012年10月10日起至2015年4月7日止。现因实际履行情况的变更，经双方协商，达成一致，同意将合同于2013年3月15日予以解除，对于合同的解除行为，双方各不负任何违约和赔偿责任。自合同解除之日起，双方在合同项下的所有权利、义务即告终止，今后一方不得以合同项下的所有内容向对方主张任何权利。现应乙方要求，合同解除，以甲方单方发送合同解除通知函至乙方即告成立，合同解除时间以上述约定时间为准。若乙方在收到本函通知后三日内未提出任何书面异议，本函件将视为上述双方合同解除协议即行生效。”同月17日原告舜杰公司向被告鼎基公司发送《关于〈合同解除通知函〉复函》，内容为：“我司于2012年10月中标施工贵司发包的‘丽景苑三、四期’工程项目，并已签订《建设工程施工合同》。但我司于2013年3月17日收到贵司于2013年3月15日单方发出的《合同解除通知函》，为此我司特复函如下。首先，我司经过招投标，中标施工贵司发包的上述‘丽景苑三、四期’工程项目并签署相关施工合同，符合相关法律规定。且我司已着手工程开工的前期准备工作，而鉴于贵司在本项目地块的拆迁工作一直未能完成，且迟迟未收到贵司的预付款和进场通知，导致一直未能进场。所以，对于贵司目前在无任何合同解除权利的情况下所提出的单方合同解除，我司不予同意。其次，贵司在函件中所表述的合同解除是贵我双方达成的一致意见，我司更是无法认同。我司从未同意贵司提出的单方解除合同要求，更从未免除过贵司单方解除合同下的违约和损失赔偿承担，何来达成一致意见之说？我司在此特郑重告知贵司，我司不能接受贵司擅自单方解除合同且不承担违约责任和损失赔偿的行为，请贵

司严格履行贵我双方已签署的《建设工程施工合同》。”2013 年 6 月，原告舜杰公司向本院递交了民事起诉状，进入诉前调解程序，因诉前调解不成，本案于 2013 年 7 月 29 日立案。2013 年 12 月 17 日本案庭审时原告、被告双方表示庭后就合同履行或解除等进行协商，如协商不成均要求依法判决，之后双方协商未成。

以上事实，有《“丽景苑”三、四期（商住楼）工程施工合同》《合同解除通知函》《关于〈合同解除通知函〉复函》及原告、被告的陈述等在案佐证。

本院认为，原告舜杰公司与被告鼎基公司 2012 年 10 月 8 日签订的《“丽景苑”三、四期（商住楼）工程施工合同》是双方的真实意思表示，应为有效。鼎基公司于 2013 年 3 月 15 日以“经双方协商达成一致，同意将合同于 2013 年 3 月 15 日予以解除”为由，向舜杰公司发出《合同解除通知函》，主张《“丽景苑”三、四期（商住楼）工程施工合同》的解除以上述通知函到达舜杰公司即告成立，舜杰公司收到该函后即复函对合同解除提出异议，之后又在法定期限内提起诉讼，现被告鼎基公司无证据证明其发出《合同解除通知函》存在“双方一致同意解除合同”的事实，也无证据表明其当时具备法定或约定单方合同解除权，本案庭审中鼎基公司也确认其 2013 年 3 月 15 日发出《合同解除通知函》不产生解除合同的效力，故原告的诉讼请求应予支持。依照《中华人民共和国合同法》第八条、第九十六条的规定，判决如下：

被告上海鼎基房地产开发有限公司 2013 年 3 月 15 日向原告浙江舜杰建筑集团股份有限公司发出《合同解除通知函》不产生解除《“丽景苑”三、四期（商住楼）工程施工合同》的法律效力。

案件受理费 50 元，由被告上海鼎基房地产开发有限公司负担。

如不服本判决，可在判决书送达之日起十五日内，向本院递交上诉状，并按对方当事人的人数提出副本，上诉于上海市第一中级人民法院。

第10章 工程施工合同安全管理

教学导航

教学目标	掌握业主、承包商和监理方的安全责任。
关键词汇	安全责任; 安全事故。

典型案例10 某触电人身损害赔偿纠纷案

崇明县人民法院民事判决书

（2014）崇民一（民）初字第1717号

原告陆美芝。

委托代理人钱力宏，上海申浩律师事务所律师。

被告国网上海市电力公司崇明供电公司。

负责人唐铁斐。

委托代理人沈海丹。

委托代理人丁美红，上海聚隆律师事务所律师。

被告檀杏中。

原告陆美芝就被告国网上海市电力公司崇明供电公司、檀杏中触电人身损害责任纠纷一案，于2014年3月12日来院起诉，本院于同日立案受理后，依法适用简易程序，由代理审判员沈敏华独任审判，于同年4月17日公开开庭进行了审理。原告陆美芝的委托代理人钱力宏、被告国网上海市电力公司崇明供电公司委托代理人沈海丹、丁美红、被告檀杏中到庭参加诉讼。本案现已审理终结。

原告陆美芝诉称，原告与上海市崇明电力公司和檀杏中关于触电人身损害赔偿纠纷一案，原告的治疗等损失已经由上海市第二中级人民法院于2013年9月11日做出终审判决，判决被告上海市崇明电力公司承担40%的赔偿责任，被告檀杏中承担15%的赔偿责任。因当时陆美芝未实际安装假肢，因此对其所需安装假肢的初装费及后续维修等费用，上海市第二中级人民法院告知原告可于实际安装以后另行起诉。现上海市崇明电力公司已变更登记为国网上海市电力公司崇明供电公司。2014年1月17日，原告安装了假肢，上海假肢厂有限公司对假肢的使用年限、维修费用等出具了证明。原告的身体损害是由两被告侵权行为所致，两被告应承担相应的赔偿责任。故原告起诉来院，请求判令：一、被告国网上海市电力公司崇明供电公司赔偿原告假肢费600 000元（人民币，下同）、维修费48 000元、交通费4 800元、住宿费4 800元、律师费10 000元等共计667 000元中的40%，即266 800元；二、被告檀杏中赔偿原告假肢费600 000元、维修费48 000元、交通费4 800元、住宿费4 800元、律师费10 000元等共计667 000元中的15%，即100 050元；三、本案诉讼费由两被告承担。

对此，原告陆美芝提供了如下证据：1. 上海市第二中级人民法院（2013）沪二中民一（民）终字第806号民事判决书复印件一份；2. 上海假肢厂有限公司关于陆美芝安装假肢证明一份；3. 上海增值税普通发票一份；4. 委托代理合同一份；5. 律师费发票一份。

被告国网上海市电力公司崇明供电公司辩称，不确定原告是否已实际安装假肢。如原告已安装假肢，也只愿意按照责任赔偿原告实际产生的费用，对未产生的费用不同意赔偿。

另外，本起事故发生后，被告已于2011年10月28日支付原告现金10 000元，要求在本案中一并处理。

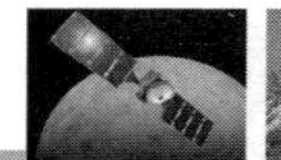

对此，被告国网上海市电力公司崇明供电公司提供了如下证据：1. 借条一份；2. 情况说明一份。

被告檀杏中辩称，不确定原告是否已实际安装假肢。如原告已安装假肢，也只愿意按照责任赔偿原告实际产生的费用，对未产生的费用不同意赔偿。

被告檀杏中未提供证据。

经审理查明，原告陆美芝与案外人严甲是夫妻，两人来沪多年，以安装不锈钢制品为生，于 1994 年 9 月 9 日生育一女严乙，1996 年 6 月 8 日生育一子严丙。2012 年 6 月 11 日严甲溺水身亡。张国其是上海市崇明县庙镇民华村×××号村民。檀杏中也来沪多年，于 2010 年 12 月开设个人经营的上海市崇明县杏中铝合金加工厂。

2011 年 10 月中上旬，檀杏中承接张国其家中的不锈钢大门、栏杆等安装工程，方式为包工包料。2011 年 10 月 14 日，檀杏中安排严甲夫妇至张国其家中施工。当日下午，陆美芝在二楼阳台东侧施工时，手中横拿一根四五米长的不锈钢管，准备竖起来掉头时，被楼房南侧的高压线吸住，吊在高压线上。张国其听见声音后过来，用竹竿将陆美芝打下。当日，陆美芝被送至上海交通大学医学院附属新华医院崇明分院急救，并于 2011 年 10 月 15 日至上海长海医院住院治疗，于 2011 年 12 月 12 日出院。2012 年 5 月 8 日，陆美芝的伤情经司法鉴定科学技术研究所司法鉴定中心鉴定，意见为：陆美芝因电击伤致全身多处 20%TBSAIII°-IV° 烧伤等，双上肢腕关节以上缺失、皮肤瘢痕形成后遗症；损伤后休息 180～210 日、调养 180 日，伤后因日常生活活动能力受限，需长期设置陪护（每天 1 人）。

2012 年 7 月 26 日，原告就其医疗费等提起诉讼，经崇明县人民法院（2012）崇民一（民）初字第 3829 号民事判决，后上海市第二中级人民法院于 2013 年 9 月 11 日做出终审判决。

2013 年 6 月，上海市崇明电力公司已注销登记，注销后债权、债务由上海市电力公司崇明供电公司承继。2013 年 8 月，上海市电力公司崇明供电公司变更登记为国网上海市电力公司崇明供电公司。

2014 年 1 月 17 日，原告至上海假肢厂有限公司安装假肢。2014 年 3 月 12 日，原告就其安装假肢等费用再次提起诉讼。

上述事实，有原告提供的上海假肢厂有限公司关于陆美芝安装假肢证明、上海增值税普通发票、委托代理合同、律师费发票、上海市第二中级人民法院（2013）沪二中民一（民）终字第 806 号民事判决书等为证。

审理中，本院向案外人姚文通调查，姚文通称：其是崇明县公安局庙镇派出所民警。2011 年 10 月 28 日，在庙镇派出所内，上海市崇明电力公司工作人员俞汉超向陆美芝丈夫严甲支付陆美芝治疗款 10 000 元，严甲出具了借条，姚文通作为见证人在借条上签字。

本院认为，一、根据有关法律规定，从事高空、高压等高度危险活动造成他人损害的，经营者应当承担侵权责任。该责任为无过错责任，即使经营者没有过错，仍应当承担责任。本案造成陆美芝损害后果的电线为 10 kV 高压电线，其在运行过程中具有高度危险性，上海市崇明电力公司作为该高压电线的管理人应当对陆美芝的损害后果承担赔偿责任。但原告在注意到涉事高压电线的情况下，施工操作不当，导致手中不锈钢管被高压电线吸住而受伤，其自身未尽到一般的注意义务，对于损害发生具有明显过错，根据相关法

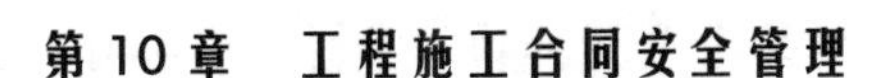

律规定，可以相应减轻被告上海市崇明电力公司的责任。现上海市崇明电力公司的债权、债务由国网上海市电力公司崇明供电公司承继。根据本案实际情况，本院酌定由国网上海市电力公司崇明供电公司承担 40%的赔偿责任。本案中，檀杏中在与张国其商定不锈钢护栏安装工程后，联系陆美芝、严甲，并将陆美芝、严甲及施工材料送至张国其家中。且根据常理，陆美芝、严甲的施工不可能根据其自己的想象，檀杏中必然对施工的范围和具体细节进行了交代。同时，结合双方之前的交易习惯，可以认定陆美芝与檀杏中之间构成提供劳务关系，陆美芝在提供劳务过程中受伤，檀杏中作为接受劳务的一方应当承担相应责任。根据本案实际情况，本院酌定由檀杏中承担 15%的赔偿责任。

二、对于原告主张的赔偿项目和金额。

1. 原告主张假肢费 600 000 元，即每三年更换一次，每次 50 000 元×12 次（本市人口预期寿命）计算。两被告认为不确定原告是否已实际安装假肢，且原告以假肢使用年限三年、更换 12 次计算赔偿数额，缺乏事实依据，假肢费应按照实际发生费用计算，今后的假肢费待发生后原告可另行起诉。本院认为，原告主张假肢费每次 5 万元，使用假肢三年一个周期，共需 12 次，根据案件性质及原告的伤情，结合假肢公司证明、相关发票，参照本市人口预期寿命，原告主张假肢费 600 000 元尚属合理，且一次性赔偿较妥，本院予以确认。

2. 原告主张维修费 48 000 元，以假肢费 600 000 元×8%计算。两被告认为过高，且只愿意按照实际发生金额计算。本院认为，根据原告的伤情，结合假肢公司维修费为产品费用的 5%～10%的证明，原告主张按照 8%计算的维修费 48 000 元尚属合理，且一次性赔偿较妥，本院予以确认。

3. 原告主张交通费 4 800 元，即 12 次×400 元/次，以安徽往返上海计算。两被告认为过高，且交通费无票据，不予认可。本院认为，原告安装、维修、更换假肢确实会产生一定的交通费用，是原告方的合理支出，且一次性赔偿较妥，本院酌情确定交通费 3 000 元。

4. 原告主张住宿费 4 800 元，即 12 次×200 元×2 人。两被告认为住宿费无票据，不予认可，且住宿费两人一晚 400 元过高，应按照国家标准计算。本院认为，原告居住在安徽，来往上海安装、维修、更换假肢确实会产生一定的住宿费用，此期间由亲友陪伴、照料并无不当，是原告方的合理支出，且一次性赔偿较妥，本院酌情确定住宿费 1 440 元。

5. 原告主张律师费 10 000 元并提供委托代理合同及律师费发票。两被告均认为过高。本院认为原告为诉讼聘请律师所支出的费用，可以作为原告的实际损失，根据赔偿数额、相关责任，为平衡当事人之间的利益，酌定被告国网上海市电力公司崇明供电公司赔偿原告的律师费为 4 000 元，酌定被告檀杏中赔偿原告的律师费为 1 500 元。

三、关于被告国网上海市电力公司崇明供电公司已支付的费用。

被告国网上海市电力公司崇明供电公司要求在本案赔偿款中扣除已支付原告的 10 000 元，原告受伤后被告国网上海市电力公司崇明供电公司已通过工作人员俞汉超支付原告治疗费 10 000 元，因当时原告在治疗中，故由原告丈夫严甲书写了借条，并提供了借条及情况说明等证据佐证，对姚文通调查笔录无异议。原告认为借条上出借人为俞汉超，非国网上海市电力公司崇明供电公司，如果借贷关系成立，应由俞汉超以民间借贷案件另案处理。在第一次诉讼的一、二审期间国网上海市电力公司崇明供电公司未提及借条，原告认为国网上海市电力公司崇明供电公司已放弃了该债权，且已过诉讼时效。因原告丈夫严甲

已死亡，故无法核实借条是严甲签收，对情况说明不认可，对姚文通调查笔录真实性无异议。本院认为，国网上海市电力公司崇明供电公司通过公司员工俞汉超支付原告治疗费10 000元的事实，由国网上海市电力公司崇明供电公司提供的借条、情况说明及本院向姚文通调查笔录予以证明，可以确认国网上海市电力公司崇明供电公司已支付原告人民币10 000元，应在其赔偿款中扣除。

综上，依照《中华人民共和国侵权责任法》第十六条、第三十五条、第七十三条，《最高人民法院〈关于审理人身损害赔偿案件适用法律若干问题的解释〉》第二十六条，《诉讼费用交纳办法》第四十四条的规定，判决如下：

一、被告国网上海市电力公司崇明供电公司赔偿原告陆美芝假肢费、假肢维修费、交通费、住宿费、律师费等共计264 976元，扣除其已支付的10 000元，应于本判决生效之日起十日内支付原告人民币254 976元。

二、被告檀杏中于本判决生效之日起十日内赔偿原告陆美芝假肢费、假肢维修费、交通费、住宿费、律师费等共计人民币99 366元。

三、原告陆美芝的其余诉讼请求，不予支持。

如果未按本判决指定的期间履行给付金钱义务的，应当依照《中华人民共和国民事诉讼法》第二百五十三条的规定，加倍支付迟延履行期间的债务利息。

本案案件受理费人民币6 802.75元（原告申请免交，本院准予其缓交），减半收取计人民币3 401.38元，由原告负担人民币34.38元，被告国网上海市电力公司崇明供电公司负担人民币2 327元，被告檀杏中负担人民币1 040元。

如不服本判决，可在判决书送达之日起十五日内向本院递交上诉状，并按对方当事人的人数提出副本，上诉于上海市第二中级人民法院。

施工合同的安全管理，一直是一个非常敏感的内容，因为安全涉及的责任一般比较大，责任究竟怎样划分才合理，是建设工程参与各方都非常关心的。2004年2月1日起《建设工程安全生产管理条例》施行，该条例依据《建筑法》和《安全生产法》的规定进一步明确了建设工程安全生产管理基本制度。建设工程安全管理的各方责任以法律的形式固定下来。

《建设工程安全生产管理条例》（以下简称《安全条例》），对于业主、承包商、设计勘察和监理等建设工程参与的各方都明确了责任范围，对于施工合同的安全管理，主要指业主、承包商和监理三方的安全责任。

10.1 业主的安全责任

《安全条例》中规定业主的安全责任如下。

1. 业主应当向施工单位提供有关资料

《建设工程安全生产管理条例》第六条规定："建设单位应当向施工单位提供施工现场及毗邻区域内供水、排水、供电、供气、供热、通信、广播电视等地下管线资料，气象和水文观测资料、相邻建筑物和构筑物、地下工程的有关资料，并保证资料的真实、准确、

完整。建设单位因建设工程需要，向有关部门或者单位查询前款规定的资料时，有关部门或者单位应当及时提供。”

2. 不得向有关单位提出影响安全生产的违法要求

《建设工程安全生产管理条例》第七条规定：“建设单位不得对勘察、设计、施工、工程监理等单位提出不符合建设工程安全生产法律、法规和强制性标准规定的要求，不得压缩合同约定的工期。”

3. 建设单位应当保证安全生产投入

《建设工程安全生产管理条例》第八条规定：“建设单位在编制工程概算时，应当确定建设工程安全作业环境及安全施工措施所需费用。”

4. 不得明示或暗示施工单位使用不符合安全施工要求的物资

《建设工程安全生产管理条例》第九条规定：“建设单位不得明示或者暗示施工单位购买、租赁、使用不符合安全施工要求的安全防护用具、机械设备、施工机具及配件、消防设施和器材。”

5. 办理施工许可证或开工报告时应当报送安全施工措施

《建设工程安全生产管理条例》第十条规定：“建设单位在申请领取施工许可证时，应当提供建设工程有关安全施工措施的资料。”

依法批准开工报告的建设工程，建设单位应当自开工报告批准之日起十五日内，将保证安全施工的措施报送建设工程所在地的县级以上地方人民政府建设行政主管部门或者其他有关部门备案。”

6. 应当将拆除工程发包给具有相应资质的施工单位

《建设工程安全生产管理条例》第十一条规定：“建设单位应当将拆除工程发包给具有相应资质等级的施工单位。

建设单位应当在拆除工程施工十五日前，将下列资料报送建设工程所在地的县级以上地方人民政府建设行政主管部门或者其他有关部门备案：

（1）施工单位资质等级证明；

（2）拟拆除建筑物、构筑物及可能危及毗邻建筑的说明；

（3）拆除施工组织方案；

（4）堆放、清除废弃物的措施。

实施爆破作业的，还应当遵守国家有关民用爆炸物品管理的规定。”

根据《民用爆炸物品安全管理条例》第五章第三十条的规定：“申请从事爆破作业的单位，应当具备下列条件。（一）爆破作业属于合法的生产活动。（二）有符合国家有关标准和规范的民用爆炸物品专用仓库。（三）有具备相应资格的安全管理人员、仓库管理人员和具备国家规定执业资格的爆破作业人员。（四）有健全的安全管理制度、岗位责任制度。（五）有符合国家标准、行业标准的爆破作业专用设备。（六）法律、行政法规规定的其他条件。”

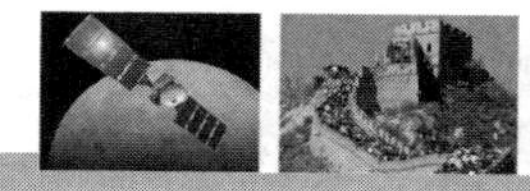

10.2 监理单位的安全责任

《安全条例》第十四条规定了监理方的责任，具体规定如下：

“工程监理单位应当审查施工组织设计中的安全技术措施或者专项施工方案是否符合工程建设强制性标准。

工程监理单位在实施监理过程中，发现存在安全事故隐患的，应当要求施工单位整改；情况严重的，应当要求施工单位暂时停止施工，并及时报告建设单位。施工单位拒不整改或者不停止施工的，工程监理单位应当及时向有关主管部门报告。

工程监理单位和监理工程师应当按照法律、法规和工程建设强制性标准实施监理，并对建设工程安全生产承担监理责任。”

工程监理单位有下列行为之一的，责令限期改正；逾期未改正的，责令停业整顿，并处 10 万元以上 30 万元以下的罚款；情节严重的，降低资质等级，直至吊销资质证书；造成重大安全事故，构成犯罪的，对直接责任人员，依照刑法有关规定追究刑事责任；造成损失的，依法承担赔偿责任。

（1）未对施工组织设计中的安全技术措施或者专项施工方案进行审查。

（2）发现安全事故隐患未及时要求施工单位整改或者暂时停止施工。

（3）施工单位拒不整改或者不停止施工，未及时向有关主管部门报告。

（4）未依照法律、法规和工程建设强制性标准实施监理。

10.3 承包商的安全责任

《安全条例》对承包商的安全责任做出了非常细致的规定，下面列出一些建设工程中最常见的安全管理事项，以便合同管理人员注意。

（1）应当设立安全生产管理机构，配备专职安全生产管理人员。专职安全生产管理人员负责对安全生产进行现场监督检查。发现安全事故隐患，应当及时向项目负责人和安全生产管理机构报告；对违章指挥、违章操作的，应当立即制止。

（2）垂直运输机械作业人员、安装拆卸工、爆破作业人员、起重信号工和登高架设作业人员等特种作业人员，必须按照国家有关规定经过专门的安全作业培训，并取得特种作业操作资格证书后，方可上岗作业。

（3）应当在施工组织设计中编制安全技术措施和施工现场临时用电方案，对下列达到一定规模的危险性较大的分部分项工程编制专项施工方案，并附具安全验算结果，经施工单位技术负责人、总监理工程师签字后实施，由专职安全生产管理人员进行现场监督：

① 基坑支护与降水工程。

② 土方开挖工程。

③ 模板工程。

④ 起重吊装工程。

⑤ 脚手架工程。

⑥ 拆除、爆破工程。

（4）应当在施工现场入口处、施工起重机械、临时用电设施、脚手架、出入通道口、楼梯口、电梯井口、孔洞口、桥梁口、隧道口、基坑边沿、爆破物及有害气体和液体存放处等危险部位，设置明显的安全警示标志。安全警示标志必须符合国家标准。

（5）应当将施工现场的办公、生活区与作业区分开设置，并保持安全距离；办公、生活区的选址应当符合安全性要求。职工的膳食、饮水和休息场所等应当符合卫生标准。施工单位不得在尚未竣工的建筑物内设置员工集体宿舍。

（6）在使用施工起重机械和整体提升脚手架、模板等自升式架设设施前，应当组织有关单位进行验收，也可以委托具有相应资质的检验检测机构进行验收；使用承租的机械设备和施工机具及配件的，由施工总承包单位、分包单位、出租单位和安装单位共同进行验收，验收合格的方可使用。施工单位应当自施工起重机械和整体提升脚手架、模板等自升式架设设施验收合格之日起三十日内，向建设行政主管部门或者其他有关部门登记。登记标志应当置于或者附着于该设备的显著位置。

综合案例 10　某公司诉一员工工伤保险待遇纠纷案

上海市金山区人民法院民事判决书

（2014）金民三（民）初字第 1135 号

原告上海靓傲起重工程机械有限公司，住所地上海市金山区金山卫镇钱鑫路 311 号。

法定代表人谢艳，总经理。

委托代理人李思君，上海百悦律师事务所律师。

被告张力。

原告上海靓傲起重工程机械有限公司诉被告张力工伤保险待遇纠纷一案，本院于 2014 年 3 月 10 日立案受理后，依法适用简易程序，由审判员吴青独任审判，公开开庭进行了审理。原告委托代理人到庭参加诉讼，被告经本院公告送达开庭传票，未到庭参加诉讼。本案现已审理终结。

原告诉称：被告于 2013 年 4 月 1 日进入原告处工作，每月工资为 1 700 元。被告于 2013 年 4 月 21 日在工作时因第三人原因受伤，后被认定为工伤，并经鉴定为因工致残程度八级。被告受伤治疗期间，原告为其支付了医疗费用并预支生活费等款项 12 300 元。因工伤赔偿问题发生争议，被告于 2013 年 12 月 25 日向上海市金山区劳动人事争议仲裁委员会申请仲裁，该会于 2014 年 2 月 19 日做出金劳人仲（2013）办字第 1513 号裁决书，原告不服诉至本院，要求判令：1. 原告支付被告一次性伤残就业补助金差额 38 258 元；2. 本案诉讼费由被告承担。

原告为证明其主张的事实，向本院提交了下列证据：

1. 金劳人仲（2013）办字第 1513 号裁决书，证明本案已经过仲裁前置程序。

2. 暂支单四页，证明原告为被告垫付停工留薪期工资 8 800 元（其中 2013 年 9 月 22 日是支付被告 4 月的工资，需做扣除）、护理费 3 500 元。

3. 被告住院期间的护理费发票，证明被告住院期间的护理费由原告支付，金额为720元。

被告未到庭提出答辩及质证意见。

经审查，被告未出庭发表质证意见，结合仲裁庭审情况，本院对原告提供的证据确认认可，予以采纳。

本院经审理查明，被告于2013年12月25日向上海市金山区劳动人事争议仲裁委员会申请仲裁，要求原告支付：1. 一次性伤残就业补助金42 228元；2. 2013年4月21日至2013年6月4日护理费1 760元；3. 2013年4月21日至2013年9月18日停工留薪期工资23 460元；4. 2013年3月7日至2013年11月29日未签劳动合同双倍工资差额39 882元。该会于2014年2月19日做出裁决：1. 原告支付被告一次性伤残就业补助金42 228元；2. 对被告的其他仲裁请求，不予支持。原告不服，诉至本院。

另查明，被告原是原告的员工，2013年4月21日，被告在工作中不慎受伤。2013年7月15日，上海市金山区人力资源社会保障局认定被告为工伤；2013年9月18日，上海市金山区劳动能力鉴定委员会鉴定被告为因工致残程度八级。2013年11月29日，被告向原告辞职。

本院认为，发生劳动争议，当事人对于自己提出的主张，有提供相应证据的责任。本案中，原告的诉请为要求判令原告支付一次性伤残就业补助金差额38 258元。庭审中，原告确认同意支付被告一次性伤残就业补助金42 228元，但要求对垫付的护理费及停工留薪期工资3 970元要求扣除，扣除后的金额即为本案诉请请求的金额，由此可见原告的诉请实际为判令原告支付一次性伤残就业补助金42 228元并判令被告返还垫付的护理费及停工留薪期工资3 970元。对于原告要求判令被告返还垫付的护理费及停工留薪期工资3 970元的诉请，原告在仲裁中未提起反请求，仅在仲裁处理过程中要求将此费用予以扣除。根据金劳人仲（2013）办字第1513号裁决书载明，原告垫付的护理费3 500元以及停工留薪期工资8 800元，仲裁裁决已进行认定并予以处理，原告再行要求本院进行扣除垫付的护理费及停工留薪期工资差额，违背一事不再理原则，本院对此不予支持。依照《最高人民法院关于民事诉讼证据的若干规定》第二条、《中华人民共和国民事诉讼法》第一百四十二条的规定，判决如下：

一、驳回原告上海靓傲起重工程机械有限公司的诉讼请求。

二、原告上海靓傲起重工程机械有限公司于本判决生效之日起十日内支付被告张力一次性伤残就业补助金42 228元。

如果原告上海靓傲起重工程机械有限公司未按本判决指定的期间履行给付金钱义务，应当依照《中华人民共和国民事诉讼法》第二百五十三条的规定，加倍支付迟延履行期间的债务利息。

本案案件受理费减半收取5元（已预缴），由原告上海靓傲起重工程机械有限公司负担。

如不服本判决，可在判决书送达之日起十五日内，向本院递交上诉状，并按对方当事人的人数提出副本，上诉于上海市第一中级人民法院。

第11章 工程施工合同索赔管理

教学导航

教学目标	1. 明确工程索赔概念、特征、作用、起因、依据、费用。 2. 掌握工程延期的索赔规定。 3. 熟悉反索赔主要步骤。
关键词汇	索赔; 工程延期的索赔; 反索赔。

典型案例 11　某公司建设工程委托监理合同纠纷案

上海市浦东新区人民法院民事判决书

（2013）浦民一（民）初字第 34269 号

原告上海东旭建设工程监理有限公司。

法定代表人尹富泉。

委托代理人黄伟，上海市东泰律师事务所律师。

委托代理人张瑛，上海市东泰律师事务所律师。

被告康达医疗器械（上海）有限公司。

委托代理人郭咏梅。

委托代理人廖格林，上海镇霆律师事务所律师。

委托代理人尚璇哲。

原告上海东旭建设工程监理有限公司（以下简称东旭公司）诉被告康达医疗器械（上海）有限公司（以下简称康达公司）建设工程监理合同纠纷一案，本院于 2013 年 9 月 27 日受理后，依法适用简易程序，于 2013 年 11 月 7 日公开开庭进行了审理。原告东旭公司的委托代理人黄伟，被告康达公司的委托代理人尚璇哲、廖格林到庭参加诉讼。本案现已审理终结。

原告东旭公司诉称，东旭公司与康达公司于 2009 年 11 月 30 日签订了一份《建设工程委托监理合同》，约定监理期限自 2009 年 12 月 1 日开始实施，到 2010 年 10 月 30 日完成，总造价人民币（以下币种同）10 万元。履行期间双方变更了原协议，并于 2010 年 2 月 1 日签订了一份《建设工程委托监理合同》，约定监理期限从 2010 年 2 月 1 日开始实施，到 2010 年 10 月 30 日完成，总造价 25 万元。之后，双方又签订《补充协议》，约定 2011 年 1 月 1 日至工程结束，在这期间康达公司支付东旭公司每月 5 000 元作为工程延期的监理补偿金。康达公司的工程于 2012 年 9 月 28 日完工，延长了 23 个月，总监理费为 399 800 元。另根据双方就电梯安装工程签订的《补充协议》，被告还应支付电梯监理费 16 245 元。但康达公司仅支付了 170 700 元，至今未支付余款。故东旭公司起诉至法院，要求判令被告支付工程监理费 229 100 元、电梯监理费 16 245 元。

被告康达公司辩称，双方从未变更过造价为 10 万元的监理合同，造价 25 万元的监理合同仅是报备案所用，并非对原合同的变更，之后，双方于 2010 年 5 月 10 日再次签订造价为 10 万元的监理合同，以明确双方的权利、义务。涉案工程于 2012 年 4 月 12 日（即监理合同核销日）已经完工，东旭公司主张的 2012 年 9 月 28 日是竣工验收时间，而监理工作在施工结束后就已经完成，东旭公司要求将监理费计算至竣工验收的日期既不合法，也不合理。2010 年 10 月 30 日至 2011 年 1 月 1 日双方签订《补充协议》期间，因工地施工停滞，监理并未到场工作，双方曾协商过这两个月不计算费用，故签订补充协议时未计算在内。电梯安装工程需要单独的合同备案，电梯监理费实际已包含在原来的监理费中了。综上，康达公司仅剩余 6 300 元监理费未支付，要求驳回东旭公司不合理的诉讼请求。

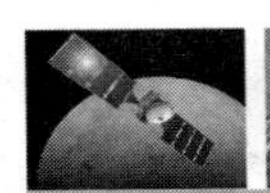

经审理查明，2009 年 11 月 30 日，东旭公司与康达公司签订了一份《建设工程委托监理合同》（以下简称合同一），约定康达公司将上海国际医学园区内的康达医疗器械（上海）有限公司新建项目委托东旭公司实施监理，自 2009 年 12 月 1 日开始施工，到 2010 年 10 月 30 日完成；监理总造价 10 万元，合同签订后支付 2 万元，结构封顶支付 3 万元，工程完工余款结清。

2010 年 2 月 1 日，东旭公司与康达公司就涉案工程通过招投标形式又签订了第二份《建设工程委托监理合同》（以下简称合同二），约定自 2010 年 2 月 1 日开始施工，到 2010 年 10 月 30 日完成；监理总造价 25 万元，合同签订后支付 50%，结构封顶支付 30%，工程完工余款付清。该合同已备案。

2010 年 5 月 10 日，东旭公司与康达公司就涉案工程签订了第三份《建设工程委托监理合同》（以下简称合同三），约定自 2009 年 12 月 1 日开始施工，到 2010 年 10 月 30 日完成；监理总造价 10 万元（含土建、电梯、幕墙、强弱电），合同签订后支付 2 万元，结构封顶支付 3 万元，工程完工余款结清。另合同第二部分标准条件第三十一条约定，由于委托人或承包商的原因使监理工作受到阻碍或延误，以至于发生了附加工作或延长了持续时间，监理人应当将此情况与可能产生的影响及时通知委托人。完成监理业务的时间相应延长，并得到附加工作的报酬。合同第三部分专用条件第三十九条约定，委托人同意以下计算方法、支付时间与金额，支付附加工作报酬（报酬=附加工作日×合同报酬/监理服务日）。

2011 年 1 月 19 日，东旭公司与康达公司就监理延期事宜达成《补充协议》，约定：1. 乙方（东旭公司）继续按照原合同中规定的监理范围和监理工作内容履行监理工作，直至工程竣工验收完毕。2. 乙方在工程完工后提供工程竣工所需的完整的技术资料和监理资料，如无法提供或有遗失，由乙方承担所有产生的后果。3. 乙方在责任期内如果失责，同意承担相关责任，赔偿损失。4. 补充协议从 2011 年 1 月 1 日至工程结束，在这期间甲方（康达公司）支付乙方每月 5 000 元作为工程延期的监理补偿金。

2011 年 11 月 22 日，东旭公司与康达公司签订了一份《补充协议》，约定甲方（康达公司）新建厂房车间一、二、三内电梯安装工程由乙方（东旭公司）委派设备监理，对电梯安装期间和调试阶段设备情况进行现场监督，监理范围和工作内容包括工程质量控制，监督施工队做好安全生产文明施工，按合同工期施工。

2012 年 4 月 12 日，东旭公司向康达公司出具承诺书，内容为“我司监理的贵司工程，总监理工程师注销后，我司保证与以往一样做好监理单位应做好的一切工作，无条件配合甲方（康达公司）把该工程管到竣工验收备案表出来为止”。同日，东旭公司、康达公司共同向上海市浦东新区建设市场管理站出具“情况说明”，内容为“我单位委托东旭公司监理的康达公司新建厂房工程已全面完工，该工程从 2010 年 2 月 1 日开始，到 2010 年 10 月 30 日监理完成了规定的全部内容，项目工程已完工，监理人员已撤出。监理工作已全面完成，同意办理监理合同核销事项”。登记备案职能部门据此办理了备案监理合同（即合同二）的登记核销手续。

2012 年 9 月，涉案新建工程中的车间一、车间三的电梯安装工程取得“电梯分部工程质量验收证明书”，监理单位工程师在证明书上签字确认。

另查，涉案工程于 2009 年 12 月开工，于 2012 年 9 月 28 日竣工验收；康达公司已支付监理费 170 700 元。

又查，2013 年 6 月，东旭公司曾就涉案监理合同纠纷起诉至本院[（2013）浦民一（民）初字第 19565 号]，诉称约定监理期限自 2009 年 12 月 1 日开始至 2010 年 10 月 30 日完成，总造价 10 万元，后又签订补充协议，约定从 2011 年 1 月 1 日至工程结束，康达公司支付每月 5 000 元作为工程延期的监理补偿金，现康达公司工程延长 23 个月，故监理费应为 215 000 元。该案审理中，康达公司提供了东旭公司于 2012 年 4 月 12 日向康达公司出具的承诺书。后该案以东旭公司撤诉结案。

以上事实，有《建设工程委托监理合同》和《补充协议》、中标通知书、情况说明、承诺书、监理合同登记核销表、电梯分部工程质量验收证明书、竣工验收报告及庭审笔录等在案佐证。

本院认为，依法成立的合同受法律保护，当事人均应切实履行。东旭公司、康达公司就涉案同一工程签订过三份监理合同，根据缔约先后顺序，应当以最后签署的一份合同（即合同三）作为认定本案当事人权利、义务的依据，这也与东旭公司在（2013）浦民一（民）初字第 19565 号案件中诉称的合同造价相吻合。东旭公司认为合同三非当事人真实意思表示，康达公司对此不认可，东旭公司未能提供证据证明。涉案工程不属法律规定必须进行招标的建设项目，东旭公司认为 2010 年 5 月 10 日签订的监理合同，违背了通过招投标签订的备案合同二的实质内容（合同价款不一致），按照《招标投标法》的规定应认定为无效的意见缺乏法律依据。合同三明确约定监理费已包括电梯项目，东旭公司再要求支付电梯监理费，没有合同依据。2011 年 1 月 19 日的《补充协议》对 2011 年 1 月之后的延期监理费计算标准做了约定，对原监理合同有效期到期后（2010 年 10 月 31 日）至 2011 年 1 月约两个月的监理费用问题，协议内容虽未涉及，但原监理合同对该期间的监理延期附加工作报酬已有明确约定，康达公司也无证据证明东旭公司放弃了这两个月的监理报酬，故康达公司应当按照合同约定的计价方式支付。另该《补充协议》第一条约定，乙方（东旭公司）继续按照原合同中规定的监理范围和监理工作内容履行监理工作，直至工程竣工验收完毕。故双方约定的委托监理合同有效期应当至工程竣工验收完毕。康达公司认为工程于 2012 年 4 月 12（即监理合同核销日）已经完工，监理费应计算至该日。但根据康达公司另案中提供的东旭公司承诺书，监理合同备案登记核销仅是出于协助东旭公司配合办理总监理工程师注销手续的需要，涉案监理工作当时并未结束，客观上作为监理项目之一的电梯安装工程于 2012 年 9 月才通过质量验收，故康达公司的该项抗辩意见，本院难予采纳。东旭公司、康达公司约定以委托监理期限作为计价依据，而非实际工作量，康达公司也未举证证明东旭公司存在怠于履行监理职责的情形，康达公司要求通过司法鉴定以实际监理天数计算争议监理费用，缺乏合同依据。按此计算，扣除已付款后康达公司应支付监理费余款（双方确认延期期间的日监理费为 166 元）为：100 000+100 000÷335×62+5000×20+166×28−170 700=52 455.46 元。据此，依照《中华人民共和国合同法》第一百零七条的规定，判决如下：

一、被告康达医疗器械（上海）有限公司于本判决生效后十日内支付原告上海东旭建设工程监理有限公司监理费 52 455.46 元。

二、驳回原告上海东旭建设工程监理有限公司要求被告康达医疗器械（上海）有限公司支付电梯监理费 16 245 元的诉讼请求。

负有金钱给付义务的当事人如未按本判决指定的期间履行给付金钱义务，应当依照

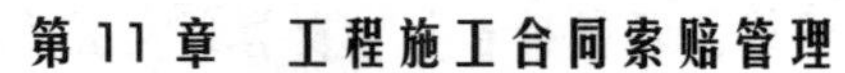

《中华人民共和国民事诉讼法》第二百五十三条的规定，加倍支付迟延履行期间的债务利息。

案件受理费 4 980 元，减半收取 2 490 元，由原告上海东旭建设工程监理有限公司负担 1 934 元，被告康达医疗器械（上海）有限公司负担 556 元。

如不服本判决，可在判决书送达之日起十五日内，向本院递交上诉状，并按对方当事人的人数提出副本，上诉于上海市第一中级人民法院。

11.1　索赔的基本理论

工程索赔在建筑市场上是承包商保护自身正当权益，弥补工程损失、提高经济效益的重要和有效手段。因此，应当加强对索赔理论和方法的研究，以便在实践中得到正确的运用。

工程索赔，是指在工程合同履行过程中，合同当事人一方因非自身因素或对方不履行或未能正确履行合同而受到经济损失或权利损害时，通过一定的合法程序向对方提出经济或时间补偿的要求。

索赔是一种正当的权利要求，它是业主方、监理工程师和承包商之间的一项正常的、大量发生而且普遍存在的合同管理业务，是一种以法律和合同为依据的、合情合理的正当行为，应该予以重视。

11.1.1　索赔的特征

1. 索赔的基本特征

从工程索赔的基本概念，可以看出索赔具有以下基本特征：

（1）索赔是双向的，不仅承包商可以向业主索赔，业主同样也可以向承包商索赔，但是在实践中业主向承包商索赔的频率较低。

（2）只有实际发生了经济损失或权利损害，一方才能向对方索赔。

（3）索赔是一种未经对方确认的单方行为，对对方尚未形成约束力，索赔的要求能否得到最终实现，必须通过确认（如双方协商、谈判、调解或仲裁、诉讼）后才能实现。

2. 索赔的本质特征

根据索赔的基本特征进行归纳，索赔具有如下本质特征：

（1）索赔是要求给予补偿（赔偿）的一种权利、主张。

（2）索赔的依据是法律、法规、合同文件及工程建设惯例，但主要是合同文件。

（3）索赔是因非自身原因导致的，要求索赔一方没有过错。

（4）与合同相比较，已经发生了额外的经济损失或工期损害。

（5）索赔必须有切实有效的证据。

（6）索赔是单方行为，双方没有达成协议。

3. 索赔与违约责任

在工程建设合同中有违约责任的规定，那么为什么还要索赔呢？这个问题实质上涉及

了两者在法律概念上的异同。索赔与违约责任的不同主要可以归纳为以下几点：

（1）索赔事件的发生不一定在合同文件中有约定；而工程合同的违约责任一般是合同中所约定的。

（2）索赔事件的发生，可以是一定行为造成（包括作为和不作为）的，也可以是不可抗力事件引起的；而追究违约责任，必须要有合同不能履行或不能完全履行的违约事实的存在，发生不可抗力可以免除追究当事人的违约责任。

（3）索赔事件的发生，可以是合同的当事人一方引起的，也可以是任何第三方行为引起的；而违反合同则是由于当事人一方或双方的过错造成的。

（4）一定要有造成损失的后果才能提出索赔，因此索赔具有补偿性；而合同的违约不一定要造成损害后果，因为违约责任具有惩罚性。

（5）索赔的损失结果与被索赔人的行为不一定存在法律上的因果关系，如由于业主指定分包商的原因造成承包商损失的，承包商可以向业主索赔等；而违反合同的行为与违约事实之间存在因果关系。

11.1.2 索赔的作用

事实证明，索赔的健康开展对于培养和发展社会主义建筑市场，促进建筑业的发展，提高工程建设的效益，起着非常重要的作用。

（1）有利于促进双方加强内部管理，提高双方管理素质，加强合同的管理，维护市场正常秩序。

（2）有利于工程造价的合理确定，可以把原来加入工程报价中的一些不可预见费用，改为实际发生的损失支付，便于降低工程报价，使工程造价更实事求是。

（3）有利于政府转变职能，使双方依据合同和实际情况实事求是地协商工程造价和工期，从而使政府从烦琐的调整概算和协调双方关系等微观管理工作中解脱出来。

（4）有利于双方更快地熟悉国际惯例，熟练掌握索赔和处理索赔的方法和技巧，有利于对外开放和对外工程承包的开展。

11.1.3 索赔的起因

1. 发包人或工程师违约

1）发包人没有按合同规定的时间和要求提供施工场地、创造施工条件造成违约

《建设工程施工合同（示范文本）》详细规定了专用条款约定的时间和要求所要完成的土地征用；房屋拆迁；清除地上、地下障碍；保证施工用水、用电；材料运输；机械进场；办理施工所需各种证件、批件及有关申报批准手续，提供地下管网线路资料等发包人的工作。开工日期经施工合同协议书确定后，承包商要按照既定的开工时间做好各种准备，并需提前进场做好办公、库房及其他临时设施的搭建等工作。如果发包人不能在合同规定的时间内给承包商的施工队伍进场创造条件，使准备进场的人员不能进场，准备进场的机械不能到位，应提前进场的材料运不进场，其他的开工准备工作不能按期进行，导致工期延误或给承包商造成损失的，承包商可提出索赔。

案例 11-1 南京某工程施工中发生有关拆迁的工期索赔，在施工单位的施工过程中由

于施工现场旁边的旧有配电房直接阻挡了施工进度，使承包商的导墙和地下连续墙的施工停工 10 天，承包商提出 10 天的工期索赔。

但是业主认为该导墙施工不在关键线路上而加以拒绝。承包商在对工程网络计划分析后，证明由于拖延 10 天使该导墙施工从原来的非关键线路变成了关键线路。最终业主同意了 3 天的工期顺延。

2）发包人没有按施工合同规定的条件提供应供应的材料、设备造成违约

《建设工程施工合同（示范文本）》规定了发包人所承担的材料、设备供应责任。如果发包人所供应的材料和设备到货时间、地点、单价、种类、规格、数量、质量等级与合同附件的规定不符，导致工期延误或给承包商造成损失的，承包商可提出索赔。

3）发包人没有能力或没有在规定的时间内支付工程款造成违约

按照《建设工程施工合同（示范文本）》规定，发包人应按照专用条款规定的时间和数额，向承包商支付预付款和工程款。当发包人没有支付能力或拖期支付及由此引发的停工，导致工期延误或给承包商造成损失的，承包商可提出索赔。

4）工程师对承包商在施工过程中提出的有关问题久拖不定造成违约

《建设工程施工合同（示范文本）》规定，工程师应按照合同文件的要求行使自己的权力，履行合同约定的职责，及时向承包商提供所需指令、批准、图纸等。在施工过程中，承包商为了提高生产效率，增加经济效益，较早发现工程进展中的问题，并向工程师寻求解决的办法，或提出解决方案报工程师批准，如果工程师不及时给予解决或批准，将会直接影响工程的进度，形成违约事件，承包商可以索赔。

5）工程师工作失误，对承包商进行不正确纠正、苛刻检查等造成违约

《建设工程施工合同（示范文本）》中对工程质量的检查、验收等工作程序及争议解决都做了明确规定。但是在实际工作中，由于具体工作人员的工作经历、业务水平、思想素质及工作方式、方法等原因，往往会造成承发包双方工作的不协调，其中因工程师造成的影响会成为索赔的起因。

（1）工程师的不正确纠正。在施工过程中，可能发生工程师认为承包商某施工部位或项目所采用的材料不符合技术规范或产品质量的要求，从而要求承包商改变施工方法或停止使用某种材料，但事后又证明并非承包商的过错，因此工程师的纠正是不正确的。在此情况下，承包商对不正确纠正所发生的经济损失及时间（工期）损失提出相应补偿是维护自身利益的表现。

（2）工程师对正常施工工序造成干扰。一般情况下，工程师应根据施工合同发出施工指令，并可以随时对任何部位进行质量检查。但是，工程师对承包商在施工中所采用的方法及施工工序不必过多干涉，只要不违反施工合同要求和不影响工程质量就可以进行。如果工程师强制承包商按照某种施工工序或方法进行施工，就可能打乱承包商的正常工作顺序，造成工程不能按期完成或增加成本开支。

不论工程师意图如何，只要造成事实上对正常施工工序的干扰，其结果都可能导致不应有的工程停工、开工、人员闲置、设备闲置、材料供应混乱等局面，由此而产生的实际损失，承包商必然提出索赔。

（3）工程师对工程进行苛刻检查。《建设工程施工合同（示范文本）》规定了工程师及其委派人员有权在施工过程中的任何时候对任何工程进行现场检查。承包商应为其提供便利条件，并按照工程师及委派人员的要求返工、修改，承担由自身原因导致返工、修改的费用。毫无疑问，工程师的各种检查都会给被检查现场带来某种干扰，但这种干扰应理解为是合理的。工程师所提出的修改或返工的要求应该依据施工合同所指定的技术规范，一旦工程师的检查超出了施工合同范围的要求，超出了一般正常的技术规范要求即认为是苛刻检查。

常见的苛刻检查的种类有：对同一部分工程内容反复检查；使用与合同规定不符的检查标准进行检查；过分频繁检查；故意不及时检查等。

面对具有丰富经验的承包商，工程师对自己权力的行使应掌握好合同界限，过分地不恰当地行使自己的权力，对工程进行苛刻的检查，将会对承包商的施工活动产生影响，必然导致承包商的索赔。

2. 合同变更与合同缺陷

1）合同变更

合同变更，是指施工合同履行过程中，对合同范围的内容进行修改或补充，合同变更的实质是对必须变更的内容进行新的要约和承诺。现代工程中，对于一个较复杂的建设工程，合同变更会有几十项甚至更多。大量的合同变更正是承包商的索赔机会，每一变更事项都有可能成为索赔依据。合同变更一般体现在由合同双方经过会谈、协商对需要变更的内容达成一致意见后，签署的会议纪要、会谈备忘录、变更记录、补充协议等合同文件中。合同变更的具体内容可划分为：工程设计变更、施工方法变更、工程师及委派人的指令等。

（1）工程设计变更，一般存在两种情况，即完善性设计变更和修改性设计变更。

所谓完善性设计变更，是指在实施原设计的施工中不进行技术上的改动将无法进行施工的变更。通常表现为对设计遗漏、图纸互相矛盾、局部内容缺陷方面的修改和补充。完善性设计变更，通过承发包双方协调一致后即可办理变更记录。

所谓修改性设计变更，是指并非设计原因而对原设计工程内容进行的设计修改。此类设计变更的原因主要来自发包人的要求和社会条件的变化。

对于完善性设计变更，是有经验的承包商意料之中的变更。常常由承包商发现并提交工程师进行解决，办理设计变更手续。这类变更一般情况下对工程量的影响不大，对施工中的各种计划安排、材料供应、人力及机械的调配影响不大，相对应的索赔机会也较少。

对于修改性设计变更，即使是有经验的承包商也是难以预料的。尽管这种修改性设计变更并非完全是发包人自身的原因，但其往往影响承包商的局部甚至整个施工计划的安排，带来许多对施工方面的不利因素，造成承包商重复采购、调整人力或机械调配、等待修改设计图纸、对已完工程进行拆改等，成本比原计划增加，工期比计划延长。承包商会抓住这一机会，向发包人提出因设计变更所引起的索赔要求。

（2）施工方法变更，是指在执行经工程师批准的施工组织设计时，因实际情况发生变化需要对某些具体的施工方法进行修改。这种对施工方法的修改必须报工程师批准方可执行。

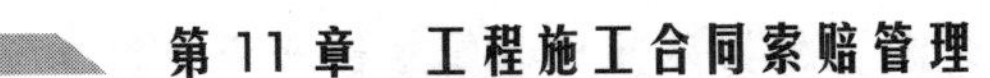

施工方法变更，必然会对预定的施工方案、材料设备、人力及机械调配产生影响，会使施工成本加大，其他费用增加，从而引起承包商索赔。

（3）工程师及委派人的指令：如果工程师指令承包商加速施工、改换某些材料、采取某项措施进行某种工作或暂停施工等，则带有较大成分的人为合同变更，承包商可以抓住这一合同变更的机会，提出索赔要求。

2）合同缺陷

合同缺陷，是指承发包当事人所签订的施工合同在进入实施阶段才发现的，合同本身存在的、现在已很难再做修改或补充的问题。

大量的工程合同管理经验证明，施工合同在实施过程中，常发现有如下的情况：

（1）合同条款用语含糊、不够准确，难以分清双方的责任和权益。

（2）合同条款中存在漏洞，对实际可能发生的情况未做预料和规定，缺少某些必不可少的条款。

（3）合同条款之间存在矛盾，即在不同的条款中，对同一问题的规定或要求不一致。

（4）由于合同签订前没有就各方对合同条款的理解进行沟通，导致双方对某些条款理解不一致。

（5）对合同一方要求过于苛刻、约束不平衡，甚至发现某些条款是一种圈套，某些条款中隐含着较大风险。

按照我国签订施工合同所应遵守的合法公正、诚实信用、平等互利、等价有偿的原则，合同的签订过程是双方当事人意思自治的体现，不存在一方对另一方的强制、欺骗等不公平行为。因此，签订合同后发现的合同本身存在的问题，应按照合同缺陷进行处理。

无论合同缺陷表现为哪一种情况，其最终结果可能是以下两种：一是当事人对有缺陷的合同条款重新解释定义，协商划分双方的责任和权益；二是各自按照本方的理解，把不利责任推给对方，发生激烈的合同争议后，提交仲裁机构裁决。

总之，施工合同缺陷的解决往往是与施工索赔及解决合同争议联系在一起的。

3. 不可预见性因素

1）不可预见性障碍

不可预见性障碍是指承包商在开工前，根据发包人所提供的工程地质勘察报告及现场资料，并经过现场调查，仍然无法发现的地下自然或人工障碍。如古井、墓坑、断层、溶洞及其他人工构筑物类障碍等。

不可预见性障碍在实际工程中表现为不确定性障碍的情况更常见。所谓不确定性障碍是指承包商根据发包人所提供的工程地质勘察报告及现场资料，或经现场调查可以发现地下存在自然的或人工的障碍，但因资料描述与实际情况存在较大差异，而这些差异导致承包商不能预先准确地制定处理方案，估计处理费用。

不确定性障碍属不可预见性障碍范围，但从施工索赔的角度看，不可预见性障碍的索赔比较容易被批准，而不确定性障碍的索赔则需要根据施工合同细则条款论证。区分不确定性障碍与不可预见性障碍的表现，采取不同的索赔方法是施工索赔管理人员应注意的。

2）其他第三方原因

其他第三方原因是指与工程有关的其他第三方所发生的问题对工程施工的影响。其表现的情况是复杂多样的，往往难以划分类型。如下述情况：

（1）正在按合同供应材料的单位因故被停止营业，使需要的材料供应中断。

（2）因铁路部门的原因，正常物资运输造成压站，使工程设备迟于安装日期到场，或不能配套到场。

（3）进场设备运输必经桥梁因故断塌，使绕道运费大增。

诸如上述及类似问题的发生，客观上给承包商造成施工停顿、等候、多支出费用等情况。

如果上述情况中的材料供应合同、设备订货合同及设备运输路线是发包人与第三方签订或约定的，承包商可以向发包人提出索赔。

案例 11-2 某工程在施工过程中，由于持续降雨，雨量是过去20年平均值的2倍，导致承包商的工期延误了34天，于是承包商要求工程师顺延工期。

监理工程师认为延误时间中的一半（17 天）是一个有经验的承包商无法预料的，另外的17天是承包商应该承担的正常气候风险，即同意延长工期17天。

4. 国家政策、法规的变化

国家政策、法规的变化，通常是指直接影响到工程造价的某些国家政策、法规的变化。我国目前正处在改革开放的发展阶段，特别是加入WTO以后，正在与国际市场接轨，价格管理逐步向市场调节过渡，每年都有关于对建设工程造价的调整文件出台，这对工程施工必然产生影响。对于这类因素，承发包双方在签订合同时必须引起重视。在现阶段，因国家政策、法规变更所增加的工程费用占有相当大的比重，是一项不能忽视的索赔因素。常见的国家政策、法规的变更有：

（1）由工程造价管理部门发布的建设工程材料预算价格调整。

（2）建筑材料的市场价与概预算定额文件价差的有关处理规定。

（3）国家调整关于建设银行贷款利率的规定。

（4）国家有关部门在工程中停止使用某种设备、某种材料的通知。

（5）国家有关部门在工程中推广某些设备、施工技术的规定。

（6）国家对某种设备、建筑材料限制进口、提高关税的规定等。

显然，上述有关政策、法规对建设工程的造价必然产生影响，承包商可依据这些政策、法规的规定向发包人提出补偿要求。假如这些政策、法规的执行会减少工程费用，受益的无疑应该是发包人。

5. 合同中止与解除

施工合同签订后对合同双方都有约束力，任何一方违反合同规定都应承担责任，以此促进双方较好地履行合同。但是实际工作中，由于国家政策的变化，不可抗力及承发包双方之外的原因导致工程停建或缓建的情况时有发生，必然造成合同中止。另外，由于在合同履行中，承发包双方在合作中不协调、不配合甚至矛盾激化，使合同履行不能再维持下去的情况；或发包人严重违约，承包商行使合同解除权；或承包商严重违约，发包人行使

合同解除权等，都会产生合同的解除。

由于合同的中止或解除是在施工合同还没有履行完毕时发生的，必然导致承发包双方经济损失，因此发生索赔是难免的。但引起合同中止与解除的原因不同，索赔方的要求及解决过程也大不一样。

11.1.4　索赔的程序与依据

1. 索赔程序

1）索赔程序和时限的规定

在工程项目施工阶段，每出现一个索赔事件都应按照国家有关规定、国际惯例和工程项目合同条件的规定，认真、及时地协商解决。我国《建设工程施工合同（示范文本）》中对索赔的程序和时间要求有明确而严格的规定，主要包括以下几方面。

（1）甲方未能按合同约定履行自己的各项义务或发生错误，以及出现应由甲方承担责任的其他情况，造成工期延误；或甲方延期支付合同价款，或因甲方原因造成乙方的其他经济损失，乙方可按下列程序以书面形式向甲方索赔：

① 造成工期延误或乙方经济损失的事件发生后 28 天内，乙方向工程师发出索赔意向通知。

② 发出索赔意向通知后 28 天内，乙方向工程师提出补偿经济损失和（或）延长工期的索赔报告及有关资料。

③ 工程师在收到乙方送交的索赔报告和有关资料后，于 28 天内给予答复，或要求乙方进一步补充索赔理由和证据。

④ 工程师在收到乙方送交的索赔报告和有关资料后 28 天内未予答复或未对乙方做进一步要求，则视为该项索赔已被认可。

⑤ 当造成工期延误或乙方经济损失的该项事件持续进行时，乙方应当阶段性向工程师发出索赔意向，在该事件终了后 28 天内，向工程师送交索赔的有关资料和最终索赔报告。

（2）乙方未能按合同约定履行自己的各项义务或发生错误给甲方造成损失，甲方也按以上各条款规定的时限和要求向乙方提出索赔。

2）索赔的工作过程

索赔的工作过程，即索赔的处理过程。施工索赔工作一般有以下 7 个步骤：索赔要求的提出、索赔证据的准备、索赔文件（报告）的编写、索赔文件（报告）的报送、索赔文件（报告）的评审、索赔谈判与调解、索赔仲裁或诉讼。现分述如下。

（1）索赔要求的提出。当出现索赔事件时，在现场先与工程师磋商，如果不能达成妥协方案，则承包商应审慎地检查自己索赔要求的合理性，然后决定是否提出书面索赔要求。按照 FIDIC 合同条款，书面的索赔通知书，应在引起索赔的事件发生后 28 天内向工程师正式提出，并抄送业主；逾期提送，将遭业主和工程师的拒绝。

索赔通知书一般都很简单，仅说明索赔事项的名称，根据相应的合同条款，提出自己的索赔要求。索赔通知书主要包括以下内容：

① 引起索赔事件发生的时间及情况的简单描述。

② 依据合同的条款和理由。

③ 说明将提供有关后续资料，包括有关记录和提供事件发展的动态。

④ 说明对工程成本和工期产生不利影响的严重程度，以期引起监理工程师和业主的重视。

至于索赔金额的多少或应延长工期的天数，以及有关的证据资料，可稍后再报给业主。

（2）索赔证据的准备。索赔证据资料的准备是施工索赔工作的重要环节。承包商在正式报送索赔文件（报告）前，要尽可能地使索赔证据资料完整齐备，不可“留一手”待谈判时再抛出来，以免造成对方的不愉快而影响索赔事件的解决。索赔金额的计算要准确无误，符合合同条款的规定，具有说服力；力求文字清晰，简单扼要，要重事实、讲理由，语言婉转而富有逻辑性。关于索赔证据资料包括的内容，将在后面做详细介绍。

（3）索赔文件（报合）的编写。索赔文件（报告）是承包商向监理工程师（或业主）提交的要求业主给予一定经济（费用）补偿或工期延长的正式报告。关于索赔文件（报告）的编写内容及应注意的问题等，将在后面做详细介绍。

（4）索赔文件（报告）的报送。索赔文件（报告）编写完毕后，应在引起索赔的事件发生后 28 天内尽快提交给监理工程师（或业主），以正式提出索赔。索赔报告提交后，承包商不能被动等待，应隔一定的时间，主动向对方了解索赔处理的情况，根据对方所提出的问题进一步做资料方面的准备，或提供补充资料，尽量为监理工程师处理索赔提供帮助、支持和合作。

索赔的关键问题在于“索”，承包商不积极主动去“索”，业主没有任何义务去“赔”。因此，提交索赔文件（报告）虽然是“索”，但还只是刚刚开始，要让业主“赔”，承包商还有许多更艰难的工作要做。

（5）索赔文件（报告）的评审。监理工程师（或业主）接到承包商的索赔文件（报告）后，应该马上仔细阅读，并对不合理的索赔进行反驳或提出疑问，监理工程师可以根据自己掌握的资料和处理索赔的工作经验提出意见和主张。如：

① 索赔事件不属于业主和监理工程师的责任，而是第三方的责任。

② 承包商未能遵守索赔意向通知的要求。

③ 合同中的开脱责任条款已经免除了业主补偿的责任。

④ 索赔是由不可抗力引起的，承包商没有划分和证明双方责任的大小。

⑤ 承包商没有采取适当措施避免或减少损失。

⑥ 承包商必须提供进一步的证据。

⑦ 损失计算夸大。

⑧ 承包商以前已明示或暗示放弃了此次索赔的要求。

但监理工程师提出这些意见和主张时也应当有充分的根据和理由。评审过程中，承包商应对监理工程师提出的各种质疑给出圆满的答复。

（6）索赔谈判与调解。经过监理工程师对索赔报告的评审，与承包商进行了较充分的讨论后，监理工程师应提出对索赔处理决定的初步意见，并参加业主和承包商进行的索赔谈判，通过谈判，做出索赔的最后决定。

在双方直接谈判没能取得一致解决意见时，为争取通过友好协商办法解决索赔争端，可邀请中间人进行调解。有些调解是非正式的，例如通过有影响的人物（业主的上层机构、官方人士或社会名流等）或中间媒介人物（双方的朋友、中间介绍人、佣金代理人

等）进行幕前幕后调解。也有些调解是正式性质的，例如在双方同意的基础上共同委托专门的调解人进行调解，调解人可以是当地的工程师协会或承包商协会、商会等机构。这种调解要举行一些听证会和调查研究，而后提出调解方案，如双方同意则可达成协议并由双方签字和解。

（7）索赔仲裁与诉松。对于那些确实涉及重大经济利益而又无法用协商和调解办法解决的索赔问题，变成双方难以调和的争端，只能依靠法律程序解决。在正式采取法律程序解决之前，一般可以先通过自己的律师向对方发出正式索赔函件，此函件最好通过当地公证部门登记确认，以表示诉诸法律程序的前奏。这种通过律师致函属于“警告”性质，若多次警告而无法和解（如由双方的律师商讨仍无结果），则只能根据合同中“争端的解决”条款提交仲裁或司法程序解决。

2. 索赔依据

为了达到索赔成功的目的，承包商必须进行大量的索赔论证工作，以大量的证据来证明自己拥有索赔的权利和应得的索赔款额和索赔工期。在进行施工索赔时，承包商应善于从合同文件和施工记录等资料中寻找索赔的依据，在提出索赔要求的同时，提出必需的证据资料。可以作为索赔依据的主要有如下几种资料。

1）政策法规文件

政策法规文件是指工程所在国的政府或立法机关公布的有关国家法律、法令或政府文件，如货币汇兑限制指令、外汇兑换率的决定、调整工资的决定、税收变更指令、工程仲裁规则等，这些文件对工程结算和索赔具有重要的影响，承包商必须高度重视。

2）招标文件、合同文本及附件

如 FIDIC《施工合同条件》中的通用条件和专用条件，以及我国《建设工程施工合同(示范文本)》中的通用条款和专用条款、施工技术规范、工程范围说明、现场水文地质资料和工程量表、标前会议和澄清会议资料等，不仅是承包商投标报价的依据和构成工程合同文件的基础，而且是施工索赔时计算索赔费用的依据。

3）施工合同协议书及附属文件

施工合同协议书，各种合同双方在签约前就中标价格、施工计划、合同条件等问题进行的讨论纪要文件，以及其他各种签约的备忘录和修正案等资料，都可以作为承包商索赔计价的依据。

4）往来的书面文件

在合同实施过程中，会有大量的业主、承包商、工程师之间的来往书面文件，如业主的各种认可信与通知，工程师或业主发出的各种指令，如工程变更令、加速施工令等，以及对承包商提出问题的书面回答和口头指令的确认信等，这些信函（包括电传、传真资料等）都将成为索赔的证据。因此，来往的信件一定要留存，自己的回复则要留底。同时，要注意对工程师的口头指令及时书面确认。

5）会议记录，主要有标前会议和决标前的澄清会议纪要

在合同实施过程中，业主、工程师和承包商定期和不定期的工地会议，如施工协调会

议，施工进度变更会议，施工技术讨论会议等，在这些会议上研究实际情况做出的决议或决定等。这些会议记录均构成索赔的依据，但应注意这些记录若想成为证据，必须经各方签署才有法律效力。因此，对于会议纪要应建立审阅制度，即做纪要的一方写好纪要稿后，送交参会各方传阅核签，如果有不同意见应在规定期限内提出或直接修改，若不提出意见则视为同意（这个程序需由各方在项目开始前商定）。

6）批准的施工进度计划和实际进度记录

经过业主或工程师批准的施工进度计划和修改计划，实际进度记录和月进度报表是进行索赔的重要证据。进度计划中不仅指明工作间施工顺序和工作计划持续时间，而且还直接影响劳动力、材料、施工机械和设备的计划安排。如果由于非承包商原因或风险使承包商的实际进度落后于计划进度或发生工程变更，则这类资料对承包商索赔能否成功起到非常重要的作用。

7）施工现场工程文件

施工现场工程文件包括现场施工记录、施工备忘录、各种施工台账、工时记录、质量检查记录、施工设备使用记录、建筑材料进场和使用记录、工长或检查员及技术人员的工作日记、监理工程师填写的施工记录和各种签证，各种工程统计资料如周报、月报，工地的各种交接记录如施工图交接记录、施工场地交接记录、工程中停电或停水记录等资料，这些资料构成工程的实际状态，是工程索赔时必不可少的依据。

8）工程照片、录像资料

工程照片和录像作为索赔证据最直观，并且照片上最好注明日期。其内容可以包括工程进度照片和录像、隐蔽工程覆盖前的照片和录像、业主责任或风险造成的返工或工程损坏的照片和录像等。

9）检查验收报告和技术鉴定报告

在工程中的各种检查验收报告，如隐蔽工程验收报告、材料试验报告、试桩报告、材料设备开箱验收报告、工程验收报告及事故鉴定报告等，这些报告是对承包商工程质量的证明文件，因此成为工程索赔的重要依据。

10）工程财务记录文件

包括工人劳动计时卡和工资单、工资报表、工程款账单、各种收付款原始凭证、总分类账、管理费用报表、工程成本报表、材料和零配件采购单等财务记录文件，它是对工程成本的开支和工程款的历次收入所做的详细记录，是工程索赔中必不可少的索赔款额计算的依据。

11）现场气象记录

工程水文、气象条件变化，经常引起工程施工的中断或工效降低，甚至造成在建工程的破损，从而引起工期索赔或费用索赔。尤其是遇到恶劣的天气，一定要做好记录，并且请工程师签字。这方面的记录内容通常包括：每月降水量、风力、气温、水位、施工基坑地下水状况等，对地震、海啸和台风等特殊自然灾害更要随时做好记录。

12）市场行情资料

市场行情资料，包括市场价格、官方公布的物价（工资指数、中央银行的外汇比率等）资料，是索赔费用计算的重要依据。

案例 11-3　某承包商通过竞争性投标，中标承建一写字楼工程。合同中标价为 980 000 美元。采用 FIDIC 的《土木工程施工合同条件》签订合同。在工程施工过程中，由于地基出现问题，而被迫修改设计，造成多项变更，并且修改的变更图总是延误，多次发生已施工完毕的部分又发生变更，被业主指令拆除。因此，承包商提出索赔。

请问承包商提出索赔应该提供哪些证据？

解析　承包商应该提供的索赔证据有合同文本、地基出现问题时工程师签发的暂停施录、工程师签发的变更指令、承包商签收施工图和变更图的记录、拆除时的用工量记录、工地会议的记录、机械进场记录和租赁费单据等。

索赔证据提供的目的有两个，一个是证明自己有权索赔，另一个就是证明自己的索赔合理。因此，在提供证据时，应当从这两个方面来进行考虑。

11.1.5　索赔费用

索赔费用的构成和施工项目中标时的合同价的构成是一致的，索赔的款项必须是施工合同中已经包括了的内容，而索赔款是超出原来报价的增加部分。从原则上说，只要是承包商有索赔权的事项，导致了工程成本的增加，承包商都可以提出费用索赔，因为这些费用是承包商完成超出合同范围的工作而实际增加的开支。一般索赔费用中主要包括以下内容。

1. 人工费

人工费是构成工程成本中直接费的主要项目之一，包括生产工人的基本工资、工资性质的津贴、辅助工资、劳保福利费、加班费、奖金等。索赔费用中的人工费，需考虑以下几个方面：

（1）完成合同计划以外的工作所花费的人工费用。

（2）由于非承包商责任的施工效率降低所增加的人工费用。

（3）超过法定工作时间的加班劳动费用。

（4）法定人工费的增长。

（5）由于非承包商的原因造成工期延误致使人员窝工增加的人工费等。

2. 材料费

材料费在直接费中占有很大比重。由于索赔事项的影响，在某些情况下，会使材料费的支出超过原计划材料费支出。索赔的材料费主要包括以下内容：

（1）由于索赔事项材料实际用量超过计划用量而增加的材料费。

（2）对于可调价格合同，由于客观原因材料价格大幅度上涨。

（3）由于非承包商责任使工期延长导致材料价格上涨。

（4）由于非承包商原因致使材料运杂费、材料采购与保管费用的上涨等。

索赔的材料费中应包括材料原价、材料运输费、包装费、材料的运输损耗等。但由于

承包商自身管理不善等原因造成材料损坏、失效等费用损失不能计入材料费索赔。

3. 施工机械使用费

由于索赔事项的影响，使施工机械使用费的增加，主要体现以下几个方面：

（1）由于完成工程师指示的，超出合同范围的工作所增加的施工机械使用费。

（2）由于非承包商的责任导致的施工效率降低而增加的施工机械使用费。

（3）由于业主或者工程师原因导致的机械停工的窝工费等。

4. 管理费

1）工地管理费

工地管理费的索赔是指承包商为完成索赔事项工作，业主指示的额外工作及合理的工期延长期间所发生的工地管理费用，包括工地管理人员的工资、办公费用、通信费、交通费等。

2）总部管理费

索赔款中的总部管理费是指索赔事项引起的工程延误期间所增加的管理费用，一般包括总部管理人员的工资、办公费用、财务管理费、通信费等。

3）其他直接费和间接费

国内工程一般按照相应费用定额计取其他直接费和间接费等项，索赔时可以按照合同约定的相应费率计取。

5. 利润

承包商的利润是其正常合同报价中的一部分，也是承包商进行施工的根本目的。所以，当一个索赔事项发生的时候，承包商会相应地提出利润的索赔。但是对于不同性质的索赔，承包商可能得到的利润补偿是不一样的。一般由于业主方工作失误造成承包商的损失，可以索赔利润，而业主方也难以预见的事项造成的损失，承包商一般不能索赔利润。在FIDIC合同条件中，对于以下几项索赔事项，明确规定了承包商可以得到相应的利润补偿：

（1）工程师或者业主提供的施工图或指示延误。

（2）业主未能及时提供施工现场。

（3）合同规定或工程师通知的原始基准点、基准线、基准标高错误。

（4）不可预见的自然条件。

（5）承包商服从工程师的指示进行试验（不包括竣工试验），或由于业主的原因对竣工试验的干扰。

（6）因业主违约，承包商暂停工作及终止合同。

（7）一部分应属于业主承担的风险等。

6. 利息

在实际施工过程中，由于工程变更和工期延误会使承包商的投资增加，业主拖期支付工程款也会给承包商造成一定的经济损失，因此承包商会提出利息索赔。利息索赔一般包括以下几个方面：

（1）业主拖期支付工程进度款或索赔款的利息。

（2）由于工程变更和工期延长所增加投资的利息。

（3）业主错误扣款的利息。

无论是什么原因使业主错误扣款，由承包商提出反驳并被证明是合理的情况下，业主错误扣除的任何款项都应该归还，并应支付扣款期间的利息。

如果工程部分进行分包，分包商的索赔款同样也包括上述各项费用。当分包商提出索赔时，其索赔要求如数列入总包商的索赔要求中，一起向工程师提交。

7. 在施工索赔中不允许索赔的几项费用

（1）承包商对索赔事项的发生原因负有全部责任的有关费用。

（2）承包商对索赔事项未采取减轻措施因而扩大的费用。

（3）承包商进行索赔工作的准备费用。

（4）索赔款在索赔处理期间的利息。

（5）工程有关的保险费用。

11.2　工程延期的索赔

工程工期是施工合同中的重要条款之一，涉及业主和承包商多方面的权利和义务关系。工程延期对合同双方一般都会造成损失，业主因为工程不能及时交付使用，就不能按照计划实现投资效果；承包商因为工程延期而增加工程成本，生产效率降低，企业信誉受到影响，最终还可能导致合同规定的误期损害赔偿费处罚。因此，工程延期的后果是形式上的时间损失，实质上的经济损失，无论是业主还是承包商，都不愿意无缘无故的承担由工程延期给自己造成的经济损失。

工程工期是业主和承包商经常发生争议的问题之一，工期索赔在整个索赔中占据了很高的比例，也是承包商索赔的重要内容之一。

11.2.1　工期索赔的依据与合同规定

在工程实践中，承包商提出工期索赔的依据主要有：

（1）合同约定的工程总进度计划。

（2）合同双方共同认可的详细进度计划，如网络图、横道图等。

（3）合同双方共同认可的月、季、旬进度实施计划。

（4）合同双方共同认可的对工期的修改文件，如会谈纪要、来往信件、确认信等。

（5）施工日志、气象资料。

（6）业主或工程师的变更指令。

（7）影响工期的干扰事件。

（8）受干扰后的实际工程进度。

（9）其他有关工期的进度等。

此外，在合同双方签订的工程施工合同中有许多关于工期索赔的规定，FIDIC 合同条件和我国建设工程施工合同条件中有关工期延误和索赔的规定，可以作为工期索赔的法律依据，在实际工作中可供参考。

11.2.2 工期索赔的计算

在工期索赔中，首先要确定索赔事件发生对施工活动的影响及引起的变化，然后再分析施工活动变化对总工期的影响。常用的计算索赔工期的方法有如下四种。

1. 网络分析法

网络分析法是通过分析索赔事件发生前后，网络计划工期的差异计算索赔工期的。这是一种合理的科学计算方法，适用于各类工期索赔。

2. 对比分析法

对比分析法比较简单，适用于索赔事件仅影响单位工程，或分部、分项工程的工期，需要由此计算对总工期的影响。计算公式为：

总工期索赔=原合同总工期×(额外或新工程量价格÷原合同总价)

案例 11-4 某工程施工合同总价格为 1 000 万元，总工期为 24 个月，现业主指令增加额外工程 90 万元。请问此时承包商可以提出的工期索赔是多少？

解析 工期索赔值=原合同总工期×(额外或新工程量价格÷原合同总价)

=24×(90÷1 000)

=2.16（月）

3. 劳动生产率降低计算法

在索赔事件干扰正常施工导致劳动生产率降低而使工期拖延时，可以按照下列公式进行计算：

索赔工期= 计划工期×[(预期劳动生产率-实际劳动生产率)÷预期劳动生产率]

4. 简单累加法

在施工过程中，由于恶劣的气候、停电、停水及意外风险造成全面停工而导致工期拖延时，可以分别列出各种原因引起的停工天数，累加结果即可作为索赔天数。应该注意的是，由多项索赔事件引起的总工期索赔，最好用网络分析法计算索赔工期。

11.3 反索赔

11.3.1 反索赔的内容

索赔管理的任务不仅在于对已产生的损失的追索，而且在于对将产生或可能产生的损失的防止。追索损失主要通过索赔手段进行，而防止损失主要通过反索赔进行。

在工程项目实施过程中，业主与承包商之间，总承包商和分包商之间，合伙人之间，承包商与材料和设备供应商之间都可能有双向的索赔和反索赔。例如，承包商向业主提出索赔，而业主反索赔；同时业主又可能向承包商提出索赔，而承包商必须反索赔。所以，在工程中索赔和反索赔的关系是很复杂的。

索赔和反索赔是进攻和防守的关系，在合同实施过程中承包商必须能攻善守，攻守结合。

在合同实施过程中，合同双方都在进行合同管理，都在寻找索赔机会，一经干扰事件发生，都在企图推卸自己的合同责任，并企图进行索赔。不能进行有效的反索赔，同样要蒙受损失，所以反索赔与索赔有同等重要的地位。

反索赔的目的是防止损失的发生，包括如下两方面内容。

1. 防止对方提出索赔

在合同实施中进行积极防御，使自己处于不被索赔的地位，这是合同管理的主要任务。积极防御通常表现如下：

（1）尽量防止自己违约，使自己完全按合同办事。通过加强施工管理，特别是合同管理，使对方找不到索赔的理由和根据。工程按合同顺利实施，没有损失发生，不需提出索赔，合同双方没有争执，达到最佳的合作效果。

（2）上述仅为一种理想状态，在合同实施过程中总是有干扰事件，许多干扰是承包商不能影响和控制的。一经干扰事件发生，就应着手研究，收集证据，一方面做索赔处理，另一方面又准备反击对方的索赔。这两者都不可缺少。

（3）在实际工程中，干扰事件常常是双方都有责任，许多承包商采取先发制人的策略，首先提出索赔，好处如下。

① 尽早提出索赔，防止超过索赔有效期限制而失去索赔机会。

② 争取索赔中的有利地位，因为对方要花许多时间和精力分析研究，以反驳本方的索赔报告。这样打乱了对方的步骤，争取了主动权。

③ 为最终的索赔解决留下余地。通常索赔解决中双方都必须做让步，而首先提出的，且索赔额比较高的一方更有利。

2. 反击对方的索赔要求

为了避免和减少损失，必须反击对方的索赔要求。对承包商来说，这个索赔要求可能来自业主、总（分）包商、合伙人、供应商等。

最常见的反击对方索赔要求的措施有：

（1）用本方提出的索赔要求对抗对方的索赔要求，最终是双方都做让步，互不支付。

在工程实施过程中干扰事件的责任常常是双方面的，对方也有失误和违约的行为，也有薄弱环节，因此要抓住对方的失误，提出索赔，以保证在最终索赔解决中双方都能做出让步。这就是以“攻”对“攻”，用索赔对索赔，是常用的反索赔手段。

在国际工程中，业主常常用这个措施对待承包商的索赔要求，如找出工程中的质量问题及承包商管理不善之处加重处罚，以对抗承包商的索赔要求，达到少支付或不付的目的。

（2）反驳对方的索赔报告，找出理由和证据，证明对方的索赔报告不符合事实情况，不符合合同规定，没有根据，计算不准确，以推卸或减轻自己的赔偿责任，使自己不受或少受损失。

在实际工程中，这两种措施都很重要，常常同时使用，索赔和反索赔同时进行，即索赔报告中既有索赔，也有反索赔；反索赔报告中既有反索赔，也有索赔。攻守手段并用会达到很好的索赔效果。

11.3.2 反索赔的主要步骤

在接到对方索赔报告后，应着手进行分析、反驳。反索赔与索赔有相似的处理过程。通常对对方提出重大索赔的反驳处理过程，应该按照下面几个方面进行。

1. 合同的总体分析

反索赔同样是以合同作为反驳的理由和根据。合同分析的目的是分析、评价对方索赔要求的理由和依据。在合同中找出对对方不利、对本方有利的合同条文，以构成对对方索赔要求否定的理由。合同总体分析的重点是，与对方索赔报告中提出的问题有关的合同条款，通常有：合同的法律基础及其特点；合同的组成及合同变更情况；合同规定的工程范围和承包商责任，工程变更的补偿条件、范围和方法；对方的合作责任；合同价格的调整条件、范围、方法及对方应承担的风险；工期调整条件、范围和方法；违约责任；争执的解决方法等。

2. 事态调查

反索赔仍然基于事实基础之上，以事实为根据。这个事实必须有本方对合同实施过程跟踪和监督的结果，即各种实际工程资料作为证据，用以对照索赔报告中所描述的事情经过和所附证据。通过调查可以确定干扰事件的起因、事件经过、持续时间、影响范围等真实的详细的情况。

在此应收集整理所有与反索赔相关的工程资料。

3. 三种状态分析

在事态调查的基础上，可以做如下分析工作。

（1）合同状态的分析。即不考虑任何干扰事件的影响，仅对合同签订时的情况和依据进行分析，包括合同条件、当时的工程环境、实施方案、合同报价水平。这是对方索赔和索赔值计算的依据。

（2）可能状态的分析。在任何工程中，干扰事件是不可避免的，所以合同状态很难保持。为了分析干扰事件对施工过程的影响并分清双方责任，必须在合同状态分析的基础上分析对方有理由提出索赔的干扰事件。这里的干扰事件必须符合两个条件：

① 非对方责任引起的。

② 不在合同规定对方应承担的风险范围内，符合合同规定的索赔补偿条件。

引用上述合同状态分析过程和方法再一次进行分析。

（3）实际状态的分析。即对实标的合同实施状况进行分析。按照实际工程量、生产效率、劳动力安排、价格水平、施工方案等，确定实际的工期和费用支出。

通过上述分析可以全面地评价合同及合同实施状况，评价双方合同责任的完成情况；对对方有理由提出索赔的部分进行总概括；分析出对方有理由提出索赔的干扰事件有哪些及索赔的大约值或最高值；对对方的失误和风险范围进行具体指认，以此作为谈判中的攻击点；针对对方的失误做进一步分析，以准备向对方提出索赔。这就是在反索赔中同时使用索赔手段。国外的承包商和业主在进行反索赔时，特别注意寻找向对方索赔的机会。

4. 对索赔报告进行全面分析，对索赔要求、索赔理由进行逐条分析评价

分析评价索赔报告，可以通过索赔分析评价表进行。其中，分别列出对方索赔报告中的干扰事件、索赔理由、索赔要求，提出本方的反驳理由、证据、处理意见或对策等。

5. 起草并向对方递交反索赔报告

反索赔报告也是正规的法律文件。在调解或仲裁中，对方的索赔报告和本方的反索赔报告应一起递交给调解人或仲裁人。反索赔报告的基本要求与索赔报告相似。通常反索赔报告的主要内容有以下几项：

（1）合同总体分析结果简述。

（2）合同实施情况简述和评价。这里重点针对对方索赔报告中的问题和干扰事件，叙述事实情况。应包括前述三种状态的分析结果，对双方合同责任完成情况和工程施工情况做评价。重点应放在推卸本方对对方索赔报告中提出的干扰事件的合同责任。

（3）反驳对方的索赔要求。按具体的干扰事件，逐条反驳对方的索赔要求，详细分析本方的反索赔理由和证据，全部或部分地否定对方的索赔要求。

（4）提出索赔。对经合同分析和三种状态分析得出的对方违约责任，提出本方的索赔要求。对此，有不同的处理方法。通常，可以在本反索赔报告中提出索赔，也可另外出具本方的索赔报告。

（5）总结。反索赔的全面总结通常包括如下内容。

① 对合同总体分析做简要概括。

② 对合同实施情况做简要概括。

③ 对对方索赔报告做总评价。

④ 对本方提出的索赔做概括。

⑤ 双方要求的比较，即索赔和反索赔最终分析结果比较。

⑥ 提出解决意见。

（6）附各种证据。即本反索赔报告中所述的事件经过、理由、计算基础、计算过程和计算结果等的证明材料。

11.3.3 反驳索赔报告

1. 索赔报告中常见的问题

反驳索赔报告，即找出索赔报告中的漏洞和薄弱环节，以全部或部分地否定索赔要求。任何一份索赔报告，即使是索赔专家做出的，仍然会有漏洞和薄弱环节，问题在于能否找到。这完全在于双方的管理水平、索赔经验及能力的权衡和较量。

对对方（业主、总包或分包等）提出的索赔必须进行反驳，不能直接地、全盘地认可。通常在索赔报告中有如下问题存在：

（1）对合同理解的错误。对方从自己的利益和观点出发解释合同，对合同解释有片面性，致使索赔理由不足。

（2）对方有推卸责任、转嫁风险的企图。在国际工程中，甚至有无中生有或恶人先告状的现象，索赔根据不足。

（3）索赔报告中所述干扰事件证据不足或没有证据。

（4）索赔值的计算多估冒算，漫天要价，将对方自己应承担的风险和失误也都纳入其中。

这些在承包工程索赔中屡见不鲜。

2. 索赔报告的反驳内容

对索赔报告的反驳通常可以从如下几方面着手。

（1）索赔事件的真实性。不真实、不肯定、没有根据或仅出于猜测的事件是不能提出索赔的。事件的真实性可以从两种方面证实：

① 对方索赔报告后面的证据。不管事实怎样，只要对方索赔报告后未提出事件经过的得力的证据，本方即可要求对方补充证据，或否定索赔要求。

② 本方合同跟踪的结果。从中寻找对对方不利的、构成否定对方索赔要求的证据。

从这两个方面的对比，即可得到干扰事件的实情。

（2）干扰事件责任分析。干扰事件和损失是存在的，但责任不在本方。通常有：

① 责任在于索赔者自己，由于其疏忽大意、管理不善造成损失，或在干扰事件发生后未采取得力有效的措施降低损失等，或未遵守工程师的指令、通知等。

② 干扰事件是其他方引起的，不应由本方赔偿。

③ 合同双方都有责任，应按各自的责任分担损失。

（3）索赔理由分析。反索赔和索赔一样，要能找到对本方有利的法律条文，推卸本方的合同责任；或找到对对方不利的法律条文，使对方不能推卸或不能完全推卸自己的合同责任。这样可以从根本上否定对方的索赔要求。例如，对方未能在合同规定的索赔有效期内提出索赔，故该索赔无效；该干扰事件（如工程量扩大、通货膨胀、外汇汇率变化等）在合同规定的对方应承担的风险范围内，不能提出索赔要求，或应从索赔中扣除这部分；索赔要求不在合同规定的赔（补）偿范围内，如合同未明确规定，或未具体规定补偿条件、范围、补偿方法等；虽然干扰事件为本方责任，但按合同规定本方没有赔偿责任。

（4）干扰事件的影响分析。分析干扰事件的影响，可通过网络计划分析和施工状态分析得到其影响范围。如在某工程中，总承包商负责的某种装饰材料未能及时运达工地，使分包商装饰工程受到干扰而拖延，但拖延天数在该工程活动的时差范围内，不影响工期。且总承包商已事先通知分包商，而施工计划又允许人力调整，则不能对工期和劳动力损失索赔。又如业主拖延交付图样造成工程延期。但在此期间，承包商未能按合同规定日期安排劳动力和管理人员进厂，则工期可以顺延，但工期延长对费用的影响很小。

（5）证据分析。证据不足、证据不当或仅有片面的证据，索赔是不成立的。证据不足，即证据还不足以证明干扰事件的真相、全过程或证明事件的影响，则需要重新补充。证据不当，即证据与本索赔事件无关或关系不大。证据的法律证明效力不足。

（6）索赔值的审核。如果经过上面的各种分析、评价，仍不能从根本上否定该索赔要求，则必须对最终认可的合情合理的索赔要求进行认真细致的索赔值的审核。因为索赔值的审核工作量大，涉及资料多，过程复杂，要花费许多时间和精力，这里有许多技术性工作。

实质上，经过本方三种状态的分析，已经很清楚地得到对方有理由提出的索赔值，按

干扰事件和各费用项目整理，即可对对方的索赔值计算进行对比、审查与分析。双方不一致的地方也将一目了然。对比分析的重点如下：

① 各数据的准确性对索赔报告中所涉及的各个计算基础数据都必须审查、核对，以找出其中的错误和不恰当的地方。例如，工程量增加或附加工程的实际量结果；工地上劳动力、管理人员、材料、机械设备的实际使用量；支出凭据上的各种费用支出；各个项目的“计划和实际”量差分析；索赔报告中所引用的单价；各种价格指数等。

② 计算方法的选用是否合情合理。尽管通常都用分项法计算，但不同的计算方法对计算结果影响很大。在实际工程中，这种争执常常很多，对于重大的索赔，须经过双方协商谈判才能使计算方法达到一致。

综合案例 11　某厂房改造工程款拖欠纠纷案

上海市松江区人民法院民事判决书

（2013）松民三（民）初字第 2826 号

原告上海兴甬建筑市政工程有限公司。

法定代表人张书龙。

委托代理人张磊，上海磊天律师事务所律师。

委托代理人潘亮，上海磊天律师事务所律师。

被告上海苇欣建材有限公司。

法定代表人陈伟明。

对于原告上海兴甬建筑市政工程有限公司与被告上海苇欣建材有限公司《建设工程施工合同》纠纷一案，本院于 2013 年 11 月 4 日立案受理后，依法适用简易程序。后因被告下落不明，本案转为普通程序审理，并以公告方式向其送达诉状副本及开庭传票等诉讼材料。2014 年 6 月 6 日，本院公开开庭审理了本案。原告上海兴甬建筑市政工程有限公司的委托代理人张磊到庭参加诉讼。被告上海苇欣建材有限公司经本院合法传唤，无正当理由拒不到庭，本院依法进行缺席审理。本案现已审理终结。

原告上海兴甬建筑市政工程有限公司诉称：2010 年初，原告、被告签订《建设工程施工合同》，2011 年 7 月 6 日工程验收合格。按合同约定，应在验收合格后一年全部付清工程款。2013 年 1 月 22 日双方订立协议，最终确认被告尚欠原告工程款 230 万元。协议签订后，被告支付了 30 万元给原告，尚欠 200 万元未付。故原告起诉要求：1. 被告支付工程款 200 万元；2. 被告支付利息 162 291.67 元（以 200 万元为本金，自 2012 年 7 月 14 日起至 2013 年 10 月 23 日止，按年利率 6.15%计算）。

被告上海苇欣建材有限公司未做答辩。

经审理查明，2010 年原告、被告签订《建设工程施工合同》，约定由原告为被告位于松江区石湖荡镇金汇村双汇 358 号厂房进行仓储改造工程，合同价款按实际工程量结算，同

时约定工程完工后经被告验收合格，支付至总工程款的 80%，在验收合格之日起三个月内被告确认原告送交的工程结算书，并支付至总工程款的 95%。余款在验收合格一年后的一星期内付清。2011 年 7 月 6 日，系争工程经被告验收合格。

2013 年 1 月，原告、被告双方签订协议书，载明：根据双方签订的厂房仓储改造工程施工合同之内容，原告按合同规定按质按量如期完成了各项施工任务，自 2010 年初开工至 2011 年竣工，经验收合格，现双方协商，对工程结算及工程欠款达成如下协议，原告根据实际工作量，按照上海市建设工程（2000 定额）结算，工程总价款为 10 596 622 元，已提交被告审核；原告确认已收到被告工程款 6 788 127 元；按照现有的结算价，被告尚欠工程款 3 808 495 元。双方友好协商，原告做出让利承诺，将被告的现有工程欠款减为最终欠款 230 万元，被告同意确认工程款尚欠 230 万元。

2013 年 2 月 6 日，被告支付原告 30 万元工程款，尚欠 200 万元至今未付。

以上事实，由《建设工程施工合同》、工程质量验收证明书、协议书、交通银行进账单及当事人陈述等证据证实，本院予以确认。

本院认为：原告已经依约完成了涉案工程，且被告已验收合格，被告应当按照合同约定于验收合格一年后的一个星期内即最迟于 2012 年 7 月 13 日前支付全部工程款给原告。根据双方达成的协议书，原告、被告双方最终确定工程款为 230 万元，是双方真实意思的表示，本院予以确认。被告仅支付了 30 万元工程款，故原告要求被告支付尚欠的 200 万元工程款及利息的诉讼请求，于法有据，本院予以支持。但利息的金额原告计算有误，本院核算为 157 709.59 元。被告未到庭参加诉讼，且未发表答辩意见，视为被告放弃其答辩权利，对此产生的法律后果，应由被告自行承担。

据此，根据《中华人民共和国合同法》第一百零九条、《中华人民共和国民事诉讼法》第一百四十四条的规定，判决如下：

一、被告上海茸欣建材有限公司于本判决生效之日起十日内支付原告上海兴甬建筑市政工程有限公司工程款 200 万元。

二、被告上海茸欣建材有限公司于本判决生效之日起十日内支付原告上海兴甬建筑市政工程有限公司利息 157 709.59 元。

如果未按本判决指定的期间履行给付金钱义务，应当依照《中华人民共和国民事诉讼法》第二百五十三条的规定，加倍支付迟延履行期间的债务利息。

案件受理费 24 098 元，财产保全申请费 5 000 元，合计诉讼费 29 098 元，由被告上海茸欣建材有限公司负担（于本判决生效之日起七日内交付本院）。

如不服本判决，可在判决书送达之日起十五日内，向本院递交上诉状，并按对方当事人的人数提出副本，上诉于上海市第一中级人民法院。

第12章 工程施工合同的争议处理

教学导航

教学目标	1. 了解施工合同常见争议。 2. 掌握施工合同争议解决方式。 3. 熟悉施工合同争议管理。
关键词汇	合同争议； 争议解决方式； 争议管理。

12.1 施工合同常见争议

实践中，工程施工合同中的常见争议大致有以下方面。

12.1.1 工程价款支付主体争议

施工单位被拖欠巨额工程款已成为整个建设领域中屡见不鲜的“正常事”。往往出现工程的发包人并非工程真正的建设单位，并非工程的权利人。在这种情况下，发包人通常不具备工程价款的支付能力，施工单位该向谁主张权利，以维护其合法权益是争议的焦点。在此情况下，施工单位应理顺关系，寻找突破口，向真正的发包方主张权利，以保证合法权利不受侵害。

案例 12-1 1992 年 12 月 26 日，上海某建设发展公司（以下简称 A 公司）与中国建筑工程局某建筑工程公司（以下简称建筑公司）签订了《工程承包合同》一份。合同约定：A 公司受上海某商厦筹建处（以下简称筹建处）委托，并征得市建委施工处、市施工招标办的同意，采用委托施工的形式，择定建筑公司为某商厦工程的施工总承包单位。又约定：工程基地面积为 6 141 平方米；建筑面积为 38 740 平方米；建筑高度为 92.15 米；结构层数为现浇框架地上 28 层，地下 2 层；施工范围按某市建筑设计院所设计的施工图施工，内容包括土建、装饰及室外总体等。同时，合同就工程开竣工时间、工程造价及调整、工程预付款、工程量的核定确认和工程验收、决算等均做了具体约定。

合同签订后，建筑公司即按约组织施工，于 1996 年 12 月 28 日竣工，并在 1997 年 4 月 3 日通过上海市建设工程质量监督总站的工程质量验收。1997 年 11 月，建筑公司与筹建处就工程总造价进行决算，确认该工程总决算价为人民币 50 702 440 元；同月 30 日，又对已付工程款做了结算，确认截止到 1997 年 11 月 30 日，A 公司尚欠建筑公司工程款人民币 13 913 923.17 元。后经建筑公司不懈催讨，至 1999 年 2 月 9 日止，A 公司尚欠工程款人民币 950 万元。

在施工承包合同的履行过程中，A 公司曾于 1993 年 12 月致函建筑公司：《工程承包合同》的甲方名称更改为筹建处。但经查，筹建处未经上海市工商行政管理局注册登记备案。又查：该商厦的实际主建方为某上市公司（以下简称 B 公司）且已于 1995 年 12 月 14 日取得上海市外销商品房预售许可证。1999 年 7 月，建筑公司即以 A 公司为承包合同的发包人，B 公司为该商厦的所有人为由，将两公司作为共同被告向人民法院提起诉讼，要求两公司承担连带清偿责任。

庭审中，A 公司、B 公司对于 950 万元的工程欠款均无任何异议。

但 A 公司辩称：A 公司为代理筹建处发包，并于 1993 年 12 月致函建筑公司，承包合同甲方的名称已改为筹建处；之后，建筑公司一直与筹建处发生关系，事实上已承认了承包合同发包方的主体变更。同时 A 公司证实，筹建处为某局发文建立，并非独立经济实体，且筹建处资金来源于 B 公司。所以，A 公司不应承担支付 950 万元工程款项的义务。

B 公司辩称：B 公司与建筑公司无法律关系，承包合同的发包人为 A 公司；工程结算为建筑公司与筹建处间进行，与 B 公司不存在任何法律上的联系，筹建处有筹建许可证，

是独立经济实体，应当独立承担民事责任。虽然 B 公司取得了预售许可，但 B 公司的股东已发生变化，故现在的公司对之前公司股东的工程欠款不应承担民事责任。庭审上，B 公司向法庭出示了一份筹建许可证，以证明筹建处依法登记至今未撤销。

建筑公司认为：A 公司虽接受委托，与建筑公司签订了承包合同，但征得了市建委施工处、市施工招标办的同意，该承包合同应当有效。而它作为承包合同的发包方，理应承担民事责任。而经查实，筹建处未经上海市工商行政管理局注册登记，它不具备主体资格，所以其无法取代 A 公司在承包合同中的甲方地位。

对于 B 公司，虽非承包合同的发包人，但其实际上已取得了该物业，是该商厦的所有权人，为真正的发包方，依法有承担支付工程款项的责任。

一审法院对原告、被告出具的承包合同、筹建许可证、预售许可证及相关函件等证据进行了质证，认为：A 公司实质上为建设方的代理人，合同约定的权利、义务应由被代理人承担，并判由 B 公司承担支付所有工程欠款的责任。

12.1.2 工程进度款支付、竣工结算及审价争议

尽管合同中已列出了工程量，约定了合同价款，但实际施工中会有很多变化，包括设计变更、现场工程师签发的变更指令、现场条件变化（如地质、地形）等，以及计量方法等引起的工程数量的增减。这种工程量的变化几乎每天或每月都会发生，而且承包商通常在其每月申请工程进度付款报表中列出，希望得到（额外）付款，但常因与现场监理工程师有不同意见而遭拒绝或者拖延不决。这些实际已完的工程而未获得付款的金额，由于日积月累，在后期可能增大到一个很大的数字，业主更加不愿支付，因而造成更大的分歧和争议。

在整个施工过程中，业主在按进度支付工程款时往往会根据监理工程师的意见，扣除那些他们未予确认的工程量或存在质量问题的已完工程的应付款项，这种未付款项累积起来往往可能形成一笔很大的金额，使承包商感到无法承受而引起争议，而且这类争议在工程施工的中后期可能会越来越严重。承包商会认为由于未得到足够的应付工程款而不得不将工程进度放慢下来，而业主则会认为在工程进度拖延的情况下更不能多支付给承包商任何款项，这就会形成恶性循环而使争端愈演愈烈。

更主要的是，大量的业主在资金尚未落实的情况下就开始工程的建设，使业主千方百计要求承包商垫资施工、不支付预付款、尽量拖延支付进度款、拖延工程结算及工程审价进程，使承包商的权益得不到保障，最终引起争议。

案例 12-2 某施工队与某办事处 1985 年 5 月 18 日签订了一份建设工程承包合同，工程项目为办事处建造 8 层楼的招待所，总造价 207 万元。后由于设计变更，建筑面积扩大，装修标准提高，双方于 1986 年 2 月 21 日又签订了补充合同，将造价条款约定为“预计 257 万元……”。施工队按合同约定的时间完工，办事处前后共支付了工程进度款 205 万元，随后施工队正式办理了验收证书。双方将施工队的决算书报送建行审定，被告在送审的结算书上写明：“坚持按 1985 年 5 月 18 日合同，变更项目按规定结算，其他文件待后协商。”经建行审定，该工程最终造价为 289 万元，施工队要办事处按审定数字支付剩余的工程款，并承担从竣工日到支付日的未支付款项的利息作为违约金。办事处对审价结果有异

议，并拒绝支付余下的工程款，施工队遂向人民法院起诉。

该案经法院一、二审，均以拖欠工程款为案由，判决办事处败诉，要办事处支付剩余款项的本金与利息。办事处不服，继续申诉，省高级人民法院认为该案确有不当之处，予以提审，高院判决书中认为：该案按工程款拖欠纠纷为案由审理不当，因按第一份合同，办事处已支付完了工程款，不存在拖欠，至于工程设计修改后，造价增加，对增加部分双方有分歧，在最终数量未定之前，不能算办事处违约，只能算工程款结算纠纷，该案案由应定为工程款结算纠纷，是确认之诉，不是给付之诉，所以违约金不能从竣工之日起算，只能从法院确认之日起算。最后高院将违约金计算时间定为从法院确认造价之日到办事处支付之日，判决办事处在此基础上支付施工余款本息。

12.1.3 工程工期拖延争议

一项工程的工期延误，往往是由于错综复杂的原因造成的。在许多合同条件中都约定了竣工逾期违约金。由于工期延误的原因可能是多方面的，要分清各方的责任往往十分困难。经常可以看到业主要求承包商承担工程竣工逾期的违约责任，而承包商则提出因诸多业主方的原因及不可抗力等因素，工期应相应顺延，有时承包商还就工期的延长要求业主承担停工窝工的费用。

12.1.4 安全损害赔偿争议

安全损害赔偿争议包括相邻关系纠纷引发的损害赔偿、设备安全、施工人员安全、施工导致第三人安全、工程本身发生安全事故等方面的争议。其中，建设工程相邻关系纠纷发生的频率越来越高，其牵涉主体和财产价值也越来越多，已成为城市居民十分关心的问题。《建筑法》第三十九条为建筑施工单位设定了这样的义务：“施工现场对毗邻的建筑物、构筑物和特殊作业环境可能造成损害的，建筑施工单位应当采取安全防护措施。”

案例 12-3 某房地产开发公司 A 在某一旧式花园洋房的东南方新建高层，将工程发包给施工单位 B。与此同时，该花园洋房的正东面已有房地产开发公司 C 新建成一多层住宅。在 C 工程建设中，该花园洋房的墙壁出现开裂，地基不均匀下沉。B 施工以后，墙壁开裂加剧，花园洋房明显倾斜。

该洋房的业主以 B、C 为共同被告诉至法院，请求判令被告修复房屋并予赔偿；诉讼过程中又将 A 追加为被告。

审理过程中，法院主持进行了技术鉴定，查明该房屋裂缝产生的原因是地基不均匀沉降：C 已建房屋地基不均匀沉降带动相邻的地基，已产生不利影响；而在其地基尚未稳定的情形下，A 新建房屋由施工单位 B 承包后开始挖地基，此行为又雪上加霜，使该花园洋房损坏加剧出现险象。故最后由三企业分别承担了部分赔偿责任。

12.1.5 合同中止及终止争议

中止合同造成的争议有：承包商因这种中止造成的损失严重而得不到足够的补偿；业主对承包商提出的就终止合同的补偿费用计算持有异议；承包商因设计错误或业主拖欠应支付的工程款而造成困难提出中止合同，业主不承认承包商提出的中止合同的理由，也不

同意承包商的责难及其补偿要求等。

终止合同一般都会给某一方或者双方造成严重的损害。如何合理处置终止合同后双方的权利和义务，往往是这类争议的焦点。终止合同可能有以下几种情况。

1. 属于承包商责任引起的终止合同

例如，业主认为并证明承包商不履约，承包商严重拖延工程并证明已无能力改变局面，承包商破产或严重负债而无力偿还致使工程停滞等。在这些情况下，业主可能宣布终止与该承包商的合同，将承包商驱逐出工地，并要求承包商赔偿工程终止造成的损失，甚至业主可能立即通知开具履约保函和预付款保函的银行全额支付保函金额；承包商则否定自己的责任，并要求取得其已完工程付款，要求业主补偿其已运到现场的材料、设备和各种设施的费用，还要求业主赔偿其各项经济损失，并退还被扣留的银行保函。

2. 属于业主责任引起的终止合同

例如，业主不履约、严重拖延应付工程款并被证明已无力支付欠款，业主破产或无力清偿债务，业主严重干扰或阻碍承包商的工作等。在这种情况下，承包商可能宣布终止与该业主的合同，并要求业主赔偿其因合同终止而遭受的严重损失。

3. 不属于任何一方责任引起的终止合同

例如，由于不可抗力使任何一方履约合同规定的义务不得不终止，大部分政治因素引起的履行合同障碍都属于此类。尽管一方可以引用不可抗力宣布终止合同，但是如果另一方对此有不同看法，或者合同中没有明确规定这类终止合同的处理办法，双方应通过协商处理，若达不成一致则按争议处理方式申请仲裁或诉讼。

4. 任何一方由于自身需要而终止合同

例如，业主因改变整个设计方案、改变工程建设地点或者其他任何原因而通知承包商终止合同，承包商因其总部的某种安排而主动要求终止合同等。这类由于一方的需要而非对方的过失要求终止合同，大都发生在工程开始的初期，而且要求终止合同的一方通常会认识到并且会同意给予对方适当补偿，但是仍然可能在补偿范围和金额方面发生争议。例如，在业主因自身的原因要求终止合同时，可能会承诺给承包商补偿的范围只限于其实际损失，而承包商可能要求补偿其失去承包其他工程机会而遭受的损失和预期利润。

案例 12-4　某建筑公司与某厂签订建筑承包合同，承包商为发包方承担 6 台 400 立方米煤气罐检查返修的任务，工期 6 个月，10 月份开工，合计工程费 42 万元。临近开工时，因煤气罐仍在运行，施工条件不具备，承包商同意发包方的提议将开工日期变更至次年 7 月动工。经发包方许可，承包商着手从本公司基地调集机械和人员如期进入施工现场，搭设脚手架，装配排残液管线。工程进展约两个月，发包方以竣工期无法保证和工程质量差为由，先是同承包商协商提前竣工期，继而洽谈解除合同问题，承包商未同意。接着，发包方正式发文："本公司决定解除合同，望予谅解和支持。"同时，限期让承包商拆除脚手架，迫使承包商无法施工，导致原合同无法履行。为此承包商向法院起诉，要求发包方赔偿其实际损失 24 万元。

在法院审理中，被告方认为施工方投入施工现场的人员少，素质差，不可能保证工程任务如期完成和保证工程质量。承包商认为他们是根据工程进展有计划地调集和加强施工

力量，足以保证工期按期完成；对方在工程完工前断言工程质量不可靠，缺乏根据。最后法院认为：这份建筑施工合同是双方协商一致同意签订的有效合同，是单方毁约行为，应负违约责任。考虑到此案实际情况，继续履行合同有困难，在法院主持下双方达成调解协议，承包合同尚未履行部分由发包方负担终止执行责任，由发包方赔偿承包商工程款、工程器材费和赔偿金等共16万元。

12.1.6 工程质量及保修争议

质量方面的争议包括工程中所用材料不符合合同约定的技术标准要求，提供的设备性能和规格不符，或者不能生产出合同规定的合格产品，或者是通过性能试验不能达到规定的产量要求，施工和安装有严重缺陷等。这类质量争议在施工过程中主要表现为，工程师或业主要求拆除和移走不合格材料，或者返工重做，或者修理后予以降价处置。对于设备质量问题，一般在调试和性能试验后，业主不同意验收移交，要求更换设备或部件，甚至退货并赔偿经济损失。而承包商则认为缺陷是可以改正的，或者已经改正；对生产设备质量则认为是性能测试方法错误，或者制造产品所投入的原料不合格或者是操作方面的问题等，质量争议往往变成为责任问题争议。

此外，在保修期内的缺陷修复问题往往是业主和承包商争议的焦点，特别是业主要求承包商修复工程缺陷而承包商拖延修复，或业主未经通知承包商就自行委托第三方对工程缺陷进行修复。在此情况下，业主要在预留的保修金中扣除相应的修复费用，承包商则主张产生缺陷的原因不在承包商或业主未履行通知义务且其修复费用未经其确认而不予同意。

司法实践证明：工程施工合同的争议呈现逐步上升并愈演愈烈的趋势，这是由建筑市场不规范等各种主客观原因综合形成的，不以人的意志为转移。因此，施工单位不得不高度重视、密切关注并研究解决争议的对策，从而在频繁的征战中占据主动地位。

12.2 施工合同争议解决方式

建设工程合同争议，是指建设工程合同订立至完全履行前，合同当事人因对合同的条款理解产生歧义或因当事人违反合同的约定，不履行合同中应承担的义务等原因而产生的纠纷。产生建设工程合同纠纷的原因十分复杂，但一般归纳为合同订立引起的纠纷；在合同履行中发生的纠纷；变更合同而产生的纠纷；解除合同而发生的纠纷等几个方面。

《合同法》规定，当事人可以通过和解或者调解解决合同争议。当事人不愿和解、调解或者和解、调解不成的，可以根据仲裁协议向仲裁机构申请仲裁。当事人没有订立仲裁协议或者仲裁协议无效的，可以向人民法院起诉。当事人应当履行发生法律效力的判决、仲裁裁决、调解书；拒不履行的，对方可以请求人民法院执行。从上述规定可以看出，在我国，合同争议解决的方式主要有和解、调解、仲裁和诉讼四种。

12.2.1 合同争议的和解

和解，是指在合同发生纠纷后，合同当事人在自愿互谅的基础上，依照法律、法规的规定和合同的约定，自行协商解决合同争议。

建设工程合同争议的和解，是由建设工程合同当事人双方自己或由当事人双方委托的律师出面进行的。在协商解决合同争议的过程中，当事人双方依照平等自愿原则，可以自由、充分地进行意思表示，弄清争议的内容、要求和焦点所在，分清责任是非，在互谅互让的基础上，使合同争议得到及时、圆满的解决。

1. 和解的意义

（1）有利于双方当事人团结和协作，便于协议的执行。合同双方当事人在平等自愿，互谅互让的基础上就建设工程合同争议的事项进行协商，气氛比较融洽，有利于缓解双方的矛盾，消除双方的隔阂和对立，加强团结和协作；同时，由于协议是在双方当事人统一认识的基础上自愿达成的，所以可以使纠纷得到比较彻底地解决，协议的内容也比较容易顺利执行。

（2）针对性强，便于抓住主要矛盾。由于建设工程合同双方当事人对事态的发展经过有亲身的经历，了解合同纠纷的起因、发展及结果的全过程，便于双方当事人抓住纠纷产生的关键原因，有针对性地加以解决。合同双方当事人一旦关系恶化，常常会在一些枝节上纠缠不休，使问题扩大化、复杂化，而合同争议的和解就可以避免走这些不必要的弯路。

（3）简便易行，便于及时解决纠纷。建设工程合同争议的和解不受法律程序的约束，不像仲裁程序或诉讼程序那样有一套较为严格的法律规定，当事人可以随时发现问题，随时要求解决，不受时间、地点的限制，从而防止矛盾的激化、纠纷的逐步升级，便于对合同争议及时处理。

（4）可以避免当事人把大量的精力、人力、物力放在诉讼活动上。建设工程合同发生纠纷后，往往合同双方当事人都认为自己有理，特别在诉讼中败诉的一方，会一直把官司打到底，牵扯巨大的精力，而且可能由此结下怨恨。如果和解，就可以避免这些问题，对双方当事人都有好处，而且也有利于减轻仲裁、审判机关的压力。

2. 和解的原则

建设工程合同双方当事人之间自行协商，和解解决合同纠纷，应遵守如下原则。

1）合法原则

合法原则要求建设工程合同双方当事人在和解解决合同纠纷时，必须遵守国家法律、法规的要求，所达成的协议内容不得违反法律、法规的规定，也不得损害国家利益、社会公共利益和他人的利益。这是和解解决建设工程合同纠纷的双方当事人应当遵守的首要原则。如果违背了合法原则，双方当事人即使达成了和解协议也是无效的。为此，建设工程合同双方当事人都应是执行法律、法规的规定，任何违反法律、法规的行为都是不允许的。

2）自愿原则

自愿原则是指建设工程合同双方当事人对于采取自行和解解决合同纠纷的方式，是自己选择或愿意接受的，并非受到对方当事人的强迫、威胁或其他的外界压力。同时，双方当事人协议的内容也必须是出于当事人的自愿，决不允许任何一方给对方施加压力，以终

止协议等手段相威胁，迫使对方达成只有对方尽义务，没有自己负责任的“霸王协议”。

3）平等原则

平等原则既表现为建设工程合同双方当事人在订立合同时法律地位平等；在合同发生争议时，双方当事人在自行和解解决合同争议过程中的法律地位也是平等的；双方当事人要互相尊重，平等对待，都有权提出自己的理由和建议，都有权对对方的观点进行辩论。不允许以强欺弱，以大欺小，达成不公平的所谓和解协议。

4）互谅互让原则

互谅互让原则就是建设工程合同双方当事人在如实陈述客观事实和理由的基础上，也要多从自身找找原因，认识在引起合同纠纷问题上自己应当承担的责任，而不能片面强调对自己有利的事实和理由而不顾及全部的事实，或片面指责对方当事人，要求对方承担责任。即使自身没有过错，也不能得理不让人。这也正是合同的协作履行原则在处理建设工程合同争议中的具体运用。

3. 和解解决合同争议的程序

从实践中看，用自行和解的方法解决建设工程合同纠纷所适用的程序与建设工程合同的订立、变更或解除所适用的程序大致相同，采用要约、承诺方式。即一般是在建设工程合同纠纷发生后，由一方当事人以书面的方式向对方当事人提出解决纠纷的方案，方案应当是比较具体，比较完整的。另一方当事人对提出的方案可以根据自己的意愿，做一些必要的修改，也可以再提出一个新的解决方案。然后对方当事人又可以对新的解决方案提出新的修改意见。这样，双方当事人经过反复协商，直至达到一致意见，从而产生“承诺”的法律效果，达成双方都愿意接受的和解协议。对于建设工程合同所发生的纠纷用自行和解的方式来解决，应订立书面形式的协议作为对原合同的变更或补充。

4. 争议和解应当注意的几个问题

1）分清责任

和解解决建设工程合同纠纷的基础是分清责任。尤其是在市场竞争中，当事人都应保持良好的形象和信誉，明确各方的权利和责任。在自行和解解决合同纠纷的过程中，双方当事人要实事求是地分析纠纷产生的原因，不能一味地推卸责任，否则，不利于纠纷的解决。因为如果双方当事人都认为自己有理，责任在对方，则难以做到互谅互让，达成和解协议。

2）坚持原则

在建设工程合同纠纷的协商过程中，双方当事人既要互相谅解，以诚相待，勇于承担各自的责任，又不能进行无原则的和解，要杜绝在解决纠纷中损害国家利益和社会公共利益的行为，尤其是对解决合同纠纷中的行贿受贿行为，要进行揭发、检举；对于违约责任的处理，只要建设工程合同中约定的违约责任是合法的，就应当追究违约方的违约责任，违约方应当主动承担违约责任，受害方也应当积极向违约方追究违约责任，决不能以协作为名，假公济私，慷国家之慨，中饱私囊。

3）及时解决

建设工程合同发生纠纷，双方当事人自愿采取和解方式解决纠纷时应当注意合同纠纷

要及时解决。由于和解不具有强制执行的效力，容易出现当事人反悔。如果双方当事人在协商过程中出现僵局，争议迟迟得不到解决，就不应该继续坚持和解解决的办法，否则会使合同纠纷进一步扩大，特别是一方当事人有故意不法侵害行为时，更应当及时采取其他方法解决。如双方当事人在订立合同时约定了仲裁协议，可以申请仲裁机构对合同纠纷仲裁解决；如果双方当事人没有约定仲裁条款或仲裁协议无效，则可以向有管辖权的人民法院起诉，采取诉讼方式解决合同纠纷。

4）注意把握和解的技巧

首先要求双方当事人坚持和解的原则，诚实信用，处处表现出宽容和善意。其次，要求当事人在意思表达准确的同时，要恰当使用协商语言，不使用过激的或模棱两可的语言。再次，在协商过程中，要摆事实、讲道理。讲道理时，一定要围绕中心，抓住主要问题，以使合同纠纷的主要问题及时得到解决。在某些场合下还要注意“得理让人”，对非原则问题，可以做一些必要的让步，以使对方当事人感到诚意，从而使问题及早得到彻底的解决。此外，自行和解有时也可以请第三人从中斡旋，但以双方当事人的意思一致作为达成协议的根据，第三人只在双方当事人之间起“牵线搭桥”的作用，并不实质上参与双方当事人之间的协商。

12.2.2　合同争议的调解

调解，是指在合同发生纠纷后，在第三人的参加和主持下，对双方当事人进行说服、协调和疏导工作，使双方当事人互相谅解并按照法律的规定及合同的有关约定达成解决合同纠纷的协议。

建设工程合同争议的调解，是解决合同争议的一种重要方式，也是我国解决建设工程合同争议的一种传统方法。它是在第三人的参加与主持下，通过查明事实，分清是非，说服教育，向双方当事人提出解决争议的方案，促使双方在互谅互让的基础上自愿达成调解协议，消除纷争。第三人进行调解必须实事求是、公正合理，不能压制双方当事人，而应促使他们自愿达成协议。

《合同法》规定了当事人首先可以通过自行和解来解决合同的纠纷，同时也规定了当事人还可以通过调解的方式来解决合同的纠纷，这两种方式当事人可以自愿选择其中一种或两种。调解与和解的主要区别在于：前者有第三人参加，并主要是通过双方第三人的说服教育和协调来达成解决纠纷的协议；而后者则完全是通过双方当事人自行协商来达成解决合同纠纷的协议。两者的相同之处在于：它们都是在诉讼程序之外进行的解决合同纠纷的活动，达成的协议都是靠双方当事人自觉履行来实现的。

1. 调解解决建设工程合同争议的意义

（1）有利于化解合同双方当事人的对立情绪，迅速解决合同纠纷。当合同出现纠纷时，合同双方当事人会采取自行协商的方式去解决，但意见不一致时，如果不及时采取措施，就极有可能使矛盾激化。在我国，调解之所以成为解决建设工程合同争议的重要方式之一，就是因为调解有第三人从中做说服教育和劝导工作，化解矛盾，增进理解，有利于迅速解决合同纠纷。

（2）有利于双方当事人依法办事。用调解方式解决建设工程合同纠纷，不是让第三人

充当无原则的和事佬，事实上调解合同纠纷的过程是一个宣传法律、加强法制观念的过程。在调解过程中，调解人的一个很重要的任务就是使双方当事人懂得依法办事和依合同办事的重要性。它可以起到既不伤和气，又受到一定法制教育的作用，有利于维护社会安定团结和社会经济秩序。

（3）有利于双方当事人集中精力干好本职工作。通过调解解决建设工程合同纠纷，能够使双方当事人在自愿、合法的基础上，排除隔阂，达成调解协议，同时可以简化解决纠纷的程序，减少仲裁、起诉和上诉所花费的时间和精力，争取到更多的时间迅速集中精力进行经营活动。这不仅有利于维护双方当事人的合法权益，而且有利于促进社会主义现代化建设的发展。

2. 调解的原则

建设工程合同纠纷的调解，一般应遵守下列三个基本原则。

1）自愿原则

建设工程合同纠纷的调解过程，是双方当事人弄清事实真相、分清是非、明确责任、互谅互让、提高法律观念、自愿取得一致意见并达成协议的过程。协议是双方当事人自愿达成一致意见的结果。因此，只有在双方当事人自愿接受调解的基础上，调解人才能进行调解。如果纠纷当事人双方或一方根本不愿意用调解方式解决纠纷，那么就不能进行调解。另外，调解协议也必须由双方当事人自愿达成。调解人在调解过程中要耐心听取双方当事人和关系人的意见，并对这些意见进行分析研究，在查明事实、分清是非的基础上，对双方当事人进行说服教育，耐心劝导，促使双方当事人互相谅解，达成协议。调解人不能代替当事人达成协议，也不能把自己的意志强加给当事人。

2）合法原则

合法原则首先要求建设工程合同双方当事人达成协议的内容必须合法，不得同法律和政策相违背。凡是有法律、法规规定的，按法律、法规的规定办；法律、法规没有明文规定的，应根据党和国家的方针、政策，并参照合同规定的条款进行处理。达成的调解协议，不得损害国家利益和社会公共利益，也不得损害其他人的合法权益。只有这样才是真正意义上的正确的调解。此外，在任何情况下，都必须要求调解人在调解活动中坚持合法原则，否则难以保证调解协议内容的合法性。例如，调解活动不讲原则，一味强调让步，或违反法律而达成的协议，既损害了当事人的利益，所达成的调解协议也没有任何保障。

3）公平原则

公平原则要求调解建设工程合同纠纷的第三人秉公办事、不徇私情、平等待人、公平合理地解决问题，尤其在承担相应责任方面，决不能采用“和稀泥”“各打五十大板”等无原则性的方式，而是实事求是，采取权利与义务对等、权责相一致的公平原则。这样才能够取得双方当事人的信任，促使他们自愿的达成协议。否则，如果偏袒一方压服另一方，只能引起当事人的反感，不利于纠纷的解决。当然，在处理具体问题时，要鼓励各方互谅互让，承担相应责任。

3. 调解的种类

1）人民调解

人民调解也称民间调解，是指合同发生纠纷后，当事人共同协商，请有威望、受信赖的第三人，包括人民调解委员会、企事业单位或其他经济组织、一般公民及律师、专业人士作为中间调解人，双方合理合法地达成解决纠纷的协议。

建设工程合同纠纷的民间调解不多，主要体现在律师和专业人士的依法调解。律师或专业人士的调解是指律师或专业人士接受合同纠纷双方当事人的委托，居中公平主持调解，力争使双方达成协议。用这种方式调解，为解决建设工程合同的纠纷起了积极的作用。

律师或专业人士主持调解纠纷可以在一定程度上弥补我国现有调解队伍力量不足的现象。对于一些法院难以受理的案件，当事人往往请一些中间人来调解解决纠纷。由于律师和专业人士本身良好的素质，具有一定的专业知识和法律水平，熟悉政策与规范，更有利于说服当事人，从而使双方当事人的纠纷在更加合乎法律和情理的情况下解决，这样有助于加强法律的宣传和教育作用，提高当事人的法制观念。另一方面，律师和专业人士主持调解有利于缓解当事人之间的矛盾，减轻人民法院的负担。实践证明，律师和专业人士主持调解处理非诉讼事件的方式方便当事人，省时省力，又能使问题得到及时合理的解决，免除了诉讼之累，不失为一种好方式。

人民调解属于诉讼外的调解，双方达成的调解协议并不具有法律的强制力，它是依靠当事人自愿来履行的。如果当事人不愿调解、调解不成或者达成协议后又反悔的，可以向仲裁机构申请仲裁或向人民法院起诉。

2）行政调解

行政调解，是指建设工程合同发生纠纷后，在有关行政主管部门参与下协商解决争端，从而达成协议解决合同纠纷的方式。

行政调解主要指主管部门的调解。建设工程合同纠纷的行政调解人一般是一方或双方当事人的业务主管部门。而业务主管部门对下属企业单位的生产经营和技术业务等情况比较熟悉和了解。他们能在符合国家法律政策的要求下，教育说服当事人自愿达成调解协议。这样既能满足各方的合理要求，维护其合法权益，又能使合同纠纷得到及时而彻底的解决。

需要明确的是，业务主管部门调解解决不是法定的程序，因此必须在双方自愿的原则下进行，任何业务主管部门不得强制进行调解。参加业务主管部门行政调解的有关人员也必须实事求是、秉公办事、平等待人，不能以行政命令和压服的方法迫使当事人达成调解协议。同人民调解一样，行政调解达成的调解协议也不具有法律的强制力。当事人可以不接受调解，直接向仲裁机构申请仲裁或向人民法院起诉。

3）仲裁调解

仲裁调解是指由仲裁机构主持和协调，对申请合同争议仲裁的当事人进行说服与调停，促使双方当事人互谅互让，自愿达成解决合同争议的调解协议。

我国《仲裁法》规定，仲裁庭在做出裁决前，可以先行调解，当事人自愿调解的，仲

裁庭应当调解；调解不成的，仲裁庭应当进行裁决。所谓先行调解，就是仲裁机构先于裁决之前，根据争议的情况或双方当事人自愿而进行说服教育工作，以便双方当事人自愿达成调解协议，解决纠纷。仲裁调解是由仲裁庭中的仲裁员来主持调解的。《仲裁法》还规定，调解达成协议的，仲裁庭应当制作调解书，调解书应当写明仲裁请求和双方当事人协议的结果。调解书由仲裁员签名，加盖仲裁委员会印章，送达双方当事人。调解书经双方当事人签收后，即发生法律效力，当事人不得反悔，必须自觉履行。在调解书签收前当事人一方或双方反悔的，仲裁庭应当及时做出裁决。调解书发生法律效力后，如果一方不履行，则另一方当事人可以向有管辖权的人民法院申请强制执行。

调解达成协议的，按照当事人的请求，仲裁庭也可以根据调解协议的结果制作裁决书。调解书与裁决书具有同等的法律效力。

4）诉讼调解

诉讼调解又称法院调解，是指在审判人员的主持和协调下，双方当事人就合同争议进行平等协商，自愿达成解决合同争议的调解协议。

当事人因合同争议起诉到法院之后，法院在审理案件过程中，应根据自愿、合法的原则进行调解。当事人不愿调解或调解不成的，法院应当及时裁决。当事人也可以在诉讼开始后至裁决做出之前，随时向法院申请调解，人民法院认为可以调解时也可以随时调解。当事人自愿达成调解协议后，法院应当要求双方当事人在调解协议上签字，并根据情况决定是否制作调解书。对不需要制作调解书的协议，应当记入笔录，由争议双方当事人、审判人员、书记员签名或者盖章后，即具有法律效力。多数情况下，争议双方达成协议后，法院应当制作调解书。调解书应当写明诉讼请求、案件的事实和调解结果。调解书应由审判人员、书记员署名，加盖人民法院印章，送达双方当事人。调解书经双方当事人签收后，即具有法律效力。当事人必须履行调解书中确定的义务，否则，另一方当事人可以申请人民法院强制执行。对于已经生效的调解书，当事人不得提起上诉。调解未达成协议或者调解书送达前一方反悔的，调解即告终结，法院应当及时裁决而不得久调不决。

4. 调解的程序

调解建设工程合同纠纷，方法是多样的，但调解过程都应有步骤地进行，通常可以按以下程序进行：

（1）提出调解意向。纠纷当事人一方选择好调解方式之后，把自己的想法和方案提出来，由调解人向纠纷另一方当事人提出，另一方也可将有关想法或方案告诉调解人。

（2）调解准备。调解人初步审核合同的内容，发生争议的问题，确定主持调解的人员，选择调解的时间、地点，确定调解的方式、方法。

（3）协调和说服。调解人召集双方当事人说明纠纷的问题、原因和要求，并验明提供的证据材料，双方当事人进行核对，在弄清事实情况的基础上，以事实为依据，以法律和合同为准绳，分别做说服工作。

（4）达成协议。如果双方当事人想法接近或经过做说服工作后缩短了差距，调解人可以提出调解意见，促使纠纷双方当事人达成协议，并制作调解书。

5. 采用调解方式时应注意的问题

1）实事求是，查清起因

查清事实、查清起因，是搞好调解工作的基础。调解必须以事实为根据。所谓以事实为根据，就是反映事物的本来面目。调解人要采取实事求是的态度，深入到有关方面，进行认真的调查研究，查清工程合同纠纷发生的时间、地点、原因、双方争执的经过和执行后产生的结果，以及证据的真伪和证据的来源。在处理合同争议时，要虚心听取各方的意见，并加以深入分析和研究。涉及专业技术问题，还需委托有关部门做出技术鉴定，或邀请他们参加质量技术问题的座谈会，提出意见，判明是非和责任所在。不注意这些就会做出错误的判断和错误的调解方案，调解也难以成功。

2）分清责任，依法调解

法律、法规和政策及建设工程合同是区分纠纷是非、明确责任的尺度和准绳。调解必须以法律和合同为准绳。这就要求调解人要熟悉法律和合同的有关规定，依照法律和合同办事，分清责任。具体而言包括两方面的含义：一方面是调解人在调解过程中必须严格按照法律规定的程序和原则进行，另一方面是协议的内容必须符合法律的规定，一定要依法调解。要做到有法必依，公正调解，排除干扰，不徇私情。这样才能分清是非，明确责任，才能使当事人信服，顺利达成协议。正确地执行法律，为解决疑难纠纷创造良好的条件，否则不仅调解不成，往往还会使原纠纷加重。

3）协调说服，互谅互让

建设工程合同纠纷一般涉及各方的经济利益，有些纠纷还涉及企业的声誉。因此，一旦有了合同纠纷，不少当事人在调解过程中过分强调对方的过错，甚至隐瞒歪曲事实，谎报情况，这些都是对调解工作不利的因素。所以，调解人在调解工作中，要摆事实，讲道理，必须耐心地做好深入、细致的说服教育疏导工作，协调好双方的关系，促使双方当事人相互谅解，这样才能保证调解工作的顺利进行。

4）及时调解，不得影响仲裁和诉讼

调解必须及时，这对于解决合同纠纷非常重要。如果纠纷得不到及时解决，就有可能使矛盾激化。同时，也要防止一方恶意利用调解使纠纷复杂化的问题。建设工程合同纠纷发生后，不论当事人申请调解还是不申请调解，也不论当事人在调解中没有达成协议还是达成协议后又反悔，均不影响当事人依照法律规定向仲裁委员会申请仲裁或向人民法院起诉。

12.2.3　经济仲裁制度

仲裁也称“公断”，是指当事人之间的纠纷由仲裁机构居中审理并裁决的活动。

所谓经济仲裁，即用仲裁的方法解决经济活动中所发生的各种纠纷。在国际上，仲裁是解决争议的常见方式。经济仲裁在我国已经成为解决经济纠纷的重要方式。

建设工程合同仲裁属于经济仲裁的范畴，是指建设工程合同双方当事人发生争执，协商不成时，根据当事人之间的协议，由仲裁机构依照法律对双方发生的争议，在事实上做出判断，在权利、义务上做出裁决。它是处理建设工程合同纠纷的一种方式。在我国境内履行的建设工程合同，双方当事人申请仲裁的，适用《中华人民共和国仲裁法》的规定。

实践证明，实行仲裁制度，可以及时、妥善地解决建设工程合同纠纷，从而减轻人民法院的办案压力，以保证和提高人民法院的办案质量。用仲裁方式解决建设工程合同纠纷与用经济审判方式解决合同争议相比较，手续方便，程序简易，方便灵活，处理及时，有利于迅速解决合同纠纷，减少经济损失，维护正常的民事、经济活动。同时，有利于巩固和发展双方当事人的协作关系，也有利于协议的执行。

1. 经济仲裁的特点

（1）协议仲裁。仲裁机构对经济纠纷的仲裁，必须以双方当事人的自愿为前提。如果发生纠纷的双方没有选择仲裁的方式，仲裁机构就没有权利对纠纷进行仲裁。如果双方当事人同意选择仲裁的方式解决纠纷，必须用书面的形式将这一意愿表达出来，即应在纠纷发生前后达成仲裁协议。没有书面的仲裁协议，仲裁机构就无权受理。

（2）专门机构仲裁。仲裁委员会是由人民政府组织有关部门和商会统一组建的，但仲裁机关不是行政机关，也不是司法机关，属于民间团体。根据《仲裁法》的规定，仲裁委员会独立于行政机关，与行政机关没有隶属关系，仲裁委员会之间也没有隶属关系。

（3）裁决具有强制执行力。仲裁裁决具有法律效力，对双方当事人都有约束力，当事人应该自觉履行。一方当事人不履行的，另一方当事人可以依照有关法律的规定向人民法院申请强制执行。

2. 经济仲裁的原则

1）独立的原则

仲裁机构在仲裁经济纠纷时，依法独立进行，不受行政机关、社会团体和个人的干涉。仲裁委员会之间无隶属关系，互不干涉。各个仲裁机构应该严格地依照法律和事实独立地对经济纠纷进行仲裁，做出公正的裁决，保护当事人的合法利益。

2）自愿的原则

在经济仲裁中，自愿原则体现在许多方面，例如，是否选择仲裁的方式解决纠纷，选择哪一个仲裁机构进行仲裁，仲裁是否公开进行，在仲裁的过程中是否要求调解、是否进行和解、是否撤回仲裁申请等，都是由当事人自行决定的，并且应该得到仲裁机构的尊重。

3）一裁终局的原则

一裁终局的含义是指裁决做出之后，当事人就同一纠纷再申请仲裁或者向人民法院起诉的，仲裁委员会或者人民法院不应受理。当然，仲裁裁决被法院依法裁定撤销或者不予执行的除外。

4）先行调解的原则

先行调解就是仲裁机构先于裁决之前，根据争议的情况或双方当事人自愿而进行说服教育和劝导工作，以便双方当事人自愿达成调解协议，解决纠纷。

3. 仲裁协议

1）仲裁协议的概念和作用

仲裁协议，是指经济活动的双方当事人自愿选择仲裁的方式解决他们之间可能发生的

或者已经发生的经济纠纷的书面约定。

仲裁协议是双方当事人自愿将纠纷提交仲裁机构予以解决的书面意思表示，是仲裁机构受理案件的唯一依据，是仲裁机构管辖案件的前提。没有仲裁协议，一方当事人申请仲裁的，仲裁机构不予受理。除非仲裁协议无效或者当事人放弃仲裁协议，否则，只要有仲裁协议，法院对案件就没有管辖权。也就是说，仲裁协议有排除法院管辖权的效力。同时，仲裁协议也是仲裁裁决可以具有强制执行力的前提。

2）仲裁协议的种类和内容

（1）仲裁协议的种类。《仲裁法》第十六条规定："仲裁协议包括合同中订立的仲裁条款和以其他方式在纠纷发生前或者发生后达成的请求仲裁的协议。"由此可见，依据仲裁协议订立的时间和形式的不同，仲裁协议有三种类型：

① 仲裁条款，这种类型的仲裁协议常常在合同订立的同时订立。

② 纠纷发生之前，在合同之外单独订立的协议，规定有关仲裁的事项。

③ 纠纷发生之后，在合同之外单独订立的协议。

（2）仲裁协议的内容。根据《仲裁法》的规定，仲裁协议应当具有以下主要内容：

① 请求仲裁的意思表示。即双方当事人应当明确表示将合同争议提交仲裁机构解决。

② 仲裁事项。即双方当事人共同协商确定的提交仲裁的合同争议范围。

③ 选定的仲裁委员会。双方当事人应明确约定仲裁事项由哪一个仲裁机构进行仲裁。

3）仲裁协议的无效及其确定

在违背法律规定的情况下，双方当事人所订立的仲裁协议是无效的，没有法律效力。根据《仲裁法》的规定，导致仲裁协议无效的原因有：

（1）约定的仲裁事项超出法律规定的范围。

（2）无民事行为能力的人或者限制行为能力的人订立的仲裁协议。

（3）一方采取胁迫手段，迫使对方订立仲裁协议的。

此外，仲裁协议对仲裁事项约定不明确的，当事人可以补充协议；达不成补充协议的，仲裁协议无效。

4. 仲裁程序

1）申请和受理

申请是指当事人依照法律的规定和仲裁协议的约定，提请仲裁协议中选定的仲裁委员会通过仲裁方式解决争议的行为。根据《仲裁法》的规定，当事人申请仲裁应当符合以下条件：第一，有仲裁协议；第二，有具体的仲裁请求和事实、理由；第三，属于仲裁委员会的受理范围。在申请仲裁时，应当向仲裁委员会提交仲裁协议、仲裁申请书及副本。

受理是指仲裁委员会依法接受对纠纷的审理。仲裁委员会在收到仲裁申请书之日起 5 日内，认为符合受理条件的，应当受理，并通知当事人；认为不符合受理条件的，应当书面通知当事人不予受理，并说明理由。仲裁委员会在受理仲裁申请后，应当在仲裁规则规定的期限内将仲裁规则和仲裁员名册送达申请人，并将仲裁申请书的副本和仲裁规则、仲裁员名册送达被申请人。

2）组成仲裁庭

仲裁委员会在受理仲裁申请后，应当组成仲裁庭进行仲裁活动。仲裁庭不是一种常设的机构，其组成的原则是一案一组庭。

仲裁庭有两种组成方式，一种是由三名仲裁员组成，即合议制的仲裁庭；一种则是由一名仲裁员组成，即独任制的仲裁庭。在具体的仲裁活动中，采取上述两种方法中的哪一种，由当事人在仲裁协议中协商决定。当事人约定合议制仲裁庭的，应当各自选定或者各自委托仲裁委员会主任指定一名仲裁员，第三名仲裁员，即首席仲裁员由当事人共同选定或者共同委托仲裁委员会主任指定。当事人约定独任制仲裁庭的，应当由当事人共同选定或者共同委托仲裁委员会主任指定。当事人没有在仲裁规则规定的期限内约定仲裁庭的组成方式或者选定仲裁员的，由仲裁委员会主任指定。仲裁庭组成后，仲裁委员会应当将仲裁庭的组成情况书面通知当事人。

3）开庭和裁决

开庭，即开庭审理，是指仲裁庭按照法定的程序，对案件进行有步骤、有计划的审理。开庭审理是仲裁庭对案件审理的中心环节，这是因为开庭审理前的一切准备工作是为了开好庭，而且与案件有关的一切事实和证据，都要通过开庭予以揭示和审查核实，并据此对案件做出裁决。因此，《仲裁法》第三十九条规定："仲裁应当开庭进行"。也就是当事人共同到庭，经调查和辩论后进行裁决。同时，该条还规定："当事人协议不开庭的，仲裁庭可以根据仲裁申请书、答辩书及其他材料做出裁决。"

仲裁不公开进行，即以不公开审理为原则。这是为了最大限度地保护当事人的商业形象及可能会涉及的商业秘密。因此，除特别许可外，仲裁活动是不允许旁听的。但是，除涉及国家秘密的以外，当事人协议仲裁公开进行的，则可以公开进行。

在开庭审理以前，仲裁委员会应当在仲裁规则规定的期限内将开庭日期通知双方当事人；经书面通知后，申请人无正当理由不到庭或者未经仲裁庭许可中途退庭的，可以视为撤回仲裁申请。经书面通知后，被申请人无正当理由不到庭或者未经仲裁庭许可中途退庭的，可以缺席裁决。

在仲裁过程中，原则上应由当事人承担对其主张的举证责任。证据应当在开庭时出示，当事人可以质证。在证据可能灭失或者以后难以取得的情况下，当事人可以申请证据保全。在仲裁过程中，当事人有权进行辩论。仲裁庭在做出裁决前，可以先行调解。而且，如果当事人自愿调解的，仲裁庭应当调解。当事人申请仲裁后，可以自行和解。

5. 法院对仲裁的协助和监督

根据《民事诉讼法》和《仲裁法》的规定，我国在仲裁和诉讼的关系方面做了很大的改革，变过去的"既裁又审"为现在的"或裁或审"制度。在这种制度下，法院对仲裁活动不予干涉，但是仲裁活动需要法院的协助和监督，以保证仲裁活动得以顺利地、合法地进行，从而保障当事人的合法权益。

1）法院对仲裁活动的协助

法院对仲裁的协助，主要表现在财产保全、证据保全和强制执行仲裁裁决等方面。

（1）财产保全。财产保全是指为了保证仲裁裁决能够得到实际执行，以免利害关系人

的合法利益受到难以弥补的损失，在法定条件下所采取的限制另一方当事人、利害关系人处分财物的保障措施。财产保全措施包括查封、扣押、冻结及法律规定的其他方法。

（2）证据保全。证据保全是指在证据可能毁损、灭失或者以后难以取得的情况下，为保存其证明作用而采取一定的措施加以确定和保护的制度。证据保全是保证当事人承担举证责任的补救方法，在一定意义上也是当事人取得证据的一种手段。证据保全的目的就是保障仲裁的顺利进行，确保仲裁庭做出正确裁决。

（3）强制执行仲裁裁决。仲裁裁决是指仲裁机构经过当事人之间争议的审理，依据争议的事实和法律，对双方当事人的争议做出的具有法律约束力的判定。《仲裁法》第五十七条明确规定："裁定书自做出之日起发生法律效力"。除非人民法院依照法定程序和条件裁定撤销或者不予执行仲裁裁决，当事人应当自觉履行裁决。由于仲裁机构没有强制执行仲裁裁决的权力，因此，为了保障仲裁裁决的实施，防止负有履行裁决义务的当事人逃避或者拒绝仲裁裁决确定的义务，我国《仲裁法》规定，一方当事人不履行仲裁裁决的，另一方当事人可以依照民事诉讼法的有关规定向人民法院申请执行，受申请的人民法院应当执行。

2）法院对仲裁活动的监督

为了发挥经济仲裁可以快捷、有效解决各种经济纠纷的特点，我国《仲裁法》不允许当事人在仲裁裁决做出后再向人民法院提起诉讼。但是，为了提高仲裁员的责任心，保证仲裁裁决的合法性、公正性，保护各方当事人的合法权益，我国《仲裁法》同时规定了人民法院对仲裁活动予以司法监督的制度。我国有关司法监督的有关规定表明，对仲裁进行司法监督的范围是有限的而且是事后的。如果当事人对仲裁裁决没有异议，不主动申请司法监督，法院对仲裁裁决采取不干预的做法；司法监督的实现方式主要是允许当事人向法院申请撤销仲裁裁决和不予执行仲裁裁决。

（1）撤销仲裁裁决。根据《仲裁法》第五十八条规定，当事人提出证据证明裁决有下列情形之一的，可以在自收到仲裁裁决书之日起六个月内向仲裁委员会所在地的中级人民法院申请撤销仲裁裁决：没有仲裁协议的；裁决的事项不属于仲裁协议的范围或者仲裁委员会无权仲裁的；仲裁庭的组成或者仲裁的程序违反法定程序的；裁决所根据的证据是伪造的；对方当事人隐瞒了足以影响公正裁决证据的；仲裁员在仲裁该案时有索贿受贿、徇私舞弊、枉法裁决行为的。以上规定表明，当事人申请撤销裁决应当在法律规定的期限内向人民法院提出，并应提供证明有以上情形的证据。同时，并非任何法院都有权受理撤销仲裁裁决的申请，只有仲裁委员会所在地的中级人民法院对此享有专属管辖权。

（2）不予执行仲裁裁决。根据《仲裁法》第六十三条的规定，在仲裁裁决执行过程中，如果被申请人提出证据证明裁决有下列规定的情形之一的，经人民法院组成合议庭审查核实，裁定不予执行该仲裁裁决。规定的情形有：当事人在合同中没有订仲裁条款或者事后没有达成书面仲裁协议的；裁决的事项不属于仲裁协议的范围或者仲裁机构无权仲裁的；仲裁庭的组成或者仲裁的程序违反法定程序的；认定事实和主要证据不足的；适用法律有错误的；仲裁员在仲裁该案时有贪污受贿、徇私舞弊、枉法裁决行为的。

仲裁裁决被人民法院裁定不予执行的，当事人之间的纠纷并没有得到解决，因此，当

事人就该纠纷可以根据双方重新达成的仲裁协议申请仲裁，也可以向人民法院起诉。

12.2.4 经济诉讼制度

经济诉讼是指经济审判机关在当事人和其他诉讼参加人参加的情况下，对经济纠纷案件进行审理并做出裁决，以解决经济纠纷的活动。目前，经济诉讼已成为解决经济纠纷、维护当事人合法经济权益的一种重要手段。经济诉讼的主要法律依据是《中华人民共和国民事诉讼法》及最高人民法院根据经济纠纷案件的特点而发布的大量有关经济纠纷案件的司法解释。

建设工程合同纠纷的诉讼，是指合同纠纷的一方当事人诉至法院，由人民法院对建设工程合同纠纷案件行使国家审判权。人民法院按照法定的程序进行审理，查清事实，分清是非，明确责任，认定双方当事人的权利、义务关系，解决纠纷。诉讼是解决建设工程合同纠纷最有效的手段和方式，因为诉讼由国家审判机关依法进行审理裁判，最具有权威性；裁判发生法律效力后，以国家强制力保证裁判的实现。

通过诉讼解决建设工程合同纠纷，有利于增强合同当事人的法制观念；有利于及时、有效地打击利用建设工程合同进行违法犯罪活动；有利于维护社会经济秩序，保护当事人的合法权益，保证社会主义市场经济的健康发展。

1. 经济诉讼的特点

（1）人民法院受理经济纠纷案件，任何一方当事人都有权起诉，而无须征得对方当事人的同意。

（2）当事人向人民法院提起诉讼，应当遵循地域管辖、级别管辖和专属管辖的原则。在不违反级别管辖和专属管辖原则的前提下，可以选择管辖法院。

（3）人民法院审理经济纠纷案件，实行二审终审制度。当事人对人民法院做出的一审判决、裁定不服的，有权上诉。对生效判决、裁定不服的，还可向人民法院申请再审。

2. 人民法院对经济案件的管辖

管辖是指人民法院之间受理第一审案件的分工和权限。经济纠纷案件的管辖主要有级别管辖、地域管辖和专属管辖。

1）地域管辖

地域管辖是指同级人民法院对第一审案件的分工和权限。根据《民事诉讼法》的规定，经济纠纷案件地域管辖的一般原则是“原告就被告”，即由被告住所地人民法院管辖。被告为公民的，其住所地为户籍所在地，住所地与经常居住地不一致的，由经常居住地人民法院管辖。被告为法人或其他组织的，其住所地一般理解为主要办事机构所在地。

因建设工程合同纠纷提起的诉讼，第一审管辖法院是：

（1）被告住所地的人民法院。即被告户籍所在地或被告经常居住地。

（2）合同履行地人民法院。即合同标的物交接地，当事人履行义务和接受义务履行的地点的人民法院。

合同纠纷案件可以实行协议管辖，即合同的双方当事人可以在书面合同中协议选择被

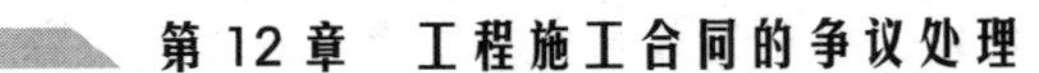

告住所地、合同履行地、合同签订地、原告住所地、标的物所在地人民法院管辖，但不得违反法律对级别管辖和专属管辖的规定。

2）级别管辖

级别管辖是指各级人民法院受理第一审经济纠纷案件的分工和权限。

我国人民法院按其级别分为最高、高级、中级和基层人民法院四级。最高人民法院管辖在全国有重大影响的案件和它认为应该由其审理的案件。依照法律规定，最高人民法院管辖的案件实行一审终审，所做判决、裁定一经送达即发生法律效力。高级人民法院管辖在本辖区有重大影响的案件。中级人民法院管辖以下三类经济纠纷案件：重大的涉外案件；在本辖区有重大影响的案件；最高人民法院确定由其管辖的案件。除上述案件外的其他案件都由基层人民法院管辖。

建设工程合同纠纷发生后，当事人应根据合同标的的大小、影响等确定向哪一级人民法院起诉。

3）专属管辖

专属管辖是指按照诉讼标的特殊性与管辖的排他性而确定的管辖。《民事诉讼法》规定的“因不动产纠纷提起的诉讼，由不动产所在地法院管辖”和“因港口作业中发生纠纷提起的诉讼，由港口所在地法院管辖”属于专属管辖。

3. 第一审普通程序与简易程序

1）起诉

起诉是指当事人请求人民法院通过审判保护自己合法权益的行为，提起诉讼的人为原告；被提起诉讼、经法院通知应诉的人为被告。起诉必须符合下列条件：原告是与案件有直接利害关系的公民、法人和其他组织；有明确的被告；有具体的诉讼请求和事实、理由；属于人民法院的收案范围并受该人民法院管辖。起诉应在诉讼时效内进行。

2）受理

人民法院接到起诉状后，经审查，认为符合起诉条件的，应当在七日内立案，并通知当事人；认为不符合起诉条件的，应当在七日内裁定不予受理；原告对裁定不服的，可以提起上诉。

3）审理前的准备

人民法院应当在立案之日起五日内将起诉状副本送达被告；被告在收到之日起十五日内提出答辩状。人民法院在收到被告答辩状之日起五日内将答辩状副本送达原告，被告不提出答辩状的，不影响审判程序的进行。

人民法院受理案件后应当组成合议庭，合议庭至少由三名审判员或至少由一名审判员和两名陪审员组成。合议庭组成后，应当在三日内将合议庭组成人员告知当事人。

4）开庭审理

审理经济纠纷案件，除涉及国家秘密或当事人的商业秘密外，均应公开开庭审理。开庭审理要经历以下几个阶段：宣布开庭、法庭调查、法庭辩论、法庭辩论后的调解、合议庭评议、判决。经过法庭调查和法庭辩论后，在查清案件事实的基础上，当事人愿意调解

的，可以当庭进行调解，经过调解，双方当事人达成协议的，应当在调解协议上签字盖章。调解不成的，应当及时做出判决。

根据《民事诉讼法》的有关规定，第一审普通程序审理的案件应从立案之日起六个月内审结。有特殊情况需要延长的，由本院院长批准，可以延长六个月。还需要延长的，应报请上级人民法院批准。

5）简易程序

基层人民法院收到起诉状经审查立案后，认为事实清楚、权利义务关系明确、争议不大的简单经济纠纷案件，可以适用简易程序进行审理。在简易程序中可以口头起诉、口头答辩。原告、被告双方同时到庭的，可以当即进行审理，当即调解。可以用简便方式传唤另一当事人到庭。简易程序由审判员一人独任审判，不用组成合议庭，在开庭通知、法庭调查、法庭辩论上不受普通程序有关规定的限制。适用简易程序审理的经济纠纷案件，应当在立案之日起三个月内审结。

4. 第二审程序

1）上诉和二审终审

当事人不服第一审法院判决、裁定的，有权提起上诉。上诉必须在法定期限内提出：对判决提起上诉的期限为十五日，对裁定提起上诉的期限为十日，逾期不上诉的，原判决、裁定即发生法律效力。

当事人提起上诉后至第二审法院审结前，原审法院的判决或裁定不发生法律效力。第二审法院的判决、裁定是终审的判决、裁定，当事人不得再上诉。

2）审理

第二审人民法院应当组成合议庭开庭审理，但合议庭认为不需要开庭审理的，也可以进行判决、裁定。

第二审人民法院对上诉案件，经过审理，按照下列情形分别处理：

（1）原判决认定事实清楚，适用法律正确的，判决驳回上诉，维持原判决。

（2）原判决适用法律错误的，依法改判。

（3）原判决认定事实错误，或者原判决认定事实不清，证据不足的，裁定撤销原判决，发回原审人民法院重审，或者查清事实后改判。

（4）原判决违反法定程序，可能影响案件正确判决的，裁定撤销原判决，发回原审人民法院重审。

当事人对重审案件的判决、裁定，可以上诉。

二审法院对判决、裁定的上诉案件，应当分别在案件立案之日起三个月内和一个月内审结。

5. 审判监督程序

审判监督程序又称再审程序，是指人民法院对已经发生法律效力的判决、裁定发现确有错误，依法再次进行审理的程序。它是保证审判的正确性，维护当事人合法权益，维护法律尊严的一项重要补救程序。

所谓确有错误是指：

（1）原判决、裁定认定事实的主要证据不足。

（2）当事人有新的证据，足以推翻原判决、裁定的。

（3）原判决、裁定适用法律确有错误的。

（4）法院违反法定程序，可能影响案件正确判决、裁定的。

（5）审判人员在审理该案件时有贪污受贿、营私舞弊、枉法裁判行为的。

人民法院审理再审案件，应当另行组成合议庭。如果发生法律效力的判决、裁定是由第一审法院做出的，再审按第一审普通程序进行；如果发生法律效力的判决、裁定是由第二审法院做出的，或者上级人民法院按照审判监督程序提审的，按第二审程序进行。

6. 督促程序

督促程序是指债权人请求人民法院不经审判，直接向债务人发出支付令，要求债务人给付金钱、有价证券，如果债务人在一定期间内没有提出异议，该支付令即是发生法律效力的一种特别程序。督促程序以债权人申请为基础发出支付令，无须答辩和庭审；债务人不提出异议，支付令即生效，与判决书具有同等法律效力。

1）申请支付令的条件

债权人向人民法院申请支付令，必须具备以下条件：

（1）债权人向债务人请求给付的标的只能是金钱、有价证券。

（2）请求给付的金钱或者有价证券已经到期且数额确定。

（3）债权人和债务人没有其他债务纠纷。

（4）支付令能够送达债务人。无法送达，不适用督促程序。

2）支付令的申请与审查

债权人依督促程序请求人民法院发出支付令，必须以书面形式向人民法院提出申请，并附债权文书。申请的目的是请求发出支付令而不是起诉。支付令的申请应当向债务人所在地的基层人民法院提出。债权人提出申请后，人民法院对申请进行审查。经审查，确认达到受理条件的，应当在五日内立案，并及时通知债权人；认为申请不符合条件的，应当在五日内通知申请人不予受理，并说明理由。

3）发出支付令

人民法院受理申请后，必须对债权人提出的事实、证据进行审查，以便确认债权、债务是否明确、合法。审查由审判员一人进行。经审查申请不成立的，应当在受理之日起十五日内裁定驳回申请，该裁定不得上诉。驳回支付令申请的裁定应当送达申请人。申请人应负担督促程序的费用，经审查，债权、债务关系明确、合法的，人民法院应当在受理之日起十五日内向债务人发出支付令。

4）支付令的异议

债务人对支付令不得上诉，只能向发出支付令的人民法院提出异议。所谓异议就是债务人对支付令内容有不同看法，不同意按支付令的内容给付金钱或有价证券，从而使支付令失去效力。异议应当在收到支付令之日起十五日内提出。支付令异议的提出，必须采取书面形式。

督促程序终结后，债权人可以向有管辖权的人民法院另行起诉。

5）支付令的生效

支付令经合法送达后，债务人对支付令未于十五日内提出异议的，支付令与生效的判决书具有同等的法律效力；债务人在十五日内不提出异议又不履行支付令的，债权人便可以向人民法院申请执行。

7. 公示催告程序

公示催告程序是指人民法院依票据持有人的申请、以公示的方法、催告不明的利害关系人于一定期间申报权利，如不申报便产生丧失权利的后果的程序。所谓“不明”是指利害关系人是否存在不得而知或利害关系人处于不确定状态。

1）申请公示催告的条件

公示催告程序适用的范围是按照规定可以背书转让的票据，例如，《中华人民共和国票据法》规定的汇票、本票、支票三种票据，《中华人民共和国公司法》规定的记名股票等。

2）审查与受理

人民法院经审查，认为申请符合受理条件的，通知予以受理，并同时通知支付人停止支付该票据。如果在收到人民法院通知前，支付人已经支付了该票据，则应当裁定终结公示催告程序。对于不符合受理条件的，可以要求申请人补正或者在七日内裁定驳回申请。

3）公告

人民法院决定受理申请，应当同时通知支付人停止支付，并在三日内发布公告，催促利害关系人申报权利。公告应当写明：公示催告申请人的姓名或名称；票据的种类、票面金额、出票人、持票人、背书人等；申报权利的期间；在公示催告期间转让票据权利和利害关系人不申报的后果。公告的期间由人民法院根据票据的种类、流通范围和支付日期等具体情况确定，但最短不得少于六十日。公示催告期间，票据持有人与第三人之间进行的票据转让或者票据质押等行为无效。

4）权利申报

利害关系人在公示催告期间认为自己对该票据享有正当权利的，应当向人民法院申报权利并提交票据。人民法院收到利害关系人的申报后，应通知其出示票据，并通知公示催告申请人在指定的期间察看该票据。公示催告申请人申请公示催告的票据与利害关系人出示的票据不一致的，人民法院应当裁定驳回利害关系人的申报。

利害关系人在公示催告期间向人民法院申报权利的，人民法院应当裁定终结公示催告程序；利害关系人在申报期满后、判决做出之前申报权利的，也应当裁定终结公示催告程序。

利害关系人出示的票据与公示催告申请人申请公示催告的票据一致，但申请人与申报人对票据权利有争议，均主张自己是票据的最后持有人的，人民法院应当裁定终结公示催告程序，申请人或申报人可以向人民法院起诉。

5）除权判决

人民法院根据当事人的申请，用判决宣告票据无效，使票据权利与原票据相分离，此种判决即为除权判决。票据经除权判决无效后，票据权利人即可不凭票据而行使权利。

在没有人申报或申报被驳回的情况下，人民法院应当根据申请人的申请做出判决，宣告票据无效。除权判决应当发给申请人作为其行使权利的依据。判决还应当在法院所在地和支付人所在地进行公告，以免该票据进入正常流通，影响流通秩序，侵害他人的合法权益。同时应将公告情况通知支付人。除权判决自公告之日起生效，申请人有权凭除权判决向支付人请求支付，支付人负有义务按照除权判决向申请人兑现票据上的权利。利害关系人因正当理由不能在除权判决前向人民法院申报权利的，可以在知道或者应当知道除权判决公告之日起一年内，向做出判决的人民法院起诉，人民法院立案后，按票据纠纷适用普通程序审理。

8. 执行程序

对于已经发生法律效力的判决、裁定、调解书、支付令、仲裁裁决书、公证债权文书等，当事人应当自动履行。一方当事人拒绝履行的，另一方当事人有权向法院申请执行。执行是人民法院依照法律规定的程序，运用国家强制力，强制当事人履行已生效的判决和其他法律文书所规定的义务的行为，又称强制执行。执行所应遵守的规则，就是执行程序。

1）执行申请

当事人向人民法院申请执行时，应提交申请书，说明要求执行的事实、理由、被执行人不履行的情况、执行根据、法律依据，并提交相应的法律文书。申请应在生效的法律文书规定的履行期限的最后一日起两年内提出，申请执行判决、裁定的，应当向第一审人民法院提出。申请执行支付令的，向制作支付令的人民法院提出。执行其他法律文书，应向被执行人住所地或者被执行人的财产所在地的人民法院提出。执行工作由人民法院执行庭的执行员负责。

2）执行措施

执行员接到申请执行书后，只要申请执行的标的物是财物或者行为，就应当向被执行人发出执行通知，责令其在指定的期间履行。在执行通知指定的期间被执行人仍不履行的，应当采取措施，强制执行。

强制执行的措施就是人民法院依法强制执行生效的法律文书时所采取的具体的方法和手段。强制执行措施有：查询、冻结和划拨被执行人的存款；扣留、提取被执行人的收入；查封、扣押、冻结、拍卖、变卖被执行人的财产；搜查被执行人的财产；强制交付法律文书指定的财物或者票证；强制迁出房屋或者强迫退出土地；强制办理财产权证照转移手续；强制执行法律文书指定的行为；强制支付迟延履行期间的债务利息或迟延履行金；强制执行被执行人的到期债权。

3）执行中止和终结

（1）执行中止。在执行过程中，因某种特殊情况的发生而使执行程序暂时停止的为执

行中止。《民事诉讼法》规定，有下列情形之一的，人民法院应当裁定中止执行：申请人表示可以延期的；案外人对执行标的提出确有理由的异议的；作为一方当事人的公民死亡，需要等待继承人继承权利或者承担义务的；作为一方当事人的法人或者其他组织终止，尚未确定权利义务承受人的；人民法院认为应当中止执行的其他情形，如执行中双方当事人自行达成和解协议的；被执行人提供担保并经申请执行人同意的，被执行人依法宣告破产的等。中止的情形消失后，应当恢复执行。

（2）执行终结。在执行过程中出现了某些特殊情况，使执行程序无法或无须继续进行而永久停止执行的，为执行终结。《民事诉讼法》规定，有下列情形之一的，人民法院有权裁定终结执行：申请人撤销申请的；据以执行的法律文书被撤销的；作为被执行人的公民死亡，无遗产可供执行，又无义务承担人的；追索培养费、抚养费、抚育费案件的权利人死亡的；作为被执行人的公民因生活困难无力偿还借款，无收入来源，又丧失劳动能力的；人民法院认为应当终止的其他情形。

12.3 施工合同的争议管理

12.3.1 有理有利有节，争取协商调解

由于施工单位面临着众多争议而且又必须设法解决的困惑，所以不少单位都参照国际惯例，设置并逐步完善了自己的内部法律机构或部门，专职实施对争议的管理，这是施工单位进入市场时必须具备的。要注意预防解决争议找法院打官司的单一思维，通过诉讼解决争议未必是最有效的方法。由于工程施工合同争议情况复杂，专业问题多，有许多争议法律无法明确规定，往往造成主审法官难以判断、无所适从。因此，要深入研究案情和对策、处理争议要有理有利有节，能采取协商、调解甚至争议评审方式解决争议的，尽量不采取诉讼或仲裁方式。因为通常情况下，施工合同纠纷案件经法院几个月的审理，由于解决困难，法庭只能采取反复调解的方式，以求调解结案。所以，先进行协商、调解，不失为一种上策。

12.3.2 重视诉讼、仲裁时效，及时主张权利

通过仲裁、诉讼的方式解决建设施工合同纠纷的，应当特别注意有关仲裁时效与诉讼时效的法律规定，在法定诉讼时效或仲裁时效内主张权利。

1. 时效的概念及特征

（1）时效制度。所谓时效制度，是指一定的事实状态经过一定的期间之后即发生一定的法律后果的制度。民法上所称的时效，可分为取得时效和消灭时效，一定事实状态经过一定的期间之后即取得权利的，为取得时效；一定事实状态经过一定的期间之后即丧失权利的，为消灭时效。

法律确立时效制度的意义在于，首先是为了防止债权、债务关系长期处于不稳定状态；其次是为了催促债权人尽快实现债权；再次，确立时效制度的积极意义还在于，可以避免债权、债务纠纷因年长日久而难以举证，不便于解决纠纷。

（2）仲裁时效和诉讼时效。《仲裁法》第七十四条规定，法律对仲裁时效有规定的，适用该规定；法律对仲裁时效没有规定的，适用诉讼时效的规定。《民法通则》第五条规定，向人民法院请求保护民事权利的诉讼时效期间为两年，法律另有规定的除外。第一百三十七条规定，诉讼时效期间从当事人知道或者应当知道其权利被侵害时起计算。

所谓仲裁时效是指当事人在法定申请仲裁的期限内没有将其纠纷提交仲裁机关进行仲裁的，即丧失请求仲裁机关保护其权利的权利。在明文约定合同纠纷由仲裁机关仲裁的情况下，若合同当事人在法定提出仲裁申请的期限内没有依法申请仲裁的，则该权利人的民事权利不受法律保护，债务人可依法免于履行债务。

所谓诉讼时效，是指权利人在法定提起诉讼的期限内如不主张其权利，即丧失请求法院依诉讼程序强制债务人履行债务的权利。诉讼时效实质上就是消灭时效，诉讼时效期间届满后，债务人依法可免除其应负的义务。换言之，若权利人在诉讼时效期间届满后才主张权利的，丧失了胜诉权，其权利不受法律保护。

（3）诉讼时效的法律特征。

① 诉讼时效期间届满后，债权人仍享有向法院提起诉讼的权利，只要符合起诉的条件，法院就应当受理。至于能否支持原告的诉讼请求，首先应审查有无延长诉讼时效的正当理由。

② 诉讼时效期间届满，又无延长诉讼时效的正当理由的，债务人可以以原告的诉讼请求已超过诉讼时效期间为抗辩理由，请求法院予以驳回。

③ 债权人的实体权利不因诉讼时效期间届满而丧失，但其权利的实现依赖于债务人的自愿履行。如债务人于诉讼时效期间届满后清偿了债务，又以债权人的请求已超过诉讼时效期间为由反悔的，是不被法律允许的。《民法通则》第一百三十八条规定："超过诉讼时效期间当事人自愿履行的，不受诉讼时效限制。"

④ 诉讼时效属于强制性规定，不能由当事人协商确定。当事人对诉讼时效的长短所达成的任何协议，均无法律约束力。

2. 诉讼时效期间的起算、中止、中断、延长

（1）诉讼时效期间的起算。诉讼时效期间的起算，是指诉讼时效期间从何时开始。《民法通则》规定，诉讼时效期间从权利人知道或者应当知道其权利被侵害时起计算。

（2）诉讼时效期间的中止。诉讼时效期间的中止，是指诉讼时效期间开始后，因一定法定事由的发生、阻碍了权利人提起诉讼，为保护其权益，法律规定暂时停止诉讼时效期间的计算或已经经过的诉讼时效期间仍然有效，待阻碍诉讼时效期间继续进行的事由消失后，时效继续进行。《民法通则》第三十九条规定："在诉讼时效期间的最后六个月内，因不可抗力或者其他障碍不能行使请求权的，诉讼时效中止，从中止时效的原因消除之时起，诉讼时效期间继续计算。"

诉讼时效期间的中止，必须满足下列条件：

① 必须有中止诉讼时效的事由。这里所称的事由，必须是不可抗力或者其他客观障碍，致使权利人无法行使请求权的情况。

② 中止时效的事由的发生，必须是在诉讼时效期间届满前的最后六个月内。如果该事由在最后六个月之前发生的，则不能以诉讼时效中止为延长诉讼时效的理由。如果该事由

是在最后六个月内发生的，则被阻碍行使请求权的日数，可以在届满之日起补回。

（3）诉讼时效期间的中断。诉讼时效期间的中断，是指诉讼时效期间开始计算后，因法定事由的发生，阻碍了时效的进行，使以前经过的时效期间全部无效，待中断时效的事由消除之后，其诉讼时效期间重新计算。《民法通则》第一百四十条规定："诉讼时效因提起诉讼，当事人一方提出要求或者同意履行义务而中断。从中断时起，诉讼时效期间重新计算。

诉讼时效期间的中断，必须满足下列条件：

① 诉讼时效中断的事由必须是在诉讼时效期间开始计算之后、届满之前发生。

② 诉讼时效中断的事由应当属于下列情况之一，权利人向法院提起诉讼；当事人一方提出要求，提出要求的方式可以是书面的方式、口头的方式等；当事人一方同意履行债务，同意的形式可以是口头承诺、书面承诺等。

应当注意，诉讼时效期间虽然可因权利人多次主张权利或债务人多次同意履行债务而多次中断，且中断的次数没有限制，但是权利人应当在权利被侵害之日起最长不超过二十年的时间内提起诉讼，否则，在一般情况下，权利人的权利不再受法律保护。《民法通则》第一百三十七条规定："诉讼时效期间从知道或者应当知道权利被侵害时起计算。但是，从权利被侵害之日起超过二十年的，人民法院不予保护。有特殊情况的，人民法院可以延长诉讼时效期间。"

（4）诉讼时效期间的延长。诉讼时效期间的延长，是指人民法院对于诉讼时效完成的期限给予适当的延长。根据《民法通则》第一百三十七条的规定，诉讼时效期间的延长，应当有特殊情况的发生。所谓特殊情况，最高人民法院《关于贯彻执行（中华人民共和国民法通则）若干问题的意见（试行）》第一百六十九条规定，"权利人由于客观的障碍在法定诉讼时效期间内不能行使请求权的"属于《民法通则》第一百三十七条规定的"特殊情况"。

3. 适用诉讼时效法律规定、及时行使法定权利时应注意的问题

（1）关于仲裁时效期间和诉讼时效期间的计算问题。关于追索工程款、勘察费、设计费，仲裁时效期间和诉讼时效期间均为两年，从工程竣工之日起计算，双方对付款时间有约定的，从约定的付款期限届满之日起计算。

工程因建设单位的原因中途停工的，仲裁时效期间和诉讼时效期间应当从工程停工之日起计算。

工程竣工或工程中途停工，施工单位应当积极主张权利。实践中，施工单位提出工程竣工结算报告或对停工工程提出中间工程竣工结算报告，是施工单位主张权利的基本方式，可引起诉讼时效的中断。

关于追索材料款、劳务款，仲裁时效期间和诉讼时效期间也为两年，从双方约定的付款期限届满之日起计算；没有约定期限的，从购方验收之日起计算，或从劳务工作完成之日起计算。

出售质量不合格的商品未声明的，仲裁时效期间和诉讼时效期间均为一年，从商品售出之日起计算。

（2）适用时效规定、及时主张自身权利的具体做法。根据《民法通则》的规定，诉讼

时效因提起诉讼、债权人提出要求或债务人同意履行债务而中断。从中断时起，诉讼时效期间重新计算。因此，对于债权，具备申请仲裁或提起诉讼条件的，应在诉讼时效的期限内提请仲裁或提起诉讼。尚不具备条件的，应设法引起诉讼时效中断，具体办法如下。

① 工程竣工后或工程中间停工的，应尽早向建设单位或监理单位提出结算报告；对于其他债权，也应以书面形式主张债权，对于履行债务的请求，应争取得到对方有关工作人员的签名、盖章，并签署日期。

② 债务人不予接洽或拒绝签字盖章的，应及时将要求该单位履行债务的书面文件制作一式数份，自存至少一份备查后，将该文件以电报的形式或其他妥善的方式通知对方。

（3）主张债权已超过诉讼时效期间的补救办法。债权人主张债权超过诉讼时效期间的，除非债务人自愿履行，否则债权人依法不能通过仲裁或诉讼的途径使其履行。在这种情况下，应设法与债务人协商，并争取达成履行债务的协议。只要签订该协议，债权人仍可通过仲裁或诉讼途径使债务人履行债务。

案例 12-5　某单位（发包方）为建职工宿舍楼，与市建筑公司（承包商）签订一份建设工程承包合同，合同约定：建筑面积 6000 平方米，高七层，总价格 150 万元，由发包方提供建材指标，承包商包工包料，主体工程和内外承重墙一律使用国家标准红机砖，每层有水泥圈梁加固，并约定了竣工日期等其他事项。

承包商按合同约定的时间竣工，在验收时，发包方发现工程 2～5 层所有内承重墙体裂缝较多，要求承包商修复后再验收；承包商拒绝修复，认为不影响使用。两个月后，发包方发现这些裂缝越来越大，最大的能透过裂缝看到对面的墙壁，方提出工程不合格，是危险房屋，不能使用，要求承包商拆除重新建筑，并拒付剩余款项。承包商提出，裂缝属于砖的质量问题，与施工技术无关。双方协商不成，发包方诉至法院。

经法院审理查明，本案建设工程实行大包干的形式，发包方提供建材指标，承包商为节省费用，在采购机砖时，只采购了外墙和主体结构的红机砖，而对承重墙则使用了价格较低的烟灰砖，而烟灰砖因为干燥、吸水、伸缩性大，当内装修完毕待干后，导致裂缝出现。经法院委托市建筑工程研究所现场勘察、鉴定，认为：烟灰砖不能适用于高层建筑和内承重墙，强度不够红机砖标准，建议所有内承重墙用钢筋网加水泥砂浆修复加固后方可使用。经法院调解，双方达成协议，承包商将 2～5 层所有内承重墙均用钢筋加固后再进行内装修，所需费用由承包商承担，竣工验收合格后，发包方在十日内将工程款一次结清给承包商。

12.3.3　全面收集证据，确保客观充分

1. 收集证据的基本要求

《民事诉讼法》第六十四条中规定："当事人对自己提出的主张，有责任提供证据。"当事人的主张能否成立，取决于其举证的质量。可见，收集证据是一项十分重要的准备工作，根据法律规定和司法实践，收集证据应当遵守如下要求。

（1）为了及时发现和收集到充分、确凿的证据，在收集证据以前应当认真研究已有材料，分析案情，并在此基础上制定收集证据的计划，确定收集证据的方向、调查的范围和对象、应当采取的步骤和方法，同时还应考虑到可能遇到的问题和困难，以及解决问题和

克服困难的办法等。

（2）收集证据的程序和方式必须符合法律规定。凡是收集证据的程序和方式违反法律规定的，例如，以贿赂的方式使证人作证等，所收集到的材料一律不能作为证据来使用。

（3）收集证据必须客观、全面。收集证据必须尊重客观事实，按照证据的本来面目进行收集，不能弄虚作假，断章取义，制造假证据。全面收集证据就是要收集能够收集到的、能够证明案件真实情况的全部证据，不能只收集对自己有利的证据。

（4）收集证据必须深入、细致。实践证明，只有深入、细致地收集证据，才能把握案件的真实情况，因此，收集证据必须杜绝粗枝大叶、马虎行事、不求甚解的做法。

（5）收集证据必须积极主动、迅速。证据虽然是客观存在的事实，但可能由于外部环境或外部条件的变化而变化，如果不及时予以收集，则有可能灭失。

2. 证据收集、提存与保全

民事诉讼案件的当事人固然有责任因其主张予以举证，但往往由于受客观条件的限制而未能举证。在这种情况下，当事人根据实际情况，可以委托律师帮助调查，也可以根据法律规定，申请人民法院进行调查。但应注意申请人民法院进行调查的，必须是提起诉讼以后才能进行，而委托律师调查不受此限制。

有些证据，随着时间的推移、自然条件的变化或者其他原因，可能灭失或者难以取得，在这种情况下当事人应当根据法律规定申请公证机关进行公证，实施证据提存，或者立即提起诉讼，申请人民法院进行保全。《民事诉讼法》第七十四条规定：“在证据可能灭失或者以后难以取得的情况下，诉讼参加人可以向人民法院申请保全证据；人民法院也可以主动采取保全措施。”

12.3.4 摸清财务状况，做好财产保全

1. 调查债务人的财产状况

对建设工程承包合同的当事人而言，提起诉讼的目的，大多数情况下是为了实现金钱债权，因此必须在申请仲裁或者提起诉讼前调查债务人的财产状况，为申请财产保全做好充分准备。根据司法实践，调查债务人的财产范围应包括：

（1）固定资产，如房地产、机器设备等，尽可能查明其数量、质量、价值，是否抵押等具体情况。

（2）开户行、账号、流动资金的数额等情况。

（3）有价证券的种类、数额等情况。

（4）债权情况，包括债权的种类、数额、到期日等。

（5）对外投资情况（如与他人合股、合伙创办经济实体），应了解其股权种类、数额等。

（6）债务情况。债务人是否对他人尚有债务未予清偿，以及债务数额、清偿期限的长短等，都会影响债权人实现债权的可能性。

（7）此外，如果债务人是企业，还应调查其注册资金与实际投入资金的具体情况，两者之间是否存在差额，以便确定是否请求该企业的开办人对该企业的债务在一定范围内承担清偿责任。

2. 做好财产保全

执行难是一个令债权人十分头痛的问题。因此，为了有效防止债务人转移、隐匿财产，顺利实现债权，应当在起诉或申请仲裁之前向人民法院申请财产保全。《民事诉讼法》第九十二条规定："人民法院对于可能因当事人一方的行为或者其他原因，使判决不能执行或者难以执行的案件，可以根据对方当事人的申请，做出财产保全的裁定；当事人没有提出申请的，人民法院在必要时也可以裁定采取财产保全措施。"第九十三条同时规定："利害关系人因情况紧急，不立即申请财产保全将会使其合法权益受到难以弥补的损害的，可以在起诉前向人民法院申请采取财产保全措施。"应当注意，申请财产保全，一般应当向人民法院提供担保；且起诉前申请财产保全的，必须提供担保。担保应当以金钱、实物或者人民法院同意的担保形式提供，所提供的担保的数额应相当于请求保全的数额。

因此，申请财产保全的应当先做准备，了解保全财产的情况，做好以上各项工作后，即可申请仲裁或提起诉讼。

12.3.5 聘请专业律师，尽早介入争议处理

近年来，各地都出现了一些熟悉、擅长工程施工合同争议解决的专业律师和专业律师事务所。由于这些律师往往来自于行业或政府主管部门，又由于经常从事专业案件的处理，所以他们具有解决复杂案件的能力，有的已经成为专家。这是法律服务专业化分工的必然结果。

因此，施工单位不论是否有自己的法律机构，当遇到案情复杂、难以准确判断的争议时，应当尽早聘请专业律师，避免走弯路。目前，不少施工单位的经理抱怨，官司打赢了，得到的却是一纸空文，判决无法执行，这往往和起诉时未确定真正的被告和未事先调查执行财产并及时采取诉讼保全有关。施工合同争议的解决不仅取决于对行业情况的熟悉，很大程度上取决于诉讼技巧和正确的策略，而这些都是专业律师的专长。

综合案例 12　某酒店工程转包合同纠纷案

上海市第二中级人民法院民事裁定书

（2013）沪二中民一（民）终字第 2442 号

上诉人（原审被告）浦菊林。

委托代理人龚立新，上海市联诚律师事务所律师。

委托代理人黄楷宸，上海市联诚律师事务所律师。

被上诉人（原审原告）上海鹤峰建设工程有限公司。

法定代表人张建永。

委托代理人陈洪明，上海达隆律师事务所律师。

上诉人浦菊林因合同纠纷一案，不服上海市青浦区人民法院（2013）青民一（民）初字第 218 号民事判决，向本院提起上诉。本院依法组成合议庭公开开庭进行了审理。上诉人浦菊林的委托代理人龚立新，被上诉人上海鹤峰建设工程有限公司（以下简称鹤峰公司）的委托代理人陈洪明到庭参加诉讼。本案现已审理终结。

原审法院经审理查明，2004 年 5 月 25 日，鹤峰公司与案外人江苏大丰新词大酒店有限

公司签订了工程施工补充协议一份，协议载明：建设单位为案外人江苏大丰新词大酒店有限公司，承包单位为鹤峰公司，工程项目名称为大丰新词大酒店——主楼及裙房。该协议第九条第二项明确，乙方（鹤峰公司）在该工程室内装潢之前垫付工程款共计人民币（以下币种均为人民币）500 万元。2004 年 7 月，鹤峰公司又与案外人黄某某签订工程施工管理合同，鹤峰公司作为总承包单位，案外人黄某某作为承建人，鹤峰公司将上述工程项目交由黄某某实际施工。2009 年 1 月 22 日，鹤峰公司交付浦菊林付款凭证一张，金额为 10 万元，付款事由为工程款，由浦菊林及案外人童建林签收。同年 1 月 23 日，鹤峰公司再次交付浦菊林付款凭证一张，金额为 30 万元，付款事由同为工程款，鹤峰公司原法定代表人张金泉另注明为大丰预付款，由浦菊林签收。2010 年 2 月 10 日鹤峰公司与浦菊林达成暂付协议一份，该协议载明：由于鹤峰公司与浦菊林之间就大丰新词工程结算存在重大分歧，现年底即近，为了解决目前的困难，双方协商先支付给浦菊林现金 40 万元，对结算中的问题待过正月十五之后再协商，达成结算后再加上原遗留工程结算欠款进行总结算。如果发生差额，谁透支，谁向债权人支付年息 15%。时间界限以支付现金之日为准，到归还支付之日为止。2010 年 2 月 12 日，鹤峰公司交付浦菊林付款凭证一张，金额为 40 万元，付款事由为暂付款，鹤峰公司原法定代表人张金泉注明同意暂借，也由浦菊林签收。上述三张付款凭证共计金额 80 万元的款项，浦菊林确认已收到。

原审法院另查明，2011 年鹤峰公司与浦菊林曾就系争工程项目诉至上海市嘉定区人民法院，经上海市嘉定区人民法院审理并于 2011 年 12 月 23 日做出（2011）嘉民二（商）初字第 176 号民事判决。鹤峰公司与浦菊林对此判决均不服，上诉至上海市第二中级人民法院。根据鹤峰公司与江苏大丰新词大酒店有限公司签订《工程施工补充协议》的约定，鹤峰公司在大丰新词大酒店工程室内装潢之前垫付工程款共计 500 万元。在二审审理中，鹤峰公司提供了自 2004 年 5 月 28 日至 2005 年 9 月 29 日期间，其分九次汇入大丰新词工程项目款项 10 647 712.72 元的汇款凭证，项目的实际施工人黄某某也对此予以认可。因此，可以认定大丰新词项目主要由鹤峰公司垫资完成，浦菊林在该项目中并未垫资。同时，根据鹤峰公司在二审中提供的其他项目的《项目施工管理协议》，其内容中并无关于承包方垫资的约定。由于鹤峰公司与浦菊林之间并未签订书面合同确定相互的权利、义务关系，在 2009 年 1 月 19 日对账形成的《往来账清单》中也未对大丰新词项目按照通常的结算方式进行对账结算，2010 年签订的《暂付协议》仍未能对该项目的结算费用进行确认。因此，在鹤峰公司与浦菊林对于大丰新词项目结算方式未予明确且始终存在争议的情况下，应根据该工程施工协议的约定，并结合建设方的法定代表人李新儿及实际施工人黄某某的证人证言，以及双方其他项目中均未发生过垫资，而鹤峰公司为系争项目共计垫付款项 10 647 712.72 元等因素综合考量，现浦菊林以项目承包商的身份要求按照其他项目的结算方式获得大丰新词项目应得的管理费，依据并不充分，二审不予支持，原审法院据此酌定以工程造价的 3.3%确定浦菊林应得的管理费金额为 125.4 万元不当，二审予以改判。在该案二审审理中，鹤峰公司称其还于 2009 年 1 月 22 日、同年 1 月 23 日共计支付 40 万元，为该项目支付的人员工资；由于在 2010 年 2 月 10 日签订的《暂付协议》中并未提及上述鹤峰公司另行支付的 40 万元款项事实，且鹤峰公司在原审审理中也未提及曾于 2009 年 1 月另行就系争项目支付过 40 万元的人员工资，故其主张明显不合常理，浦菊林对此也不予认可，因此，二审对于鹤峰公司所称的 40 万元付款是本案系争大丰新词项目支付浦菊林的

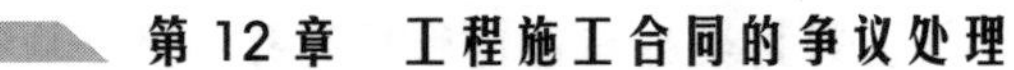

人员工资，不予采信。据此，对本案鹤峰公司与浦菊林所系争的 80 万元在二审审理中对原审判决予以撤销，未进一步处理。

鹤峰公司就系争的 80 万元于 2012 年 6 月 26 日以不当得利纠纷为由诉至原审法院，案号为（2012）青民一（民）初字第 1449 号。（2012）青民一（民）初字 1449 号庭审笔录载明，对于本案所涉 80 万元钱款性质，浦菊林认为是劳务费用或者管理人员的工资，还认为，浦菊林即使不是实际施工人，80 万元的性质也是劳务费用。后鹤峰公司撤回不当得利纠纷起诉，又以劳务合同纠纷为由，向原审法院提起本案诉讼，认为对于浦菊林从鹤峰公司获取的 80 万元，双方之间均未签订工程承包合同和劳动合同，也未约定支付报酬，故浦菊林获取 80 万元没有依据，但鹤峰公司同意支付浦菊林两年的工资共计 10 万元，故请求判令浦菊林返还多收取鹤峰公司的劳务报酬 70 万元。

原审法院经审理认为，双方当事人的争议焦点如下。

一、在大丰新词项目中，鹤峰公司与浦菊林之间是否存在承包关系或居间服务关系。

浦菊林认为在大丰新词项目中与鹤峰公司之间存在承包关系，并进而要求以承包商身份获取管理费用。对此，鹤峰公司不予认可。原审法院认为，在大丰新词项目中，2004 年 5 月 25 日，鹤峰公司与案外人江苏大丰新词大酒店有限公司签订的工程施工补充协议及 2004 年 7 月鹤峰公司与案外人黄某某签订的工程施工管理合同，合同相对方均非浦菊林，浦菊林虽向法院提交了个人缴费明细表、2009 年及 2010 年浦菊林的收支明细表复印件等证据材料，但均无法认定鹤峰公司与浦菊林之间存在承包关系，故浦菊林主张其应以承包商身份获取管理费用，依据并不充分，不予支持。

浦菊林又认为在大丰新词项目中提供了居间服务，系争 80 万元涉及其居间服务的报酬。对此，鹤峰公司也予以否认。原审法院认为，鹤峰公司与浦菊林之间并未签订书面居间服务合同确定相互的权利、义务关系，而付款凭证及鹤峰公司与浦菊林之间签订的暂付协议等证据材料，也无法体现浦菊林接受鹤峰公司的委托，提供居间服务等内容，故浦菊林要求以居间人身份获取居间报酬的主张，法院也难以支持。

二、关于所涉 80 万元钱款的性质。

本案中，2009 年 1 月 22 日，鹤峰公司交付浦菊林 10 万元，付款事由为工程款。同年 1 月 23 日，鹤峰公司再次交付浦菊林 30 万元，付款事由同为工程款，鹤峰公司原法定代表人张金泉另注明为大丰预付款。2010 年 2 月 10 日鹤峰公司与浦菊林达成暂付协议一份，该协议载明：由于鹤峰公司与浦菊林之间就大丰新词工程结算存在重大分歧，……为了解决目前的困难，双方协商先支付给浦菊林现金 40 万……2010 年 2 月 12 日，鹤峰公司交付浦菊林 40 万元，付款事由为暂付款，鹤峰公司原法定代表人张金泉注明同意暂借。根据鹤峰公司与浦菊林所确认的上述证据材料来看，本案所涉 80 万元钱款性质均指向于工程款结算问题，可以明确本案所涉 80 万元钱款性质应为工程款。但本案中，鹤峰公司与浦菊林之间存在承包关系缺乏相应的事实依据，就大丰新词项目工程结算而言，浦菊林受领 80 万元工程款也无事实基础，故本案所涉 80 万元工程款理应返还鹤峰公司。现鹤峰公司基于浦菊林在大丰新词项目中所提供的辅助性工作，同意给付浦菊林 10 万元作为劳务报酬，于法无悖，法院予以准许，故浦菊林应返还鹤峰公司 70 万元。

据此，原审法院依照《中华人民共和国民法通则》第四条、第八十四条及《最高人民法院关于民事诉讼证据的若干规定》第二条的规定，判决：浦菊林应于判决生效之日起十

日内返还鹤峰公司70万元。

浦菊林不服原审法院判决，向本院提起上诉称，其是大丰新词项目的负责人，被上诉人应当支付劳动报酬，而被上诉人在相关案件的审理中也陈述系争80万元是人员工资，因此被上诉人在本案中的诉请缺乏依据，请求二审法院改判驳回被上诉人的原审诉请。

被上诉人鹤峰公司辩称，上诉人的劳动报酬应当支付，但80万元的数额过高，应参照其他同等职位工作人员的收入确定，现愿给付10万元作为劳动报酬已经高于应给付的数额，故请求二审法院维持原审法院判决。

本院经审理查明，原审法院查明事实无误，本院予以确认。

本院认为，在（2011）嘉民二（商）初字第176号民事判决书中载明“扣除鹤峰公司已支付的40万元，鹤峰公司还应支付的款项金额为85.4万元。”在该案二审中，鹤峰公司称其“陆续支付给蒲菊林80万元作为人员工资”。该案二审（2012）沪二中民四（商）终字第141号民事判决书载明，“在二审审理中，鹤峰公司称其还于2009年1月22日、同年1月23日共计支付40万元，也为该项目支付的人员工资；由于在2010年2月10日签订的《暂付协议》中并未提及上述鹤峰公司另行支付的40万元款项事实，且鹤峰公司在原审审理中也未提及曾于2009年1月另行就系争项目支付过40万元的人员工资，故其主张明显不合常理，浦菊林对此也不予认可，因此，本院对于鹤峰公司所称的40万元付款是本案系争大丰新词项目支付浦菊林的人员工资，不予采信。”据此，鹤峰公司与浦菊林之间以本案所涉80万元为标的的纠纷已经法院审理，并做出了终审裁判。根据民事诉讼法的一事不再理原则，双方当事人不应以同一诉讼标的再次诉至法院。鹤峰公司在本案诉讼中的诉讼标的与前案相同，不属另一法律关系，法院不应再次审理。原审法院对已经审理并做出终审判决的纠纷再次受理并做出判决，有所不当，本院应予纠正。据此，依照《中华人民共和国民事诉讼法》第一百一十九条第（四）项、第一百五十四条第一款第（三）项、第一百七十五条，以及《最高人民法院关于适用〈中华人民共和国民事诉讼法〉若干问题的意见》第一百三十九条的规定，裁定如下：

一、撤销上海市青浦区人民法院（2013）青民一（民）初字第218号民事判决。

二、驳回上海鹤峰建设工程有限公司的起诉。

本案一案件受理费人民币10 800元，退还被上诉人上海鹤峰建设工程有限公司，二审案件受理费人民币10 800元，退还上诉人蒲菊林。

本裁定为终审裁定。

第13章 FIDIC土木工程施工合同条件

教学导航

教学目标	1. 了解FIDIC合同条件概述。 2. 掌握FIDIC土木工程施工合同条件，FIDIC土木工程施工分包合同条件。 3. 明确FIDIC设计-建造与交钥匙合同条件。
关键词汇	FIDIC合同条件； 通用条件； 专用条件。

典型案例12　国外某油码头工程招投标的问题

新加坡一油码头工程，采用FIDIC合同条件。招标文件的工程量表中规定钢筋由业主提供，投标日期为2000年6月3日。但在收到标书后，业主发现他的钢筋已用于其他工程，他已无法再提供钢筋。于是在2000年6月11日由工程师致信承包商，要求承包商另报出提供工程量表中所需钢材的价格。自然这封信作为一个询价文件。2000年6月19日，承包商给出了答复，提出了各类钢材的单价及总价格。接信后业主于2000年6月30日复信表示接受承包商的报价，并要求承包商准备签署一份由业主提供的正式协议。但此后业主未提供书面协议，双方未做任何新的商谈，也未签订正式协议。而业主认为承包商已经接受了提供钢材的要求，而承包商却认为业主放弃了由承包商提供钢材的要求。待开工约3个月后，2000年10月20日，工程需要钢材，承包商向业主提出业主的钢材应该进场，这时才发现双方都没有准备工程所需要的钢材。由于要重新采购钢材，不仅钢材价格上升、运费增加，而且工期拖延，进一步造成施工现场费用的损失约60 000元。承包商向业主提出了索赔要求。但由于在本工程中双方缺少沟通，都有责任，故最终解决结果为合同双方各承担一半损失。

解析　本工程有如下几个问题应注意：

（1）双方就钢材的供应做了许多商讨，但都是表面性的，是询价和报价（或新的要约）文件。由于最终没有确认文件，如签订书面协议，或修改合同协议书，所以没有约束力。

（2）如果在2000年6月30日的复信中业主接受了承包商于6月19日的报价，并指令由承包商按规定提供钢材，而不提出签署一份书面协议的问题，就可以构成对承包商的一个变更指令。如果承包商不提反驳意见（一般在一个星期内），则这个合同文件就形成了，承包商必须承担责任。

（3）在合同签订和执行过程中，沟通是十分重要的。及早沟通，钢筋问题就可以及早落实，就可以避免损失。本工程合同签订并执行几个月后，双方就如此重大问题不再提及，令人费解。

（4）在合同的签订和执行中既要讲究诚实信用，又要在合作中有所戒备，防止被欺诈。在工程中，许多欺诈行为属于对手钻空子、设圈套，而自己疏忽大意，盲目相信对方或对方提供的信息（口头的、小道的或作为“参考”的消息）造成的。这些都无法责难对方。

13.1　FIDIC合同条件与文本标准化

FIDIC是“国际咨询工程师联合会”的缩写。该组织在每个国家或地区只吸收一个独立的咨询工程师协会作为团体会员，至今已有60多个发达国家、发展中国家或地区的成员，

因此它是国际上最具有权威性的咨询工程师组织。我国已于 1996 年正式加入 FIDIC。

13.1.1　FIDIC 合同条件

为了规范国际工程咨询和承包活动，FIDIC 先后发表过很多重要的管理性文件和标准化的合同文件范本。目前作为惯例已成为国际工程界公认的标准化合同格式有适用于工程咨询的《业主—咨询工程师标准服务协议书》；适用于施工承包的《土木工程施工合同条件》《电气与机械工程合同条件》《设计—建造与交钥匙合同条件》和《土木工程分包合同条件》。1999 年 9 月，FIDIC 又出版了新的《施工合同条件》《工程设备与设计—建造合同条件》《EPR 交钥匙合同条件》及《合同简短格式》。这些合同文件不仅被 FIDIC 成员国广泛采用，而且世界银行、亚洲开发银行、非洲开发银行等金融机构也要求在其贷款建设的土木工程项目中使用以该文本为基础编制的合同条件。

这些合同条件的文本不仅适用于国际工程，而且稍加修改后同样适用于国内工程，我国有关部委编制的适用于大型工程施工的标准化范本都以 FIDIC 编制的合同条件为蓝本。

1.《土木工程施工合同条件》

《土木工程施工合同条件》是 FIDIC 最早编制的合同文本，也是其他几个合同条件的基础。该文本适用于业主（或业主委托第三人）提供设计的工程施工承包，以单价合同为计价方式的标准化合同格式。《土木工程施工合同条件》的主要特点为，条款中责任的约定以招标选择承包商为前提，合同履行过程中建立以工程师为核心的管理模式。

2.《电气与机械工程合同条件》

《电气与机械工程合同条件》适用于大型工程的设备提供和施工安装，承包工作范围包括设备的制造、运送、安装和保修几个阶段。这个合同条件是在《土木工程施工合同条件》基础上编制的，针对相同情况制定的条款完全照抄《土木工程施工合同条件》的规定。与《土木工程施工合同条件》的区别主要表现为：一个是该合同涉及的不确定风险的因素较少，但实施阶段管理程序较为复杂，因此条目少、款数多；二是支付管理程序与责任划分基于总价合同。这个合同条件一般适用于大型项目中的安装工程。

3.《设计—建造与交钥匙合同条件》

FIDIC 编制的《设计—建造与交钥匙工程合同条件》是适用于总承包的合同文本，承包工作内容包括设计、设备采购、施工、物资供应、安装、调试、保修。这种承包模式可以减少设计与施工之间的脱节或矛盾，而且有利于节约投资。该合同文本是基于不可调价的总价承包编制的合同条件。土建施工和设备安装部分的责任，基本上套用《土木工程施工合同条件》和《电气与机械工程合同条件》的相关约定。交钥匙合同条件既可以用于单一合同施工的项目，也可以用于作为多合同项目中的一个合同，如承包商负责提供各项设备、单项构筑物或整套设施的承包。

4.《土木工程施工分包合同条件》

FIDIC 编制的《土木工程施工分包合同条件》是与《土木工程施工合同条件》配套使用的分包合同文本。分包合同条件可用于承包商与其选定的分包商，也可用于业主选择的指

定的分包方。需要注意的是，分包合同条件要保持与总包合同条件中分包工程规定的权利、义务约定一致，且要区分负责实施分包工作当事人改变后两个合同之间的差异。

13.1.2 FIDIC 合同文本的标准化

1. FIDIC 文本格式

FIDIC 出版的所有合同文本结构，都是以通用条件、专用条件和其他标准化文件的格式编制的。

1）通用条件

所谓“通用”，其含义是工程建设项目不论属于哪个行业，也不管处于何地，只要是土木工程类的施工均可适用。条款内容涉及：合同履行过程中业主和承包商各方的权利与义务，工程师（交钥匙合同中为业主代表）的权力和职责，各种可能预见到的事件发生后的责任界限，合同正常履行过程中各方应遵循的工作程序，以及因意外事件而使合同被迫解除时各方应遵循的工作准则等。

2）专用条件

专用条件是相对于“通用”而言的，要根据准备实施项目的工程专业特点，以及工程所在地的政治、经济、法律、自然条件等地域特点，针对通用条件中条款的规定加以具体化。可以对通用条件中的规定进行相应补充完善、修订或取代。专用条件中条款序号与通用条件中要说明条款的序号对应，通用条件和专用条件内相同序号的条款共同构成对某一问题的约定责任。如果通用条件内的某一条款内容完备、适用，专用条件可不再重复列此条款。

3）标准化的文件格式

FIDIC 编制的标准化合同文本，除了通用条件和专用条件以外，还包括有标准化的投标书（及附录）和协议书的格式文件。

投标书的格式文件只有一页内容，是投标人愿意遵守招标文件规定的承诺表示。投标人只需填写投标报价并签字，即可与其他材料一起构成有法律效力的投标文件。投标书附件列出了通用条件和专用条件内涉及工期和费用内容的明确数值，与专用条件中的条款序号和具体要求相一致，以使承包商在投标时予以考虑。这些数据经承包商填写并签字确认后，合同履行过程中作为双方遵照执行的依据。

协议书是业主与中标承包商签订施工承包合同的标准化格式文件，双方只要在空格内填入相应内容，并签字盖章后合同即可生效。

2. 标准化合同文本的优点

（1）合同体系完整、严密、责任明确。从合同生效之日起到合同解除为止，正常履行过程中可能涉及的种类情况，以及特殊情况下发生的有关问题，在合同的通用条件内都明确划分了参与合同管理有关各方的责任界限，而且还规范了合同履行过程中应遵循的管理程序，条款内容基本覆盖了合同履行过程中可能发生的种类情况。

（2）责任划分较为公正。合同条件适用于竞争性招标选择承包商实施的承包合同，各种风险是以作为一个有经验的承包商在投标阶段能否合理预见来划分责任界限的。合同条件属于双务、有偿合同，力求使双方当事人的权利、义务达到总体平衡，风险分担尽可能

合理。

这样的文本格式既可以使业主编制招标文件时避免遗漏某些条款，也可以令承包商投标和签订合同时更关注于专用条件中体现的招标工程项目有哪些特殊的或专门的要求或规定。

13.2 FIDIC《土木工程施工合同条件》

《土木工程施工合同条件》是 FIDIC 最早编制的合同文本，也是其他几个合同条件的基础。《土木工程施工合同条件》的主要特点为：条款中责任的约定以招标选择承包商为前提；合同履行过程中建立以工程师为核心的管理模式；以单价合同为基础（也允许部分工作以总价合同承包）。建设部和国家行政管理局联合颁发的《建设工程施工合同（示范文本）》采用了很多《土木工程施工合同条件》中的条款。合同中的部分重要词语的含义如下。

1. 合同履行中涉及的几个时间概念

1）合同工期

合同工期是所签合同内注明的完成全部工程或分部移交工程的时间，加上合同履行过程中由非承包商应负责的原因导致变更和索赔事件发生后，经工程师批准顺延工期之和；合同内约定的工期指承包商在投标书附录中承诺的竣工时间。合同工期的日历天数作为衡量承包商是否按合同约定期限履行施工义务的标准。

2）施工期

从工程师按合同约定发布的“开工令”中指明的应开工之日起，至工程移交证书注明的竣工日止的日历天数为承包商的施工期。用施工期与合同工期比较，判定承包商的施工是提前竣工，还是延误竣工。

3）缺陷责任期

缺陷责任期即国内施工合同文本所指的工程保修期，自工程移交证书中写明的竣工日开始，至工程师颁发解除缺陷责任证书为止的日历天数。尽管工程移交前进行了竣工检验，但工程移交证书只是证明承包商的施工工艺达到了合同规定的标准，设置缺陷责任期的目的是为了考验工程在动态运行条件下是否达到了合同中技术规范的要求。因此，从开工之日起至颁发解除缺陷责任证书之日止，承包商要对工程的施工质量负责。合同工程的缺陷责任期及分阶段移交工程的缺陷责任期，应在专用条件内具体约定。次要部位工程通常为半年；主要工程及设备大多为一年；个别重要设备也可以约定为一年半。

4）合同有效期

自合同签字日起至承包商提交给业主的“结清单”生效日止，施工合同对业主和承包商均具有法律约束力。颁发解除缺陷责任证书只是表示承包商的施工义务终止，即证明承包商的工程施工、竣工和保修义务满足合同条件的要求，但合同约定的权利、义务并未完全结束，还剩有管理和结算等手续。结算单生效指业主已按工程师签发的最终支付证书中的金额付款，并退还承包商的履约保函。结清单一经生效，承包商在合同内具有的索赔权

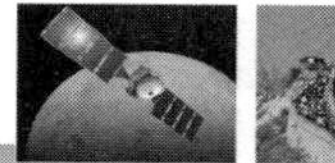

利也自行终止。

2. 合同价格

合同条件中通用条件第 1.1 款规定，“合同价格指中标通知书中写明的，按照合同规定，为了工程的实施、完成及其任何缺陷的修补应付给承包商的金额”。但应注意，中标通知书中写明的合同价格仅指业主接受承包商投标书中为完成全部招标范围内工程报价的金额，不能简单地理解为承包商完成施工任务后应得到的结算款额。因为合同条件内很多条款都规定，工程师根据现场情况发布非承包商应负责原因的变更指令后，如果导致承包商施工中发生额外费用所应给予的补偿，以及批准承包商索赔给予补偿的费用，都应增加到合同价格中，所以原定的合同价格在实施过程中会有所变化。大多数情况下，承包商完成合同规定的施工义务后，累计获得的工程款也不等于原定合同价格与批准的变更和索赔补偿款之和，可能比其多，也可能比其少。究其原因，涉及以下几方面因素。

（1）合同类型特点。《土木工程施工合同条件》适用于大型复杂工程采用单价合同的承包方式。为了缩短建设周期，通常在初步设计完成后就开始施工招标，在不影响施工进度的前提下陆续发放施工图，因此承包商据以报价的工程量清单中各项工作内容项下的工程量一般为概算工程量。合同履行过程中，承包商实际完成的工程量可能多于或少于清单中的估计量。单价合同的支付原则是，按承包商实际完成工程量乘以清单中相应工作内容的单价，结算该部分工作的工程款。

（2）可调价合同。大型复杂工程的施工期较长，通用条件中包括合同工期内因物价变化对施工成本产生影响后计算调价费用的条款，每次支付工程进度款时均要考虑约定可调价范围内项目当地市场价格的涨落变化。而这笔调价没有包含在中标价格内，仅在合同条款中约定了调价原则和调价费用的计算方法。

（3）发生应由业主承担的计算方法。合同履行过程中，可能因业主的行为或他应承担风险责任的事件发生后，导致承包商增加施工成本，合同相应条款规定应对承包商受到的实际损害给予补偿。

（4）承包商的质量责任。合同履行过程中，如果承包商没有完全地或正确地履行合同义务，业主可凭工程师出具的证明，从承包商应得工程款内扣减该部分给业主带来损失的款额。合同条件内明确规定的情况包括：

① 不合格材料和工程的重复检验费用由承包商承担。工程师对承包商采购的材料和施工的工程通过检验后发现质量没达到规定的标准，承包商应自费改正并在相同条件下进行重复试验，重复检验所发生的额外费用由承包商承担。

② 承包商没有改正忽视质量的错误行为。当承包商不能在工程师限定的时间内将不合格的材料或设备移出施工现场，以及在限定时间内没有或无力修复缺陷工程，业主可以雇用其他人来完成，该项费用应从承包商处扣回。

③ 折价接收部分有缺陷工程。某项处于非关键部位的工程施工质量未达到合同规定的标准，如果业主和工程师经过适当考虑后，确信该部分的质量缺陷不会影响总体工程的运行安全，为了保证工程按期发挥效益，可以与承包商协商后折价接收。

（5）承包商延误工期或提前竣工。

① 因承包商的责任而延误竣工。签订合同时双方需约定日拖期赔偿和最高赔偿限额。

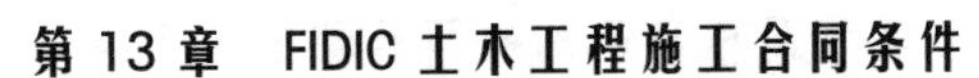

如果因承包商应负责的原因竣工时间迟于合同工期，将按日拖期赔偿额乘以延误天数计算拖期违约赔偿金，但以约定的最高赔偿限额作为赔偿业主延迟发挥工程效益的最高款额。

如果合同内规定有分阶段移交的工程，在整个合同工程竣工日期以前，工程师已对部分阶段移交的工程颁发了工程移交证书，且证书中注明的该部分工程竣工日期未超过约定的分阶段竣工时间，则全部工程剩余部分的日拖期违约赔偿额相应折减。折减的原则是，将拖延竣工部分的合同金额除以整个合同工程的总金额所得比例乘以拖期赔偿额，但不影响约定的最高赔偿限额。

② 提前竣工。承包商通过自己的努力使工程提前竣工是否应得到奖励，在《土木工程施工合同条件》中列入可选择条款一类。业主要看提前竣工的工程或区段是否能让其得到提前使用的收益，而决定该条款的取舍。如果招标工作内容仅为整体工程中的部分工程且这部分工程的提前不能单独发挥效益，则没有必要鼓励承包商提前竣工，可以不设奖励条款。若选用奖励条款，则需要在专用条件中具体约定奖金的计算办法。FIDIC 编制的《土木工程施工合同条件应用指南》中说明，当合同内约定有部分区段工程的竣工时间和奖励办法时，为了使业主能够在完成全部工程之前占有并启用工程的某些区段，使其提前发挥效益，约定的区段完工日期应固定不便，也就是说，不因该区段的施工过程中出现非承包商应负责的原因工程师批准顺延合同工期而对计算奖励的应竣工时间予以调整（除非合同中另有规定）。

（6）包含在合同价格之内的暂定金额。某些项目的工程量清单中包括“暂定金额”款项，尽管这笔款额计入在合同价格内，但其使用却归工程师控制。暂定金额实际上是一笔业主方的备用金，工程师有权依据工程进展的实际需要，用于施工或提供物资、设备及技术服务等内容的开支，也可以作为供意外用途的开支。他有权全部使用、部分使用或完全不用。工程师可以发布指示，要求承包商或其他人完成暂定金额项内开支的工作，因此只有当承包商按工程师的指示完成暂定金额项内开发的工作任务后，才能从其中获得相应支付。由于暂定金额是用于招标文件规定承包商必须完成的承包工作之外的费用，承包商报价时不将承包范围内发生的间接费、利润、税金等摊入其中，所以他未获得暂定金额的支付并不损害其利益。

13.3　FIDIC《设计—建造与交钥匙合同条件》

FIDIC 编制的《设计—建造与交钥匙工程合同条件》是适用于总承包的合同文件，承包工作内容包括设计、设备采购、施工、物资供应、安装、调试、保修。土建施工和设备安装部分的责任，基本上套用《土木工程施工合同条件》和《电气与机械工程合同条件》的相关约定。

13.3.1　合同管理的特点

1. 参与合同管理的有关各方

1）合同当事人

交钥匙合同的当事人是业主和承包商，而不指任何一方的受让人。合同中的权利、义

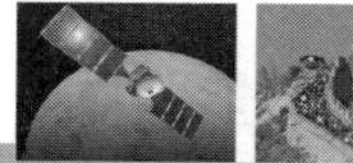

务为当事人之间的关系。

2）参与合同管理有关各方的关系

合同履行过程中，参与合同管理有关各方除了业主、承包商和分包商之外，还包括业主代表和承包商代表。

（1）业主代表。业主雇用的工程师作为业主代表，在授权范围内负责合同履行过程中的监督和管理，但无权解除承包商的任何合同责任。

（2）承包商代表。承包商雇用并经业主同意而授权任命负责合同履行管理的负责人。职责为与业主代表共同建立合同正常履行中的管理关系，以及对承包商和分包商的设计、施工提供一切必要的监督。承包商代表可以是总承包单位分立出来的管理机构，也可以雇用工程师作为代表。合同条件规定的职责包括：

① 以其全部时间指导施工文件的编制和工程的实施。

② 受理合同范围内的所有通知、指示、同意、批准、证书签证、决定及其他联络。

③ 对设计和施工提供一切必要的监督。

④ 负责协调管理，包括与业主签订合同的其他承包商之间的协调工作。

2. 合同文件

构成对业主与承包商有约束力的总承包合同文件是指合同协议书、中标函、业主的要求、投标书、专用条件、通用条件、资料表、支付申请表、承包商的建议书这几方面的内容。当各文件间出现矛盾或歧义时，只有业主代表有权解释。

“业主的要求”是招标文件中发出的对工作范围、标准、设计准则、进度计划等要求，作为承包商投标阶段据以报价的基础，还包括合同履行过程中业主对上述内容所做的任何变更或修正的书面通知。“承包商的建议书”和“资料表”是承包商随投标书一同递交的两个文件，前者是工程的初步设计方案和实施计划，后者是承包工程有关的主要资料和数据（其中包括估计工程量清单和价格取费表等）。

13.3.2 工程质量管理

交钥匙合同的承包工作是从工程设计开始到完成保修责任的全部义务，因此工作内容不像单独施工合同那样明确、具体。业主仅提出功能、设计准则等基本要求，承包商完成设计后才能确定工程实施细节，进而编制施工计划并予以完成。

1. 质量保证体系

承包商应按合同要求编制质量保证体系。在每一设计和施工阶段开始前，均应将所有工作程序的执行文件提交业主代表，遵照合同约定的细节要求对质量保证措施加以说明。业主代表有权审查和检查其中的任何方面，对不满意之处可令其改正。

2. 对设计的质量控制

1）承包商应保证设计质量

（1）承包商应充分理解“业主要求”中提出的项目建设意图，依据业主提供及自行勘测考察现场情况的基本资料和数据，遵守设计规范要求完成设计工作。

（2）业主代表对设计文件的批准，不解除承包商在合同中的责任。

（3）承包商应保障业主不因其侵犯专利权行为而受到损害。

2）业主代表对设计的监督

（1）对设计人员的监督。未在合同专用条件中注明的承包商设计人员或设计分包者，承包工程任何部分的设计任务前必须征得业主代表的同意。

（2）保证设计贯彻业主的建设意图。尽管设计人员或设计分包者不直接与业主发生合同关系，但承包商应保障他们在所有合理时间内能随时参与同业主代表的讨论。

（3）对设计质量的控制。为了缩短工程的建设周期，交钥匙合同并不严格要求完成整修工程的初步设计或施工图设计后再开始施工。允许某一部分工程的施工文件编制完成，经过业主代表批准后即可开始实施。业主代表对设计的质量控制主要表现在以下几个方面。

① 批准施工文件。承包商应遵守规范的标准编制足够详细的施工文件，内容中除设计文件外还应包括对供货商和施工人员实施工程提供的指导，以及对竣工后工程运行情况的描述。当施工文件的每一部分编制完毕提交审查时，业主代表应在合同约定的“审核期”内（不超过 21 天）完成批准手续。

② 监督施工文件的执行。任何施工文件获得批准前或审核期限届满前（二者中较迟者），均不得开始该项工程部分的施工。施工应严格按施工文件进行。如果承包商要求对已批准文件加以修改，应及时通知业主代表，随后按审核程序再次获得批准后才可执行。

③ 对竣工资料的审查。竣工检验前，承包商提交竣工图纸、工程开始至竣工的全部记录资料、操作和维修手册，请业主代表审查。

3. 对施工的质量控制

施工和竣工阶段的质量控制条款基本上套用《电气与机械工程合同条件》的规定，但增加了竣工后检验的内容。“竣工后检验”指某些大型工业项目在工程或区段竣工交付运行一段时间后，检验工程或设备的各项技术指标参数是否达到“业主要求”中的规定和“承包商建议书”中承诺的可接受“最低性能标准”。如果合同规定有竣工后的检验，则由承包商提供检测设备，业主在承包商指导下进行。

1）业主原因延误检验

业主在设备运行期间无故拖延竣工后检验使承包商产生附加费用，应连同利润加入到合同价格内。如果非承包商原因未能在合同期内完成竣工后检验，则不再进行此项工作，视为竣工后检验已通过。

2）竣工后检验不合格

（1）未能通过竣工后检验时，承包商首先向业主提交调整和修复的建议。只有业主同意并在他认为合适的时间，才可以中断工程运行进行这类调整或修复工作，并在相同条件下重复检验工作。

（2）竣工后检验未能达到规定可接受的最低性能标准的，按专用条件内约定的违约金计算办法，由承包商承担该部分工程的损害赔偿费。

13.3.3 支付管理

1. 合同计价类型

交钥匙合同在通用条件中规定采用不可调价的总价合同，但也允许双方在专用条件内约定物价浮动的调整和税费变化的调整方法，代换通用条件中的规定。

2. 工程进度款的条件

1）支付程序

合同条件内规定了两种方式：一是承包商每个月末按业主代表要求的格式提交支付报表和证明材料，经他批准签证后报业主支付；二是在专用条件内约定按实际进度达到里程碑计划时，依据合同约定的金额或总价百分比分阶段支付。

2）申请工程进度款支付证书的主要内容

（1）按月支付的申请报表。承包商在每个月末提交的进度款支付申请表的主要内容为：首先说明截止到当月末已编制的施工文件和已实施工程的估算合同价值，然后进一步说明本月支付时涉及而未含在上述估算中的有关项目，包括投标基准日后由于法规、政策变化导致增加或扣减的款项；本月应扣留的保留金；动员预付款和材料预付款应支付和扣还的款项；任何经业主代表批准应支付的索赔款等。最后还应写明以前业主已支付过的进度款累计额，以便确定本月实际应支付的款额。

（2）按里程碑进度支付表。承包商的支付申请表内容与月申请支付表基本相同，但不包括材料预付款。

13.3.4 进度控制

承包商按业主代表批准的进度计划实施工程，但每个月需向业主代表报送进度报告。报告内容主要包括设计、采购、制造、货物到达现场、施工、安装、调试及运行的进展情况说明；设备制造期间的检查、实验报告和运抵现场的实际日期或计划日期；任何可能导致环境或社会公共利益蒙受损害事件的报告；实际进度与计划进度的对比；计划采取的措施等。

13.3.5 变更

1. 业主代表与承包商协商变更

业主代表将变更意图通知承包商，要求他提交实施变更的建议书。建议书的内容包括：

（1）拟定的设计和将要实施工作的说明书及实施的进度计划。

（2）对已批准进度计划进行修改的建议书。

（3）调整合同价格、竣工时间和修改合同（若需要）的建议书。

收到承包商的建议书后，业主代表应予以答复，决定是否实施变更。

2. 业主代表指令变更

业主代表根据工程的实际进展情况，可以直接发布变更指令要求承包商执行。如果根

据承包商后续提交的实施变更建议书又决定不进行变更，则承包商为此导致的费用（包括设计、服务费）应得到补偿。

3. 承包商提出变更要求

承包商应按业主代表批准的施工文件和进度计划实施工程。如果承包商从双方的利益出发，认为某一建议能降低工程施工、维护和运行费用，可以提高永久工程投产后的工作效率或价值，可能为业主带来其他利益等情况时，可以随时提出变更建议。只有经过业主代表批准后，才允许实施此类变更。

13.4　FIDIC《土木工程施工分包合同条件》

FIDIC 编制的《土木工程施工分包合同条件》是与《土木工程施工合同条件》配套使用的分包合同文本。分包合同条件可用于承包商与其选定的分包商，或与业主选择的指定分包商签订的合同。分包合同条件的特点是，既要保持与主合同条件中分包工程部分规定的权利、义务约定一致，又要区分负责实施分包工作当事人改变后两个合同之间的差异。

13.4.1　分包工程的管理特点

1. 分包工程的合同责任

分包工程属于主合同内承包商对业主承担承包范围内的工作，双方在合同中约定相互之间的权利、义务，但它又是承包商与分包商签订合同的标的物，分包商仅对承包商承担合同责任。由于分包工程同时存在于主从两个合同内的特点，承包商又居于两个合同当事人的特殊地位，因此承包商会将主合同中对分包工程承担的风险合理地转移给分包商。

1）分包工程的合同价格

承包商采用邀请招标或议标方式选择分包商时，通常要求对方就分包工程进行报价，然后与其协商形成合同。分包合同的价格应为承包商发出“中标通知书”中指明的价格。

2）分包合同的订立

在邀请分包商报价及签订合同时，为了能让分包商合理预计分包工程施工中可能承担的风险，以及分包工程的施工满足主合同的要求而顺利进行，应使分包商充分了解在分包合同中应承担的义务。承包商除了提供分包工程的合同条件、图纸、技术规范和工程量清单外，还应提供主合同的投标书附录、专用条件的副本及通用条件中任何不同于标准化范本条款规定的细节。承包商应允许分包商查阅主合同，或应分包商要求提供一份主合同副本。但以上允许查阅和提供的文件中，不包括主合同中承包商的工程量报价单及报价细节。因为在主合同中分包工程的价格是承包商合理预计风险后，在自己的施工组织方案基础上对业主进行的报价，而分包商则应根据对分包合同的理解向承包商报价。此外，承包商在分包合同履行过程中负有对分包商的施工进行监督、管理、协调责任，应收取相应的分包管理费，并非将主合同中该部分工程的价格都转付给分包商，因此分包合同的价格不一定等于主合同中所约定的该部分工程价格。

3）划分分包合同责任的基本原则

（1）保护承包商的合法权益不受损害。分包合同条件中包括以下条款：

① 分包商应承担并履行与分包工程有关的主合同规定承包商的所有义务和责任，保障承包商免于承担由于分包商的违约行为，业主根据主合同要求承包商负责的损害赔偿或任何第三方的索赔。如果发生此类情况，承包商可以从应付给分包商的款项中扣除这笔金额，且不排除采用其他方法弥补所受到的损失。

② 不论是承包商选择的分包商，还是业主选定的指定分包商均不允许与业主有任何私下约定。

③ 为了约束分包商踏实履行合同义务，承包商可以要求分包商提供相应的履约保函。在工程师颁发解除缺陷责任证书后的28天内将保函退还分包商。

④ 没有征得承包商同意，分包商不得将任何部分转让或分包出去，但分包合同条件也明确规定，属于提供劳务和按合同规定标准采购材料的分包行为，可以不经过承包商批准。

（2）保护分包商分不清权益的规定。

① 任何不应由分包商承担责任的事件导致竣工期限延长、施工成本增加和修复缺陷的费用，均应由承包商给予补偿。

② 承包商应保障分包商免于承担非分包商责任引起的索赔、诉讼或损害赔偿，保障程度应与业主按主合同保障承包商的程度相类似（但不超过此程度）。

2. 分包合同的管理关系

分包工程的施工涉及两个合同，因此比主合同的管理复杂。

1）业主对分包合同的管理

业主不是分包合同的当事人，对分包合同权利、义务如何约定也不参与意见，与分包商没有任何合同关系。但作为工程项目的投资方和施工合同的当事人，他对分包合同的管理主要表现为对分包工程的批准。

2）工程师对分包合同的管理

工程师仅与承包商建立监理与被监理的关系，对分包商在现场的施工不承担协调管理义务，只是依据主合同对分包工作的内容及分包商的资质进行审查，行使确认权或否定权，对分包商使用的材料、施工工艺、工程质量进行监督管理。为了准确地区分合同责任，工程师就分包工程施工发布的任何指示均应发给承包商代表。分包合同内明确规定，分包商接到工程师的指示后不能立即执行，需得到承包商代表同意才可实施。

3）承包商对分包合同的管理

承包商作为两个合同的当事人，不仅具有已承担的整个合同工程按预期目标实现的义务，而且对分包工程的实施负有全面管理责任。承包商需委派代表对分包商的施工进行监督、管理和协调，承担如同主合同履行过程中工程师的职责。承包商的管理工作主要通过发布一系列指示来实现。接到工程师就分包工程的指令，将其转达给分包方并督促其执行，也可以根据现场的实际情况自主地发布有关的协调、管理指令。

13.4.2　分包工程施工管理

1. 进度管理

1）分包工程的开工令

开工令是计算合同工期和施工期的起始时间。主合同工程的开工令由工程师发布，而分包工程的开工令则由承包商发布。如果现场有几个独立承包商同时施工，且分包商的施工有可能与其他承包商产生交叉干扰时，则还需报工程师批准后才可以向分包商发布开工令。

2）批准分包商的施工计划

分包商的施工计划是承包商施工进度计划的组成部分。分包商应按照分包合同的约定，在分包工程施工前将施工方案、进度计划及保障措施提交承包商代表批准。经过承包商代表批准的施工进度计划不仅要求分包商遵照执行，承包商代表也需按此计划进行分包工程的协调和管理。当实际进度与计划进度不符时，有权要求分包商修改进度计划，并相应提出保证按时竣工采取的措施。

2. 对分包工程的质量监督

确保分包工程的质量是分包商的基本义务，只有分包工程的保修期满，表明质量符合主合同中的各项技术指标要求，才能解除分包商对分包工程的质量责任。承包商的管理主要体现在以下几方面：

（1）监督分包商的施工工艺。分包工程施工过程中，承包商代表要随时监督分包商的施工操作，对任何忽视质量的行为发出有关指示，要求及时改正。

（2）对工程质量的检验。分包工程的施工达到中间验收条件或具备隐蔽条件时，应及时通知工程师，并与他共同检验。承包商对分包工程的质量只有监督权，而无确认权，只有工程师才有质量认可权。

（3）督促分包商修复有缺陷的工程部位。凡是分包商责任引起的工程质量缺陷，不论是承包商代表指出的，还是工程师要求改正的缺陷部位，分包商均应在限定的期限内修复。如果分包商不按指示执行，为了履行主合同的义务，承包商有权将该部分工程接收回来，由承包商自己或雇用其他人来修复和完成，所发生的各种费用从应分给分包商的款额内扣回。

（4）分包工程的移交。尽管承包商与分包商就分包工程的施工签订合同，但分包工程不向承包商单独移交手续。当主合同内规定分包工程是可以分阶段移交的单位工程时，承包商代表应与分包商共同按主合同规定的程序向业主移交手续；若主合同内没有此项规定，则待整个合同工程施工完成后，承包商将分包工程作为移交工程的一部分同时办理移交手续。

3. 分包工程的支付管理

不论是施工期内的阶段支付，还是竣工后的结算支付，承包商都要进行两个合同的支付管理。

（1）分包合同的支付程序。分包商在合同约定的日期，向承包商报送该阶段施工的支

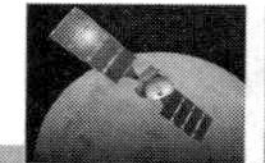

付报表。承包商代表经过审核后，将其列入主合同的支付报表内一并提交工程师批准。承包商应在分包合同约定的时间内支付分包工程款，逾期支付要计算拖期利息。

（2）承包商代表对支付报表的审查。接到分包商的支付报表后，承包商代表首先对照分包合同工程量清单中的工作项目、单价或价格，复核取费的合理性和计算的正确性，并依据分包合同的约定扣除预付款、保留金、对分包施工的实际应收款项、分包管理费等，核准阶段应付给分包商的金额。然后，再将分包工程完成工作的项目内容及工程量，按主合同工程量清单中的取费标准计算，填入到向工程师报送的支付报表内。

（3）承包商不承担逾期付款责任的情况。如果属于工程师不认可分包商报表中的某些款项、业主拖延支付给承包商经过工程师签证后的应付款、分包商与承包商或与业主之间因涉及工程量或报表中某些支付要求发生争议这三种情况，承包商代表在应付款日之前及时将扣发或缓发分包工程款的理由通知分包商，则承包商不承担逾期付款责任。

13.4.3 分包工程变更管理

承包商代表接到工程师依据主合同发布的涉及分包工程变更指令后，以书面确认方式通知分包商，他也有权根据工程的实际进展情况自主发布有关变更指令。

承包商执行工程师发布的变更指令后，进行变更工程量计量时应请分包商参加，以便合理确定分包商应获得的补偿款额和工期延长时间。承包商依据分包合同单独发布的指令大多与主合同没有关系，通常属于增加或减少分包合同规定的部分工作内容，以及为了整个合同工程的顺利实施，改变分包商原定的施工方法、作业次序或时间等。若变更指令的起因不属于分包商的责任，则承包商应给分包商相应的费用补偿和分包合同工期 的顺延。如果工期不能顺延，则要考虑赶工措施费用。进行变更工程估价时，应参考分包合同工程量表中相同或类似工作的费率来核定。如果没有可参考项目或表中的价格不适用于变更工程时，应通过协商确定一个公平合理的费用加到分包合同价格内。

13.4.4 分包合同的索赔管理

分包合同履行过程中，当分包商认为自己的合法权益受到损害，不论事件起因于业主或工程师的责任，还是承包商应承担的义务，他都只能向承包商提出索赔要求，并保留影响事件发生后的现场同期记录。

1. 应由业主承担责任的索赔事件

分包商向承包商提出索赔要求后，承包商首先应分析事件的起因和影响，并依据两个合同判明责任。如果认为分包商的索赔要求合理，且原因属于主合同约定应由业主承担风险责任或行为责任的事件，要及时按照主合同规定的索赔程序，以承包商的名义就该事件向工程师递交索赔报告。承包商应定期将该阶段为此项索赔所采取的步骤和进展情况通报分包商。这类事件可能是：

（1）应由业主承担风险的事件，如施工中遇到了不利的外界障碍、施工图纸有错误等。

（2）业主的违约行为，如拖延支付工程款等。

（3）工程师的失职行为，如发布错误的指令、协调管理不利导致对分包工程施工的干扰等。

（4）执行工程师指令后对补偿不满意，如对变更工程的估价认为过少等。

当事件的影响仅使分包商受到损害时，承包商的行为属于代为索赔。若承包商就同一事件也受到了损害，分包商的索赔就作为承包商索赔要求的一部分。索赔获得批准，顺延的工期加到分包工期上，得到支付的索赔款按照公平合理的原则转交给分包商。

承包商处理这类分包商索赔时还应注意两个基本原则：一是从业主处获准的索赔款即为承包商就该索赔对分包商承担责任的先决条件；二是若分包商没有按规定的程序及时提出索赔，导致承包商不能按主合同规定的程序提出索赔的，则承包商不仅不承担责任，而且在事件发生时，承包商为了减小事件影响，由承包商为分包商采取的任何补救措施费用由分包商承担。

2. 应由承包商承担责任的事件

此类索赔产生于承包商与分包商之间，工程师不参与索赔的处理，双方通过协商解决。原因往往是由于承包商的违约行为或分包商执行承包商代表指令导致的。分包商按规定程序提出索赔后，承包商代表要客观地分析事件的起因和产生的实际损害，然后依据分包合同分清责任。

参考文献

[1] 陈正. 建筑工程法规原理与实务. 北京：电子工业出版社，2006.
[2] 卢谦. 建设工程招投标与合同管理. 北京：中国水利水电出版社，2001.
[3] 来奇. 建设工程合同. 北京：中国民主法制出版社，2003.
[4] 方自虎. 建设工程合同管理实务. 北京：中国水利水电出版社，2003.
[5] 中国监理协会. 建设工程合同管理. 北京：知识产权出版社，2003.
[6] 陈正. 工程招投标与合同管理. 南京：东南大学出版社，2005.
[7] 中国工程咨询协会. 施工合同条件. 北京：机械工业出版社，2002.